自己増殖オートマトンの理論

自己増殖オートマトンの理論

J. フォン ノイマン 著
A. W. バークス 編補
高橋 秀俊 監訳

岩 波 書 店

THEORY OF SELF-REPRODUCING AUTOMATA
by John von Neumann
edited and completed by Arthur W. Burks
Original English-language edition published by
the University of Illinois Press
Copyright © 1966 by the Board of Trustees of
the University of Illinois
This book is published in Japan by arrangement with
the University of Illinois Press, Urbana.

まえがき

1940年代の後半になって von Neumann はオートマトンの理論を展開することをはじめた．彼が頭にえがいたのは，一つの体系的な理論で，その形は数学的，論理学的であり，そして自然の系（自然オートマトン）に対するわれわれの理解にも，またアナログおよびディジタルのオートマトン（人工オートマトン）に対するわれわれの理解にも本質的に貢献するようなものであった．

そのような目的で彼は5編の論文を出した．それは出た順に，

(1) "オートマトンの一般的論理学的理論(The General and Logical Theory of Automata)." 1948年9月 Hixon Symposium で講演．全集 5.288-328[1]．

(2) "複雑なオートマトンの理論と構成(Theory and Organization of Complicated Automata)." 1949年12月イリノイ大学における5回の講義，本書の第Ⅰ部に収録．

(3) "確率論理学，および信頼度の低い部品から信頼度の高い有機体を組み立てること(Probabilistic Logics and the Synthesis of Reliable Organism from Unreliable Components)." 1952年1月カリフォルニア工科大学における講義．全集 5.329-378．

(4) "オートマトンの理論：組立て，増殖，均質性(The Theory of Automata: Construction, Reproduction, Homogeneity)." von Neumann はこの原稿を1952年秋に書きはじめて，約1年の間それにかかっていた．本書の第Ⅱ部に収録．

(5) "計算機と脳(*The Computer and the Brain*)." 1955から1956年に執

---

1) 出典の完全な表は本書の巻末にある「参考文献」に与えてある．"全集 5.288-328" というのは von Neumann の全集第Ⅴ巻の288-328ページに収録されていることを示す．

筆, 1958 年に出版.

　上の(2)と(4)は彼の死によって原稿の形でのこされ, それはまたかなりの添削を必要とするものだった. その添削をしたものが本書の二つの部をなしており, したがってそれは von Neumann のオートマトンに関する研究に終止符を打つものである.

　この編纂の作業の準備として, 私は von Neumann の計算機に関する仕事を, オートマトンに関するものも含めて, すべてしらべてみた. 彼の業績の要約を本書の"序章"に示す.

　von Neumann は複雑なオートマトンに特に興味をもっていた. たとえば人間の神経系とか, また彼が未来に想定した巨大な計算機などである. 彼は計算素子でできた複雑な系の論理的構成に関する理論の必要を感じ, そしてそのような理論は非常に大きな計算機をつくるための本質的な前提条件であると信じていた. von Neumann が力を注いだオートマトン理論の二つの問題はいずれも複雑度ということに密接な関連がある. それは信頼度と自己増殖の問題である. 部品の信頼度がわれわれのつくるオートマトンの複雑度の限界をきめ, そして自己増殖にはかなりの複雑度のオートマトンが必要である.

　von Neumann は信頼度については"確率論理学, および信頼度の低い部品から信頼度の高い有機体を組み立てること"の中で詳細に論じた. 彼の自己増殖に関する業績は主として本書の第Ⅱ部の中に収められ, 本書の主要部をなしている. そこでは自己増殖性の細胞オートマトンの論理設計が扱われる. 第Ⅰ部はもっと短かくて, 複雑なオートマトン全般を対象としているが, その山は自己増殖の運動学的モデル(第5講)のところにある. そこで本書全体の表題を"自己増殖オートマトンの理論"とするのが適切だと思われたわけである.

　von Neumann が業なかばで没したために, 彼がオートマトン理論に関して行なっていた研究のどれ一つとして最終的な形にまとめることができなかったことは, かえすがえすも残念である. 本書の二つの部分の原稿は両方とも未完成であった. 実は両方ともある意味で最初の下書きであった. このことについて負け惜しみをいえば, von Neumann の偉大な思考がはたらいているところ

をいきいきと見られるという功徳もある．von Neumann ほどの能力をもった思想家の書いた原稿の下書きなどというものは滅多に手に入るものではない．そういうわけで，私は von Neumann の原稿の持ち味をこわさずに，しかも何とか読みやすくするように心をくだいた．なまの原稿がどんなものだったかを読者に知っていただくために，その説明と，それにどんな具合に手を加えたかについてのべよう．

von Neumann はイリノイ大学で 1949 年 12 月に行なう 5 回の講義と関連して，本を書くことに同意した．彼が本を書くときのたすけとして，講義の録音をテープにとった．不幸にして録音とそれから復元したタイプ原稿はあまりよくなく，ぬけたところや，わからない文，ぬけた単語などがいっぱいあった．von Neumann 自身はこのタイプ原稿に手を入れることはせず，むしろ"オートマトンの理論：組立て，増殖，均質性"の原稿を，約束した本に使うつもりであった．また録音そのものは残っていない．そのような状況ではあったが，イリノイ講義はやはり出版の価値があると考え，録音に当然ながら大幅に手を加えて，できたのが本書第 I 部である．

von Neumann は講義に先立ってくわしい概要を用意した．そして講義の内容は大体これにのっとっている．この概要は"複雑なオートマトンの理論と構成"という題がついていて，つぎの 3 行ではじまっている．

高速ディジタル計算機の論理的構成と限界

計算機やその他の自然および人工オートマトンの比較

自然に見出される神経系の比較からの推測

その次におのおのの講義の題とその講義で話される話題をならべたものがついている．それらは本書では各講義のはじめに字句もそのままでのせた．もっとも講義の内容は必ずしも正確にこの話題のリストに対応していないところもある．

原稿がこんな様子だったために相当に添削をする必要があった．録音のタイプ原稿は，講義の比較的あらたまった部分で von Neumann が黒板を使ったところが，特にひどかった．そういうところでは，講義をきいた人のノート 2

組が特に役立った．私は von Neumann の言葉づかいを支障のない限りそのままのこすようにしたが，どうしても私自身の言葉を入れざるを得ない場合が少くなかった．無理に原稿を復元するよりは von Neumann の言おうとしたことを要約した方がよいと思う場所もあった．von Neumann がイリノイ講義でのべている要点のうちには，彼の公表された著作の中にでていたり，あるいは周知であるものもあるので，その場合は von Neumann の言葉を要約するか，公表された仕事を引用することにした．

文章が完全に私自身のものである部分は角括弧でかこんである．von Neumann の言葉を再構成したものは角括弧に入っていないが，角括弧のない部分でも多くはかなり大幅に手を入れたものであることを承知しておいていただきたい．

"オートマトンの理論：組立て，増殖，均質性"の原稿ははるかによい状態にあった．それは最初の下書きだったようで，ただ例外はメモリー制御 **MC** が接続ループ C_1 とタイミングループ C_2 とを組立てユニット **CU** の指令によって延ばしたり縮めたりする手順が，その前の概要(図を含む)の段階であることである．原稿は最初の下書きであるにもかかわらず，次にのべる三つの型の欠陥を別にすれば，そのままで十分出版できる形になっていた．

(1) まず，原稿には読んでわかるために必要な簡単な道具立てがほとんどしてなかった．たとえば図の説明がない．式，節，図などの引用は番号だけでそれが式であるか節であるか図であるかが書いてない．節の見出しは別の紙に表になっている．やはり別の紙に，脚注につけようと思ったことの簡単な覚え書が書きならべてあった．いろいろな器官は文字だけで示してある．たとえば，本書で"組立てユニット **CU**"とか"メモリー制御 **MC**"とか書かれている器官を指すのに von Neumann はただ"A"，"B"と書いている．私は原稿を何回も読みかえしてみたが，その度毎に，von Neumann は覚えやすい記号をほとんど使わないで，どうしてどれがどれだかを取り違えずにやれたのだろうと感心したものである．

原稿の添削の際，そのような道具立てをつけ加えるようにつとめた．たとえ

ば，von Neumann が "**CO**" と書いたところを，しばしば "制御器官 **CO**" とした．また図に説明をつけ，脚注の引用を完全なものにした．von Neumann は図に若干の説明的な注釈をつけていたが，それは本文に移した．これに類する変更がいろいろなされているが，本文ではそれらは特に何もことわってない．

そのほか，脚注，注釈，解説，要約などを本文の各所に挿入し，終章（第5章）をあらたに追加した．そのような追加はすべて角括弧でかこんである．von Neumann の原稿にある角括弧は中括弧にかえた．例外は普通および特別をあらわす記号として彼が常用した "[0]" と "[1]" である．私が加えた角括弧の部分に附随して第Ⅰ表，第Ⅴ表および多数の図をつけ加えた．第1-8図，16，18，19，22，24，28-36，38，39，41 の各図は von Neumann のもので，あとはすべて私のものである．

(2) 二番目に，"オートマトンの理論：組立て，増殖，均質性" の原稿にはたくさん間違いがあった．それは些細な見落し（特にことわりなしになおしてある）から中程度に重要な誤り（角括弧の中の文で訂正または注釈をつけてある），さらにかなりの設計がえを必要とするほどの大きな誤り（5.1.1節と5.1.2節で論じてある）までさまざまである．これらの誤りはすべて訂正が可能であるが，原稿のはじめの方で設計した器官が後の方で使われているので，多くの誤りは伝播して "増幅" される．これについては，この原稿は最初の下書きで，von Neumann は考えを進めながら設計をかためていたのであり，その際多くの設計パラメーターをあとできめるように不定のままにしていたことに留意する必要がある．

(3) 第三に，"オートマトンの理論：組立て，増殖，均質性" の原稿は未完であった．設計はテープユニットがすっかりでき上がる手前でとまっている．第5章で私が von Neumann の自己増殖オートマトンの設計を完結させるやり方を示す．

原稿の技術的展開は極めて複雑で錯綜している．以上にのべた欠陥がそれを更に難解にした．ある面からいえば，編者としては第2章以下の原稿に手を入れることはやめにして，かわりに von Neumann の自己増殖オートマトンを

彼が頭にえがいた線に沿ってあらたに設計した方が楽であった．しかしこの原稿の歴史的重要性と，それがまた偉大な頭脳のはたらく姿をまのあたりに見せてくれるということとを考慮して，その方法はとらなかった．したがって，私は訂正や注釈を行なうことによって，原稿のもとの文体を保存すると同時になるべく読みやすくするように努力した．

　私はたくさんのかたがたの御助力に感謝している．故 Clara von Neumann-Eckardt 夫人からは夫君の原稿についていろいろおしえていただいた．von Neumann と共に計算機の研究にたずさわった Abraham Taub, Herman Goldstine, 故 Adele Goldstine, そして特に Julian Bigelow と Stan Ulam のかたがたからは，はじめての話をいろいろきかしていただいた．von Neumann は自分のオートマトンの研究に関してよく Bigelow や Ulam と議論をしていた．John Kemeny, Pierce Ketchum, E. F. Moore, Claude Shannon の諸氏は彼の講義をきくか彼とオートマトンに関して討論したことがある．第Ⅰ部第2講の終りの Kurt Gödel の手紙は氏の許可を得て再録した．私の大学院生や研究員たちの多くに，特に Michael Faiman, John Hanne, James Thatcher, Stephen Hedetniemi, Frederick Suppe, Richard Laing に感謝したい．Alice Finney, Karen Brandt, Ann Jacobs, Alice R. Burks の方々には編纂の仕事を手伝っていただいた．M. Elizabeth Brandt には図をかいていただいた．なお，この編纂の仕事は National Science Foundation の資金でまかなわれた．以上の方々はもちろん編纂の責任をわかつものではない．

Arthur W. BURKS

Ann Arbor, 1965.

目　次

まえがき

編 集 者 の 序

von Neumann の計算機の研究 …………………………………… 1
　数学者 von Neumann ………………………………… 2
　von Neumann と計算 ………………………………… 2
　計算機の論理設計 …………………………………… 6
　プログラミングとながれ図 ………………………… 14
　計算機の回路 ………………………………………… 17
von Neumann のオートマトンの理論 …………………………… 20
　序 ……………………………………………………… 20
　自然と人工のオートマトン ………………………… 23
　オートマトンの理論の数学 ………………………… 28

第 I 部　複雑なオートマトンの理論と構成

第1講　一般の計算機械 ……………………………………… 37
第2講　制御と情報の厳密な理論 …………………………… 50
第3講　情報の統計的理論 …………………………………… 69
第4講　高度な，また特別に高度な複雑さの意義 ………… 77
第5講　複雑なオートマトンの問題の再評価
　　　　──階層構造と進化の問題 ………………………… 89

第 II 部　オートマトンの理論：組立て，増殖，均質性

第1章　一 般 的 考 察

1.1　序　　説 ………………………………………………… 109

1.1.1.1　オートマトンの理論 ································ 109
　　1.1.1.2　構成的方法とその限界 ······························ 109
　　1.1.2.1　主な問題：(A)-(E) ·································· 110
　　1.1.2.2　得られるべき解答の性質 ···························· 111
　[1.1.2.3　von Neumann による自己増殖のモデル] ·············· 111
1.2　論理学の役割——問題(A) ····································· 119
　1.2.1　論理操作——神経細胞 ···································· 119
　1.2.2　神経的機能と筋肉的機能 ································ 122
1.3　組立ての基本問題——問題(B) ································· 122
　　1.3.1.1　直接的な取扱い——幾何学や運動学等々による ······ 122
　　1.3.1.2　非幾何学的な取扱い——真空の構造 ················ 123
　1.3.2　不動性——静穏状態と活動状態 ·························· 124
　　1.3.3.1　離散的枠組みと連続的枠組み ······················ 124
　　1.3.3.2　均質性：離散(結晶的)と連続(Euclid 的) ·········· 124
　　1.3.3.3　構造の問題：(P)-(R) ······························ 125
　　1.3.3.4　結晶モデルとユークリッド空間モデルに対する結果
　　　　　　の性質：命題(X)-(Z) ································ 127
　[1.3.3.5　均質性，静穏，自己増殖] ···························· 128
　　1.3.4.1　組立ての問題を 1.3.1.2 節の方法で単純化すること ·· 131
　　1.3.4.2　静穏対活動；興奮可能性対興奮不能性；普通刺激対
　　　　　　特別刺激 ·· 131
　　1.3.4.3　1.3.4.2 節における区別の検討 ···················· 132
1.4　一般的な組立ての方式——問題(B)続き ························ 134
　　1.4.1.1　細胞集合体の組立て——作りつけの設計書 ·········· 134
　　1.4.1.2　多様な設計書を組込む3種の方法——パラメーター
　　　　　　形式 ·· 134
　　1.4.2.1　数値パラメーターに対する記述文 **L** ············ 135
　　1.4.2.2　**L** の応用 ·· 136
　　1.4.2.3　問題(A)のための無限の記憶装置として **L** を用いる
　　　　　　こと ·· 137
　　1.4.2.4　**L** に対し基底数2を用いること ················· 137
　[1.4.2.5　線状配列 **L**] ····································· 138

目次

- 1.5 万能組立て方式——問題(C) 140
  - 1.5.1 **L**を非数値的(普遍的)パラメーター化の手段として用いること 140
  - 1.5.2 万能的な設計書の形式 140
- 1.6 自己増殖——問題(D) 142
  - 1.6.1.1 自己増殖の場合に**L**を用いることが一見困難であること 142
  - 1.6.1.2 困難の回避——**E**型と$\mathbf{E_F}$型 143
  - 1.6.2.1 第一の注意:**L**の形 144
  - 1.6.2.2 第二の注意: 1回の増殖における衝突の回避 144
  - 1.6.2.3 第三の注意: 1.6.1.1節の困難を解決する方法の分析——**L**の役割 145
  - 1.6.3.1 複写: 原物を使うか記述を利用するか 147
  - [1.6.3.2 Richardのパラドックスと Turing の機械] 148
- 1.7 外のものを組立てることに関する,問題(D)と(E)の中間にある種々の問題 152
  - 1.7.1 親,子,孫,等々の位置ぎめ 152
  - 1.7.2.1 作られたオートマトン: 初期状態と動作開始刺激 153
  - 1.7.2.2 1回限りの自己増殖と繰返し自己増殖 155
  - 1.7.3 組立て,位置ぎめ,衝突 156
  - 1.7.4.1 $\mathbf{E_F}$と遺伝子機能 157
  - 1.7.4.2 $\mathbf{E_F}$と突然変異——突然変異のいろいろの型 157
- 1.8 進化——問題(E) 158

第2章 29個の状態と一般遷移規則

- 2.1 序 説 160
  - 2.1.1 モデル: 状態と遷移規則 160
  - 2.1.2 空間と時間の関係の定式化 160
  - 2.1.3 状態に対する形式以前の考察の必要性 163
- 2.2 論理機能——普通伝達状態 163
  - 2.2.1 論理的——神経的な機能 163

目次

- 2.2.2.1 伝達状態——接続線 163
- 2.2.2.2 接続線における遅れ，曲り角，方向転換 166

2.3 神経細胞——合流状態 167
- 2.3.1 ＋神経細胞 167
- 2.3.2 合流状態：・神経細胞 167
- 2.3.3 －神経細胞 169
- 2.3.4 分岐 170

2.4 成長機能：興奮不能状態と特別伝達状態 171
- 2.4.1 筋肉あるいは成長機能——普通対特別刺激 171
- 2.4.2 興奮不能状態 171
- 2.4.3 直接および逆過程——特別伝達状態 172

2.5 逆過程 172
- 2.5.1.1 普通状態に対する逆過程 172
- 2.5.1.2 特別状態に対する逆過程 173
- 2.5.2 特殊刺激の作成 173

2.6 直接過程——潜像状態 174
- 2.6.1 直接過程 174
- 2.6.2.1 第一の注意：普通状態と特別状態の双対性 175
- 2.6.2.2 逆過程の必要性 175
- 2.6.3.1 第二の注意：直接過程の制御にきまった刺激パルス列が必要であること 177
- 2.6.3.2 必要なその他の状態 178
- 2.6.4 潜像状態 179

2.7 偶数と奇数の遅れ 179
- 2.7.1 道の差による偶数の遅れ 179
- 2.7.2.1 奇数の遅れと単一の遅れ 181
- 2.7.2.2 合流状態による単一の遅れ 181

2.8 要約 183
- 2.8.1 状態と遷移規則の厳密な記述 183
- 2.8.2 言葉によるまとめ 185

[2.8.3 遷移規則の解説] ··187

第3章 基本器官の設計

3.1 序　説 ··198
  3.1.1 自由タイミングと固定タイミング，周期的繰返し，
    相停止 ··198
  3.1.2 器官の組立て，単純器官と複合器官 ····················199
3.2 パルサー ··200
  3.2.1 パルサー：構造，寸法，タイミング ····················200
  3.2.2 繰返しパルサー：構造，寸法，タイミング，$PP(\bar{1})$形 ·······206
3.3 デコードする器官：構造，寸法，タイミング ················227
3.4 3進計数器 ··234
3.5 $\bar{1}$対$\overline{10101}$弁別器：構造，寸法，タイミング ··············245
3.6 コーデッドチャネル ··250
  3.6.1 構造，寸法，コーデッドチャネルのタイミング ·········250
  3.6.2 コーデッドチャネルにおける循環性 ····················262

第4章 テープとその制御の設計

4.1 序　説 ··266
  [4.1.1 要約] ···266
  4.1.2 線状配列 L ··267
  4.1.3 組立てユニット CU とメモリー制御 MC ··············269
  4.1.4 組立てユニット CU とメモリー制御 MC に関する仮定
    の再録 ··273
  4.1.5 メモリー制御 MC の線状配列 L に対するはたらき ···274
  4.1.6 接続ループ C_1 ··279
  4.1.7 タイミングループ C_2 ·····································282
4.2 ループ C_1 および C_2 の伸縮，および線状配列 L への
  書込み ··284
  4.2.1 L 上の接続を動かすこと ·································284
  4.2.2 L を伸ばすこと ··286

  4.2.3 L を縮めること ………………………………………… 293

  4.2.4 L の x_n を変えること ……………………………… 301

 4.3 メモリー制御装置 MC …………………………………………… 304

  [4.3.1 MC の構成と動作] …………………………………… 304

  4.3.2 MC の動作の詳細な議論 …………………………… 311

  4.3.3 読出し・書込み・消去-ユニット RWE …………… 319

  4.3.4 MC の中の基本制御器官 CO ……………………… 328

  4.3.5 読出し・書込み・消去-制御 RWEC ……………… 333

［第5章　オートマトンの自己増殖］

[5.1 メモリー制御 MC の完成 ……………………………………… 344

  5.1.1 原稿の残りの部分 …………………………………… 344

  5.1.2 干渉問題の解決法 …………………………………… 353

  5.1.3 細胞構造の論理的万能性 …………………………… 362

5.2 万能組立機 CU＋(MC＋L) …………………………………… 370

  5.2.1 組立て用腕 ……………………………………………… 370

  5.2.2 メモリー制御 MC の新設計 ………………………… 381

  5.2.3 組立てユニット CU …………………………………… 386

5.3 結　　論 ………………………………………………………………… 395

  5.3.1 本書の要約 ……………………………………………… 395

  5.3.2 自己増殖オートマトン] ……………………………… 405

参 考 文 献 ………………………………………………………………………… 409

訳者あとがき ……………………………………………………………………… 417

記 号 索 引 ………………………………………………………………………… 421

人 名 索 引 ………………………………………………………………………… 423

事 項 索 引 ………………………………………………………………………… 424

編集者の序

von Neumann の計算機の研究

 John von Neumann は 1903 年 12 月 28 日,ハンガリーのブダペストにうまれ,1957 年 2 月 8 日,ワシントンでなくなった[1]. ブダペスト大学から数学の博士号を,スイス,チューリッヒの連邦工科大学から化学士号を得た. 1927 年ベルリン大学の私講師に,1929 年ハンブルク大学の私講師になった. 1930 年にプリンストン大学の客員講師としてアメリカにきて,1931 年にプリンストン大学で正教授になった. 1933 年, 新設の高等科学研究所 (Institute for Advanced Study) に教授として参加し, 生涯その地位にあった[2].

 von Neumann は晩年には,なおも理論に対する興味と活動をたもちながらも,数学の応用につよい興味をもつようになった. そして第二次世界大戦中は国防関係の問題の科学的研究に深く入り込むことになった. 原子爆弾の開発には重い役割を演じ,特にその起爆法の開発に貢献をした. また多くの国立の研究所や施設の相談役となり,重要ないくつかの科学諮問委員会の委員でもあった. 戦後も彼はこれらの指導活動をつづけた. 従事した分野をあげてみると,砲撃,対潜攻撃,爆撃目標, (水爆をふくむ) 核兵器,戦術,天気予報,大陸間弾道弾,高速電子計算機,そして計算法といったきわめて広範なものであった. 1954 年 10 月, アメリカ大統領から, 原子力委員会の委員に指名され, 終生その地位にあった. 生涯におおくの賞や名誉をうけたが,そのなかには学士院会員,二つの大統領賞,原子力委員会の Enrico Fermi 賞などがふくまれる.

---

 1) Ulam の "John von Neumann" および von Neumann 夫人が *The Computer and the Brain* に寄せた序文参照.

 2) A. Taub 編集の von Neumann 全集 (*Collected Works*) 参照. von Neumann の業績についての優れた要約が *Bulletin of the American Mathematical Society*, Vol. 64, No. 3, Part 2, May, 1958 に掲載されている.

最後のものは特に電子計算機の開発と利用における貢献に対してさずけられたものである．

数学者 von Neumann　John von Neumann はその晩年には少からぬ努力をオートマトンの理論の発展のためにささげた．二つの未定稿から編集した本書は，この主題における彼の最後の著作であった．業なかばで没したため，彼が成就しようとしたものの完全なすがたをしめす筈の本は未完成に終った．そこで彼が企画したオートマトンの理論のおもな点をここに要約することが適当と思われる．彼のオートマトンの理論の考え方は，数学と計算機における研究から生れたものであるから，まずその研究をのべよう．

von Neumann は真に偉大な数学者であった．彼は広範な分野にわたっておおくの重要な寄与をなした．von Neumann 自身の考えでは，数学における彼のもっとも重要な業績は，量子理論の数学的基礎，演算子論（作用素論）およびエルゴード理論の三つの領域におけるものである．他の領域における寄与は，彼の計算機に関する研究にもっと関係が深い．1920年代後半には，記号論理学，集合論，公理論および証明論について論文をあらわし，1930年代のなかばには束論，連続幾何学，Boole 代数について仕事をした．1928年の有名な論文と，1944年の著書[3]において，彼はゲームについての近代的な数学的理論をうちたてた．1930年代の後半から，戦中・戦後を通じて，流体力学，力学，原子力工学から出てくる連続体の力学の諸問題，気象学の分野などでいろいろな研究をした．戦時中に，計算と計算機に関係するようになり，戦後これが彼のおもな関心事となった．

von Neumann と計算　von Neumann を計算へみちびいたのは，流体力学の研究であった．流体力学の現象は，数学的には，非線型偏微分方程式で表わされる．von Neumann はとくに，乱流と，衝撃波の相互作用とに興味をもった．ただちに彼は，既存の解析的手法は，流体力学における非線型偏微分方程式の解についての定性的情報をうるのにさえも不充分であることを知った．

---

3) 論文 "Zur Theorie der Gesellschaftsspiel" と Oskar Morgenstern と共著の著書 *Theory of Games and Economic Behavior*.

のみならずこのことは，非線型偏微分方程式一般についていえることであった．

この事情に対する von Neumann の対応は計算を実行することであった[4]．戦時中彼は，原子力工学その他の分野における問題に対しても，解決に計算が必要であることを知った．したがって，戦中戦後において，あたらしい高速で万能な電子計算機が開発されると，彼は流体力学および他の分野の問題に対するその潜在能力をいちはやくみとめた．このような関係から彼は計算機を使うための一般的方法を開発したが，その方法は純粋および応用数学の広範な問題に利用できるという点できわめて重要なものである．

彼が先鞭をつけ推進した方法というのは，計算機を使って非常に重要な場合の解を数値的にもとめ，その結果を理論の展開への発見的なてがかりとして利用することである．von Neumann は，実験や計算から，流体力学の現象には物理的数学的な規則性がいろいろあり，その非線型偏微分方程式の一群の解には重要な統計的性質があることがしめされたと考えた．これらの規則性と一般的性質は，流体力学とその非線型方程式のあたらしい理論の基礎となりうるかもしれない．von Neumann はこれらの規則性と一般的性質は，個々の方程式を数多く解いてみて，その結果を一般化することによってえられると考えた．特殊な場合から，たとえば乱流や衝撃波のような現象の"感じ"をつかむことができ，この定性的な方向づけによって，他のきわどい場合をひろいあげて，それを数値的に解き，こうしていつかは満足できる理論をつくりあげるというわけである．本書第Ⅰ部の第1講を参照されたい．

計算機のこの特別な使用法はきわめて重要であり，また，一見まるで異なる他の使用法とも共通な点があるので，くわしく議論する価値がある．計算機による解が，解そのもののために求められるのではなく，有用な概念・広範な原理・普遍の理論を発見するてがかりを得るためであることが，このやりかたの本質的なところである．そのゆえに，これを計算機の**発見的利用**(heuristic

---

4) Ulam の "John von Neumann" 7–8 ページ, 28 ページ以降を，また Birkhoff の著書 *Hydrodynamics* の 5 ページ, 25 ページを参照．

use)とよぶ[5]）のがふさわしい．

　計算機の発見的利用は，科学における伝統的な方法である仮説-演繹-実験の方法に類似したものであり，それと組み合わせることもできる．この方法では，手中の情報にもとづいてまず仮説をたて，数学的手段でそれから結論をみちびき，結論を実験的にためし，新事実にもとづいて，またあたらしい仮説をたてる．この順序がどこまでもくりかえされる．計算機の発見的利用でも，計算が実験のかわりをしたり助けたりするだけで，同様に行なわれる．問題の方程式について仮説をたて，鍵となるような特別な場合をひろいだし，計算機を使ってこれらの場合を解き，仮説と結果をてらしあわせ，あたらしい仮説をたて，この周期をくりかえす．

　計算はまた実験データと比較してもよい．この場合，計算機の発見的利用はシミュレーション（模擬）になる．計算そのものは純粋に数学的な問に応えることができるだけで，だから経験的事実との比較が行なわれない場合は，計算機の発見的利用は純粋数学に寄与することになる．von Neumann は，流体力学における主要な困難は非線型偏微分方程式についての数学的知識の不足に起因し，計算機の発見的利用は数学者がこの主題について適切かつ有用な理論をうちたてるのをたすけると考えた．風洞によってこの方面で長足の進歩がなされたけれども，現象を支配している方程式は知られているのだから，ここでは風洞は実験装置としてではなく，アナログ計算機として利用されたことになると彼は指摘した．

　……純粋および応用数学の多くの分野が，非線型問題への純解析的な接近の不成功によってもたらされた現状のゆきづまりを打開するために，計算機械を切実に要求している．……本当に効率のよい高速の計算装置は，非線型偏微分方程式その他の現在接近が困難かまったく不可能な多くの分野において，本当の進歩のために数学のあらゆる部分で必要とされているような発見的示唆をあたえるであろう[6]）．

　5）　Ulam の著書 *A Collection of Mathematical Problems* 中の第8章 "Computing Machines as a Heuristic Aid" をも参照．
　6）　von Neumann と Goldstine 共著 "On the Principles of Large Scale Computing Machines"（全集 5.4）

強力な計算機は数学者に"本当の進歩のために数学のあらゆる部分で必要とされているような発見的示唆をあたえるであろう"という von Neumann の意見は，純粋数学はその理念と課題とが経験科学につよく依存しているという彼のかたい信念とむすびついている．"……近代数学の最良の霊感は……自然科学に根源をもっていた[7]"．彼は数学は経験科学ではないことを認め，問題の選択と成功に関する数学者の規準は主として審美的なものであるとした．

数学的な発想は，その系図はときにはながくかつ不鮮明であるとはいえ，いつも経験主義から発しているというのが，真実の比較的よい近似と思う——真実はあまりに複雑で近似以外になにもいえないが——．しかし一旦それができあがるとこの主題はそれ自身の特異な生命をいとなみはじめ，それはなにものよりも，特に経験科学よりも，むしろほとんどまったく審美的な動機に支配される創造的なものの方により近くなる．しかしもう一つ，私が特に強調が必要だと信ずる点がある．それは……数学の主題はその経験主義的源泉から遠くはなれてしまったとき，あるいは"抽象的"な同族交配をつづけたのちには，退化の危機に瀕するということである．……この段階に到達したとき，唯一の治療法は本源への復帰による若返えり，すなわちともかくも直接経験的な理念を再注入することであると思われる．

経験科学が純粋数学においてはたす役割は，発見的なものである．経験科学は研究すべき課題を供給し，それを解くための概念や原理を示唆する．von Neumann がそう言ったのではないが，計算機の発見的利用でなされた計算が数学のある領域で同様な役割をはたすことができると彼は考えていたのだと思う．以下の第I部の第1講で，純粋数学における強力な手法の成否は，それに対して数学者が直観的かつ発見的な理解をもっているかいないかによるといい，非線型微分方程式に対するこの直観的な親近さを，計算機を発見的に利用することによってつくりうるだろうと示唆している[8]．

---

7) "The Mathematician"(全集 1.2)．次の引用はやはり同じ論文(全集 1.9)からのものである．

8) von Neumann が数学的発見における直観の役割を重視したことに関連して，興味深いことに，von Neumann 自身の直観は視覚的ではなくて，聴覚的で抽象的であった．Ulam の "John von Neumann, 1903–1957" の 12, 23, 38–39 ページ参照．

注意すべきは，計算機の発見的利用にあっては，機械ではなく人間が，示唆・仮説・発見的ヒント・新概念のおもな源泉だということである．von Neumann は機械の知能をできるだけ高くしようと望んだが，人間の直観・空間映像・独創等の能力は，現存の機械やすぐにできそうな機械の能力をはるかにこえたものであることを認識していた．彼は，器用で，物知りで，創造力ある人間の能力を，計算機を道具として利用することにより増強しようと欲した．このやりかたは人間と機械の少なからぬ相互作用を必要とし，自動プログラミングと，人間が直接に利用するように設計された入出力装置によって容易になるであろう．

von Neumann はいったん計算に興味をもったとなると，この主題とその技術とのあらゆる面で重要な仕事をした．現存の計算法は手計算とパンチカード機械用に開発されたものなので，むかしのものより数桁はやいあたらしい電子計算機には適していなかった．あらたな方法が必要であり，von Neumann は方法をいくつも開発した．彼はあらゆるレベルの仕事をした．算法を考案し，初等関数の計算から，非線型偏微分方程式の積分や，ゲームの解にいたるまで，いろいろの計算のプログラムを書いた．数値積分や行列の逆転の一般的方法を研究した．数値的安定性や，まるめ誤差の累積についての結果も得た．ランダムサンプリングの手法により積分微分方程式を解いたり，行列を逆転したり，線型方程式を解いたりするモンテカルロ法の開発に協力した[9]．この方法では，解かれるべき問題は統計的問題に変形され，つぎに充分に多くの例に対して結果を計算することによって解かれる．

von Neumann はまた，計算機の設計とプログラミング，およびその理論に対し重要な寄与をした．つぎにこの領域における彼の業績を概観しよう．

計算機の論理設計　計算へのふかい興味と，論理学と物理の素養からして，von Neumann が高速の電子計算機の開発に関係するようになったのは当然であった．この種の計算機の最初のものは，1943 年から 1946 年の期間にペン

---

9) Ulam の "John von Neumann" 33-34 ページ．von Neumann の全集 5. 751-764. この方法の説明は Metropolis と Ulam 共著の論文 "The Monte Carlo Method" 参照.

シルヴァニア大学のムーア電気工学部で設計され建設された ENIAC であった[10]. von Neumann はこの機械ともいく分接触があったので，順序としてそれについて二，三のことをのべる．

電子部品で汎用・高速の計算機をつくるというのは John Mauchly の発案で，彼は兵器部の H. H. Goldstine に，主として弾道計算に利用するその種の計算機の開発と建造をアメリカ陸軍が援助するよう提案した．陸軍は電子計算機が射撃表をつくるときのその速さに格別印象づけられて援助はあたえられた．ENIAC は Mauchly と J. P. Eckert の技術的指導のもとに，筆者をふくむ幾人かのひとによって，設計され建造された．われわれが ENIAC を建設中に von Neumann がたずねてきて，すぐにそれに興味をもった．この時期には ENIAC の設計はすでにかたまっていたが，ENIAC が完成してのち，von Neumann はプログラムがずっと簡単にできるように，それを改良する方法をしめした．まもなく彼は根本的にあたらしい計算機の論理設計を考えだしたが，それについては後述する．

ENIAC はもちろんそれ以前の計算機とは根本的にちがっていたが，大変おもしろいことに，それはまた後継者ともまったくちがっていた．それはその後継者と，二つの基本的な点でちがっていた．すなわち同時になかば独立に動作する数個の半自律的な演算装置をもっていた．また高速記憶装置はもっぱら真空管にたよっていた．これらの特徴は両方とも当時の電子技術の結果としてでてきたものであった．

ENIAC の回路の基本パルス速度は毎秒 100,000 パルスであった．たかい計算速度をうるため，10 進の全 10 (または 20) 桁は並列に処理され，そのうえそれぞれがいくらかの局所的プログラミング装置をもつ多数の演算装置がもうけられ，主プログラミング装置の総括制御のもとに，おおくの計算が同時に進行できるようになっていた．ENIAC には基本ユニットが 30 あった．すなわち

---

10) Burks 著の "Electronic Computing Circuits of the ENIAC", "Super Electronic Computing Machine", Goldstine と Goldstine 共著の "The Electronic Numerical Integrator and Computer (ENIAC)", さらに Brainerd と Sharpless 共著の "The ENIAC" などを参照．

アキュムレーター20(それぞれが10進10桁の数の記憶と加算ができる)，乗算器1，除算開平器1，関数表装置3，入力装置1，出力装置1，主プログラム器1，その他の制御に関する装置2であった．これらの基本的な装置はすべて，同時に動作することができるものであった．

当時は真空管だけが信頼できる高速記憶装置であった．――音響遅延線，静電記憶装置，磁気コア等，すべてあとから登場した――そこで当然，演算論理制御だけでなく，高速記憶装置にも真空管が用いられたのであった．真空管は高価でかさばる記憶媒体だから，これは高速記憶装置にとってきびしい制限となった．ENIACには18,000本もの真空管があったから，懐疑派をして，とてもうまくは動くまいと予言させるのに充分であった．10進10桁の数値20個の限られた高速記憶装置をおぎなうため，各種の低速記憶装置が多量設置された．すなわち入出力用のリレー，任意の数値関数やプログラム情報を記憶するため，関数表装置内の抵抗マトリックスを制御する手動スイッチ，およびプログラムのための手動スイッチとプラグインケーブルである．

万能計算機は個々の特定の問題のためにいちいちプログラムしなければならない．ENIACではこれは手で行なわれた．すなわちその問題に必要な演算装置のそれぞれのプログラム制御の機械スイッチの設定，ケーブルによるこれらのプログラム制御間の接続，および関数表のスイッチの設定である．このプログラミングの方法は，暇も手間もかかり，検査が困難で，またプログラミングが行なわれているあいだ，機械はなにもしないでやすんでいる．ENIACの完成後 von Neumann はすべてのプログラムが関数表のスイッチの設定で行なえる集中プログラム式計算機にそれを改造する方法をしめした．3個の関数表装置はそれぞれ104個のスイッチ式記憶の容量があり，そのおのおのは10進12桁と二つの符号桁よりできていた．しかし，数値をあらわすパルスは，プログラム制御をうごかすパルスと，大きさと形がおなじなので，関数表装置はプログラムの情報をおぼえておくのに用いることもできるのであった．von Neumann の方式では，関数表の出力は，特別な装置と主プログラム器を経由して他の装置のプログラム制御に接続され，これらの装置のプログラム制御の

スイッチを設定するようになっていた．この部分は，問題によって変更する必要がないようにつくられた．こうしてプログラミングは，関数表装置のスイッチを手で設定することだけになった．

　間もなくわれわれはみな，もっとはるかに強力な計算機の設計に従事することになった．前述のように，ENIACの最大の弱点は，ENIACの設計がかたまった時点では信頼できる高速記憶素子として真空管だけしか知られていなかったという技術的事実の結果として，高速記憶容量が小さいことにあった．J. P. Eckert が高速記憶装置として音響遅延線の使用をおもいついたことでこの制約は克服され，計算機の技術は急変した．水銀を使用した音響遅延線は，戦時中レーダーでパルスを遅らせるのに利用されていた．Eckert の考えは，水銀遅延線の出力を(増幅器とパルス整形器をとおして)入力へもどし，循環記憶式に大量のパルスを記憶するというのであった．ENIACでは1ビットに一本の双三極管が必要だったのに対して，たとえば 1,000 ビットの循環記憶を，水銀遅延線と数本の真空管でつくることができた．

　ENIACでは，処理されている数個の数値が回路に記憶されて，自動的かつ高速に変化できるだけで，他の数値やプログラム情報はすべて，電磁リレーやスイッチや配線接続で記憶されていた．いまやこれらの情報をすべて，短時間で自動的にとりだす水銀遅延線に記憶できるようになった．ENIACは同期式と非同期式の混合した機械であったが，水銀遅延線内のパルスを利用するとなると，"クロック"とよばれる中央のパルス源で同期をとられる完全同期式の機械をつくるのが自然なことになる．Eckert と Mauchly は，1 メガサイクル，つまり ENIAC の基本パルス速度の 10 倍のパルス速度で動作する回路を設計し，また水銀遅延線機械の設計に少なからぬ苦心をした．Goldstine は von Neumann を相談役として引き込み，われわれはみんなこの種の機械の論理設計の議論に参加した．2進法の採用が決定された．遅延線は直列に動作するので，ビットを処理するもっとも簡単な方法は順次に行なうことであった．これらのすべてによって，ENIACよりはるかにちいさく，しかもはるかに強力な機械の建造が可能になった．計画された機械は EDVAC とよばれること

になった．それは約 3,000 本の真空管でできると見積られた．

そこで von Neumann はこの計算機の論理設計を相当の細部にわたって行なった．この結果は彼の "EDVAC に関する報告書第 1 稿(*First Draft of a Report on the EDVAC*)[11]" に掲載されたが，これは公表に至らなかった．この報告書には，プログラムを電子的に記憶し変更しうる電子計算機の最初の論理設計がのっているので，その内容を要約しよう．ここで特にわれわれに興味があるのは，その設計の次のような特徴である．すなわち回路設計と論理設計の分離，機械と人間の神経系の比較，機械の一般的構成，およびプログラムと制御の処理である．

von Neumann はその構成の基礎を，McCulloch と Pitts の理想化された神経素子[12]から発展させた理想化されたスイッチ-遅延素子においた．その個個の素子は，興奮用入力を 1 から 3 個，抑止用入力を 0 から 2 個もち，またしきい値(1, 2, 3)，そして単位時間のおくれをもっている．時刻 t に二つの条件，すなわち，(1) どの抑止用入力も刺激されていない，(2) 刺激されている興奮用入力数がしきい値[13]以上ある，をみたすときにかぎり時刻 $t+1$ に刺激をだす．

理想化された計算素子の採用には二つの利点がある．第一に，設計者は計算機の論理設計を回路設計から分離できる．ENIAC の設計時に，われわれは論理設計の規則を開発したが，それは回路設計を支配する規則とまったくからみあっていた．理想化された計算素子により，計算機に対する(記憶や真理関数など)純粋な論理的要求を，技術の現状からの要求，また最終的には，計算機がつくられる物質と材料の物理的制限からの要求と区別することができる．論理

---

11) "Electronic Discrete Variable Automatic Computer" の語頭の文字を縮綴したもの．Moore 電気工学専門学校内にこの機械は建設されたが，実際につくられた時期は上述の人々が Moore 校ともはや関係がなくなってからであった．Cambridge 大学の電子計算機 EDSAC の論理的な設計は，この報告書にもとづいて行われた．Wilkes の論文 "Progress in High-Speed Calculating Machine Design" や著書 *Automatic Digital Computers* 参照．

12) "A Logical Calculus of the Ideas Immanent in Nervous Activity".

13) 全集 5.332 の "Probabilistic Logics and the Synthesis of Reliable Organisms from Unreliable Components" 中に述べられているしきい素子はこれとよく似ているが，抑止用入力の働きに関するところが異っている．

設計が第一歩で，回路設計が追従する．論理設計用の素子はできあがりの回路に大体は対応するようにえらばねばならない．つまり理想化は非現実的になるほど極端であってはならない．

　第二に，理想化された計算素子の採用は，オートマトン理論の方向への一歩である．これらの素子による論理設計は数理論理学の厳密さで行なわれるが，工学設計は当然，部分的には技巧や手法が入る．そのうえこのやりかたは，異なった種類のオートマトン素子のあいだの比較対照，この場合には，計算素子と神経細胞のあいだの比較と対照をやりやすくする．von Neumann は，"EDVAC に関する報告書第一稿" で類似と相違の双方について，このような比較を行なった．たとえば，EDVAC の回路は（パルスクロックで同期される）同期式に設計されているが，神経系はおそらく（自分自身の素子の順ぐりの反応時間で自律的に時間がきまる）非同期式である．彼はまた，人間の神経系の，連合，感覚，運動の各神経細胞と，計算機の中心部，入力，出力のそれぞれとのあいだの類似に注目した．この自然と人工のオートマトンの比較は彼のオートマトンの理論の有力な主題となることとなった．

　EDVAC の予定された構成は，ENIAC のそれとは根本的に異なっていた．ENIAC には同時に動作できるいくつかの基本ユニットがあり，計算の沢山の流れが同時に進行できる．それに対し，EDVAC は各種の基本的装置を一つずつしかもたず，二つの演算や論理の操作を同時に行なうことはしない．これらの基本的な装置とは，高速記憶装置 **M**，中央演算装置 **CA**，外部記録媒体 **R**，入力装置 **I**，出力装置 **O**，および中央制御装置 **CC** である．

　記憶装置 **M** は，32 ビットの単語 32 語を記憶できる遅延線を最大 256 本と，**M** のある部分を機械の他のところへ接続するスイッチ機構とで構成される．記憶装置は，偏微分方程式の初期条件や境界条件，任意の数値関数，計算中にえられた部分的結果などのほか，計算を指令するプログラム（命令の列）をも記憶するものであった．外部記憶媒体 **R** としては，穿孔カード，紙テープ，磁気ワイアやテープ，あるいは写真フィルムなど，またはそれらの組みあわせから成り立つものを考えた．これは，補助の低速記憶装置としてだけでなく，入出

力としても利用されることになっていた．入力装置 **I** は情報を **R** から **M** へ転送する．出力装置 **O** は情報を **M** から **R** へ転送する．**M** の表現は 2 進法であり，**R** の表現は 10 進法であった．

中央演算装置 **CA** は，数を保持するため，いくつかの補助レジスター(1 語の遅延線)をもつ．中央制御装置 **CC** の指令にしたがって，加減乗除，開平，2 進 10 進変換，10 進 2 進変換，レジスター間転送，レジスターと **M** 間の数値転送，第三数値の符号により 2 数のうちから選択すること等を行なう．この最後の操作はプログラムのある命令から他へ(条件つき飛躍して)，制御をうつすのに利用されるものであった．数値は **CA** のなかで，下の桁から逐次に処理され，一時には一つの操作だけが実行されるようになっていた．

各単語の第一ビットは，数値では 0，命令では 1 である．命令のうちの 8 ビットは実行すべき操作の指定にあてられ，そうして，**M** の参照が必要な場合は，13 ビットが番地に割当てられた．典型的な動作順序はつぎのようになる．記憶番地部 x をもつ加算命令が **M** の y の場所に，加数がつぎの場所 $y+1$ に，つぎに実行すべき命令がつぎの場所 $y+2$ にあったとしよう．y にある命令は **CC** へ，$y+1$ にある加数は **CA** へゆく．被加数は **CA** にもとからあり，和が **M** の x の位置におかれる．$y+2$ の位置の命令がつぎに実行される．

ふつうには命令は遅延線から逐次にとられてくるが，番地 z をもつ命令が一つあって，それはつぎの命令を記憶装置 **M** の z の位置から **CC** にとってくるようになっていた．数値が **CA** から **M** の番地 w へ転送されるとき，w の内容が調べられる．もし w に命令(つまり，第一ビットが 1 の単語)があるなら，**CA** にある結果の上位 13 ビットが，w の番地のその 13 ビットに代入される．命令の番地部をこの方法で機械により自動的に変更することができる．この手段と，制御を記憶装置の任意の位置 w にうつす命令と，**CA** の第三の数値の符号にしたがう二数選択の能力とがあいまって，機械はプログラム記憶方式の完全自動計算機となった．

von Neumann は EDVAC の論理設計を行なうかたわら，アイコノスコープの原理をもちいた高速記憶装置の開発を提案した[14]．情報はアイコノスコー

プ上に光線で書き込まれ，電子ビームでよみだされる．von Neumann はまた，情報はこの種の真空管の内面に，電子ビームで書き込むこともできることを示唆した．つまり，陰極線管内の誘電体板上の電荷という形の記憶ということである．彼はこの種の記憶装置が遅延線記憶装置にまさることがわかるだろうと予言した．やがて，そうであることがあきらかになり，von Neumann はこの種の記憶装置にもとづいたさらに強力な計算機に注意を転じた．

あたらしい計算機は，主としてつぎの二つの理由により，考えられていたほかのどの機械よりも，ずっとはやくなるはずであった．第一に，遅延線に記憶されたビットや単語では，それが線の終端に到着するまでとりだすことができないのに対し，静電記憶装置では，どの位置でも，ただちにとりだすことができる．第二に，こんどは単語の全(40)ビットを並列に処理することにより，計算時間を短縮することになっていた．その論理設計は "電子計算機の論理設計の予備討論(Preliminary Discussion of the Logical Design of an Electronic Computing Instrument)" にのせられている[15]．提案された計算機は，高等科学研究所で Julian Bigelow の指導のもとに，幾人かのエンジニヤにより建設され，世間には JONIAC の名でしられている[16]．機械がまだ建造中のうちから，その論理および回路設計は，アメリカでつくられた計算機，たとえば Illinois 大学，Los Alamos 国立研究所，Argonne 国立研究所，Oak Ridge 国立研究所，Rand コーポレーションなどの計算機や，そのほか商用に製造されていたいくつかの機械の設計に強い影響をおよぼした．JONIAC はまた水素爆弾の開発に重要な役割をはたした[17]．

14) EDVAC に関する報告書第1稿の12.8節．
15) この論文は H. H. Goldstine および私(Burks)との協力のもとに書かれた．von Neumann がいつもやるように，この報告の中で特許の対象となる事項はすべて公共の利用に委ねることとし，彼の提案によって，このことを保証する証書に一同でサインした．
16) この機械については Estrin の書いた "The Electronic Computer at the Institute for Advanced Study" に詳しい．はじめのプランでは記憶装置には Rajchman が論文 "The Selectron――a Tube for Selective Electrostatic Storage" に書いているものを使用する筈であったが，実際に使われたのはブラウン管を，Williams が論文 "A Cathode-Ray Digit Store" に書いている方式で動作させるものであった．
17) *New York Times*, 1957年2月9日号, p. 19.

プログラミングとながれ図 von Neumann が早々に認識したのは，これらの新らしい計算機は大きい問題を非常にはやく解くことができるので，数学者やプログラマーがこれらの機械の能力を充分に活用できるためには，新らしいプログラミングの手順が必要となるだろうということであった．そこで彼は，計画されている高等科学研究所の計算機の命令コードを頭において，新らしいプログラミングの方法の開発へすすんだ．この結果は重要な一連の報告"電子計算機のための問題の計画とコード化(Planning and Coding of Problems for an Electronic Computing Instrument)"[18] に発表された．

一般にはまず問題を数学的に形式化し，つぎに使用すべき詳細な計算法を決定する．計算法はほとんどいつでも，反覆のなかの反覆を何重にもふくんでいて高度に帰納的である．この段階で存在するのは，目的の計算を数学者のふつうの言語や数学記号で表現した一般的な記述である．そこでつぎの作業は，この記述を機械語で表現されたプログラムへ変換することである．これはしかし，計算の記述が一般的なことと，また再帰的手続きというものの性質のためとから，決して簡単ですなおな翻訳作業ではすまない．

再帰的手続きは，特に複雑な場合は，静的に(それらを定義する記号の静的系列として)よりは，動的に(一段一段の効果として)のほうがよく理解される．機械語でこれに対応することがらは，ある命令の効果が，その命令が協力して行なっている計算自身によって，すなわちある命令が使われるかどうか，また何回使われるか，記憶装置のどの位置を使うか，などによって，違ってくるということである．これらはすべて，全体のプログラムと処理される数値全部との関数である．だからプログラムは，静的な記号の列ではあるが，むしろ動的な効果によって，すなわち実際に逐次行なわれる計算処理の制御によって理解するのが普通いちばんよいのである．

目的の計算を，数学者が自身の言語で記述したものと，それに対応する機械語によるプログラムとの間のギャップを橋渡しするたすけとして，von Neumann はながれ図を考案した．ながれ図は，箱と点が線で接続されたものから

---

18) H. H. Goldstine と共著．

なる，ラベルつきグラフである．箱にはいろいろな種類がある．すなわち，操作箱（箱のなかに記号で示された反覆のない計算の断片を指定する），選択箱（制御命令の条件つき飛躍に対応し，飛躍の条件が併記してある），代入および宣言箱（反覆の指標の値をしめす），記憶箱（計算のある段階における記憶装置中の重要な部分の内容をしめす）および開始，終了，相互接続をしめすラベルつきの円である．あたえられたながれ図に対応するプログラムを実行するとき，計算機はながれ図のなかを，開始の円からはじめて，操作箱のなかに記述された命令の系列を実行したり，選択箱のなかにのべられた条件にしたがって，もとにもどったり，あるいは図のあたらしい部分へわかれてでたり，図のある部分を出口の円からとびだして，図の別の部分へ入口の円から入ったりして，最後には終点の円で停止することになる．図のなかでの進行方向をしめすために向きのついた線がつかわれ，それらはグラフ上の点で合流することもある．記憶箱は，その内容が部分的に記述している計算の段階に対応するグラフ上の各点に向きのない線でむすばれる．

　プログラマーは，複雑な問題の完全なながれ図を自分で準備し，コード化する必要はない．いやしくも相当程度複雑な問題はたくさんの部分的な問題からできていて，そのためのながれ図やサブルーチンを，あらかじめ，つくっておくことができる．電子計算機で問題を解くのに用いられる多数の基本的アルゴリズム（算法）に対応するサブルーチンをコード化することが計画された．すなわち10進2進および2進10進変換，倍精度演算，各種の積分および補間法，分類とまぜあわせなどである．これらのサブルーチンはテープのライブラリーとして利用できる．ある問題を解くのには，プログラマーは単に，テープから正しいサブルーチンをとりだして，それをその問題にあてはまるよう修正することを計算機にさせるための"接続ルーチン"を書けばよい．

　接続ルーチンとサブルーチンライブラリーを利用することは，計算機をそれ自身のプログラムの作製をたすけるのに利用する方向への第一歩であった．まだこの方式では，プログラマーが書くものはすべて，わずらわしい"機械語"でなければならなかった．もっとましなやりかたは，プログラマーがプログラ

を書くための"プログラマーの言語"をつくり，そうして，機械に，プログラマーの言語で書かれたプログラムを機械語で表わされたプログラムに翻訳をさせるような，機械語で書かれた翻訳プログラムを書くことである．そうすればこのプログラム用言語は数学者や科学者や技術者が普段利用している自然言語や，数学的言語に近いもの，したがってプログラマーが利用するのが容易なものとなるであろう．このやりかたは現在，自動プログラミングの名称のもとに開発されつつある．von Neumann はこれを"ショートコード"(プログラマーの言語)と"コンプリートコード"(機械語)の名称のもとに論じた[19]．

von Neumann は，自動プログラミングの考えが，Turing の万能計算機の存在の証明の実地の応用であることに気がついた．Turing 機械とは無限にのばすことのできるテープをもった有限オートマトンである．任意の汎用計算機に，テープ記憶を無制限につけくわえることのできる自動工場をくっつけたものは，Turing 機械である．Turing の万能計算機 U は，つぎの性質をもつ，すなわちどんな Turing 機械 M に対しても，機械 U がプログラム P の指令のもとに動作して，M のとおなじ結果を計算するような有限のプログラム P が存在する．つまり U と P は M をシミュレート(模倣)する．

自動プログラムもまた模倣を含んでいる．U_c を，プログラマーには使いにくい機械語で動作する計算機としよう．プログラマーはもっと便利な自分のプログラマー言語を利用する．プログラマー言語を直接理解する機械を建設することが理論的に可能で，この仮想の計算機を M_p とよぼう．P_t をプログラマーの言語から U_c の機械語へ翻訳する(機械 U_c の言語でかかれた)プログラムとしよう．このとき，U_c は P_t の指令のもとに動作して，M_p のと同じ結果を計算するであろう．つまり U_c と P_t とは M_p を模倣し，これは Turing の万能計算機 U に P をつけたものが M を模倣するのの特別な場合である．

U_c の内部で二つの言語が用いられていることに注意しよう．すなわち直接に利用される機械語と，翻訳ルーチン P_t を経由して間接に利用されるプログラマーの言語とである．von Neumann はこれらをそれぞれ機械の"一次"と

---

19) *The Computer and the Brain*, pp. 70–73.

"二次"の言語とよんだ．一次言語は，機械内部での通信と制御に利用される言語であり，一方，二次言語は，われわれ人間が機械と通信するのに利用する言語である．von Neumann は，類推によれば，人間の神経系にも一次と二次の言語があるかもしれず，またその一次言語はわれわれが知っているどんな言語とも非常にちがっているであろうとのべた．

したがって神経系は，われわれが日常の演算や数学でよく知っているものとは根本的にことなった記述のシステムを利用しているようにみえる．……
……中枢神経系がどんな言語を利用しているにせよ，それはわれわれが普通なれているものより論理と演算の深さが小さいことが特徴である．
したがって中枢神経系での論理や数学は，それを言語としてみたとき，日常の経験で知っている言語とは，構造が，まったく異なっていなければならない．
……数学について語るとき，中枢神経系で本当に利用されている一次的な言語の上にたてられたところの二次的な言語を論じているのである[20]．

彼は，神経系の一次的な言語は，統計的な性格をもつと考えた．したがって彼の確率的論理の研究は，この言語に関係したものであった．以下の第 I 部の第3講および第4講と，"確率的論理および信頼しえぬ素子による信頼しうる有機体の合成(Probabilistic Logics and the Synthesis of Reliable Organisms from Unreliable Components)"における確率的論理と信頼度の議論を参照されたい．

計算機の回路 当初から von Neumann は電子計算機の回路および素子に興味をもっていた．改良された計算機素子を開発する目的で，物質の基本的な物理的および化学的性質を分析した[21]．オートマトン理論の講演では，自然お

---

20) *The Computer and the Brain*, pp. 79-82.
21) この分野における彼の多くのアイデアは，同僚と討論した折に示されただけで印刷されたものは全くなかった．ごくわずかにそれを示すものは全集 5.39 の *Preliminary Discussion of the Logical Design of an Electronic Computing Instrument* 中にみられる．Booth は論文 "The Future of Autmatic Digital Computers" 中の p. 341 に，von Neumann と 1947 年に超伝導記憶素子のことを論じたことを記している．von Neumann はまたメーザーについても，そのはじまりの頃仕事をしている．全書 5.420, *Scientific American* 誌の 1963 年 12 月号 p. 12 や 1963 年 4 月号 pp. 14-15 を参照のこと．

およびの人工の素子を，速度，寸法，信頼度，およびエネルギー消費の点で比較し，2進判定に必要な熱力学的最小エネルギーを計算した．本書第Ⅰ部の第4講を参照されたい．計算に利用しうる物理的現象とその効果の探究は新素子の発明をもたらした．

それは周波数 nf ($n=2, 3, 4, \cdots$) の励振電源で駆動され，分周波 f で発振する分周波発振機である[22]．分周波発振機回路は周波数 f に同調されたインダクタンスおよび容量の回路よりなる．容量かインダクタンスのどちらかが非線型であり，その値が(周波数 nf の)励振信号の影響のもとに周期的に変化する．周波数 f の発振は n 個の異なった位相のどれかでおきる．それぞれの発振位相は，いったん発振してしまうと高度に安定であるが，発振のはじまるとき，位相の選択は周波数 f で希望の位相の小さい入力信号によって容易に制御できる．(周波数 nf の)励振源をずっと低い周波数の矩形波(クロック信号)で(つけたり消したりして)変調すると，受動と能動の期間が交互にでき，周波数 f の入力は，励振信号があらわれたときに，n 個の発振の位相の一つをえらぶことができる．

一つの分周波発振機(送信機)から別の(受信機)へ位相状態を伝達するには，送信機と受信機を変圧器で結合する．送信機と受信機への矩形波変調は，周波数は同じであるが位相が異なり，受信機が動作に入るときに，送信機がまだ動作中であるようになっている．その結果，受信機は送信機と同相で周波数 f の発振がはじまる．受信機は後刻その状態をほかの分周波発振機に送信することができ，そのようにしてつぎつぎと線をつたわってゆく．クロック信号に同じ周波数で位相が異なるものを三つおき，接続された発振機を適当なクロック信

---

22) "non-Linear Capacitance or Inductance Switching, Amplifying and Memory Devices." von Neumann の考えについては Wigington が "A New Concept in Computing" の中で紹介している．

　まったく独立に E. Goto によって発明されたパラメトロンは，本質的にはまったく同じ考えにもとづいたものであるが，スピードが von Neumann の考えたものとはかなり違っていた．Goto の "The Parametron, a Digital Computing Element which Utilizes Parametric Oscillation" を参照．Goto の報告による最高励振周波数 ($2f$) は1秒あたり 6×10^6 サイクル，クロック信号周波数は 10^5 サイクルであった．上述の Wigington によると，von Neumann は励振周波数 ($2f$) 5×10^{10} でクロック信号周波数 10^9 までは可能であろうと見積った．

号で励振するようにすることにより，発振機系のなかを情報を伝達することができる．この発振機はそれぞれ，周波数 nf の励振入力のほかに，周波数 f で動作する入力と出力をもっている．つながれた二つの発振機への異なる二つのクロック信号の位相関係が，どちらの発振機が受信機でどちらが送信機であるかをきめる．(f の) 出力信号は，(f の) 入力信号が発振の位相を制御するのに必要なものよりはるかに大きな電力をもつから，分周波発振機は周波数 f の増幅器であり，増幅のための電力は周波数 nf の励振信号からきているのである．

分周波発振機の発振は安定であり，別の発振機からの分周波入力が停止したあとにも持続するので，この装置はあきらかに記憶能力をもつ．スイッチ作用は分周波発振機を使ってつぎのように行なうことができる．$n=2$ としよう．つまりシステムが 2 進になるように周波数 f の分周波発振に二つの異なった位相があるとしよう．三つの送信の発振機の出力を，出力電圧が加算されるように変圧器の一次側へ接続し，受信機の発振機をこの変圧器の二次側へ接続する．そうすると変圧器二次側の電圧は送信の発振機の多数決の位相をもち，受信の発振機はこの位相で発振する．この装置は多数決素子を実現することになる．すなわち二つ以上の入力が "1" の状態にあるときだけ出力状態が "1" になる，おくれをもった 3 入力素子を実現する[23]．否定素子は一つの発振機の出力を別の入力に接続し，変圧器のまき線の方向を逆転することによって実現できる．定数 "0" および "1" は，周波数 f の二つの異なった位相の信号の発生源により実現できる．多数決素子，否定素子，それと "0" および "1" の定数発生源だけあればすべての計算を行なうのに充分であり，計算機の中央部分を完全に分周波発振機により構成しうる[24]．

---

23) 全集 5.339, "Probabilistic Logics and the Synthesis of Reliable Organisms from Unreliable Components".
24) たくさんの計算機がそのような形でつくられた．Goto の上掲論文を参照．

von Neumann のオートマトンの理論

序 以上の von Neumann の研究業績の概観をかえりみると，まずこれらの業績のなかに示された広さと深さの恐るべき結合に感動させられる．特に注目されるのは von Neumann の業績が純粋に理論的なものから極度に実際的なものにおよぶそのひろさである．そのことに関してつけ加えると，彼は，技術革新や，あるいは人間の環境たとえば天候の予測と制御などに対する計算機の恐るべき可能性を認識し推進した最初のひとの一人であったのである．

von Neumann がこれだけ多くのいろいろな分野に対し，実質的な寄与をすることができたのは彼が広範な興味とともに，いろいろな能力のまれな組みあわせにめぐまれていたからであった．その敏速な理解と強力な記憶により，多量の情報を吸収し，組織し，保有し，また利用することができた．広範な興味により，多くの領域で研究し，それに接触しつづけることができた．あらゆる種類の難問を解決し，また状況を解析して本質に達することにおいて彼は巨匠であった．

この広域の興味と能力は，von Neumann の数学者としての大きい力の一つであり，彼を最高の意味での応用数学者たらしめた．彼は一方では自然および工学的科学の実際の問題に，また他方では純粋数学の抽象的手法に精通していた．彼は科学者や技術者と話しをする能力においても，数学者のなかではまれな存在であった．この理論と実践の結合は von Neumann が意識的に育成したものであった．彼は科学の方法の歴史と本質，およびその純粋数学との関係を，注意ぶかく勉強しており[25]，数学はその霊感(ひらめき)を経験科学から獲得しなければならないと信じていた．

その学識とものの考え方からいって，von Neumann が計算機の一般的理論を建設しはじめたのは当然であった．計算機と自然の有機体との間の重要な

---

25) *Theory of Games and Economic Behavior* の第1章，全集 1. 1-9 の "The Mathematician"，および全集 6. 491-498 の "Method in the Physical Sciences" を参照．

類似点と,そしてそのような異なるが関係のあるシステムを比較することの発見的な意義とを意識して,彼は,その両者をふくむ理論をもとめた.彼はこのこれからつくる体系的理論を"オートマトンの理論"とよんだ.オートマトンの理論は,自然と人工のシステムの構造および組織,そのようなシステムにおける言語と情報の役割,およびそのようなシステムのプログラミングおよび制御の,首尾一貫した集成となるはずであった.von Neumann はオートマトンの理論の一般的な性格を,本書の第I部および第II部の第1章の数個所で論じた.

計算機の設計とプログラミングに関する von Neumann の初期の研究から,彼は数理論理学があたらしいオートマトンの理論で重要な役割をはたすであろうことをみとめた.しかし後述の理由により,彼は現状の数理論理学が,オートマトンをあつかうに有用ではあるが,オートマトンの論理そのものとしてつかうには十分でないと考えた.むしろ,確率論,熱力学,情報理論などによく類似し,それらを結びつけるあたらしいオートマトンの論理があらわれると信じた.そういうわけで,von Neumann のオートマトンの理論は,すくなくともはじめの方は,高度に境界領域的なものであろうことはあきらかである.

不幸にも業なかばで去ったため,von Neumann はオートマトンの理論について行なっていた研究をどれ一つも最終の形態にもってゆくことができなかった.この主題に関する最後の著作のなかで,彼は"もしもそのようなオートマトンの'理論'についてかたることができれば申し分なかろう.残念ながら,現在あるものは……まだつながりの完全につかない,ほとんど形式化されていない'経験の集積'といえる程度のものでしかない"とのべた[26].それにもかかわらず,この領域における von Neumann の業績は本質的なものであった.彼はオートマトンの理論の一般的な性格,すなわちその構造,材料,そのいくつかの問題,いくつかの応用,およびその数学の形について輪廓を示した.彼は人工と自然のオートマトンの比較研究をはじめた.最後に彼はオートマト

---

26) *The Computer and the Brain*, p. 2.

の理論の二つの基本的問題を提出し，ある程度解答を与えた．それは，いかにすれば信頼しえぬ素子から，信頼しうるシステムを構成することができるか，またあるオートマトンが自己増殖できるためには，いかなる種類の論理組織があれば充分か，という問である．第一の問題は"確率的論理，および信頼しえぬ素子による信頼しうる有機体の合成(Probabilistic Logics and the Synthesis of Reliable Organisms from Unreliable Components)"に論じられている．第二の問題は本書の第Ⅰ部の第5講および第Ⅱ部に論じられている．

いかにして von Neumann がこれら二つの問題にみちびかれていったかは私は知らないが，彼の興味と彼の書いたものをもとにして考えれば，それらがつぎのようにして計算機の実際の研究から発生したのではないかと思われる．あたらしい電子計算機は，それ以前の(人間，機械的および電気機械的な機械，およびそれらの組みあわせの)計算システムにくらべ，大量の計算を自動的かつ高速に行ないうる点で革命的であった．ENIAC から，計画された EDVAC，そうして高等科学研究所計算機への進歩はすべて，より強力な計算機という方向への大きな前進であった．彼の，非線型偏微分方程式を解くこと一般，そうして特に天候を予測するための方程式への興味は，当然彼に，これまでよりもっと強力な機械をのぞませ，そういう機械をつくることのさまたげになるような基本的制限をさがして，それをとりのぞくことを試みるように仕向けたであろう．政府や産業界の顧問として，彼はより大きな計算機の設計と建造を促進するつよい影響力をもっていた．

von Neumann は当時建設しえた最良の計算機と，もっとも知的な自然の有機体とを比較し，技術者が真に強力な計算機を建設することの可能性を制限している三つの基本的な要因があることを結論した．すなわち利用しうる素子の大きさ，これらの素子の信頼度，および計算素子の複雑なシステムの論理的組織法の理論の欠如である．von Neumann の素子に関する研究は，第一の制限をねらったものであり，信頼度と自己増殖に関する成果はそれぞれ，第二および第三の制限の除去に寄与するものである．"確率的論理および信頼しえぬ素子による信頼しうる有機体の合成"において，彼は，素子をより信頼しう

るようにするのではなくて，計算機全体の信頼度が部品の信頼度より大きくなるように素子を組織化することによって，素子の信頼度の低さを克服する方法を，二つしめした．彼は確率的論理の研究を，オートマトンのあたらしい論理への一歩であると考えていた．自己増殖に関する研究も，複雑なオートマトンの理論に属するものである．彼は非常に複雑なシステムに関連する質的にあたしらい原理があると感じ，あきらかに複雑度に依存するところの自己増殖という現象のなかに，これらの原理を探し求めた．また自己増殖は自己修復と密接な関係にあるので，自己増殖における成果は，信頼度の問題の解決にも役立つことが期待される．

このように von Neumann は複雑なオートマトンに特別に興味をもち，計算素子の複雑なシステムの論理的組織の理論を求めた．信頼度と自己増殖に関する彼の問いかけは，複雑なオートマトンに特に密接に関係している．

もう二つのことをいわねばならない．第一に von Neumann は，あたらしい科学を開始するに際して，たとえそれが日常の現象に関するもので，周知の結果に到達するものであっても，明確に記述できる問題から出発すべきであると信じていた[27]．なぜならこれらの現象を説明するために展開される厳密な理論は，そのさきの進展の基礎を提供しうるからである．信頼度と自己増殖の問題はこの種類のものである．第二に von Neumann は，複雑なオートマトンの適切な理論の欠如が，より強力な機械の建造に対する重要な実際上の障壁となっていると信じていた．彼は，オートマトンの適切な理論がない間は，製作しうるオートマトンの複雑度と能力には限界がある，と明言した[28]．

自然と人工のオートマトン オートマトンの理論の守備範囲とその境界領域的な性格は，オートマトンの二つの典型；人工のものと自然のものを考察することによってあきらかになる．アナログ型およびディジタル型の計算機は人工のオートマトンのもっとも重要な種類であるが，通信と情報の処理のための他の人工のシステム，たとえば電話や無線のシステムもこれにふくまれる．自然

---

27) *Theory of Games and Economic Behavior*, 1.3 節および 1.4 節．
28) 全集 5.302-306, "The General and Logical Theory of Automata".

のオートマトンには，神経系，自己増殖および自己修復システム，生物の進化とか適応とかの側面などがふくまれる．

オートマトンの理論は一方では通信，制御工学と重なり合い，また他方では生物学と重なり合う．実際，人工と自然のオートマトンは非常にひろく定義されているので，オートマトンの理論がこれらの両方の主題を中にとりこんでしまうのをなにがさまたげているのだろうと考えても無理もないほどである．von Neumannはこの設問については論じなかったが，彼の言ったことのなかにオートマトンの理論の限界が暗黙のうちに示されている．オートマトンの理論はこれらの主題とは，数理論理学と電子計算機が中心的な役割をはたすことで異なっている．それは重要な工学的応用をもつとはいえ，それ自身は実用的ではなくて理論的な学問である．最後にオートマトンの理論と生物学との違いは，組織・構造・言語・情報・制御などの問題に中心があるという点である．

オートマトンの理論は，組織・構造・言語・情報・制御などの一般原理を追求する．これらの原理の多くは自然と人工のシステムのどちらにも適用することができ，この2種のオートマトンの比較研究はよい出発点である．まずそれらの類似と相異を記述し，説明しなければならない．両種のオートマトンに適用できる数学的原理を開発しなければならない．たとえば真理関数論理と遅延論理，そしてまた von Neumann の確率的論理も計算機素子と神経細胞の両方に適用される．本書の第I部の第2講および第3講を参照されたい．同様にして，von Neumann の自己増殖細胞オートマトンの論理設計は，自然の有機体と電子計算機のあいだの掛け橋となる．この点でゲームの理論とのいちじるしい類推がみられる．経済システムは自然であり，ゲームは人工である．オートマトンの理論が自然と人工の両オートマトンに共通な数学をふくむように，ゲームの理論は，経済システムとゲームの両者に共通な数学をふくんでいる[29]．

von Neumann は彼自身，自然と人工のオートマトンの比較に少からぬ注意をそそいだ[30]．自然の有機体のオートマトン的側面に関する科学的な知識は，

---

29) *Theory of Games and Economic Behavior*, 1.1.2節および4.1.3節．

最近にいたって急速の進歩をとげ,現在では,von Neumann が書いたときより,比較のためのはるかに詳細な基盤が存在するが,しかし彼の考えの大すじと結論は,やはり興味あるものである.彼の考察を以下の標題のもとに概観しよう.それは,(1) アナログとディジタルの違い,(2) 素子として利用される物理的および生物学的材料,(3) 複雑度,(4) 論理的組織,(5) 信頼度,である.

(1) von Neumann はアナログとディジタルの違いを詳細に議論し,それが自然のオートマトンの研究のすぐれた指針になることを知った.第Ⅰ部の第1講および第4講を参照されたい.彼のもっとも一般的な結論は,自然の有機体は,アナログ型とディジタル型の両処理をふくむ混合システムであるということであった.それにはおおくの事例があるが,ここではその二つをあげれば充分であろう.真理関数論理は,神経細胞に対して第一近似としては適用可能であるが,不応期とか空間的加算などの神経現象は,離散的ではなくて連続的である.複雑な有機体では,往々ディジタル型の操作と,アナログ型の処理とが交互にはたらくことがある.たとえば遺伝子はディジタルであるが,それが制御する酵素はアナログ的に作用する.自然のオートマトンに関する知識に影響されて,von Neumann はアナログとディジタルの組みあわさった計算機構を考案した[31].これは自然のシステムの研究が,人工のシステムの設計におよぼす効果の好例である.

(2) von Neumann は,実在する自然と人工のオートマトンを,寸法,速さ,必要なエネルギー,信頼度等について比較して,これらの相異を,材料の安定度とか,オートマトンの組織などの要因に関係づけた.計算機の素子は神経細胞よりはるかに大きく,またエネルギーを多く必要とする.もっともこれ

---

30) Norbert Wiener も,著書 *Cybernetics* の中で,少し違った風にではあるが,自然と人工のシステムについてすぐれた比較を行っている.この二人の人間は互いに相手の仕事のことを知っていた.そのことは *Cybernetics*(ことにその "Introduction")と,この書物に対する von Neumann の書評とをみるとよく判る.

31) 全集 5.372-377 の "Probabilistic Logics and the Synthesis of Reliable Organisms from Unreliable Components" の 12 節参照.

はその速度がはるかに速いことによってある程度相殺される．これらの相異はシステムの組織に影響をおよぼす．天然のオートマトンは動作がより並列的であり，電子計算機はより直列的である．真空管と神経細胞のあいだの寸法の差は，部分的には，使われている材料の機械的安定性ということから説明できる．真空管は，こわすことはわりにやさしく直すことはむずかしい．それに反し，神経細胞の膜は，こわされてもひとりでに回復することができる．von Neumann は計算素子の消費するエネルギーの熱力学的最小値を算出し，理論的には，計算素子は，エネルギーの利用において，神経細胞にくらべて，10^{10} 倍ぐらい効率のよいものにすることが可能であるとの結論をだした．第Ⅰ部の第4講を参照されたい．自然と人工の素子の比較が，彼の計算機素子の研究に影響をおよぼしたことはうたがいない．

(3) 生物，なかでも人間は，もちろん人間がこれまで建造したどんな人工のオートマトンよりも，はるかに複雑な一つの自然オートマトンである．この複雑度のゆえに人間は，自分自身の論理設計の詳細については，自分で建設した最大の計算機のそれよりは，はるかにすこししか理解していない．von Neumann は，オートマトンの理論の主要な問題は複雑度の概念にまつわると考えた．この概念自体が厳密な定義を必要とする．オートマトンの理論は，複雑なオートマトンの論理組織をその行動と関係づけなければならない．理論がこのことに成功したときは，人間の果すもっとも困難で高級な機能のいくつかや，さらに，大きい連立非線型偏微分方程式を解くといったような，人間にもできない多くの他の複雑な機能をやってのける能力のある人工のオートマトンの論理設計の開発が可能になるだろう．複雑なシステムでは信頼度の問題が，特に決定的である．von Neumann は，極度に複雑なシステムは，あたらしい原理を内蔵しているのではないかと憶測した．たとえば，ある水準以下では複雑度は退化的で，自己増殖は不可能だと考えた．また，一般的にいって，簡単なオートマトンの場合には，オートマトンの行動の記号的記述のほうがオートマトンそれ自身より簡単であるが，極度に複雑なオートマトンの場合には，オートマトンのほうがその行動の記号的記述より簡単であろうと示唆した．第Ⅰ部の

第2講を参照されたい.

(4) 自然および人工の素子の速さの比較の議論において,自然のオートマトンは動作がより並列的になる傾向があり,人工のオートマトンは動作がより直列的になる傾向があることに注目した.オートマトンや計算を計画する際,それが並列であるか直列であるかの程度を幾分かは選択することができるが,これには明確な限度がある.たとえば直列的な計算で,あとの演算がまえのものに依存し,したがってまえのものと同時には処理できない場合がある.そのうえこの選択は機械の他の側面,特に,記憶装置に対する要求にかかわる.なぜならあとで演算されるデータはそれが必要になるまで記憶されていなければならないからである.人工のオートマトンの記憶装置は一般には階層的に組織化され,階層の中のことなる水準はことなる速さで動作する.典型的な計算機でいうと,高速の電子的レジスター,より低速の磁気コア,さらにはるかに低速な磁気テープ装置がある.そのほかに,システムの変更不可能な組織をつくるところの,機械自身の配線がある.von Neumann は機械の記憶装置の階層を議論し,自然のオートマトンの同様な階層をさがす必要があるといった.神経細胞の環路を循環するパルス,使用による神経細胞の閾値の変化,神経系の組織化,および遺伝子のコード化をいっしょにしたものがこのような階層を構成する.

オートマトンの組織は,そのオートマトンによるある一つの計算の組織とは区別する必要がある.この両者を考慮にいれると,自然と人工のオートマトンの直列対並列の相異が強調されるようにみえる.von Neumann はこの関係で計算における"論理の深さ"ということをいった[32].一つの計算は多数の基本になる論理的ステップ(スイッチと遅延)からなり,それぞれのステップの結果はそれ以前のあるステップに依存する.その一つ一つがその前駆者にきわどく依存しているようなステップの連鎖のことを,"計算の鎖"とよぼう.ある計

---

32) *The Computer and the Brain*, pp. 27, 79. 彼はまた言語における論理の深さということも言っている.上述書 pp. 81-82 の記述や同書 p. 15 にある神経系の原始言語についての論議を参照.

算の論理の深さとは，その最長の計算の鎖における論理的ステップの数である．電子計算機はその高速のゆえに，論理のふかさの極度に大きい計算をするのに使われる．最終結果が役に立つためには，誤差を小さくおさえなければならないから，個々の論理ステップでの信頼度が，非常につよく要求されることになる．そこで自然と人工のオートマトンについての，von Neumann の第五のそうして最後の比較点に到達する．

(5) 最初のころの電子計算機は故障を自動的に検出する装置をほとんどもっていなかった．計算機は極度の注意をはらって設計・配線され，たかい信頼度のために特に選び出された素子をつかって建造された．プログラムは注意して書かれ，手数をかけて検査された．機械の誤動作を検出するために診断プログラムが利用され，種々の手段(たとえば階差)が，計算結果を検査するためにとられた．このように，これらの機械は，のぞむらくは，一回の誤動作は，二回目がおきるまえに気づかれるようなぐあいに設計され，建設され，そして利用された．誤動作がおきると機械はとめられ，悪いところが分析的な手法でつきとめられた．von Neumann が第Ⅰ部の第4講で指摘したように，このあやまりの処置法は極端に複雑なオートマトンでは，あきらかにうまくいかない．そのような巨大なオートマトンでは設計や建造自体がおおくのあやまりをひきおこすであろう．さらに素子の数が多いため，あやまりの間の平均自由行程が非常にみじかくなり，故障のつきとめが非常に困難になる．自然のオートマトンは，この点であきらかに人工のものにまさる．なぜなら自己診断および自己回復の能力にすぐれているからである．たとえば人間の頭脳は，機械的傷害や疾病によるおおきな損傷をこうむっても，なおおどろくほどよく機能しつづけることができる．自然と人工のオートマトンはこのように，あやまりに対する防禦に関して，非常に異なった方法で組織化されている．von Neumann の信頼度に関する研究は，この点に関してこれら2種のオートマトンをむすびつけるのにやくだっている．

オートマトンの理論の数学 von Neumann はオートマトンの理論を高度に数学的かつ論理的なものにする意向であった．(自然および人工の)実際のオ

ートマトンの研究と，オートマトンの動作や相互作用の研究は，オートマトンの理論のこの形式的部分に対する経験的資料を提供する．このことは，von Neumann の，数学は経験にもとづく問題から霊感と概念とをひきだすという信念と一致している．

　数理論理学とオートマトンのあいだの密接な関係を，von Neumann はオートマトンの理論をあらわしたときにはよく知っていた．Kurt Gödel は論理の基本的概念（つくりのよい式，公理，推論規則，証明など）が本質的に再帰的(効果的)であることをしめして，数理論理学を計算の理論に帰着させた[33]．再帰的関数は，また Turing 機械で計算可能な関数であるから，数理論理学はオートマトンの観点からあつかうことができる[34]．逆に数理論理学は，オートマトンの分析と合成に応用することができる．オートマトンの論理的組織を，理想化されたスイッチと遅延の素子の構造でまず表現し，つぎに論理記号に翻訳することができる．第Ⅰ部の第2講を参照されたい．

　オートマトンと論理学のあいだの親密な関係のゆえに，論理学はオートマトンの理論の数学の心臓部になるであろう．事実 von Neumann はしばしば，ただ"オートマトンの理論"といわないで，"オートマトンの論理的理論"といっていた．それにもかかわらず彼は，オートマトンの理論の数学は論理のそれとは非常に異なったある形式的特徴をもあわせもつであろうと感じていた．おおざっぱにいって，数学は離散的なものと連続的なものの二つにわけられる．論理は離散的数学の一部門であって，高度に組合せ論的である．von Neumann の考えでは，オートマトンの数学は連続的なものにもっと近くあるべきであり，解析学に密着する必要がある．彼は，オートマトンの理論の具体的な問題がこれを必要とし，また数学では解析学的な方法には組合せ論的方法にくらべて，一般的な利点があると考えた．

---

[33] "Über formal unentscheidbare Sätze der Principia Mathematica und verwandter Systeme I." 定理であるという概念は一般には帰納的でないが，形式言語での定理はつねに帰納的可算である．

[34] Turing の "On Computable Numbers, with an Application to the Entscheidungsproblem" および "Computability and λ-Definability."

オートマトンの理論には，論理で普通に必要とされるよりは，はるかに解析的な扱いを要求する重要な話題がある．オートマトンの理論は素子の故障の確率をも包含しなければならない．数理論理学は，ひとえに理想化されたスイッチと遅延素子の完全，つまり決定論的な操作しか扱わない．それは誤りの理論的扱いをしない．したがって数理論理学を実際の設計に利用するときは，主題そのものからは外にある考察によっておぎなわなければならない．von Neumann がほしかったのは素子の誤動作をオートマトンの動作の本質的かつ不可欠な部分としてあつかうような確率的論理であった．確率論はきわめて組合せ的であるが，それはまた解析とも重要な接触をなすのである．

　オートマトンの論理に故障の確率をふくませると，どうしても計算の大きさを考慮にいれなければならない．数理論理学の普通のやりかたは，あるオートマトンが，どんなに大きな数でもよいから，とにかく有限のステップ数であることをなしうるかどうかを考えることである．しかし，素子の故障についていやしくも現実的な仮定にたてば，計算量が大きければそれだけ計算中に機械が誤りをおこす可能性が増し，結果が正確である可能性は小さくなる．この計算の大きさに対する関心は，オートマトンに対するわれわれの実際的興味からも生まれる．計算機はある結果を持つ時間のうちに得るために建設されるのである．計算機にやらせたい機能の多くを現在では人間がやっているのだから，人間は Turing 機械でなく有限オートマトンであることをこの関係において留意すべきである．von Neumann はいかにして計算の大きさの理論を構成するかについては示唆をあたえなかった．おそらくこの理論は，計算の長さ(上記 27 ページの"論理のふかさ")と計算の幅(そのなかの並列操作の量)を考慮した"計算量"という**定量的概念**に立脚するものであろう．

　そこで計算量と誤りの確率の理論は，連続的数学と離散的数学の両方を包含しなければならない．

　結局ゆきつくところは，過去と現在の形式論理よりは，悉無律的な性格にとらわれることのはるかにすくない理論であろう．それは組合せ的なところがはるかにすくなく，はるかに解析的な性格のものになるであろう．事実，この形式論理の新らしいシステム

が過去には論理とほとんど関連をもたなかった他の学問により近くなるであろうと思わせるようなかずかずの徴候がある．その学問とは，大体 Boltzmann からうけついだ形式での熱力学であり，それは理論物理学のうちで，ある側面で情報の操作・測定に最も近接している部分である．その技法は実際組合せ的であるよりははるかに解析的であり，このことは，私がうえで説いてきた点を，ふたたび例示している[35]．

von Neumann はまたオートマトンの数学に解析をもちいることには方法論的利点があるとした．

形式論理の分野でしごとをしたひとなら，それが数学の中で技法的にもっともてごわい部分であることを確言するであろう．その理由はそれが硬い，悉無的な概念を扱かい，実数や複素数の連続の概念と，つまり数学解析とほとんど接触点がないからである．しかも解析は数学のなかで技術的にもっとも成功した，もっとも研究の進んだ部分である．そこで形式論理は，そのやりかたの性格からして，数学のもっともよく開拓された部分からきりはなされ，数学の地勢のうちでもっとも困難な部分である組合せ論の中におしこめられているのである．

この発言は，von Neumann が離散的数学に重要な寄与をしているがゆえに，特に重みがある．"ゲームおよび経済的行動の理論(Theory of Games and Economic Behavior)" で，彼は社会科学の理論のための数学は，微分方程式よりも，組合せ論と集合論を強調すべきであるとのべているのである[36]．

オートマトンの理論の自分自身の研究のなかでは，von Neumann は離散的から連続的へと移行した．確率的論理はその1例である．この理論の発表の後，彼はこれに密接に関係したアナログ，ディジタル混合の計算システムを提唱した[37]．彼の最初の自己増殖の模型は離散的であったが，いずれは自己増殖の連続模型を開発したいと思っていた．本書の第Ⅱ部の 1.1.2.3 節を参照された

---

[35] 全集 5.304, "The General and Logical Theory of Automata." その次の引用は同じ論文の 5.303 からである．
[36] 4.8.3 節．また 1.2.5 節も参照．
[37] 全集 5.372–377 の "Probabilistic Logics and the Synthesis of Reliable Organisms from Unreliable Components" の 12 節．

い.

まえに，von Neumann が自分のオートマトンの理論を"オートマトンの論理的理論"としばしばよんでいたことを注意した．彼はまたこれを"オートマトンと情報の理論"とも，さらにときには単に"情報の理論"ともよんで，情報理論がこの主題において強い役割をはたすと期待していることを示した．彼は制御と情報の理論を二つの部分，すなわち厳格な部分と確率的な部分とにわけた．厳密または厳格な部分は，数理論理学を有限オートマトンおよび Turing 機械をふくむように拡張したものを包含する．統計的あるいは確率的な部分は，情報理論に関する Shannon の研究[38]や von Neumann の確率的論理を包含する．von Neumann は自分の確率的論理を，厳密な論理の拡張とみていた．

情報理論と熱力学のあいだには，両方とも確率の概念を大体同じような方法で用いるという点で，密接な関係がある．第 I 部の第3講，特に Wiener の"サイバネティックス(*Cybernetics*)"に対する von Neumann の評論からの引用を参照されたい．

von Neumann は熱力学とオートマトンの理論のあいだの関係をもう二つあげた．第一に彼は，自己増殖するオートマトンの理論のなかに，熱力学的な退化に相当するものをみいだした．すなわちある最小水準以下では複雑度および組織の程度は退化する．しかしその水準以上ではそれらは退化することなく，むしろ増加さえしうる．第二にかれは，計算機械の設計におけるつりあいの概念の熱力学的側面を議論した．計算機の効率は，異なった部分の速さと寸法に関する，適当なつりあいに依存する．たとえば記憶装置の階層において，(たとえばトランジスター，コア，テープの)異なった種類の記憶装置は，おたがいに寸法と速さの点で適合しなければならない．演算装置が記憶装置に対して速すぎ，あるいは記憶装置が小さすぎる計算機は，二つの部分に大きい温度差があるために効率のわるい熱機関のようなものである．熱機関の効率がその環境に依存するのとおなじように，計算機の効率は，その環境(すなわち解くべき問

---

[38] "A Mathematical Theory of Communication."

題)との関係で定義しなければならない．このつりあいと適合の問題はいまは技術者が経験的にあつかっている．von Neumann は熱力学に類似したつりあいの定量的理論をもとめていた．

　結局，von Neumann は，オートマトンの理論の数学は数理論理学から出発し，解析，確率論，および熱力学に移行すべきであると考えたのである．それができたあかつきには，オートマトンの理論は非常に複雑なオートマトン，特に人間の神経系の理解を可能にしてくれるであろう．数学的推論は人間の神経系によってなされ，数学的推論がなされるところの"一次"言語は計算機械の一次言語と類似のものである（上記 16 ページ）．そこでオートマトンの理論が論理に，そうして数学の基礎的概念に影響をおよぼすことも十分に可能である．

　　神経系のより深い数学的研究は，……そのなかに取込まれている数学それ自身のいろいろな側面の理解に影響をおよぼすのではないかと思う．実際，それはわれわれが数学や論理学そのものをながめる見方を変えるかもしれない[39]．

　いま論理は数学の根底によこたわる．したがって，もし von Neumann の示唆が本当だとしたら，オートマトンの理論はひとまわりをすることになる．数学の根本から出発してまたそこにおわるわけである．

Arthur W. BURKS

---

39) *The Computer and the Brain*, p. 2; pp. 70-82 も参照．さらに Ulam の "John von Neumann, 1903-1957" の p. 12 をも見よ．

第Ⅰ部　複雑なオートマトンの理論と構成

編集上の注意

〔編集者の注記は角括弧でかこむ．von Neumann の記述から再構成された部分には括弧をつけないが，括弧がない本文もかなりの部分は大幅に手を加えてある．まえがき参照〕

第1講
一般の計算機械

　数学における概念的および数値的方法．後者の応用数学および数理物理学における役割．純粋数学における役割．解析における立場．発見的な器具としての数値的手法．
　数値的手段の諸形態：アナログとディジタル．
　アナログ的手法：計算の代用としての物理実験の利用．アナログ型計算機械．
　ディジタル的手法：手計算．簡単な機械．完全自動計算．
　計算機械の現状．アナログおよびディジタル機械の現在の役割．速度，プログラムおよび精度の問題．
　計算機械における基本操作の概念．アナログ機械およびディジタル機械における基本操作の役割．アナログ素子の考察．ディジタル素子の考察．
　リレー素子．主要形態：電磁リレー．真空管．他の可能なリレー素子．
　数値計算の長さまたは複雑度の測定．論理操作および算術操作．線型および非線型算術操作．乗算回数の役割．数学のいろいろな部門の統計的特性の安定性．解析学の特別な役割．
　長さと複雑度のいくつかのレベル．自動ディジタル機械から見た問題の長さ．
　精度の要求．
　記憶装置に対する要求：記憶容量の測定．記憶装置の決定的特性：接近時間および容量．記憶装置の階層構造の理由．自動ディジタル機械の記憶装置の実際的要求．
　入出力装置：おもな媒体．
　つりあいの概念：諸素子の速度のつりあい．記憶装置の階層の種々の段階の容量と速度のつりあい．速度と精度のつりあい．速度と記憶容量とプログラム容量の間のつりあい．
　つりあいの概念の熱力学的側面．記憶容量の熱力学的側面．現在の経験的手法と対比される定量的理論の必要性．信頼性と誤動作に対する予備的注意．

　みなさん，私のこれからの五回の講演をあたたかくむかえてくださったことに感謝し，みなさんがもたれているさまざまな関心事項についてなにものかを

提供できることを望みます．これからお話しするのはオートマトンについて，特に非常に複雑なオートマトンの行動と，高度に複雑なためにおきる非常に特殊な困難のことについてであります．そこでまず人工のオートマトンと，そして，ある範囲内では機能上自然のオートマトンであるところの生物体とのあいだに見られる，非常に本当らしく，非常にあきらかな類似について簡単にお話ししましょう．それにはその類似点，相違点，そして相違点がどの程度われわれの熟・未熟(後者のほうがより普通の現象である)の問題であるか，また相違点がどの程度真に原理の問題であるかを考えなければなりません．

今日は主として人工のオートマトン，そうして特に人工のオートマトンの一つの種であるところの計算機械についてお話しします．近い過去および現在におけるその役割，また将来にそれから何を期待できるかについて話しましょう．

計算機械についてお話しするわけの一つは，オートマトンの主題に対する私の興味は数学的なものであり，そして数学的観点から計算機械はもっとも興味ある，かつもっとも微妙なオートマトンだからです．しかしこの数学の側からの一方的な議論とは全く別に，とても非常に複雑なオートマトンという重要な問題があります．高度に複雑なオートマトンすべての中で，計算機械こそはわれわれにわかっているという点で最上のものです．計算機械の場合，その複雑さはたいへんなものになりましょうが，それでも，それはもともと数学的な対象物であり，おおくの自然物を理解するよりずっとよく理解できます．したがって，計算機械を考えることによって，なにがわかっており，なにはわかっていないか，なにが正しく，なにがまちがっているか，その限界はどこにあるか，について，ほかの種類のオートマトンについて議論するよりも，より明確な議論をすることができます．複雑なオートマトンに対するわれわれの議論が，完璧さからは程遠いものであり，われわれの主な結論の一つは，われわれが現在まだもっていないある理論を待ち望んでいるということであることがわかっていただけるでしょう．

まず最初に，本来の数学の側からひとこと，つまり，計算機械が数学およびその隣接科学の分野でこれまで果してきた，またこれから果すであろう役割に

ついてのべたいと思います．数値計算一般についていえば，それが数学的手法の多くの応用において，何を果しうるかを議論する必要はありません．数値計算が工学において大きな役割を果していることは，まったくあきらかです．もっと多くの計算，もっと早い計算ができるなら，それは工学の計算にもっともっと利用されるでしょう．

　ではつぎにそれほど自明でないものの方を申しましょう．物理学，特に理論物理学で数学的方法が重要であること，またそれはかなりの程度まで純粋数学と同じ種類のものであること，つまり抽象的かつ解析的なものであることは，あきらかです．しかしながら，実際の計算が物理学において果す役割は，数学自体の場合よりははるかに大きいものです．たとえば近代量子論という大きい分野において，実際の反復的な計算は大きな役割を果します．化学のかなりの部分は，もし量子論の方程式が積分できたなら，実験の分野から純粋に理論的・数学的な分野にうつされるでしょう．量子力学や化学からは，たとえば原子の電子数が増し，分子の価電子が増すにしたがって，だんだんとより困難にまたより複雑になっていく，問題の連続的なスペクトルが提供されます．われわれの計算能力の水準が少しでも改善されれば，重要な応用分野がそれだけひらかれ，化学の中で，厳密な理論的方法の適用できる範囲がそれだけ広くなるでしょう．

　しかしこの主題に対してもいまはこれ以上立入ることはせず，むしろこの種の計算が数学自体で，つまり純粋数学でいかなる役割を果し得るかについて，ちょっとばかりお話しすることにしましょう．純粋数学では，真に強力な方法が効果を発揮するのは，主題に対してある直観的なつながりがすでにえられているとき，証明を行なう以前に，ある直観的な洞察，ほとんどの場合に正しいことがわかっているようなある予想がすでにえられているときです．このときはすでに勝負はこちらのもので，結果がどの方向にあるかはわかっています．あたらしい数学にいつもつきまとう非常に大きな困難は，どうどうめぐりにおちいることです．主題に対する十分に直観的な発見学的関係をすでにえているのでないと，そうしてその分野ですでに実質的な数学的成功をなん度もおさめ

ているのでないと，純粋数学的方法を適切に適用するのに非常に難儀をすることになります．どの学問でもその初期において，これは大変な難物です．進歩は，自己触媒的な面をもつのです．この困難はなにか特別な幸運や，また特別巧妙なやり方で切りぬけられることもありますが，また二代，三代，四代にもわたってそういう奇跡がおきなかったいくつかの有名な例があります．

そのような分野の一つで，ここしばらくのあいだもだっているのが，非線型問題の領域です．19世紀をかざる近代解析学の偉大な成功は，線型問題の領域においてでした．非線型問題についてはずっとすこししか経験がなく，非線型偏微分方程式の大部分については事実上なにもいうことができないという状況です．結局これについてわれわれは一度も成功したことがなく，したがって困難がなにかということについても，まったくなにもわかっていません．

なんらかの成功をおさめた少数の領域についていえば，それは大概は別の理由によったのです．たとえば，なにかきわめて普通の物理現象が数学的な問題にむすびつけられたので，数学的でなく物理的な接近ができたというようなことです．これらの領域では全く予想もされなかったタイプの特異点が発見されました．それはわれわれのよく知っている線型の分野には類例がない，つまり複素関数論等々のような数学解析の分野には類型をまったくもたないようなものなのです．こういった経験は，非線型問題についてはまったくあたらしい手法が必要だという主張を支持するかなり有力な例です．有名な例は，粘性のないちぢむ流体の非線型偏微分方程式で，それは衝撃波の発見をもたらしたものです．連続解だけが存在すべきだと思われた問題に，不連続解が突然に重要な役割を果すことになり，これを適当に考慮しなければ解の一意性や存在も証明ができないことになりました．さらにこれらの不規則な解はきわめて特異なふるまいを示し，解析の他の方面から充分に確立されたと信じてよいと思われていた規則性のいくつかを破るのです．

もう一つのよい例は，粘性のあるばあいの乱流現象です．そこではきわめて高い対称性のある問題に対して，その真に重要な解がその対称性をもたないということに突然直面します．発見学的見地からすれば，ここで重要なのは問題

第1講　一般の計算機械

のもっとも単純な解をみいだすことではなく，むしろおたがいに統計的特徴以外には何等共通なものをもたないところの，解のある大きなあつまりを統計的に解析することなのです．この全体的な統計的特徴こそ問題の本当の根本であり，それはおおくの個々の解においてきわめて独特の特異点を生じる原因となります．これらのばあいすべてにおいて，解析的な進みかたに絶大な困難があるであろうと信ずる理由があります．乱流の問題は 60 年もの懸案であり，それを解析的に解く方法の進展はきわめてわずかです[1]．

　この領域におけるただしい数学的推測のほとんどすべては，きわめて混血的なかたちで，実験からもたらされたものです．いまのべたもののようなきわどい場合のいくつかについて解を計算でもとめることができたならば，おそらくずっとよい発見学的な考えが出てくるでしょう．この徴候のいくつかをあとでのべてみたいと思います．しかしここで指摘したかったのは，おたがいに欠くことのできない厳密性と直観的洞察という二つのものの間の特異な相関のために阻止されているような領域が，そして物理的な問題について実験をするという数学的でない方法によってしか進展がもたらされ得なかったような領域が，純粋数学の内部に大きく存在するということです．計算も，伝統的な意味ではあまり数学的とはいえませんが，それにしてもこの種の実験よりはまだ数学の中心領域に近いところにあるので，これらの領域で実験よりはより柔軟でより適切な道具となりうるでしょう．

　では本題に入って，まず計算過程と計算機械の一般的特質について二,三のことをのべたいと思います．多分ご存知のように，いま存在し，あるいは検討され，あるいは計画されている計算機械の主要なものは超アナログ装置とディジタル装置の二つの大きな組に分類されます．まずアナログ装置，つまり広い方の部類についてのべましょう．というのは通常ちゃんとした定義はディジタルの方にあたえられており，アナログは要するにその他すべてということだからです．

---

1) [さらに詳しくは von Neumann の全集 5.2-5 および Birkhoff の *Hydrodynamics* を参照．]

第1講　一般の計算機械

　おおまかにいえば，アナログ計算とは，注目している過程と同様の数学的式をもっているような物理的過程に着目し，その物理的過程を物理的にしらべるという計算方法です．注目している物理現象そのものを使うわけにはいきません．だからこそ計算をしたいわけだからです．いつも，完全におなじものではないが，なにかそれに似ているものを探すわけです．

　一番小さな変更は尺度を変えることで，それはある種の問題では可能です．それよりやや大きい変更は，尺度を変えると同時に，正確には尺度とはいえないような何かを変えることです．たとえば風洞で空気力学的実験をするとき，縮小を行ないますが，同時に寸法だけでなく音速も縮小します．音速を縮める唯一の方法は低温にすることであり，そこには洞察が必要です．まず研究しようとしている現象が温度に依存しないことをしらなければなりません．つぎに，低温で，そしてずっと寸法を縮めて実験する方が注目している実際の過程を実行するよりも，容易であることを見つけます．こう考えれば空気力学の実験のための風洞はある意味でアナログ計算装置です．もっとも，風洞は計算以外のいろいろの効用があるから，これは完全に公平な比較とはいえないでしょう．それでもかなり広い範囲の応用(それは 50% をあまり下ることはあるまい)については，風洞は一つのアナログ計算装置に過ぎないといってよいでしょう．

　ところが，じきに，注目している問題と完全におなじ式をもつ物理的過程をみつけることが可能でないとか，便利でないとかの理由で，上の通りのやり方ができないばあいにぶつかるでしょう．その場合でも，たとえば，問題を三つの部分に分けたそれぞれと同じ式をもつ三つの過程を見つけ，それらを一つずつ順々に実行すれば完全な答がえられるようにそれらを結合できるようにすることができるかもしれません．ここから，問題を数学的に演算の基本操作，加減乗除算に分解するというところまで，連続的に移って行きます．

　[von Neumann はつぎに加減乗除算に対する物理的アナログ過程を論じた．電気的なアナログ過程と機械的なアナログ過程，そしてそれぞれでの数の表現法に言及した．"演算の基本操作の数学の公理的あつかいに適するものであれ

ば加法，減法等の四則を，計算機械，特にアナログ計算機械の基本操作とすることは必らずしも必要でない"と述べた．そして微分解析機が積分と減算とを使って二つの定数の乗算を行なう方法を説明した．"計算機と頭脳" 3-5, 全集 5.293 参照.]

[von Neumann はつぎにディジタル機械をとりあげた．この 10 年間に純粋にディジタルな装置が，アナログ装置よりも相対的にはるかに重要になってきたことを指摘した．ディジタル機械の素子(歯車，電磁リレー，真空管，神経細胞)，これらの素子の速度(反応時間と回復時間の両方をふくむ)，およびこれらの素子にパワー増幅が必要であるということを論じた．彼はまた基本論理操作(たとえば同時生起の検出)が，"知られているもっとも精密な制御機構，すなわち人間の神経系"をも含めてすべての制御機構において演ずる役割を力説した．"計算機と頭脳" 7-10, 30, 39-47 参照．つぎに彼はオートマトンの複雑度の測定の問題に話題を転じた.]

オートマトンの複雑度をいかに測定したらよいかは完全に明白なことではありません．計算機械については，おそらく妥当な方法は何本の真空管が使用されているかをかぞえることでしょう．これは，いま使われてる真空管には実際には二つの真空管が一つの容器のなかに入っているようなのがあり，そのどちらについていっているかがはっきりしないという理由で，幾分不明確です．不明確になるもう一つの理由は，計算機械の回路には真空管以外にも，抗抵や容量や時には誘導のようなたくさんの電気的素子がはいってきているということです．しかしこれらのものの真空管に対する割合はおおむね一定であり，したがって真空管の数はおそらく複雑度に対する妥当な測度でしょう．

今日までにもちいられた最大の計算機械は 2 万本の真空管を使っています[2]．ところでこの機械の設計は未来の真空管機械の設計として予想されるものとは甚だしく異っていて，この機械はあまり典型的ではありません．近い将来の計

---

2) [これは ENIAC である．ENIAC は Burks の "Electronic Computing Circuits of the ENIAC" と "Super Electronic Computing Machine", Goldstine と Goldstine の "The Electronic Numerical Integrator and Computer (ENIAC)" および Brainerd と Sharpless の "The ENIAC" とにのべられている.]

算機械としてひとびとが考えている計算機械はこれよりちいさく，おそらく2千から5千本の真空管をもつものでしょう．そこでおおまかにいえば，これらの機械の複雑度の程度は1万となります．

自然の有機体との比較をしてみると，自然の有機体の神経細胞の数は一般にはこれとずいぶんちがっています．人間の中枢神経での神経細胞の数は100億と推定されています．こんなに大きい数はだれもまったく経験をもちません．人間の行動ぐらい複雑なことが，100億個のスイッチ器官によって支配できるかどうかについてもっともらしい推定をすることは恐ろしく難かしいことです．人間がなにをしているのかについてだれも正確に知っていません．また100億個の素子でできたスイッチ器官を見た人もありません．だから二つの未知の対象を比較しているということになります．

計算機械に一層直接関係のある事項について二，三のべてみましょう．スイッチングのような基本的な動作を，真空管をつかって毎秒100万回くりかえすことができたとしても，それはなにか数学的に意味のあることを毎秒100万回やるということにはなりません．計算機械がいかにはやく動作できるかを概算するのには，あらゆる種類の基準が考えられます．一秒間に実行される乗算の数をかぞえればよいということではかなり意見が一致しています．この乗算とは，機械のもっている精度一杯の二つの数同士の乗算のつもりです．機械の必要とする精度は十進で10，12，あるいは14桁の程度だというのにも，かなりしっかりした理由があります．うまく設計された機械で素子が毎秒約100万回の速度なら，おそらく1ミリ秒かそこらで乗算ができましょう．

計算機械をどんなふうに構成したところで，それをつかって100パーセントの効率をうることはとても期待できません．つまり，このことについてのいまの知識では，1秒の1000分の1で乗算できる乗算器に，乗算のためのデータを実際にそれだけあたえられるように機械を構成することが不可能だということです．そのほかにやることがいっぱいあります．たとえば，どんな数値がほしいかをきめること，その数値をとってくること，結果を始末すること，同じことをもう一度やるか，別のことをやるかをきめること，などです．これは紙の

第1講　一般の計算機械

上で計算をする場合と，やることが紙の上でないという点をのぞけば，驚くほど似ています．

　論理的な観点からいえば，効率は多分 10 対 1 かすこしよい程度でしょう．つまり，計算の内容を形式論理で普通につかわれる手順に相当するようなコードで，妥当な方法で論理的に記述するならば，乗算命令は全命令のおよそ5分の1から 10 分の1になるだろうということです．乗算は他の演算より幾分おそいから，うまく構成され，よくつりあいのとれた機械だと大抵のひとが考えるような機械では，4分の1から半分の時間が乗算についやされることになりましょう．そこで，1ミリ秒で乗算のできる乗算回路があれば，それで毎秒 500 回の乗算ができれば，上首尾といえましょう．

　卓上計算機を使って人間が計算する場合，同じ数値は多分毎分2乗算ぐらいでしょう．それでそのちがい，つまり加速係数はおそらく 10 万かそこらにまであげられるでしょう．しかしこの範囲から脱出するには，多分現在の技術から，全く根本的に訣別しなければならないでしょう．

　数学的観点からいえば，そんなに速い機械があったとしてもそれでやることがあるのかという問題がでてきます．ここで強く指摘したいのは，これだけの速度でも，その十倍でも，百倍でも，千倍でも，いや百万倍でも，とにかく路の許す限りの交通量を要求するだけの，充分な理由があるという点です．解くことに充分意味のあるような問題がいっぱいあって，現在考えられるよりも，もっともっと速い計算機をつくることを正当化するでしょう．[von Neumann は例として原子や分子の波動関数の量子力学的計算(この問題では，電子の数の増加にともなって，組合わせ的困難が急速に増加する)と，乱流の問題をしめした．]

　厳密にいうと本題からはずれますが，ここで指摘したいことは，われわれは，計算機械をもちいて，膨大な量の数値資料，たとえば巨大な関数表，をつくる必要はおそらくないだろうということです．はやい計算機械を利用する理由は情報をどっさりつくりたいからではありません．結局は，なにか情報が欲しいという事実がそもそも，その情報を吸収しうるといずれにせよ考えていること

にほかならず，したがって，その情報をつくりそして処理する自動装置のなかのどこに隘路があるにせよ，その情報が最後にしみこんでゆくところの人間の知力のほうに，もっとひどい隘路があるのです．

　本当に難かしい問題は，入力のデータの数がごくすくないような種類のものです．知りたいと思うものは，大雑把な曲線をあたえるに必要な少しの数か，あるいはただ一つの数のこともあります．本当にほしいものは"イエス"か"ノー"，あるものが安定であるかないか，乱流がおきるかおきないかについての答かもしれません．重要な点は，たとえば80の入力の数から20の出力の数にたどりつくのに，処理の過程で，だれにも興味のない数十億の数をつくりだすことなしにはできないということです．そのプロセスは，あつかわれる数値データの量が，最初は膨張し，そしてふたたび収縮するようなものであって，たとえば100個という低いレベルから出発し，そしてたとえば10個というような低いレベルでおわるにも拘らず，中間の最大値は，たとえば数千ぐらいに大きくなり，それにつぎつぎと数がつくられてゆく回数も多くて，そこで全部おわるまでに数をあつかう量は百億にもなるというわけです．これらの数はきわめて現実的なものです．大体この程度の数値的構成になる問題はすぐにみつかります．

　ここで一つの特徴数が導入されたことに気づかれたでしょう．すなわち一つの過程でつくられる数値データの全数です．もう一つ重要なのは，同時に必要なものはいくつかということです．これは多分現代の計算機工学でのもっともわずらわしい問題です．これはまた人間の器官の観点からは記憶の問題としてやはり大変な問題です．つまりこれらのオートマトンはすべて実際は二つの重要な部分，一般的なスイッチ部分(オートマトンが実行すると考えられる論理操作を行なう能動的な部分)と記憶(情報，特にしばらくのあいだ必要で，その後すてられたり，他のものでおきかえられたりするような中間結果を記憶する部分)とからなっているわけです．

　計算機械では，能動的な部分を行なう方法，つまり演算と制御の回路は，かなりまえからよくわかっていました．記憶の問題はこの十年間，はるかに切実

第1講 一般の計算機械

で, はるかに未解決であったし, 現在はそれよりもっと切実で, もっと未解決です. 人間の器官では, スイッチ部分は神経細胞でできていることが知られており, その機能についてもある程度わかっています. 記憶器官については, それがどこにあるか, それがどんなものか皆目見当がついていません. わかっているのは, 人間の体にとって記憶の要求が大変なものだということですが, この問題に関するいろいろな経験からみて, 記憶が神経系統の中にあるとは思えず, それが一体どんなものであるのか, まったくわからないということです[3]. したがって, 計算機と人間の神経系統のどちらについてもオートマトンの動的部分(スイッチ部分)の方が, 記憶より単純です.

[von Neumann はつぎに記憶容量をどうやって計るかについて論じた. (2を底とした)配置の数の対数(つまり, 二者択一の数)を用いることを示唆した. 全集5.341-342参照. つぎに通常の印刷されたページの記憶容量が約2万単位であることを概算し, これは当時考えられていたディジタル計算機の記憶容量に近いことを注意した.]

これで, 速度に対して払うべき真の代価がどこにあるかがわかります. 巨大な現代の計算機械は非常に高価なもので, 建造に長時間を要し, 一旦できあがっても非常に扱いにくいものです. それにもかかわらず, 本の1ページ分の記憶をつかって動作をすることが要求されるのです. そういう機械を, ちゃんとした使い方をすると, 半時間のうちに, 20名の計算グループが二, 三年で行なうだけの作業を行なうことになります. しかも, たった1ページの記憶をつかってはたらくことが必要なのです. 20名の人間をあつめて, 3年間一室にとじこめ, 20台の卓上計算機をあたえ, 全体の作業中, 全員でたった1頁にいっぱい書く以上につかってはいけないという命令をくだしたと想像して下さい. 消したり書きなおしたりすることは自由ですが, しかしいつでもたった一枚のページしか使ってはなりません. この過程のどこに隘路があるかは明瞭です. 計画はむずかしいし, 入出力は面倒だろうし, 等々でしょうが, 何よりもおもな障害は, なすべき計算量にくらべて, まるで少しの記憶しかないことです. こ

---
3) [この点はさらに *The Computers and the Brain* の63-69ページに論じてある.]

のやり方のために計算の全体の技巧が完全にひずんだものとなるでしょう．

これは経済的に見てひどく異常な条件というべきです．高速になったことによって，情報を記憶する効果的な方法が使えなくなり，非能率なものにかえることを余儀なくされます．何千語という計算機の記憶装置は非常に大きなもの，開発に数年を要したものです．いまあるものはすべて，いまのところ大体実験段階にあり，どれも，小さくもなく安価でもありません．しかも，それは本の1ページ分でしかないのです．こういう記憶をつかわざるをえない理由はこうです．[乗算にはある数を記憶からとり出す必要があるし，積はたいがい記憶にいれられる．ほかにもいろいろの演算があり，それらはみな記憶の参照を必要とする．これらの演算を制御する命令も記憶からとりだされる．] 一回の乗算には5回から8回ぐらいの記憶の参照が必要でしょう．したがって，10分の1ミリ秒の程度で参照できる記憶があるのでなければ，1ミリ秒の乗算器をつくる理由がありません．ところで印刷された本を見るには数秒かかり，紙に穿孔されたり書かれているものを参照するにも，数分の1秒かかります．1万分の1秒の程度の参照時間が必要となると，情報をたくわえるこのような能率的な技術はあきらめ，はるかに非能率で高価な技術にむかわざるをえないのです．

人工のオートマトンを自然のオートマトンと比較すると，重要でまだわからない問題が一つあります．それは自然もまたこのハンディキャップをせおってきているのか，それとも自然の生体はなにかはるかによい記憶装置をもっているのかということです．人間が開発した補助の記憶装置，つまり図書館など，がこれよりずっとずっと能率がよいということは，自然の記憶の機構が，われわれがつかおうと思っている高速記憶と同じくらいややこしいものだと想像する一つの根拠になります．

本日の最後にもうひとつ言っておきたいことがあります．高速計算機では，必要な記憶はいつも二つのデータ，即ち容量と参照時間で特徴づけられます．[von Neumann は，妥当な容量と充分よい参照時間の両方をもつような記憶をつくる技法はいまのところはないとのべた．そこでやられているのは記憶の階層構造をつくることである．第一の記憶は要求されただけ速度をもち，でき

るだけ容量は大きくはするが，充分大きくはない．第二の記憶ははるかに大きいが，もっとおそい．数値は必要に応じて第二の記憶から第一の記憶へ転送される．もっと大きくて，もっとゆっくりした第三の記憶がある場合もある．以下同様というぐあいである．たとえば静電記憶管，磁気テープ，カードファイルはこのような記憶の階層構造を形成する．"計算機と頭脳" 33-37 参照.]

第 2 講
制御と情報の厳密な理論

　情報の理論：厳密な部分．情報の概念．集合と分割という数理論理学での対応概念．
　形式論理との密接な関係．模型のオートマトンによるもう一つの接近．これら二つの接近における共通の特質：すべてか無かの性質．これら二つの接近を結びつける研究．
　オートマトンの記述法：素子からの合成か全体としてのとり扱いか．
　合成による接近：素子の器官の性質．その神経細胞との類似．McCulloch と Pitts の計画：形式的神経網．その主要な成果．
　全体としてのとり扱い：Turing のオートマトンの理論．オートマトンと，その助けによって解くことのできる数学的な問題との関係．万能オートマトンの概念．Turing のおもな成果．
　McCulloch-Pitts と Turing のオートマトンの限界．入力と出力の器官．それらの一般化．感覚器官と運動器官としての解釈．

　[von Neumann は情報理論には二つの部分，すなわち厳密な部分と統計的な部分があるとのべた．統計的な部分はおそらく新らしい計算機械にとって，はるかに重要であろうが，厳密な部分は必要なその前段階である．情報理論の厳密な部分は，形式論理のもう一つの扱い方にすぎない．]
　[つづいて形式論理の基本的概念のいくつかを説明した．"かつ" "でない" "……なら" "ともには……ではない" などの論理関数用結合子とそうしてそれらの定義の相互関係について簡単に論じた．変数の概念と "すべての" と "ある" という限定作用素の概念を説明した．"この道具をもっていれば，数学でとり扱われるどんなものでも表現できる．またどんな主題の中でとり扱われていることでも，それがきっちりと扱われているかぎりは表現できる" と結論した．]
　この問題にはここではたちいりません．それは情報理論をつくるためには，

第2講 制御と情報の厳密な理論

このことと密接な関係があるけれどもやや異るように見える別の道具の方がもっと重要だからです．これは一方ではMcCullochとPittsの研究[1]に，また他方では論理学者Turingの研究[2]に関係しています．この主題に対する両者のやり方は，ここに示したような，古くから研究された形式論理を，ある架空の機構，つまり公理的な紙の上のオートマトンの議論でおきかえます．ここでいうオートマトンは単に概形がのべられるだけで誰もそれを本当につくることを考えないようなものです．両者とも，その架空の機構が形式論理と完全に同一の外延をもつことを示しています．つまり彼らのオートマトンにできることは，論理のことばで記述でき，また逆に，論理のことばで厳密に記述できるものならすべてまたオートマトンにできるというのです．[von Neumannは有限のMcCulloch-Pitts神経細胞網に無限にながい空白のテープが与えられていると仮定した．彼ののべた結果というのは，Turingの計算可能性，λ-定義可能性，一般帰納性の間の等価性のことであった．Turingの"計算可能性とλ-定義可能性"参照．]

McCullochとPittsの研究とTuringの研究の両方についてお話ししようと思います．それはそれらが主題に到達する二つの重要なやり方，すなわち合成的方法と全体的方法の特徴を反映しているからです．McCullochとPittsは，非常に簡単な素子から構成された構造を記述します．そこでは公理的に定義しなければならないのは素子だけであり，そうすればその組合せは極端に複雑なものでもかまいません．Turingの方は，オートマトン全体がどんなものになるのかを公理論的に記述することから出発します．そして，その素子がなんであるかはいわず，ただそれがどう機能するはずであるかを記述するわけです．

---

1) [McCullochとPittsの"A Logical Calculus of the Ideas Immanent in Nervous Activity"．またvon Neumannの"Probabilistic Logics and the Synthesis of Reliable Organisms from Unreliable Components"の1-7章，BurksとWrightの"Theory of Logical Nets"およびKleeneの"Representation of Events in Nerve Nets and Finite Automata"参照．]

2) [Turingの"On Computable Numbers, with an Application to the Entscheidungsproblem"．]

McCullochとPittsの研究の目的は明確に，人間の中枢神経の議論にもちいるための，簡単な数学的論理的模型をつくることにありました．それが結局，実際には形式論理と等価であるようなものがうまれたということは面白いことであり，そしてそれがMcCullochとPittsが解決しようとした目的の一部でしたが，またそれは一部でしかありませんでした．彼らの模型はもう一つの意味をもっていました．それは現時点では私にとってはやや関心の浅いことですが，それについて，どこでそれが形式論理とむすびついているかはすぐにはのべずに，お話しすることにしましょう．彼らは神経細胞を論じようと思ったのです．彼らは神経細胞が本当はどんなものであるかという生理学的および化学的な複雑な問題にしばりつけられたくないという立場をとりました．彼らは数学で公理論的方法として知られているものを利用して，いくつかの簡単な仮説をのべるだけで，自然がどうやってそのような仕掛けをつくりあげたかは問題にしないことにしました．

　彼らはもう一歩先へ行きました．この点を彼らの研究を批判するひとたちは非常につよく強調しますが，私はこの程度のことは正当化されると思います．彼らは，神経細胞をその実在するままの形で公理化するつもりではなく，実際のものよりはるかに単純な，理想化された神経細胞を公理化しようとするのだと言いました．彼らは，彼らが公理化したところの，極度に手足を切って単純化し，理想化した対象物が，神経細胞の本質的な性質を所持しており，その他のすべては付随的な複雑化にすぎず，それは初期の研究では忘れた方がよいのだと信じていました．ところでこの点について万人の意見が一致する時は，かりにくるとしても長い時間がかかることは確実だと思います．この点というのは，単純化の際にみおとしたものが，本当にわすれてよかったのかどうかということです．しかしこの理想化によって，主題のある部分について，早わかりがすることは確実です．

　ここで神経細胞とよぶものの定義はつぎのとおりです．それは実際のものの本質的な性質のいくつかをもってはいるが，たしかに実際のものではないので，あるいはそれを形式的神経細胞とよぶべきかもしれません．神経細胞は記号的

には，神経細胞の本体を記号化した円と，神経細胞の軸索を記号化するところの，円から分かれた線とであらわします．一つの神経細胞の軸索が，他の神経細胞の本体に接していることを，矢印で示します．神経細胞には二つの状態，興奮しているのといないのとの状態があります．興奮とはなにかということは，説明する必要はありません．その主要な性質はその動作特性ですが，それには若干の循環論法があります．すなわちその重要な特徴は，興奮は他の神経細胞を興奮させるということです．神経細胞のこみいった回路網の末端のある部分では，興奮した神経細胞は，神経細胞でない何かを興奮させます．たとえばそれは筋肉を興奮させ，それがこんどは物理的な運動をひきおこします．あるいはそれは腺を興奮させて，分泌をひきおこし，この場合は化学変化が生じたことになります．ですから興奮状態の最終的な出力は，実際には当面のとり扱いの外の現象をひきおこすわけです．これらの現象は，当面の議論ではいっさい考えないことにします．

[von Neumann は神経細胞の相互作用を支配する公理をのべた．McCulloch と Pitts にしたがって一様なおくれを仮定し，かつさしあたり，"疲労という重要な現象，すなわち神経細胞は刺激されたあと，しばらくのあいだ使用できないという事実"を考えないことにした．疲労は生体の作動に対して重要な役割をはたすが(以下58ページ参照)，疲労があっても，つぎつぎと信号を受け渡す神経細胞の連鎖をもちいることによって，連続的な動作を得ることができる．von Neumann は神経細胞の閾値を定義し，抑制シナプスを導入して，それを(矢印のかわりに)円で示した．]

[von Neumann はつぎに，"McCulloch と Pitts の重要な結果"と彼がよぶところのものを示した．何本かの入力と一本の出力をもったあかずの箱を考えよう．二つの時刻 t_1 と t_2 をえらぶ．時刻 t_1 から時刻 t_2 までの入力のどのパターンが出力をだし，どのパターンがださないかを指定する．] 条件をどんなふうに言いあらわしたとしても，その条件を実現するような神経細胞網を箱のなかにつくることがつねにできます．そのことは神経系の一般性が，論理の一般性とまったくおなじであることを意味します．神経系があることをしたとい

うことは，そのことについてわれわれが知っているということ以上でも以下でもなく，つまりそのことを有限個の単語で曖昧さなく厳密にのべられるということです．その証明はここではいたしません．証明は形式論理のすべての証明と同様あまり簡単にはいきません．[この証明を非常にてみじかに概観しよう．この証明は von Neumann がさきにのべた構成法，すなわちすべてのスイッチ関数(論理関数，Boole関数)はあるきまった遅延をもつ神経回路網で実現できるということから出発する．任意の有限な容量をもつ循環神経記憶をこのスイッチ回路網にとりつけることができる．この複合回路網を無限のテープで増強すると，それは Turing 機械になる．さらにおのおのの Turing 機械 M に対して，M とおなじ数を計算するこの種の回路網が存在する.]

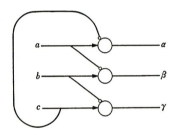

第1図 優先関係が遷移則をみたさない神経回路

[von Neumann はいくつかの回路網の例についてその構成法をしめした．その第一は第1図にしめすように，a は b に勝ち，b は c に勝つが，c は a に勝つという回路網である．各神経細胞はその興奮入力(矢印のある入力)からは刺激され，抑制入力(小円のある入力)からは刺激されないとき興奮する(出力をだす)．したがってもし a と b とが刺激されると，出力 α は活性になるが，β はそうならない．もし b と c とが刺激されると，出力 β は活性になるが，γ はそうならない．だが a と c とが刺激されると，出力 γ は活性になるが，α はそうならない．von Neumann はこの回路網を使ってある論点を説明した．人間行動の非数量的な性格について発言する人が多いが，そういう発言は，数量的な機構においてはつねに，もし a が b よりつよく，b が c よりつよければ a は c よりつよいということを暗に前提しているように思われる．しかし上記の神経回路網では，a は b よりつよく，b は c よりつよいが，c は a よりつよいの

である.]

　[von Neumann はつぎにいくつかの他の回路網を合成した：単純な記憶，計数器および基本的な学習回路などである．これらは大体，全集の 5.342-345 の回路である．学習回路には二つの入力 a と b とがある．それは刺激 a のつぎに刺激 b がくる回数をかぞえる．この回数が 256 になると回路は，b が刺激されると a が刺激されたかされないかに無関係にパルスをだす.] できた回路はみたところ複雑ですが，それがどういうふうに合成されるかという観点からはまるで簡単であり，かつそれがまさにもつべき程度の複雑さ，つまり文法がもっているぐらいの複雑さをもっていることがおわかりかと思います．この図を書くことは，やらせたいと思うことを記述する文を書くのよりもむずかしいことはなく，そうして McCulloch と Pitts の結果の真髄は，この二者のあいだに大した差はないのだということに尽きます．厳密な言語による記述は，継電器器官をつかっての記述とおなじ外延をもちます．

　哲学的観点からみてこれから何がでてくるか，また何がでてこないかを指摘してみたいと思います．確実にでてくるのは，ことばであらわせるものはすべて，神経細胞の方法でもあらわせるということです．また，中枢神経は超自然的な巧妙さや，複雑さをもたなくてよいということもでてきます．実際神経細胞は現実にあるものほどにも巧妙で複雑である必要はありません．神経細胞を相当程度に手足を切りおとし，去勢したようなもの，そしてまた神経細胞よりずっとすくない属性しかもたず，はるかに図式的な反応しか示さないような対象物でさえ，すでに考えうることはすべてなしうるのだからです．

　McCulloch と Pitts の研究で何が示されなかったかということもまた同じぐらい重要です．このようにして設計された回路が自然にもどこかに実在するという証明はされません．いまの記述から除外された神経細胞の他の機能が本質的なものでないということもでてきません．考えることは記述できるといったときに，重大な問題がとり残されていないということもでてきません．別のいいかたをしてみましょう．人間の神経系統のある種の活動を考えたとき，そのあるものは，その全部を記述できるようなものであることはわかりますが，

記述しなければならないものの総量をみてびっくりすることになります．

　三角形を見たとき，それが三角形であることがわかり，しかもそれが小さくても大きくてもわかるという事実を記述したいとします．その意味を幾何学的に記述することはわりあいに簡単です．三角形はある方法で配置された三本の直線の組であるという具合でしょう．そう，結構です．ただし辺がまがっているものでも，頂点だけが示されているときでも，その内部がぬりつぶされ外部がぬられていないものでも，どれも三角形だと認識しうるということを考えなければです．いろいろとちがったものを，その中になにか三角形らしいところがあればすべて三角形と見分けますが，その記述のなかにこまかいところをとりいれようとすればするほど，その記述はいくらでもながくなっていきます．

　そのうえ，三角形を認識しうる能力は，幾何図形で視覚的に類似性を認識しうる例のうちの無限小にしかあたらず，またそのような例も認識しうるそして記述の可能な視覚的な類似性の全体からみれば，ほんとの無限小の部分にすぎません．しかし画を理解したり，なにかを画にかいたりする視覚的な道具立ての全般についていうと，このようなことばではとても記述できない領域にふみこむことになります．Rorschach テストはだれでも何か解釈をつけますが，どんな解釈をするかはそのひとの全人格とそれ以前の履歴全体の関数であり，それはそのひとのひととなりを推定する非常にすぐれた方法だとされているほどです．

　さて結局このことのすべては，いささか任意的，偶然的と思われるかもしれませんが，その中にある基本的な事実は一つで，われわれの頭脳はきわめて複雑だということです．頭脳の約5分の1が視覚の頭脳であり，わかっているかぎりでは，そこは視覚の類推についての決定をくだすほかはなにもしていないのです．わかっている数値――そうよいものではありませんが，おそらく方向づけにはかまわない数値――を使うと，約 20 億のリレーの回路が視覚的図形をいかに組織化するかを決定することだけをしていると結論されます．視覚的類推を構成するものは何であるかを記述することが視覚の頭脳を記述するより簡単にできるかどうかは，先験的にはまったくわかりません．

ふつうは，オートマトンが何をするものかについての言語的記述の方が，オートマトンの完全な設計図よりは簡単です．しかしいつもそうであるとは，先験的にはいえません．形式論理には，オートマトンがそう複雑でないあいだはオートマトン自身よりもその機能の記述の方が簡単であることをしめす事実が沢山あります．しかし高度に複雑になると，実際の対象物の方が，言語による記述より単純になります．

論理学の一つの定理をすこしひねって申します．しかしそれはれっきとした論理学の定理です．それは Gödel によるもので，つぎの論理的段階，つまりある物に関する記述は，その物自身より一階級高く，したがってそれの記述は後者よりも漸近的に〔？〕無限にながくなるという定理です．私はそれは絶対的な必然だと申します．この点までくると，それはまさに複雑さの問題です．この気もちのわるいばかりに漠然としたとらえどころのない印象を与えるもの（たとえば"視覚的類推とはなにか？"のような），そしていつまでたっても決して記述がおわらないと感じるような場合においては，いつもそうであると考えるに十分な理由があるように思います．そういうものは，もうすでに簡単にこの状態，つまり実行する方が記述するよりはやく，回路の方が，あらゆる状態におけるすべての機能の全面的記述よりはやく数えられるような状態になっているのでしょう．

形式的な神経細胞回路網が，言葉で記述しうるものは何でも行ないうるという洞察は，非常に重要な洞察であり，複雑さの低いうちはものごとを非常に単純にします．それが複雑さの高い場合にも単純化であるということは，決してたしかとはいえません．複雑さの高い場合には定理の値うちは逆方向になり，それが逆を保証すること，つまり論理がそれを行なう神経回路の言葉であらわされうることを保証することのゆえに，ものごとが単純化されるということも完全にありうることです．[von Neumann は Turing 機械を論じたあと，62 ページで，この点にもどる．]

[von Neumann はつぎに，理想化された神経細胞の回路が，神経細胞があたえられた機能をいかにして実際に実行するかの説明を与えてくれないらしく

みえるような二つの事例を論じた．第一の事例は，たとえば血圧などの量をあらわすような連続的な数の，神経による伝送に関するものである．神経はこれを血圧の単調関数であるような周波数でパルスを発生することによって行なう．この動作は神経の疲労によって説明される．疲労とはある神経細胞が反応したあと，不応期間とよばれるある期間は反応することができず，つぎの刺激が強いほどはやくそれに反応するという現象である．つぎに彼は"知るかぎりにおいて自然がディジタルな記法を用いなかったのはなぜか，そしてそのかわりにこのパルス記法を用いたのはなぜか"という質問を提出し，これは自分が興味をもっている種類の質問であるとのべた．そして一つの回答を示唆した：周波数変調方式はディジタル方式よりも信頼性があるというのである．下記 1.1.2.3 節のうしろの方 *The Computer and the Brain* 77-99, 全集 5.306-308 および 5.375-376 を参照されたい．]

[理想化された神経細胞の回路が，神経細胞が与えられた機能をいかにして実際に実行するかの説明を与えてくれないらしくみえるような第二の事例は，記憶に関するものである．von Neumann はまえに理想化された神経細胞から記憶回路を合成してみせ，そのような記憶回路はいくらでも大きくできることを注意した．しかし彼は，これは神経系で記憶につかわれている主要な機構ではないだろうと考えた．] 神経細胞のような 1 個のスイッチ器官，あるいは疲労を考えると実際には必要になる 6 箇から 12 箇のスイッチ器官を 1 ビットを記憶するというような小さなことをするために用いることは，スイッチ器官は記憶などよりずっといろいろのことができるのにひどくもったいないことであるという，ただそれだけの理由からも，記憶をつくるのにこんなやり方はありません．計算機械の方で，数値を記憶するのにスイッチ器官を使った古典的な機械の例は ENIAC で，それは約 2 万本の真空管をもった巨大な装置です．ENIAC は，おそらくはるかに効率のよい後代の機械にくらべて，約 5 倍も大きいもので，いろいろな点で立派な機械ですが，一つだけいちじるしい欠点があります．それは非常に記憶がすくないことです．それは実質的には十進数 20 個の記憶しかもたず，しかも，ばかでかいのです．その理由は真空管すなわ

ちスイッチ器官を記憶としてもちいているからです．この機械を改良する計画はすべて，なにか標準の真空管以外の素子を記憶としてもちいることを前提としています．

人間の神経系で要求される記憶はおそらく非常に大きいものです．概算したところによると，それは10^{16}ビットの程度です．この概算の論拠をのべようとは思いません．どういう勘定についても理屈はいろいろいえます．10^{10}個のスイッチ器官というのがわれわれがもっているものの大体の数ですが，それはわれわれがつかっているような記憶をいれる大きさとして適当な数ではおそらくないので，われわれは記憶のありかを全然知らないのだということをあっさりみとめるのがおそらく最善であると信ずる充分の理由があるように思います．これについてはどんなことでもいえましょう．記憶は設計ではきまっていない神経細胞のシナプスの変化であるという推測もできます．このことに何か具体的な証拠があるのかどうかは知りませんが，私はないだろうと思います．神経の細胞はスイッチの特質以外にもいろいろなものをふくみ，記憶もそこにあると思うかもしれません．そうかもしれませんが，やはりわれわれはただなにも知らないのだと思います．記憶器官は神経細胞とはまったくちがった性質のものであるということも充分ありうることです．

記憶器官に関するおもな困難は，どこにもそれらしいものがみあたらないことです．なにかの場所を頭脳のなかでみつけることは，頭脳がなみはずれた再組織能力をもっているために，いつも決して簡単ではありません．かりにある機能が頭脳のある場所にあるとわかったとしても，その部分をとりさってみると，頭脳は自分自身を再組織し，その責務を再配分して，その機能がまたちゃんと行なわれていることを発見するでしょう．頭脳の柔軟性は非常に大きく，これが位置ぎめを困難にしています．わたくしは記憶機能は他のなによりも場所がわかっていないのではないかと思います．[*The Computer and the Brain* 63-68 参照．]

私はこれらの[疲労と記憶の]二つのものを，McCullochとPittsの神経系への接近のなかで非常に明白な脱落であるといいたかったのです．つぎに

Turing の行きかたについてお話ししようと思います．McCulloch と Pitts の理論では結論は，実際のオートマトンは，適当に記述し公理化すれば形式論理と等価であるということでありました．Turing の理論では結論は逆です．Turing はオートマトンではなく，形式論理に関心がありました．かれは形式論理の重要な問題で決定問題(Entscheidungsproblem)とよばれるものに関する或る定理を証明することに関心がありました．その問題とは，論理的な式や命題のある類について，この類に属する式が真か偽かを判定する機械的な方法が存在するかどうかを決定することです．Turing のオートマトンの議論は，実はこの問題を，以前に行なわれていたのよりもやや透明でより首尾一貫したやりかたで扱うための形式的，論理的な一つの技巧でした．

[von Neumann はつぎに Turing によるオートマトンの定義を概説した．McCulloch と Pitts が部品あるいは素子から出発したのに対して，Turing は状態から出発した．オートマトンはつねに有限の状態の一つにある．"外部の世界"はテープである．オートマトンはテープのひとますをしらべたり，またテープのますの内容を変更したり，テープをひとます左か右に移動したりすることができる．辞書があってそれぞれの状態とそれぞれのテープの記号に対して，つぎの状態はなにであり，テープに対してなにをするかを指定する．テープには特別のますがある．最初に有限のプログラムをテープ上におくことができる．オートマトンが計算した2進数は，特別のますからはじめて，一つおきのますに記録される．]

[von Neumann はつぎに Turing の万能オートマトンに関する結果をのべた．つぎのような性質をもつ万能オートマトン $\bar{A}$ が存在する：任意のオートマトン A に対して，命令の列 I_A が存在して，任意の命令の列 I について $\bar{A}$ は命令 I_A と I が与えられたとき，A が命令 I を与えられたとき計算するのとおなじ数を計算する．] $\bar{A}$ はどんなオートマトンをも，たとえもっとずっと複雑なものでも，まねすることができます．このようにオートマトンの複雑度がひくいことは命令の複雑さを適当に増すことによって補償できます．Turing の研究の重要性は次の点：すなわちもしオートマトンをうまくつくっておけば，オ

ートマトンに対する追加的な要求はすべて，充分に手のこんだ命令テープによって処理できることです．このことが真になるのは A が充分に複雑なとき，それが複雑さのある最低限に到達しとたきに限ります．つまりそれより簡単なものはある操作を，どんな命令をあたえられても実行できないでしょう；しかしある非常にはっきりした有限の点が存在して，それだけの複雑さをもったオートマトンは適切な命令が与えられれば，いやしくもオートマトンによってなされることならどんなことでもできるということになります．

[von Neumann はつぎに万能オートマトン $\bar{A}$ がいかにして任意のオートマトン A のまねをするかを説明した．命令 I_A はオートマトン A の表現を辞書のかたちでふくんでいる．辞書は A のそれぞれの状態，それぞれのテープの記号に対し，A のつぎの状態とテープになにをするかということとをしめす．万能オートマトン $\bar{A}$ はそのような辞書をよみ，またそれに作用する能力をもつ．$\bar{A}$ は自分のテープのうえに順々に A のつぎつぎの状態と，何が A のテープにつくりだされるかを書く．] このことの詳細についてこれ以上立ち入ることはいたしません．ここではじめて万能性の特性をもつもの，誰かにできることはどんなことでもする能力をもつものがでてきたという，そのことを指摘するのに必要なところまで，私は立ち入ったわけです．ここには悪循環のないことも，余分の複雑さの(より手のこんだ命令を与えるという)もちこみかたから，おわかりでしょう．また窮極的に万能性にむすびつくところの操作は，対象をどのように記述するかに関する厳密な理論と，どうやって辞書の内容をよみ，それに従うかの厳密な手順に関連していることもおわかりでしょう．

Turing の形式論理的な研究はこれよりまだかなり先まですすみました．Turing は，そのためのオートマトンをつくることができないような，そういうものが存在することを証明しました．すなわち，ある問題を解くことのできるほかのオートマトンがそれを何ステップで実際に解くかを，予測できるオートマトンはつくることができません．すなわち，任意のオートマトンのすることをなんでもすることのできるようなオートマトンはつくれますが，まったく任意のオートマトンの行動を予測するようなオートマトンはつくれないのです．

別の言葉でいえば,できることならなんでもできるような器官はつくれますが,できるかどうかを答えてくれる器官はつくれないのです.

これは形式論理学の構造と関連しており,特にその中の或る点に関連しております.ここでその点については議論はいたしませんが,近代的形式論理学に通じているかたのために,適当に専門語を使ってのべておきます.それは型の理論に,そしてまた Gödel の結果に関連しています.その点というのはこういうことです.すなわち関係する論理の型の中においては,そこでできるものはなんでも実行できますが,あることがある型のなかでできるかどうかという質問は一段高い論理の型に属しているということです.これはまえにのべた注意(57 ページ)に関連しています:すなわち物をつくりだすよりそれについて語ることの方が容易であり,それを組立てるよりその特徴を予測する方が容易であるのは,複雑さのひくい物の特性だということです.そして形式論理の複雑な部分では,対象物になにができるかをのべるのは,対象物をつくりだすのよりもいつも一段階困難なことなのです.質問の有効性の定義域は質問それ自身よりも高い型に属します.

[これが von Neumann の第 2 講のおわりである.ここで最後の二つの節に対する私の補足を Turing 機械に関するいくつかの一般的な注意からはじめよう.

Turing 機械は基本的には無限に拡張できる一本のテープをもった有限オートマトンである.しかし Turing 機械を使う方法にはいろいろある.テープのますに $0, 1, 2, 3, \cdots$ と番号をつけ,偶数番のますは作業場所につかい,奇数番のますはプログラムつまり問題の説明(もしあるならば)のためと,解答のためにつかうとしよう.解答用の記号は,空白とは別の 0 と 1 とする.もちろんこれらは二つの基本的記号,空白とマークの列として符号化してもよい.最後に,機械は解答の数字(0 と 1)を解答用のますに順次に書くと仮定しよう.

"具体的な Turing 機械"とは最初自分のテープのうえに有限の"プログラム"つまり問題の説明をもっている Turing 機械のことである."抽象的な Turing 機械"とはあたえられた有限オートマトンをもつすべての具体的

Turing 機械の類である．抽象的 Turing 機械は無限に拡張できるブランク・テープをもった有限オートマトンで，最初にどんなプログラムでも問題でもテープのうえに書いておけるようなものと考えることができる．

具体的な Turing 機械を二つのクラス：循環的と非循環的にわけることができる．"循環的"な機械は 2 進数字の有限な列を印刷して"停止"する．"非循環的"な機械は 2 進数字を一つおきのますに永久に印刷しつづける．そのことを無限の列を計算しているという．

von Neumann は上で有限オートマトン $\bar{A}$ と無限に拡張できるテープとからなる万能 Turing 機械について論じた．万能 Turing 機械は Turing 機械によって計算されるすべての列を計算する抽象的な Turing 機械である．もっと精密には，有限オートマトン A とプログラム I からなる任意の具体的な Turing 機械に対して，プログラム I_A が存在して，機械 $\bar{A}$ はプログラム I_A と I とから，機械 A がプログラム I から計算するのと同じ列を計算する．万能 Turing 機械は別の方法でも特徴づけられる．Γ を具体的 Turing 機械が計算するすべての有限と無限の列の類とする．そのとき Γ のすべての列は，I_A と I がすべてのプログラムにわたるような抽象的 Turing 機械 $\bar{A}+I_A+I$ によって計算できる．二つのプログラムを接続したものは一つのプログラムだから，Γ のすべての列は I がすべてのプログラムをわたるときの抽象的 Turing 機械 $\bar{A}+I$ によって計算できる．

質問のある類に対する"決定機械"とは，その類に属する質問があたえられたとき，質問の解答が"然り"のとき 1 を，質問の解答が"否"のとき 0 を印刷するような抽象的 Turing 機械のことである．

"停止問題"とは任意の具体的 Turing 機械が循環的である（いつか停止する）か非循環的であるかを決定する問題である．Turing は停止問題が非決定性であること，つまり停止に対する決定機械は存在しない[3]ことをしめした．この証明は以下第 II 部の 1.6.3.2 節にある．Turing はこれに対する系として，

---

3) [Turing の "On Computable Numbers, with an Application to the Entscheidungsproblem" の 8 節．]

任意の具体的Turing機械があたえられた記号(たとえば0)を一つでも印刷するかどうかを決定する決定機械が存在しないことを証明した．停止もあたえられた記号の印刷もTuring機械の行動の一部であるから，オートマトンの行動はオートマトンによって完全には予測できないということがTuringの結果からでてくる．von Neumannがまえにいったように"任意のオートマトンの行動を予測するオートマトンはつくれない"のである．

具体的Turing機械はかぞえあげることができ，それにより非負の整数に1対1に対応づけられる．こういう機械のすべてを考え，変数"t"がそれらをあらわす整数のうえにわたるとする．整数論的関数$n(t)$を機械tが最初の0を印刷するまでにとるステップ数と定義する．もし機械tが決して0を印刷することがなければ$n(t)$は0と定義する．

n個の1のあとに一つの0がついた列を整数nだと解釈できることに注意しよう．これからつぎの質問がでてくる．任意のtに対して$n(t)$を計算することのできる抽象的なTuring機械は存在するか？ Turingの系から，そういうものは存在しないことがすぐにでてくる．なぜならもし$n(t)$が計算できるなら，機械tが0を印刷しつづけるかどうか決定できるはずだからである．von Neumannが"Turingは，ある問題を解くことのできるほかのオートマトンがそれを何ステップで実際に解くかを，予測できるオートマトンはつくることができないことを証明した"といったのは，この定理のことだったと思われる．

第2講の最後の節でvon NeumannはGödelの定理を引用して"関係する論理の型の中において，できるものならなんでも実行できますが，あることがある型のなかでできるかどうかという質問は一段高い論理の型に属しています"とのべた．私はGödelのそのような定理を知らなかったので，この引用や，そのほかGödelへの前の引用(57ページ)，そしてvon Neumannのヒクソン・シンポジウムの論文"オートマトンの一般的，論理的理論(The General and Logical Theory of Automata)"(全集5. 310-311)での関連した引用などにとまどっていた．このことをあきらかにしてもらえるかどうかと思って，私はGödel教授に手紙を書いた．その返事がこの引用に対する一番わかりや

すい説明だと思われるので，われわれのやりとりのうち，関係のある部分を多少修正してのせておく．

私は Gödel 教授にあててつぎのように書いた．"私はいま John von Neumann のオートマトンに関する理論に関する二つの未完の原稿の整理の仕事をしております．そのうちの一つである，1949 年にイリノイ大学で行なった一連の講義のなかであなたの研究を引用しておりますが，私にはそこのところがどうしても納得がいきません．彼がこのことであなたと討論したことも考えられますので，このことにつき一筆申しあげる次第です．

"話の発端は 1948 年にパサデナで行なわれた Johnny のヒクソン・シンポジウム講演です．彼はそこで視覚での類推に厳密な記述をあたえる問題を論じました．視覚のパターンを認識するのに人間の眼と神経系はある特性をもつ有限オートマトンとして作動します．von Neumann は，この有限オートマトンの特性〈behavior〉を記述するもっとも簡単な方法はおそらくオートマトン自身の構造〈structure〉を記述することであろうという意味のことをいったようです．これはたしかによくわかります．しかしつぎにこのことについて私にはよくわからない表現をしています．'この領域においては実の対象物がそれ自身のもっとも簡単な記述になっていないということは決してたしかなことではない．すなわち，それを通常のことばや形式論理の方法で記述しようとするとかえってなお扱いにくく，なおこみいったものになるかもしれない．実際，**近代論理学のある結果**は，真に複雑な実体を扱うようになったときにはこのような現象を予想しなければならないことをしめしているようである．'下線を引いた部分はあなたの研究をさしているようです．全文の複写を同封いたします．

"1949 年のイリノイの講義でも Johnny はおなじようにすなわち視覚の類推<u>とはなにであるか</u>を正確に記述するもっとも簡単な方法は脳の視覚部分の<u>接続</u>を指定することであるといっているようです．つぎには形式論理学の中には，オートマトンが非常に複雑ではないとき，そのオートマトンの機能の記述はオートマトン自身の記述より簡単であるが，複雑なオートマトンについてはこの状況は逆になるということをしめす部分がかなりあるといっています．あなた

への引用がつぎにはっきりとあらわれます．'論理学の一定理をすこしひねって申します．しかしそれはれっきとした論理学の定理です．それは Gödel ののべた，つぎの論理的段階つまりある物の記述は，その物自身より一階高く，したがってそれの記述は後者よりも漸近的に[？]無限にながくなるという定理です．'

"彼は Turing 機械について論じ，停止問題の非決定性に関する Turing の結果をのべたあとで，またこの点にもどります．そこで，これらのすべては型の理論に，また，あなたの結果に関連しているといいます．録音の復元はこのあたりで乱れておりますが，私がなんとか再構成してみますと，'これは型の理論に，また Gödel の結果に関連している．この点というのはこういうことである．すなわち関係する論理の型の中において，できるものならなんでも実行することができるが，あることがある型のなかでできるかどうかという質問は一段高い論理の型に属している．これはまえにのべた注意に関連している：すなわち対象物をつくりだすよりそれについて語ることの方が容易であり，それを組立てるよりその特徴を予測する方が容易であるのは複雑さのひくい物の特性だということである．しかし形式論理の複雑な部分では対象物になにができるかをのべるのは，対象物をつくりだすのよりもつねに一段階困難なことである．質問の有効性の定義域は質問それ自身よりも高い型に属する．'イリノイの講義の関連したページの複写を同封します．

"対象物の記述を対象物それ自身より1段階高い型とみることは容易ですが，von Neumann がなにを考えていたのかその先は私にはわかりません．私には二つの可能性が考えられますが，両者とも Johnny が必要としているものと反対の結果をあたえます．Gödel 数をもって式の記述とみなすことができます．しかしすくなくともある場合には，式の Gödel 数は式よりすくない数の記号で記述できます．そうでなければ自分をさしている非決定性の式は存在しえません[4]．もう一つの可能性はあなたの1936年の論文"証明のながさについて (Über die Länge der Beweise)"にある定理に関連するものです．系 S とそれより大きい系 S' があたえられたとします．この定理によればすべての帰納

的関数 F について，両方の系で証明可能な文で，しかもこれら二つの系での最短の証明が，小さい系の証明の Gödel 数の方が大きい系の証明の Gödel 数に帰納的関数 F をほどこしたのより大きいという不等式をみたすようなものが存在します．このことは von Neumann がいったこととよく合うように見えますが結論が反対方向をむいています：つまり型が高ければ証明がみじかくなります．

"この von Neumann のとまどわせる一文についてなにか手がかりでもおしえていただければ幸甚です．"

Gödel 教授からつぎのような返事があった．"あなたが引用した文の中で von Neumann がなにを考えていたのかについて私は一つの推測をもっていますが，これらのことについて彼と議論したことはないので，これは単なる推量です．

"von Neumann が引用している私の定理は，非決定性の命題の存在に関するものでも，また証明のながさに関するものでもなく，それは，ある言語 A の完全な認識論的記述は，A の文の真実性の概念が A のなかでは定義できないという理由から，おなじ言語 A のなかではできない，という事実だと思います．この定理こそ，算術演算をふくむ形式的体系に非決定性の命題が存在することの本当の理由なのです．しかしこの定理は 1931 年の論文では明確にのべてはなく，1934 年のプリンストンの講義[5]で話しただけです．このおなじ定理は Tarski も証明し，1933 年に *Act. Soc. Sci. Lit. Vars.* に発表され "論理, 意味および数学基礎論(*Logic, Semantics, and Metamathematics*)[6] の 152-278 ページに翻訳がのっている "真" の概念に関する彼の論文のなかにあります．

---

4) [Gödel の "Über formal unentscheidbare Sätze der Principia Mathematica und verwandter System I" 参照．非決定性の式は Gödel 数 n をもち，そして "Gödel 数 n をもつ式は定理でない" と述べるものである．そこで，この非決定性の式は Gödel のコード化を用いて自分自身についてのべている．それは式そのものもまたその否定も Gödel の考えるシステムでの定理にならないという意味において非決定性なのである．]

5) [Gödel の "On Undecidable Propositions of Formal Mathematical Systems"]

6) [Tarski の論文の正確な出典はあとから加えた．]

"ところでこの定理はたしかに或る機構が或る場合に行なっていることの記述の方がその機構の記述よりも，それがあたらしく一層抽象的な用語，すなわちより高い型を要求するという意味で，はるかにこみいっているということをしめしています．しかしこれは必要な記号の数についてなにもいっていないので，そこではあなたが正しく指摘したように，関係は反対むきになることも十分ありうるでしょう．

"しかし von Neumann がおそらく考えていたであろうことは，万能 Turing 機械の方にもっとはっきりとあらわれます．そこでは行動の完全な記述は無限である，なぜならその行動を予測する決定手段がないという観点からすれば，完全な記述はすべての場合をかぞえあげることによってしかあたえられないから，といえるかもしれません．もちろんこれは決定可能な記述のみが完全な記述であることを仮定していますが，これは有限主義的な思考方法と同じ線をいくものです．万能 Turing 機械，すなわち二つの複雑さの比が無限大となる場合は，そこで他の有限な機構の極限の場合と考えられるかもしれません．これからただちに von Neumann の推測がでてきます．"]

第3講

情報の統計的理論

情報の理論：確率的部分．厳密論理と確率的論理の関係．確率論のKeynesの解釈．論理と厳密な古典力学，および統計力学との関係の実例．それに相当する量子力学との関係．
厳密な論理から確率的論理へのうつりかわりの数学的側面．
熱力学的側面：情報とエントロピー．
Szilardの理論．
Shannonの理論．
計算機械の内部のバランスの熱力学的な性格に関する付帯的な所見．

　情報に関する厳密でキッチリした問題についてのべることはこの辺でおわりにして，情報に関する統計的な考察に進もうと思います．それがオートマトンとその機能を扱ううえで重要なことであることは，すくなくとも二つの理由から，かなり明白です．理由の第一の方は，私はそうではないと思いますが，幾分外面的かつ偶然的のように思われるかもしれません．しかし第二の方はそう思われることはないでしょう．

　第一の理由は，現実問題としては本当に間違いのないオートマトンというものは考えられないということです．もしオートマトンを，完全に定義された状態すべてについて，それがどうはたらくかを正確にのべることによって公理化したとすれば，それは問題の重要な部分を忘れていることになります．完全に定義された状況に対してオートマトンを公理化することは，この問題にはじめて直面したひとには，よい練習問題ですが，オートマトンを使った経験のあるひとはだれでも，それは問題のごく予備的な段階にすぎないということを知っています．

　オートマトンの理論で統計的考察が重要である第二の理由をつぎにのべます．

人がつくったオートマトンや自然に存在するオートマトンをながめて，非常にしばしば気がつくことは，その構造が厳密な要求に従うように制御されているのはほんの一部分で，むしろ大体は，誤動作がありうるようなやり方で制御されており，そのような誤動作に対して何らかの予防策がとられているということです．それらが誤動作に対する予防だというのは行きすぎた表現であり，主題とはまったく縁のない楽観的な術語をつかったことになります．誤動作に対する予防というよりはむしろ，誤動作のうちの大多数が致命的にはならないような状態を達成するための仕掛けです．誤動作を除去するとか，誤動作の効果を完全に無力化するなどということは論外です．やってみられることは，ただ，きわめて大多数の誤動作に際して，正しく動作しつづけられるように，オートマトンに仕掛けをすることです．これらの仕掛けは誤動作の緩和剤をあたえますが治療にはなりません．人工や自然のオートマトンの仕掛けと，そのなかで使われる原理はおおかたこの種のものです．

　誤動作を独立した論理的実体としてゆるすということは，公理を厳密な形ではのべないことを意味します．公理は，もし A と B がおきれば，C がおきる，というような形にはなりません．公理はいつも，"もし A および B がおきれば C がある特定な確率でおき，D が別の特定な確率でおき，……" というような種類のものになります．つまりいかなる状況でも，いくつかの可能性が，それぞれある確率でゆるされるのです．数学的には，あることの次にあることがある確率行列にしたがっておきるというのが，いちばん簡単です．問題は "A と B がおきたとき，C がおきる確率はいくらか" というようにいいあらわされます．この確率のパターンが，確率的な論理システムをあたえます．人工のオートマトンでも自然のオートマトンでも，ある程度に複雑になればすべて，このシステムで論じる必要があります[1]．厳密な公理化のかわりにこの種のものをとらざるをえない理由が，なぜ複雑さであって他のものではないのかという問

---

1) [オートマトンをこの観点から取扱うことについての詳細は von Neumann の "Probabilistic Logics and the Synthesis of Reliable Organisms from Unreliable Components" 参照.]

題については，あとでふれることにします[2]．

　さてこう見てくると，確率は論理の一部分とみたくなります．あるいはむしろ確率を加えた論理を普通の厳密な論理の延長としてとらえてみたくなります．確率は論理の延長であるというみかたはそう自明なことではないし，一般にうけいれられているわけでもなく，またそれは確率の解釈の主流でもありません．しかしそれは古典的な解釈です．これと対抗する解釈は度数による解釈，すなわち論理は完全に厳密なものであり，完全にわかっていない現象については度数についてのべるだけであるとする態度です．

　この区別は，Laplace にとってはきわめて明白であったのだと思います．彼は確率に対して二つの可能な態度，すなわち度数と論理的なものがあることを指摘していたのです[3]．もっと近年になって，経済学者 Keynes がその確率に関する論文[4]でこの区別を強調して，一つのシステムの基礎におきました．彼はこの問題をかなり詳細にわたって分析し，確率についてのより常識的な度数の観点とは別に，論理的なものも存在することをしめしました．しかし厳密な論理と確率とを分離することはせず，単に，相つづく事象 A, B があるなら，そこには量的な特性，"A の次に B がおこる確率"があるとのべただけです．厳密な論理との唯一の接合点は，確率が1なら含意，零なら排他であり，そうして確率が1か零かに近ければ，やはりこれらの推論をやや厳密でない領域においてなしうるということです．

　論理的な立場には否定しがたい弱点があります．確率のあるみかたからすると確率零は不条理とは同一視すべきでないということです．また確率が低いことが，あることがおこらないことをどういう意味で期待させるのか，あまり明確ではありません．しかし，Keynes は矛盾のない一つの公理系をつくりました．現代の他の諸理論のなかにはたとえば量子力学におけるようにこの哲学的な立場を非常に強くとらせようとするものがたくさんあります．もちろんこの

---

2)　[素子の誤動作の確率がきめられているとき，オートマトンが複雑なほど致命的な誤動作が起りやすくなる.]
3)　[*A Philosophical Essay on Probabilitics*]
4)　[*A Treatise on Probability*]

主題に関する最後の答は現在はまだ出ていないし，また当分の間は出ないでしょう．とにかく，量子力学の場合にも，論理に関する見方を修正して確率を本質的に論理に結合したものとしてみたいという誘惑にかられます[5]．

[von Neumann はつぎに"必ずしも論理の観点から考えられたのではないが，この場合にちょうどあてはまるところの"確率と情報に関する二つの理論を論じた．その第一は熱力学におけるエントロピーと情報の理論であり，第二は Shannon の情報理論である．

エントロピーと情報に関して von Neumann は Boltzmann, Hartley および Szilard の名前を出した．彼は Maxwell の魔物のパラドックスについてのべ，エントロピーの情報への関係を解明することによって Szilard がそれをどうやって解決したか[6]をくわしく説明した．von Neumann は，Shannon の理論は通信路の容量を測定する定量的な理論であるとのべた．また冗長性の概念を説明し例解して，冗長性があることがあやまりを修正すること，たとえば校正をすることを可能にしていることを指摘した．冗長性は"ながい文，たとえば 10 ページ以上の文を書くことを可能にする唯一の手段である．別のいいかたをすれば，最大限に圧縮された言語は，実際はある程度以上の複雑さをもつ情報をはこぶには完全に不適であろう．なぜなら文面が正しいか違っているか決してわからないからである．そうしてこれは本質的な問題である．したがってこのことから，仕事をする媒体の複雑さというものが冗長性と関連しているということが結論される．"

---

5) [von Neumann は "Quantum Logics (Strict-and-Probability-Logics)" のなかで結論的に"確率的な論理は厳密な論理に帰着させることはできず，後者より本質的により広いシステムを構成する．そして $P(a, b) = \phi (0<\phi<1)$ の形の命題はまったく新規なもので，これこそ物理的現実の本然の姿である"と述べている．

"そこで確率的な論理は厳密な論理の本質的な拡張として出現する．この観点，すなわちいわゆる'確率の論理的理論'は J. M. Keynes のこの主題に関する仕事の基礎となっている"．

von Neumann と Birkhoff の "The Logic of Quantum Mechanics" と von Neumann と Morgenstern の Theory of Games and Economic Behavior の 3.3.3 節とを比較されたい．]

6) [Brillouin の Science and Information Theory に Szilard の研究と Shannon と Hamming の研究のすぐれた解説がある．]

第3講 情報の統計的理論

Wiener の *Cybernetics* の書評の中で von Neumann はエントロピーと情報に関していろいろとのべている．それを以下に引用しよう．"物理学者にとってエントロピーとは，エネルギーのいろいろな形態のあいだの変形を研究する学問であるところの熱力学の領域に属する概念である．完全な閉じた系では，全エネルギーはつねに保存されることはよく知られている．エネルギーはつくられることも失なわれることもなく，ただ変形するだけである．これが熱力学の第一基本定理，エネルギーの定理である．しかしこのほかに熱力学の第二基本定理，つまりエントロピーの定理がある．それはエネルギーの形態のあいだには階層構造があることをのべている．力学的(運動あるいは位置の)エネルギーが最高の形態であり，その下部に熱エネルギーが温度の低下とともに低下してゆく階層の系列をつくり，エネルギーの他の形態もすべてこの図式の段づけにしたがって完全に分類される．そのうえエネルギーはいつも退化する．つまりいつもより上の形態からより下の形態へひとりでにうごく．またシステムのある部分で逆のことがおきた場合は，それをうちけすだけの退化がどこか他の部分でおきなければならない．この絶え間ない全体的な退化の収支を締める勘定には，一つのしっかり定義された物理量であるところのエントロピーがもちいられ，それによってエネルギーの形態が占める階層構造上の位置や，エネルギーがこうむった退化の大きさが測られる．

"エントロピーを測定する熱力学的方法は 19 世紀中葉には知られていた．統計的物理学の初期の研究 (L. Boltzmann, 1896) ですでにエントロピーは情報と密接な関係にあることがわかっていた．すなわち Boltzmann はエントロピーは物理系が系に関して巨視的に(ということは直接人間に観測可能な尺度で)わかっているすべての情報が記録されたあとでとりうる可能性の数の対数に比例することを発見した[7]．別のことばでいえばそれは持っていない情報の量の

---

7) [*Vorlesungen über Gastheorie* 第 I 巻，第 6 章，Boltzmann の結果は最初 1877 年に "Über die Beziehung zwischen dem zweiten Hauptsätze der mechanischen Wärmetheorie und der Wahrscheinlichkeitsrechnung respective den Sätzen über das Wärmegleichgewicht" *Wissenschaftliche Abhandlungen*, 第 II 巻，164-223 ページに発表された．]

対数に比例する．この考え方はさらにいろいろな人によっていろいろな応用に対して具体化された．すなわち H. Nyquist と R. V. L. Hartley が工学的な通信媒体による情報の伝送について(*Bell System Technical Journal*, Vol. 3, 1924 および Vol. 7, 1928)，L. Szilard が物理学一般での情報について(*Zschr. f. Phys.* Vol. 53, 1929)，また自分が量子力学と素粒子物理学について("量子力学の数学的基礎"，Berlin, 1932, 第V章)などである．

"専門的な素養の充分にある読者はここでさらに他の文献，第一にうえで引用した L. Szilard の論文を見ることをすすめる．そこには有名な熱力学の逆説，Maxwell の魔物の特に面白い分析がなされている．また C. E. Shannon の"情報の理論""人工言語""コード"などに関する非常に重要で興味ある最近の研究(*Bell System Technical Journal*, Vol. 27, 1948)もよまれるとよい．エントロピーをエネルギーの階層構造上の位置の目盛として用いるときに成立する退化の一般法則に相当するものが，エントロピーを情報の目盛としてもちいたときにも正しく成り立つことを信じる理由が存在する．"

イリノイの講演では，von Neumann はつぎにあやまり検出コードとあやまり修正コードに関する Hamming の研究を論じた．そして(2進, 10進等の)基数表示にもとづくディジタル・システムがどういう点で情報理論の応用であるかをしめした．"ディジタル化は，精度の悪いものから極度に高い精度をつくりだす非常に巧妙な工夫にほかならない．30 の装置で 30 けたの 2 進数を書きくだすと，その一つ一つはその二つの状態(本質的な誤差は 10 パーセントの程度として)を区別できるのに充分な程度のものであっても，数をおよそ 10 億分の 1 のところまで表現することができる．ディジタル・システムのおもな効能は，こんなことのできる手段をわれわれはほかには知らないということである．これが可能なことは情報の観点からいえば，あきらかである．30 個の 2 進装置のエントロピーは 30 単位であり，また 10 億分の 1 にまで知られているものは 10 億の(2 を底とした)対数だけのエントロピー，つまり約 30 単位をもつからである．"

つぎに彼は，生物は情報を伝達するのにアナログとパルスの混合したシステ

ムを利用するけれども，(われわれの知識のかぎりでは）基数によりコード化されたディジタル・システムは決して利用していないことを指摘した．実際は"中枢神経系は数を送る場合，コード化された数字の列ではなくて本質的には周波数変調方式というべき形で送る." 彼はまた，その理由は周波数変調方式の方がディジタル方式よりずっと信頼性が高いからであることを示唆した.]

　私はいままで情報の理論が必要であり，そして必要なものがまだほとんど存在していないという考えを正当化することにつとめてきました．いまあるところのそのほんのわずかな痕跡と，隣接分野についてもっているその種の情報の示すところでは，そういう理論が発見されれば，それは多分すでに存在している二つの理論，すなわち形式論理と熱力学，に類似したものになるものと思われます．この新しい情報理論が形式論理に似ているというのはおどろくに当りませんが，それが熱力学と共通な点をたくさんもつだろうということは，意外でありましょう．

　この新しい情報理論がいろいろの点で形式論理に類似するとしても，おそらくそれは形式論理よりはもっと普通の数学に近寄ったものとなると思われます．その理由は今日の形式論理はきわめて非解析的，非数学的特性をもっていて，絶対的に"すべてか無か"だけの過程を扱い，そこではおきることもおきないこともすべて有限な範囲で存在するか，しないかのどちらかであるからです．これらの"すべてか無か"の過程は，数学のもっともよく研究され，もっともよく知られた分野であるところの解析学とは，よわいつながりしかもたず，むしろ数学のいちばん研究のされてない部分である組合せ論に密接に関係しています．ここで利用することになるであろう形式論理の道具は，今日の論理学の場合よりも普通の数学にちかくなると信ずる理由があります．特に，すべての公理がおそらく確率的なものであり厳密なものではないであろうという意味で，それは解析学に近くなるでしょう．同じような現象は，量子力学の基礎づけに際してもおこったことがあります．

　この新しい情報理論には熱力学的な概念がおそらくはいりこむでしょう．情報がエントロピーに類似しており，そしてエントロピーの退化過程が，情報の

処理における退化過程と平行であるということを示す強い徴候があります．オートマトンの機能とか効率とかを定義することは，熱力学において環境を特徴づけるのに用いられたと同じような統計的特質によって，そのはたらく環境を特徴づけることなしには，おそらくできないであろうと思われます．オートマトンの環境の統計的変数はもちろん，標準的な熱力学的変数である温度などよりはもう少しこみ入ったものでありましょうが，その性格はおそらく似たものでありましょう．

また，計算機械製造の実際からもあきらかなように，計算機械の決定的な性質にはつり合いということがあります．すなわち各部分のはやさのあいだのつり合い，ある部分のはやさと他の部分の大きさとのあいだのつり合い，さらには，二つの部分のはやさの比と他の部分の大きさとのあいだのつり合いなどです．前に記憶装置の階層構造の例でこのことをお話ししました[48 ページ]．このいろいろの要求はすべて，熱力学で効率をよくするためにするつり合いの要求と似ているようにみえます．オートマトンで，一部分が他の部分にくらべてはやすぎるとか，記憶装置が小さすぎるとか，記憶装置の二段階の間で一方の大きさにくらべてはやさの違いが大きすぎるとかであるようなものは，熱機関がその部分の間に極端に大きい温度差が在在するためにうまく動作しないのと非常によく似ているように思います．このことにはこれ以上たちいりませんが，この熱力学とのつながりは，おそらく非常に緊密なものであろうということを強調しておきたいと思います．

第4講
高度な，また特別に高度な複雑さの意義

　計算機械と中枢神経系の比較．現在および近い将来の計算機械の大きさの算定．
　人間の中枢神経系の大きさの算定．生体の"混合"的特徴に関する補注．アナログおよびディジタル素子．人工や自然の素子すべてに共通する"混合"的特徴に関する展望．それらに関してとられる処置の解釈．
　人工オートマトンと自然オートマトンの寸法のちがいの評価．使われている材料の性質．
　他の知的要因が存在することの確からしさ，複雑さの意義とそれが要求する理論的浸透．
　信頼度と誤動作の問題の再検討．個々の誤動作の確率と処理のながさ．計算機械と生体――すなわち人工オートマトンと自然オートマトンにおける処理の典型的な長さ．個々の操作において容認しうる誤動作の確率の上限．検査や自己修正機能による補正．
　人工オートマトンと自然オートマトンにおける誤動作処理法の原理のちがい．人工オートマトンにおける"単一誤り"の原則．適切な理論がないためにおこるこの場合の接近の粗雑さ．自然オートマトンにおけるより念の入った処理法．部分の自律性の意義．自律性と進化のあいだのつながり．

　前の二回の講演で広範かつ一般的な議論をしたところで，またわれわれのよく知っている具体的なオートマトンの問題にたちかえりたいと思います．人工のオートマトン，特に計算機械と，自然のオートマトン，特に人間の中枢神経とをこれから比較してみましょう．そのためには，両者について，まず素子について若干のべ，寸法についての比較をいくつかしてみる必要があります．
　前にいったように，人間の中枢神経系の寸法を算定する場合あまり確立されていない数字しか与えられません．それでも大きさの程度としてはおそらく正しいでしょう．それは人間の脳には10^{10}の神経細胞があるということです．人

体の他の部分にある神経の数はおそらくこれよりはるかにすくないでしょう．またこれら他の神経の大多数はいずれにしても脳から出たものです．外縁の神経のあつまっているところで最大のものは網膜にありますが，網膜から脳にいく視神経は脳の一部です．

これと比較すると，われわれの知っている計算機械の中にある真空管の数は非常に小さく，100万分の1ぐらいです．現存する最大の計算機械，ENIACには 2×10^4 の真空管が使われています．もうひとつの巨大な計算機械で，IBM社にあるSSECは，真空管と継電器が混ざっていて，それぞれ1万ぐらいあります．目下建造中の最高速の計算機械は数千，おそらく3千の真空管を使うはずです．ENIACと目下建造中の高速機械のあいだの，この大きさの違いは，記憶のとりあつかいの違いによるものです．これについてはあとで論じます．

そこで人間の中枢神経系は，これらの巨大な計算機械よりざっと百万倍も，複雑なのです．これらの計算機械から中枢神経系への複雑さの増し高は，1本の真空管からこれらの計算機械への複雑さの増し高よりも大きいものです．大目に見て複雑さを対数目盛ではかったとしても，まだ半分もきていないことになります．複雑さのどんな定義をとったとしても，半分には程遠いということに変りはないであろうと私は思います．

もっとも機械の方に分がある要因が一つあります．機械は人間の頭脳よりはやいことです．人間の神経が反応できる時間は約 1/2 ミリ秒です．しかしこの時間は神経細胞のはやさの公平なめやすではありません．問題は神経細胞が反応する時間ではなく，回復する時間，つまり一つの反応から，つぎの反応が可能になるまでの時間だからです．その時間は良くて5ミリ秒です．真空管の方は速さの算定が困難ですが，現在の設計ではくりかえし速度は毎秒百万回をさしてこえられません．

このように神経系は素子の数がこれらの機械の百万倍もありますが，機械の素子の一つ一つは，神経細胞の5千倍はやく動作します．1時間の間にできる仕事を勘定すると，神経系は機械をざっと200倍ほど凌駕することになります．

第4講 高度な，また特別に高度な複雑さの意義

この算定はしかしオートマトンに肩をもちすぎています．なぜなら大きさを n 倍にすると，する仕事は n 倍以上になるからです．なにができるかは素子のあいだの相互関係の問題であり，この相互関係は素子の数の自乗で増加します．またこれとは別に，なにができるかはある最小値に関係します．複雑さがある最小水準以下では，ある仕事はできませんが，この最小水準をこえればそれが可能になります．

[von Neumann はつぎに人間の中枢神経と計算機とを容積で比較した．決定的な要素は制御と増幅の機能が行なわれる空間である．真空管の場合はそれは本質的には陰極と制御格子のあいだの空間であり，それはミリメートルの大きさの程度である．神経細胞の場合はそれは神経膜のあつさであり，それはミクロンの程度である．大きさの比は約 1000 対 1 である．これはまた電圧の比でもあって，制御と増幅にもちいられる場のつよさは，真空管と神経細胞とでほぼ同程度である．このことはエネルギー消費の総量のちがいは主としてその大きさのちがいによることを意味している．"ながさでの 10^3 のちがいは容積での 10^9 のちがいであり，おそらくエネルギーのちがいもこれとそうちがわないであろう．"なお全集 5. 299-302 および "計算機と頭脳" 44-52 参照．

つぎに彼は "情報の要素的な作用あたり，つまり要素的な二者択一の決定あたり，および要素的な一単位の情報の転送あたり" に消費されるエネルギーを計算した．彼はそれを三つの場合，すなわち熱力学的最小値，真空管，および神経細胞についてそれぞれ行なった．

第3講において，熱力学的情報は，可能性の数の2を底とする対数で測られるということをのべてある．可能性が二つあるとき熱力学的情報はしたがって1であるが，"これはエネルギーを測定するときの単位ではない．温度を指定したときに限ってエントロピーはエネルギーである．そこで低温で動作させれば，どれだけエネルギーが消費されなければならないかがわかる"．つぎに彼は要素的な情報の作用あたりの熱力学的最低エネルギーを，k を Boltzmann の定数 (1.4×10^{-16} エルグ/度)，T を絶対温度，N を可能性の数としたとき $kT\log_e N$ エルグという式で計算した．$N=2$ つまり2進的な作用では，絶対温度を約 300

度として，熱力学的最小値は 3×10^{-14} エルグであるといった．

von Neumann はつぎに，脳は25ワットを消費し，10^{10} の神経細胞をもち，平均で一つの神経細胞は毎秒約10回動作すると算定した．そこで神経細胞での2進動作あたりのエネルギー消費はざっと 3×10^{-3} エルグとなる．真空管は6ワットを消費し，毎秒約100,000回動作するから，2進動作あたり 6×10^2 エルグを消費することになる．]

そこでわれわれの現在の機械は中枢神経系にくらべて，約20万倍効率が劣っています．計算機械は数年のうちに改良され，おそらく真空管は増幅用の結晶におきかえられるでしょうが，そのときでもそれらは神経細胞にくらべて1万倍の程度効率がわるいものでありましょう．しかしもっと大変なのは熱力学的最小値(3×10^{-14} エルグ)と神経細胞の2進動作あたりのエネルギーの消費(3×10^{-3} エルグ)のあいだの莫大なひらきです．この比は 10^{11} です．このことは熱力学的解析には，何か大きい見落しがあるということを示しています．対数目盛で計っても，みるからに素人くさいわれわれの道具立てと，玄人の手さばきを見せる自然の所作とのあいだのひらきは，知られている最良の装置と熱力学的最小値とのあいだのひらきの約半分にすぎません．このひらきがなにによるのかはわかりませんが，動作の信頼性に対する要請のようなものによるのではないかという気がします．

すなわち，情報の要素的な作用に対して，自然は物理学の観点からみて基本的なシステムである，水素原子のような二つの安定状態をもっているものを利用していないのです．使われているスイッチ器官はすべてはるかに大きいものです．もし自然が実際にこれらの基本的なシステムを使っていたら，スイッチ器官は数オングストロームの程度の寸法になっていたでありましょうが，知られている最小のスイッチ器官は数千〜数万オングストロームの程度の大きさをもっています．厳密な熱力学的議論から要求されるものより数桁大きい器官を使用せざるを得ないわけが何かあるのはあきらかです．したがって情報はエントロピーにほかならないという見方は，話の重要な部分ではありますが，決して全部ではありません．まだ 10^{11} という説明のつかない比が残っています．

第4講　高度な，また特別に高度な複雑さの意義　　　　81

[von Neumann はつぎに記憶素子を論じた．スイッチ器官である真空管は記憶にも利用できる．しかし2進数を記憶する標準の回路は真空管を二本使うし，情報を送りだしたり入れたりするのに，また真空管が必要なので，大きな記憶を真空管でつくるのは無理である．"使われている実際の装置は，記憶作用が真空管のような巨視的な物体によってではなく，微視的な，かりそめの存在でしかないようなものによって行なわれるようなものである．" von Neumann はこの種の装置の二つの例として音響遅延線記憶と陰極線管記憶についてのべた．

音響遅延線は，たとえば水銀のような媒体でみたされ，両端に圧電結晶がついた管である．送信側の結晶は電気的に刺激されると音波をだし，それは水銀中を伝わって，受信側の結晶に電気信号が発生する．この信号は増幅・成形・同期され，送信側の結晶にもう一度おくられる．この音響と電気のサイクルはいつまでも無限にくりかえすことができ，それによって記憶ができる．1個の2進数はある位置，ある時刻にパルスがあるかないかで表現される．またパルスはシステム内を循環しているので，数字はきまった位置に記憶されているのではない．"おぼえているものは，特にどこにあるというものではない．"

情報は陰極線管の中に，管の内面の電荷の形で記憶することもできる．その小さな領域にたくわえられた電荷で1個の2進数が表現される．電荷は陰極線管の電子ビームによってそこにおかれ，また検出される．ある一つの2進数に対応する領域は頻繁に電荷をあたえる必要があり，またこの電子ビームの位置をかえることによって領域はうごかせるので，この記憶もまたかりそめの記憶である．"実際，記憶場所というものは装置としてはどこにも存在しない．ただ制御のしかたによってかりそめに記憶器官がそこにつくられる．永久的な物理変化は決しておきないのである．"]

したがって，中枢神経系の記憶がスイッチ器官(神経細胞)にあると考える理由はどこにもありません．人間の記憶の大きさは非常に大きく，10^{10} ビットよりはるかに大きいにちがいありません．ひとりの人間が一生のあいだにうけるいろいろな印象や，そのほかたいせつだと思われるいろいろのことをかぞえて

みれば，10^{15} といった数になります．この概算はあまりあてにはなりませんが，人間の神経系の記憶容量はたしかに 10^{10} よりは大きいと思われます．計算機械に関するわれわれの経験を自然の系に適用することがどれだけ許されるかはわかりませんが，かりに少しでもそれに意味があるならば，自然の記憶がスイッチ器官とか，スイッチ器官を少し変えたような簡単で素朴なものからできているとはとても思えません．記憶はシナプスの閾値の変化でできているという説があります．それは本当かうそか私は知りませんが，計算機械の記憶にグリッドを曲げる話はきいたことがありません．人工のオートマトンと中枢神経系をくらべてみると，中枢神経系の記憶はもっと手のこんだもので，もっとかりそめのものであると思われます．したがって，人間の記憶がなんであるとかどこにあるとかいう想像はすべて時期尚早だと私は思います．

もうひとつお話ししたいのはつぎのことです．これまで神経細胞は本当に純粋なスイッチ器官であるかのように話してきました．ところが神経生理学やその隣接領域のおおくの専門家が，神経細胞は純粋なスイッチ器官ではなく，非常に繊細な連続的処理をする器官であることを指摘しています．計算機械の用語でいえば，それはパルスを出したり出さなかったりするだけよりはずっと広範なことをするアナログ装置です．これに対して一つの答え方があります．真空管や電磁リレーなどもまた，連続的な性質があるからスイッチ装置ではないということです．しかしそれらのすべての特徴として，本質的にはすべてか無かであるようなレスポンスをもつようにそれらを動作させる方法がすくなくともひとつあるということがあります．問題は生体が普通にはたらいているときに，素子がどういう動作をするかということです．ところで神経細胞はふつうにはすべてか無かの器官としては動作しません．たとえば刺激のつよさを反応の頻度に変換する方法は疲労と回復時間によるものであり，それらは連続的つまりアナログ的なレスポンスです．しかし，神経細胞の"すべてか無か"の性質が話の非常に重要な部分であるということはあきらかです．

人間もまた，その一部である神経系が事実上ディジタルであるとはいえ，ディジタルな器官ではありません．神経の刺激のゆきつくところはほとんどすべ

第4講　高度な，また特別に高度な複雑さの意義　　　　83

てディジタルでない器官，たとえば収縮する筋肉とか，化学物質を生産するための分泌をおこす器官などです．化学物質の生産を制御して，化学物質の拡散速度を利用するなどは，われわれがアナログの計算機械にもちいているもののどれよりも手のこんだアナログ的手法ということができます．人間のシステムにおけるもっとも重要な制御ループはこの種類のものです．一連の神経刺激が複雑な神経回路網を通って，本質的には化学工場というべきもののはたらきを制御します．化学物質はきわめて複雑な流体力学的な系によって分配されます．それは完全にアナログな系です．これらの化学物質は神経の刺激を生じ，それは神経系のなかをディジタル的につたわってゆきます．ディジタルからアナログへの変換が何回もおきるようなループもあります．そこで，人間は本質的には混合系です．しかしこのことはそのディジタルな部分を理解することの必要性を減殺するものではありません．

　計算機械とて純粋にディジタルではありません．いまやっている使い方では入力，出力はディジタルです．しかしディジタルでない入力や出力がなにか必要なことはあきらかです．計算結果を数字ではなく，たとえばオシロスコープに曲線で表示したいことがしばしばあります．これはアナログ出力です．そのうえこれらの装置の重要な応用は，それを複雑な機械の制御，たとえばミサイルや飛行機の飛行の制御などに使うことでしょう．その場合は入力はアナログ的な源からくるし，出力はアナログ的な過程を制御することになります．このように全体がディジタル機構とアナログ機構の超連続的な交替からできているということはおそらくすべての分野についていえることでしょう．

　オートマトンのもつディジタル的な側面を現在は強調しておく必要があります．それはいまやわれわれはディジタル機構を扱うための論理的な道具をいくらかもっているし，またわれわれのディジタル機構に対する理解はアナログ機構に対する理解よりおくれているからです．また，複雑な機能を実現するにはディジタル機構が必要と思われます．純粋なアナログ機構はふつう非常に複雑な場面には適しません．複雑な場面をアナログ機構で扱う唯一の方法はそれを部分に分解し，部分部分を別々に交互に扱うことですが，これはディジタル的

手法です.

　ここでつぎのような問題を考えてみましょう. 人工のオートマトンは, そのする仕事とその素子の数でいうと, 自然のオートマトンよりはるかに小さいし, そのうえ, かさとエネルギーの点ではおそろしくぜいたくです. なぜそうなのだろうか. 現時点で本当の答をだすことはとても思いもよらないことです. 一方はほんの少し理解し, 他方を全然理解していないのに, なぜ二つの物が違うかを説明することができるわけがありません. しかしながら, われわれがもちいている道具には一見して違いがいくつかあり, そのことからこれらの道具を使ってゆく限りいずれ困難につきあたるであろうということがわかってきます.

　われわれが使っている材料はその本質上, 自然の採用しているような小さな寸法につくるには適していません. 金属, 絶縁体, 真空管の組合せは自然の使っている材料よりはるかに不安定です. それが高い抗張力をもつということはまったく附随的なことです. 生体の膜はやぶれるとひとりでに再生しますが, 真空管の格子と陰極のあいだが短絡したらひとりでに再生することはありません. このように自然の材料は一種の機械的安定性をもち, 機械的特性, 電気的特性および信頼性の要求に関してよくつり合っています. われわれの人工システムは, 機械的にあまり感心しないやり方までして所望の電気的特性を実現したつぎはぎ細工です. われわれは, 金属と金属をくっつけるには問題ないが, 金属を真空にくっつけるのにはあまりよくないような技法を使っています. 手の入れられない真空の中で1ミリメートルの間隔を保つのは機械工作の大変な成果であり, これ以上この寸法を大幅に縮めることはできそうもありません. このように人工のオートマトンと自然のオートマトンのあいだの寸法のひらきはおそらく本質的には材料のまったく極端なちがいにむすびついていると思われます.

　[von Neumann はつぎに, なにが自然オートマトンと人工オートマトンのあいだの寸法のひらきのもっと深い原因だと彼が考えているかの議論にうつった. それは自然のシステムの素子は大部分がシステムの信頼を増すようにでき

第4講 高度な,また特別に高度な複雑さの意義

ているということである.第3講で指摘したように,実際の計算素子はある確率で正確に動作するだけであって,絶対確実に動作するのではない.小さいシステムでは全システムが正しくない動作をする確率は比較的小さく,大抵は無視できるであろうが,大きいシステムではそうはいかない.そこでシステムが複雑になるほどエラーの考察が重要になってくるのである.

von Neumann はこの結論を正当化するためにごくあらい計算をしてみせた.システムがひとつの素子の誤動作が全システムの誤動作になるような設計になっていると仮定して,システムの誤動作の間があたえられた平均自由行程をもつのに必要なエラー確率を計算した.人間の神経系に対してはつぎの数値を用いた.すなわち,神経細胞 10^{10} 個;各神経細胞は平均毎秒10回動作する;致命的エラーのあいだの平均自由行程は60年(平均寿命),60年は約 2×10^9 秒だからこれらの数の積は 2×10^{20} になる.したがってこの仮定のもとでは各素子の各動作に対して 0.5×10^{-20} のエラーの確率が要求される.ディジタル計算機に対してはつぎの数値を用いた.すなわち,真空管 5×10^3 本;一本あたり平均 10^5 動作;システムのエラーのあいだの希望される平均自由行程は7時間(約 2×10^4 秒).この程度の信頼性に対しては1本1動作あたり 10^{-13} のエラー確率が要求される.全集5.366-367の計算と比較されたい.

彼は真空管も,そして一般の人工素子も 10^{-13} などという小さなエラー確率にはならないし,神経細胞も同様であろうと指摘した.計算機械では,エラーをおこしたときには停止し,操作員がエラーの場所をみつけて修理することができるような設計がなされる.たとえばある計算機では,ある操作を2度実行し,結果を比較し,もし結果が相違すれば停止するようになっている.]

エラーはすべて捕捉し,解明し,訂正するという哲学に立脚するならば,生体ほどに複雑なシステムの動作は1ミリ秒とはつづかないであろうと思われます.そのようなシステムはエラーをのりこえて動作するようにうまく組みたてられます.その中でおこるエラーは一般に悪い兆候を示しません.システムは充分に適応性があり巧妙に構成されていて,システムのどの部分かにエラーがあらわれると,システムは自動的にこのエラーが重大かどうかをしらべます.

もしなんでもなければそれにはかまわずに動作を続行します．もしエラーがシステムにとって重大らしければ，システムはその区域を閉塞し，迂回し，他の経路を進行します．そしてシステムはその区域を分離してゆっくりと解析し，そこにおこったことを修復し，そしてもし修復が不可能ならシステムはその区域を永久に閉塞したままにして，迂回します．このオートマトンの動作可能期間は，復旧不可能なエラー個所が多発し，多数の変更や永久の迂回が生じて，ついに動作が本当にできなくなってしまうまでの時間できまります．これは最初のエラーがおきたらもう世のおわりは目前にあるととなえる哲学とはまったく異なった哲学です．

　自然のオートマトンをささえている哲学を人工のオートマトンに応用するには複雑な機構をいま以上によく理解し，どこがどう悪くなるかについてより精密な統計をとり，機構の存在する環境についていままでよりはるかに完全な統計的情報をもたなければなりません．オートマトンをそれが反応する環境から分離することはできません．つまり，その動作する環境がどんなものかを語らずにオートマトンがいいとかわるいとか，速いとか遅いとか，たよれるとかたよりないとかいうのは無意味であるということです．人間が生存するために必要な特性は，地上で現在の状態とすれば，おおくの場合もう少しくわしく状況を指定する必要があるにしても，はっきりしています．しかし人間が大洋の底とか摂氏1000度の温度のなかでどうしていきていかれるかを論ずるのは無意味です．同様に計算機械の議論においても，どんな種類の問題があたえられるかを指定せずに，それがどんなに速いか遅いかを問うのは無意味です．

　計算機械が，たとえば，大体典型的な数学解析の問題のために設計されているか，整数論のためか，組合せ問題のためか，文章の翻訳のためかということで話はまるで違います．数学解析の典型的な一般問題を扱うにはどう機械を設計したらよいかはおよそ見当がつきます．しかし整数論の統計的性質についての現在の知識によることなしに，整数論に非常に適した機械がつくれるかどうか，あやぶまれます．組合せ問題や翻訳に適した機械の設計はどのようにしたらよいかについてはほとんど見当がつかないように思います．

第4講　高度な，また特別に高度な複雑さの意義

　要するに，数学解析の問題は，その統計的性質がかなりよくわかっていて，また知るかぎりにおいてかなり均質だということです．数学解析の問題の中でたがいにかなり見かけが違っていて，数学的な基準からは非常に違うようなものいくつかを考えてみましょう．たとえば 10 次の方程式の根をもとめること，20 次元の行列を逆転すること，固有値問題を解くこと，積分方程式を解くこと，あるいは積分微分方程式を解くことなどです．これらの問題は計算機械に問題となるような統計的な性質，すなわち乗算の他の演算に対する比率，乗算1回あたりの記憶参照回数，接近時間に関して最適な記憶の階層構造などに関して，おどろくほど均質です．整数論では均質性ははるかにおとります．整数論が均質にみえるような観点もあるのですが，われわれはそれを知りません．

　そういうわけで，これらのオートマトンのすべてについて，それが相手にしている環境との関連においてのみその価値を云々できるということがいえます．自然のオートマトンは知られたどの人工物よりもはるかによく環境に適しています．したがって情報の理論に対する真に基本的な洞察なしに人工のオートマトンが達成できる複雑さの限界は，そう遠くではないということも充分ありうることです．もちろんこんな話をするのはよほど気をつけないと，5年後にはお笑い草になりそうです．

　[von Neumann はつぎに，計算機械はなぜたった一つのエラーがおきても停止するように設計されているかを説明した．故障個所は保守員が発見して修正しなければならないが，故障がいくつもあると，それを発見するのが非常に困難になる．故障がたった一つなら，機械を二つの部分にわけ，どちらの部分がエラーを生じたかをきめられる．故障個所をつきとめるまでこの過程をくりかえせばよい．この一般的方法は，故障個所が二つとか三つとかあるとはるかに複雑になるし，沢山あったらどうにもならない．]

　自然の有機体がエラーに対してこのようにまったく異なった態度をとり，エラーがおきたときかくも異なったふるまいをするという事実は，おそらく自然の有機体のもつわれわれのオートマトンにはまったく欠けた他の特徴とむすびついているのでありましょう．自然の有機体が（われわれのオートマトンでは

とても許されないような）たかいエラー頻度にもかかわらず生存できるためには，おそらく非常にたかい適応性と，自己を監視し自己を再構成する能力とが必要とされるのでしょう．そしてそれにはおそらく各部分の相当高度の自律性が必要でありましょう．人間の神経系には各部分に高度の自律性があります．この，システムの部分の自律性は，人間の神経系にはみられて人工のオートマトンにはみられないある効果を生みます．部分が自律的であって自己を再構成することが可能なとき，そしていくつかの器官があって非常時にそれぞれが制御をとる能力があるときは，部分のあいだに敵対関係が生じてもはや仲好く協力しなくなることがおこり得ます．これらの現象はすべてがたがいにむすばれているらしくみえます．

第5講

複雑なオートマトンの問題の再評価
——階層構造と進化の問題

　素子の解析と構成法の解析．この二つの部分は完全な理論では一緒になるべきものであるが，われわれの知識の現状ではまだそうするわけにはいかない．
　第一の問題：ここでそれに詳細にたちいらない理由．リレー器官の性質に関する原則的な問題．
　第二の問題：情報およびオートマトンの理論と一致する．第2講のおわりで提示されたようなオートマトンの理論的検討に関するより広範な課題の再考察．
　オートマトンの合成．そのような合成を行ないうるオートマトン．
　直観的な"複雑さ"の概念．その退化性の仮説：オートマトンによるプロセスの記述と関連して，およびオートマトンによるオートマトンの合成と関連して．
　退化の概念に関する説明と難点．
　厳密な議論：オートマトンとその"基本的"な部品．基本的な部品の定義と列挙．オートマトンによるオートマトンの合成．自己増殖の問題．
　これに関連のある組立てオートマトンのおもな型：一般命令の概念．命令のとおりにはたらく汎用組立てオートマトン．汎用複写オートマトン．自己増殖結合体．
　他のオートマトンの合成をともなう自己増殖：酵素の機能．遺伝と変異の機構についての既知の主要な特性との比較．

　いままで話してきたことはすべて，その動作が自分自身に向かっていない，したがって自分自身とはまったく異なった性質をもつ結果をつくりだすようなオートマトンに関する問題でした．このことはまえにのべた三つの例のどれについても明白です．
　それは有限個の状態をもった箱である Turing のオートマトンの場合にはあきらかです．その出力は便宜上ここでは穿孔テープとよぶところの別の存在物に変更を加えることです．このテープはそれ自身は，状態があってその状態

のあいだを自主的にうつりかわるというようなものではありません．さらに，それは有限ではなく，両方向に無限につづいているものと仮定されています．したがってこのテープは，穿孔を行なうところのオートマトンとは質的に完全に違っており，オートマトンは自分とは質的に異なった媒体へはたらきかけていることになります．

同じことはまた McCulloch と Pitts の論じたオートマトン，すなわち神経細胞とよばれるパルス発生素子からできているオートマトンに対しても成立します．このオートマトンの入力と出力はどちらも神経細胞ではなくてパルスです．これらのパルスは周辺器官へ伝わった場合，そこでまったく違ったいろいろの反応を生じることはたしかです．しかしその場合でもまず考えられるのは，たとえば運動器官や分泌器官にパルスを加えることであり，したがってそこまで考えても，入力と出力がオートマトン自身とはまったく異なっているということは，やはりたしかです．

最後にこのことは計算機械についても成立します．なぜならそれは穿孔テープのような媒体を食わされ，また吐き出す機械と考えることができるからです．もちろんその媒体が穿孔カードであっても，磁気ワイアであっても，またたくさんのチャネルをもつ磁化された金属のテープであっても，あるいはまた写真で点が焼きつけられたフィルムであっても，何ら本質的な違いは考えられません．どの場合においてもオートマトンにいれられる媒体や，オートマトンがつくりだす媒体は，オートマトンとはまったく違ったものです．実際，オートマトンは媒体をつくりだすわけではありません．それは自分とはまったく異なる媒体に単に変化を与えるにすぎません．また，計算機械の出力パルスが自分とはまったく異なる物体を制御するためにくわえられるような場合を考えることができます．しかしこの場合もまたオートマトンはそれが送りだす電気的なパルスとはまったく別のものです．つまりこういう質的な違いがあるというわけです．

オートマトンの完全な議論をするには，どうしてもこれらのことに対してより広い視野に立って，それ自身に似た何物かを出力とするようなオートマトン

第5講 複雑なオートマトンの問題の再評価

を考察しなければなりません．ところで，このことが何を意味するかについてはよく注意しなければなりません．無から物質を生ずるというようなことは問題の外です．むしろここでは，それ自身に似た対象的に変化をおこさせたり，部品をとりあげてよせ集め，組み立てて，できた物体を切り離したりするようなオートマトンを考えているわけです．このようなことを議論するには，つぎのような形式的な道具立てを考えなければなりません．まず明確に定義された基本的な部品の一覧表を書きだします．次にこれらの部品は巨大な容器のなかに浮遊していて，実際上無限にあるものと思います．そこでつぎのような方法で動作するオートマトンを考えることができます．すなわち，それもまたこの媒体のなかを浮遊していて，その本質的なはたらきは，部品を拾い集めて組み立てたり，部品のかたまりをみつけたらそれを切りはなしたりすることです．

これは有機体が現に行なっていることを，公理論的に短縮し，単純化して書きあらわしたものです．この考え方にはある限界があることはたしかですが，その限界は公理的手法のもつ本質的な限界と基本的には変りません．この方法で到達しうる結果には，基本的な部品の定義をどのように選択したかということがきわめて本質的にきいてきます．あらゆる公理的手法の常として，基本的な部品をどう選択すべきかについての厳密な規則を与えることは非常に困難であり，部品の選択が妥当であったかどうかは常識によって判断すべき事柄です．どの選択は妥当で，どの選択はそうでないという厳密な記述などはありません．

早い話が，部品を非常にたくさんに，しかもそのひとつひとつを非常に大きく，複雑なものに定義して，問題全体を定義だけで終らせてしまうこともできます．もし一個の生物全体に相当するようなものを基本的部品としてえらんだならば，問題は殺されてしまうことはあきらかです．生体のまさにこれから記述し，あるいは理解しようとするところのその機能をこれらの部品に与えなければならないからです．つまり，大きすぎる部品をえらんだり，それに多すぎる，また複雑すぎる機能を与えたりすることによって，定義の瞬間に問題はどこかに行ってしまうのです．

また部品をあまりに小さく定義して，たとえば，単一の分子，単一の原子，

あるいは単一の素粒子より大きいものは部品の資格がないというような主張をすることによっても問題を見失います．この場合には，非常に重要で興味あるものではあるが当面の問題から見るとまったく段階の違う問題にすっかりおちこんでしまうことになるでしょう．ここでの興味は複雑な有機体の組織上の問題なのであって，物質の構造とか，構造化学の量子力学的基礎づけに関する問題なのではありません．そこで，大きすぎも小さすぎもしない部品を選択するのには，何か常識的な基準をもちいなければならないことはあきらかです．

　たとえ部品を適当な程度の大きさに選択したとしても，その選択のしかたは多数にあり，そのどれが本質的に他のものよりすぐれているということはありません．形式論理にも非常によく似た困難があります．論理のシステム全体に対して公理の取りきめがなければならず，しかもそこには公理をどう選ぶかについての厳密な規則はなく，つくろうと思ったようなシステムがその公理から出ればよし，またその公理の中でその理論の真に最終的な定理となるものとか，またはるかに前の段階の分野に属する事柄などをのべるようなことはしないという，ただ常識的な規則があるだけです．たとえば，幾何学を公理化するときには，集合論の定理は仮定してしまいます．それはどうやって集合から自然数へ，また自然数から幾何学へと進むかについてはそこでは関心がないからです．また解析的整数論の立ち入った定理を幾何学の公理として選択することもしませんが，それは，もっとはじめの方からやりたいからです．

　たとえ公理が常識の範囲内に選択されたとしても，2人の人が独立に行なった選択のあいだに一致をみることは，きわめて困難であるのが普通です．たとえば，形式論理の文献を見ると，著者の数と同じだけの異なった記法があり，そうして誰でもある記法を数週間つかうと，それが他のどの記法よりも多かれ少なかれすぐれていると感じるようになります．そこで記法とか素子とかの選択は公理論的方法の応用にとって非常に重要でかつ基本的なことであるにもかかわらず，その選択は厳密に理由づけることはおろか，人間にとって異論のないような理由づけさえできないのです．できるのは，常識的基準に照らして無理のないシステムを提唱してみることだけです．これから私は，どのようにして

第5講　複雑なオートマトンの問題の再評価

ひとつのシステムがつくれるかをしめそうと思いますが,同時にこのシステムがいかに相対的なものであるかを特に強調したいと思います.

　まず基本的な素子として神経細胞,"筋肉",固定接触をつくったりきったりするもの,そしてエネルギーを供給するものを,ちょうどMcCullochとPittsの形式的な理論で実際の神経細胞を記述したのと同じくらい表面的な定義のしかたで導入します.筋肉,結合組織,"分割組織"および物質代謝エネルギー補給の方法をすべてこの程度に図式的に記述するならば,あまり複雑にせずに仕事のできるような素子の一揃いをつくり上げることができます.おそらく10とか12とか15ぐらいの基本的な部品を用意することになりましょう.

　オートマトンをこのような方法で公理化すると,問題の半分を窓からほうりだしたことになります.そしてそれは重要な方の半分かもしれません.われわれはこれらの部品が実際のものからどうしてつくられているか,つまり,これらが本当の素粒子から,あるいはもっと高級な化学分子からどうしてつくられているかの説明をあきらめたことになります.自然界でこういう部品の内部に実際に生じている分子や集合体が一体なぜそういうものになっているのか,ある部分ではそれらが非常に大きい分子であり他では大きな集合体であるのはなぜか,なぜそれらがつねに数ミクロンからはじまって数デシメートルでおわる範囲にはいっているのかというような興味をそそるとても面白い,重要な問題を不問に付すことになります.この部分は基本的な対象物が本当の基本的な実体の寸法から,長さで言ってさえすくなくとも10の5乗も隔たっているという点で非常に特別な領域だといえます.

　これらのことには説明は与えられません.われわれは単にある性質をもった基本的な部品が存在すると仮定するだけです.そこで解答を期待するか,すくなくとも検討の対象になる問題とは,これらの基本的な部品から動く有機体を組み立てるのにどんな基本原理が関係しているか,それらの有機体の特徴はなにか,またそれらの有機体の本質的な定量的性質はなにかというようなことです.私はこのかぎられた観点だけからこの問題を論ずることにしたいと思います.

第5講 複雑なオートマトンの問題の再評価

　[ここで von Neumann は第3講のおわりに書かれている情報，熱力学およびつり合いに関する所見をのべた．これをそちらに移した理由は von Neumann の詳細なすじがきでそうなっているからである．それらの所見が当面の議論に関係するのは von Neumann がつぎに説明した複雑さの概念が情報理論に属するからである．]

　ここに大変有用な一つの概念があります．それについてわれわれはある直観的な感じをもっていますが，またそれは曖昧模糊としていて非科学的かつ不完全なものです．その概念はあきらかに情報の主題に属し，準熱力学的な考察がそれと密接に関係しております．それに対する適切な名前は思いつきませんが，それを"複雑さ"とよべば一番よくわかるでしょう．それは複雑さの有効性，あるいは何かをする能力です．ここで私はその物がどのくらい混み入っているかを考えているのではなくて，その合目的的な動作がどのくらい混み入っているかを考えているわけです．この意味で，ある物が非常に困難で混み入った仕事をなしうるなら，それは最高の複雑さをもっているということになります．

　こんなことを言うのは，基本的な部品から他のオートマトンを合成することをその本来の機能とするようなオートマトン（生体とか，また工作機械のようなありふれた人工のオートマトンなど）を考えるときつぎのような妙なことが出てくるからです．そこにはもののみかたが二つあって，そのどちらのみかたに立つのにもものの1分もかからず，またそれぞれの立場に立つと，それぞれある陳述が当り前のように思えてきます．しかもこの二つの陳述は，互いに他の正反対つまり否定になっているというのです！

　まず生体をみたことのある人はだれでも，それは自分と同様な他の生体をつくるはたらきをもつということを，よく知っています．このことは生体の本来の機能であり，もしそのことがなかったら，生体は存在しなかったであろうし，このことが生物がこの地球に充満している理由であるということも納得のいく話です．言いかえれば，生体は基本的な部品が非常に複雑に集合してできたものであって，確率や熱力学の理論からは，常識的にはとてもできそうもないも

のです．それらがとにかくこの世にあるということは最大の奇蹟です．この奇蹟を奇蹟でなくし，あるいは緩和するものといえば，それらが自己を複製するということだけです．そこで，もしなにか特別な偶然によって，生物が一つ存在したとすれば，そこからさきは確率の規則はあてはまらなくなり，すくなくとも環境が適当なら，無数の生物が存在するようになります．しかも，適当な環境ということはすでに熱力学的にそうおこりそうもないことでもありません．そこで，確率のはたらきにはここのところにいわば抜け穴があったわけで，そうして，その穴をつくったのはまさに自己複製(増殖)という過程にほかなりません．

さらに実際におこっていることは，実は自己複製よりもう一段よいものであることが，同じくらいに明らかです．生物は時とともにより精巧になったようにみえるからです．今日の生物は，系統発生学的にはそれよりはるかに単純な他の生物の子孫です．実際それはあまりにも単純であって，後代の複雑な生物の記述が，どんなものにせよ昔の生物のなかに存在したなどとは，とても考えられません．もっとも，ひくい段階のものともいえる遺伝子が，それから出てくるところの人間に関する記述をどんな意味で中にもっていることができるのかを想像してみることだって容易ではありません．しかしこの場合は，遺伝子は他の人間の体の中でだけ効力をもつわけだから，おそらく，なにがどうなるかについての完全な記述は必要ではなくて，いくつかの選択についてのいくつかの手がかりさえあればよいだろうということがいえます．ところが系統発生学的進化においてはそうではありません．それは生命のない無定形の環境のなかで単純なものから出発して，より複雑な何ものかを生みだすのです．そこであきらかにこれらの生物体はなにか自分よりも複雑なものを生みだす能力をもっていることになります．

これと反対の結論に導びくもう一つの議論のすじみちは人工のオートマトンを観察していて生れるものです．工作機械はそれがつくりだす部品よりはずっと複雑であること，そうしてさらに一般的に，オートマトン B をつくることのできる別のオートマトン A は，B の完全な記述と，そのほかに合成を実行

中にどうふるまうかについての規則を中にもっていなければならないことは，だれでも知っています．そこで複雑さ，つまりある組織体の生産能力は退化性であり，あるものを合成するオートマトンは合成されるオートマトンより，ずっと複雑な，より高級なものでなければならないという，非常につよい印象をうけます．人工のオートマトンを考察することによって到達したこの結論は，生物体を考察することによって到達したまえの結論とはあきらかに反対です．

　私は，人工のオートマトンに関するある比較的単純な組合わせ的な議論が，このディレンマを緩和するのに役立つのだと思います．生命のある有機的な世界に訴えることは，われわれは自然の有機体がいかに機能しているかを充分に理解していないので，大してたすけになりそうもありません．むしろわれわれは，それをわれわれがつくったが故にわれわれが完全に知っているところのオートマトンに固執することにします．それは現実の人工のオートマトンでも，またなにか論理的な公理の有限な集合によって完全に記述された紙の上のオートマトンでもかまいません．自己を再生産するオートマトンを記述することはこの領域においても可能なのです．すなわち，複雑さが退化性をもっていると思われているような場所でも，それはかならずしも退化性ではなくて，実際，より複雑なものがそれほど複雑でないものから生産されることが可能であるということを少くとも示すことができます．

　これからひきだすべき結論は，ある最小レベルより下では複雑さは退化性であるということです．この結論はこの講演の何回か前のときにのべた[1]形式論理の別の結果と大変よく調和します．われわれは複雑さとは何であるか，そしてそれをどう測定するかを知りませんが，たとえ複雑さを基本的な部品の数という，考えられるもっとも単純な規準をつかって測定した場合でも何かこの結論に似たものがでてくるように思います．部品の数にある最低限があり，それ以下では，オートマトンが別のオートマトンをつくる場合，後者は前者よりずっと複雑さが小さいという意味で複雑さが退化性であるが，それ以上ではオートマトンがそれに等しいか，それよりたかい複雑度をもったオートマトンを

---

[1] ［第2講の最後参照］

組立てられるということです．この数がどのくらいであるかは，部品をどう定義するかによって変ります．部品の妥当な定義，たとえばあとで簡単にのべるような，10か20種類の単純な性質をもった部品のようなものを考えるならば，この最小数は非常に大きく，数百万のあたりにあると思います．今の所私にはその数のあまり正確な見当はついていませんが，そんなにながくないうちにわかると思います．もちろんそれは大変なしごとです．

こうして複雑さというものには完全に決定的な性質があることになります．すなわちある限界的な大きさがあって，それ以下では合成の過程は退化性であり，それ以上では合成の現象が，うまく仕組むと爆発的になりうること，言いかえればオートマトンの合成が，それぞれのオートマトンが自分より複雑な，よりたかい能力をもつ他のオートマトンを生成するような具合に進行するということです．

さて，どんな言い方をしても，複雑さの概念を正確に定義するまでは，漠然とした叙述の域を脱することはできません．また複雑さの概念を正確に定義するには，まず非常にきわどい例，つまり複雑さというもののきわどくかつ迷理的な性質を示すような適当な構成物をいくつかつくって詳細にしらべる必要があります．それはちっとも新しいことではありません．物理学における保存則や非保存則とそれに対するエネルギーとエントロピーの概念や，その他の重要な概念の場合にもまったく同様であったのです．ごく簡単な力学系や熱力学系が長い間いろいろとしらべられて，はじめてそれらからエネルギーとかエントロピーの正確な概念が抽象されることができたのです．

[von Neumannは彼が使用するはずの素子あるいは部品について，ごく簡単に説明した．そのなかにはMcCullochとPittsの神経細胞に類似したものがある．"固くて，両方の端のあいだに幾何学的な結合を生じるという以外には，まったく何の機能ももたない"素子がある．もう一つの素子は"運動器官"また"筋肉的なもの"とよばれ，それは刺激をうけると，長さがゼロに収縮する．パルスをうけると"接合したり，きったりできる"器官がある．彼は1ダース以下の種類の素子しか要らないといった．これらの部品から構成されたオ

ートマトンは，偶然にそれに接触した他の部品を捕捉することができる．どんな部品を捕捉したのかを"見分けるシステムを組み立てることも可能"なのである．

1948年の6月に von Neumann は高等科学研究所で少数の友人を相手に，オートマトンに関する3回の講演を行なった．おそらくこれは，その年の9月に行なわれたヒクソン・シンポジウム[2]の準備として行なったものであろう．この講演は私が知っている中では彼の自己増殖オートマトンの部品のもっとも詳細な記述をふくむものである．そういうわけで私は，聴衆のノートや記憶から，これらの部品について彼の言ったこと，そして，それらの部品がどんな具合にはたらくかを再構成することをこころみた．

von Neumann は8種類の部品を示している．それらはいずれも直線で表わされていたようである．入力と出力はその両端や中央に示される．時間座標は離散的であり，どの素子も反応するのに一単位の時間を要する．彼がこの表を完結したものと思っていたのかどうかは明らかではない．この点についてはまだ心をきめていなかったのではないかと思う．

部品のうちの4個は論理的，情報処理的操作を行なう．**刺激器官**は刺激をうけたりだしたりする．それは刺激を論理和でうけとる，つまり論理関数"pまたはq"を実現する．**一致器官**は論理関数"pかつq"を実現する．**抑制器官**は論理関数"pかつ(qでない)"を実現する．**刺激発生器**は刺激源としてはたらく．

第五の部品は**剛材**で，これを使ってオートマトンの固い枠組が築造される．剛材は刺激をはこぶことはない．つまりそれは絶縁性のけたである．それは他の剛材やそれ以外の部品に接合することができる．これらの接合は，刺激をうけると二つの部品を溶接あるいはろうづけをする**溶接器官**によって行なわれる．思うに溶接器官はつぎのように用いられたものである．あるけたの点 a を他のけたの点 b に接合するとしよう．溶接器官の活きた端，つまり出力端が点 a と b に接するようにおかれる．時刻 t における溶接器官の入力の終端への刺激が，

---

2) ["The General and Logical Theory of Automata", 全集5. 288-328. イリノイの講義は1949年の12月に行なわれたこと念のため.]

時刻 $t+1$ に点 a と b とを溶接する．溶接器官はあとではずすことができる．接合を切るには，刺激をうけると接合個所を切る**切断器官**を用いる．

第八の部品は**筋肉**で，運動を発生するのに使われる．筋肉は普段は固い．それは他の部品に接合することができる．時刻 t に刺激をうけると，時刻 $t+1$ にすべての接合をたもったまま長さゼロに収縮する．それは刺激をうけているあいだは収縮したままでいる．思うに筋肉はつぎのようにして部品をうごかしたり接合を行なったりするのに用いるのだろう．筋肉1があるけたの点 a と他のけたの点 b とのあいだにあり，筋肉2が点 a と溶接器官の活きた端 c とのあいだにあるとしよう．両方の筋肉が刺激をうけると，それらは収縮し，それによって点 a, b および c を一箇所に集める．溶接器官が刺激をうけるとそれは点 a と b とを溶接する．最後に，筋肉への刺激が停止されると筋肉ははじめの長さに戻り筋肉1のすくなくとも一方の端は点 ab からはなれる．von Neumann は筋肉と他の部品とのあいだをどうやってつなぎ，どうやって切るかの問題は論じなかったようである．

オートマトンが他のオートマトンを構成するありさまを von Neumann は次のように考えた．親のオートマトンは無限に補給される部品の海の表面に浮遊している．親のオートマトンはその記憶のなかに子オートマトンの記述をもっている．親オートマトンはこの記述の指令にしたがって動作して，必要な部品を拾いあげ，それを所期のオートマトンに組みたてる．そのためにはやってきてさわる部品をつかんで，それをしらべる装置をもたなければならない．1948年6月の講義では，この装置がどんな具合に動作するのかについての話はほんの二, 三言葉をさしはさんだ程度であった．親のオートマトンからは二つの刺激素子が突出している．何か部品がそれらにふれたときは，それがどの部品であるかをしらべることができる．たとえば，刺激器官なら刺激を伝えるが，けたなら伝えない．筋肉は刺激をうけたとき収縮するかどうかをしらべて区別できる．

von Neumann は，燃料やエネルギーの問題は最初の設計のときには無視することにした．彼はあとでそれを考える計画であった．おそらく基本素子と

して電池を追加導入することを考えたのだろう．この追加をのぞけば，von Neumann の自己増殖の初期の模型は運動，接触，位置ぎめ，溶接，切断というような幾何学的運動学的な問題をとり扱い，力とエネルギーという本当に力学的，化学的な問題は無視したのであった．したがって私はこれを自己増殖の**運動学的模型**とよぶ．この初期の模型は，この本の第II部にのべられている彼が後に出した自己増殖の**細胞模型**と対照をなすものである．

1948年6月の講演で von Neumann は運動学的自己増殖は3次元を必要とするかどうかという問題を提起した．彼は3次元空間かあるいは Riemann 面（多重連結の面）が必要であろうと考えていた．われわれは第II部で，von Neumann の細胞模型では自己増殖に2次元しか必要でないことを知ることになる．このことは運動学的な自己増殖にも，2次元で充分であろうということをつよく示唆する．

イリノイの講演にもどろう．von Neumann は自己増殖オートマトンの設計を一般的に論じた．彼は，充分な時間と原料があたえられれば，どんな機械でもコピーをつくれるような機械工場をこしらえることは原理的には可能であるとのべた．この工場はつぎのような能力のある工作機械 B をもっている．型つまり対象物 X を B にあたえると，B は X 上をあちこち探索して，部品とその接続関係の表をつくり，こうして X の記述をつくりあげる．この記述を用いて機械 B は X の複製をつくる．"B にそれ自身を型としてあたえることができますから，これは自己増殖にあと一歩というところです".]

しかし，あたえられた型や実物を複製するようなオートマトンをつくるよりも，論理的な記述から出発して対象物をつくりだすようなオートマトンをつくる方がやさしくもあるし，究極の目的に対しては全く同じ効果をもっています．人間がこれまで発明した考えうるいかなる方法でも，型を複製して物をつくりだすオートマトンはまず型から記述をつくり，それから記述から対象物をつくります．それが一体どんなものなのかをまず抽象して，それからそれを実行します．したがって，実物から定義をひきだすよりは，定義から出発するほうがやさしいわけです．

第5講 複雑なオートマトンの問題の再評価　　　101

このようにするには，オートマトンの公理的な記述が必要です．そこでやはりオートマトンの一般的，形式的な記述から出発する，万能オートマトンに関する Turing の技巧に非常に近いところにきていることがおわかりでしょう．私がいま幾分あいまいにそして一般的にのべた1ダースばかりの素子をとりあげて，それらの精密な記述を与えれば（それは印刷して2ページにもならない）オートマトンをあいまいさなく記述するための形式的言語ができたことになります．ところで記号は何でも2進表現であらわすことができ，それはまた1チャネルの穿孔テープに記録できます．そこでオートマトンの記述は何であろうと1本のテープに穿孔できます．最初は，部品やそのつなぎ具合の記述を使うよりも，むしろオートマトンを組みたてていくときのつぎつぎの手順を記述した方がうまくいきます．

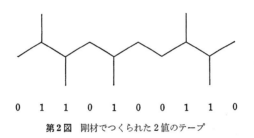

第2図　剛材でつくられた2値のテープ

[von Neumann はつぎに2進のテープを剛材でつくる方法をしめした．第2図参照．2進文字は基本的なくさりの一つ一つの節点のところに示される．そこに剛材が横にくっついていれば"1"をあらわし，ついていなければ"0"をあらわす．書込みや消去は横の素子を付加したりとったりして行なわれる．]

私は必要以上に簡単化してしまいましたが，それは，何をするにも最少の記号ですますという純粋に数学的な習慣の結果にすぎません．いま2進表現を用いていますから，ここにくっつけるのは，何もなしか，または1段だけの側鎖かです．実在の言語や実用の記法では2進法よりもたくさんの記号を用います．ここでたくさんの記号を用いることに別に困難はありません．ただもっと複雑な側鎖をつけるだけです．そもそも，われわれの論理の記法が直線的であるこ

と自体がこの場合まったく不必要です．もっと複雑なループのあるくさりを用いることもできたわけで，それは非の打ち所のないコードの媒体であるのですが，ただそれは1次元のコードではないわけです．われわれが単純な，ほぼ時間的な順序をもつところの線状コードをとくに好むのは，主としてわれわれが組合せ問題を考えるのがあまり得意でないことにまつわる習慣にすぎないこと，そして非常に効率の高い言語は線状でないであろうと推測する十分な理由があります[3]．

考えられるいかなるオートマトンをも2進符号で記述する方法を，完全に公理論的に説明をすることには大して困難はありません．そのような記述はすべて第2図のような剛材のくさりであらわせます．任意のオートマトン X に対して，X をあらわすくさりを $\phi(X)$ と書きます．こうしてしまえば，このようなくさり $\phi(X)$ をあたえられると，それをうけいれ，すこしずつそれを喰いつぶしながら同時にとりまいている環境に自由に浮遊している部品によってオートマトン X を組みたててゆくような万能工作機械 A を設計することができます．この設計はほねがおれる仕事ですが，それは形式論理のステップの連続ですから原理的にむずかしいことではありません．これは Turing が万能オートマトンを組み立てたときの議論の型と質的にあまりちがっておりません．

もう一つ必要なものがあります．さきほど，あたえられたオートマトンを複製する機械をつくるのは非常に厄介であり，実物から複製へではなく，言葉による記述から複製へと進む方がよいと申しました．ここで一つだけ例外をつくりたいと思います．剛材の1次元のくさりの複製をつくりたいのです．実はそれは非常に容易です．というのは実在するオートマトンを複製することがその記述からつくるのより困難である真の理由は，実在するオートマトンはわれわれの1直線性の習慣にしたがわないこと，つまり部品は他の部品とあらゆる可能な方向につながっており，すでに記述した部分を印をつけて区別することでさえ非常に困難であることにあります[4]．しかし剛材の1次元のくさりを複製

---

3) [たとえば von Neumann が考えた流れ図によるプログラム言語はその例の一つである．本書の序文の13ページ参照．]

第5講 複雑なオートマトンの問題の再評価　103

するのに困難はありません．そこで次の性質をもっているオートマトン B が存在するとします．すなわち何かの記述を B にあたえると，B はその記述を喰いつぶしながら，複製を二つつくります．

　これら二つの基本的なステップをのべたあとでも，複雑さの退化の原則はやぶられていないという錯覚をまだもつ人もあるであろうということをよく考えてください．私はまだあるものから出発して，より巧妙な，よりいりくんだことを何かしたというわけではありません．一般的な組立てオートマトン A は，X の完全な記述があたえられたときに X をつくるだけであり，そして複雑さとは何かということについて無理のないどんな観点から考えても，この X の記述の複雑さは X 自身の複雑さと同程度です．一般的な複製オートマトン B は $\phi(X)$ の複製を二つつくりますが，おなじものの複製を二つならべたものがどう考えてもそのもの自身より程度がうえとは言えません．そのうえに，余分な装置 B がこの複製のために必要です．

　さて，つぎのようにしてみましょう．オートマトン $A+B$ に適当な制御装置 C を付加します．オートマトン C は A，B より上位で，つぎのパターンにしたがってそれらを交互に作動させます．制御装置 C はまず B に $\phi(X)$ の複製を二つつくらせます．C はつぎに A に，$\phi(X)$ の一つの複製をつぶしながら，かわりに X をつくらせます．最後に C は X と，$\phi(X)$ のもう一つの複製とをむすびつけて，それらを複合体 $(A+B+C)$ からきりはなします．結局 $X+\phi(X)$ というものができたことになります．

　さて X として集合体 $(A+B+C)$ をえらびます．オートマトン $(A+B+C)+\phi(A+B+C)$ は $(A+B+C)+\phi(A+B+C)$ をつくりだします．したがって自動再生がおこったことになります．

　[詳細はつぎのようになる．万能組立機 $(A+B+C)$ があたえられそれにそれ自身の記述 $\phi(A+B+C)$ が付加される．そこで自己増殖の過程は $(A+B+C)$

---

4)　[3年後にかかれた第Ⅱ部の1.6.3章と比較されたい．そこでは von Neumann は組立オートマトンをオートマトン自身をでなくオートマトンの記述をみて作業するように作らなければならないことに関してもっと基本的な理由をのべている．]

$+\phi(A+B+C)$ から出発する.制御装置 C は B に,記述を2度複製するよう指令する.その結果は $(A+B+C)+\phi(A+B+C)+\phi(A+B+C)$ となる.つぎに C は A に,この記述の一つを使ってオートマトン $A+B+C$ をつくるよう指令する.その結果は $(A+B+C)+(A+B+C)+\phi(A+B+C)$ となる.最後に C は新しいオートマトンとその記述をむすびつけ,それらをきりはなす.最後にできたものはオートマトン $(A+B+C)$ と $(A+B+C)+\phi(A+B+C)$ の二つからなる.もし B に記述を3度複製させたなら,この過程は $(A+B+C)+\phi(A+B+C)$ の一組から出発して,このオートマトンの二組ができて終了することになる.このようにして万能組立機は自分自身を再生する.]

これは悪循環ではありません.たしかに私は,まず変数 X を用いた議論によって C がなにをするものかを記述し,そうしておいて C をふくんでいるものを X に入れました.しかしこの特定の X をのべるまえに A と B とを精密に定義しておいたし,C はどんな X にも適用できるようなかたちで定義しました.したがって A, B, C を定義するにあたって X がどんなものであるかということは利用しなかったわけで,のちに A, B, C に直接関係した X を用いてもかまわないはずです.過程はどうどうめぐりではありません.

汎用組立てオートマトン A はある意味での創造能力,つまりある物の記述からその物をつくる能力をもっています.同様に,汎用複製オートマトン B もある物からその複製を二つつくるという創造能力をもっています.しかしこれらのオートマトンはどちらも自己増殖的ではありません.さらに制御オートマトン C はとても創造,再生の能力をもつというようなものではありません.できることといえば二つの器官に刺激をあたえてあるはたらきをさせることと,あるものをむすびつけ,そのものをもとの系からきりはなすことだけです.にもかかわらず三つのオートマトン A, B, C の組合せは自己増殖的です.このように,自己増殖的な系を,そのはたらきが全体の系を自己増殖的にするために必要であるが,それ自身は自己増殖的でないような,いくつかの部分に分解することができます.

やれることがもう一つあります.X を $A+B+C+D$ としましょう.ここで

D は任意のオートマトンです.そのとき $(A+B+C)+\phi(A+B+C+D)$ は $(A+B+C+D)+\phi(A+B+C+D)$ をつくりだします.言いかえればわれわれの組立てオートマトンは,正常の動作で自分の複製をつくると同時に他の対象物 D をもつくるという性質をもっています.これは自己再生有機体のもつ正常の機能です.自己の再生にくわえて副産物をつくりだすわけです.

系 $(A+B+C+D)$ は突然変異の過程と似たようなことをおこすこともできます.自己増殖とは何かということを定義する際の困難の一つは,ある種の組織たとえば成長する結晶のようなものは自己増殖の素朴な定義によればどうしても自己増殖性ということになりますが,だれもそれが自己増殖であるとは認めたく思わないことです.この困難を避ける一つのみちは,自己増殖とは原物とおなじの他の有機体をつくる能力と同時に,遺伝性の突然変異をおこす能力を含むものであるということです.

オートマトン $(A+B+C+D)+\phi(A+B+C+D)$ についてどうなるかを考えてみましょう.突然変異とは単にどこかの1素子がランダムにかわったことだとします.もしオートマトン A, B, C のどれか一つである素子がランダムにかわったとすると,この系は普通には自分自身を完全に再生しなくなります.たとえばもし C のある素子がかわったとすると,C は適正な時刻に A や B を刺激できなかったり,あるいは必要な接続や切断ができなかったりするでしょう.そういう突然変異は致死性です.

もし記述 $\phi(A+B+C+D)$ に変化があれば,系は自分自身ではなく,自分自身とすこしちがったものをつくりだすようになります.つぎの代がなにかをつくりだせるかどうかはその変化のおきた場所によります.もし変化が A, B, C のうちにあれば,つぎの代は不妊になります.もし変化が D でおこれば,突然変異をうけた系は D が D' でおきかわった以外はもとの系とまったく同じです.この系は自己を再生できますが,その副産物が D ではなく D' となります.これが遺伝性の突然変異の正常のパターンです.

このようにして,この系は,きわめて原始的ではありますが,遺伝性の突然変異の特性をそなえ,ランダムにおきた突然変異は大概は致死的であるが,致

死的でなく遺伝性であることもありうるという点まで再現しています．

第Ⅱ部　オートマトンの理論：組立て，増殖，均質性

編集上の注意

〔編者による挿入,注釈,解説,要約と第5章は括弧に入れてある.
　この部の内容に対する全体的な見通しを得たい読者は,1.1.2.3,1.3.3.5,2.8.2,2.8.3,4.1.1,4.3.1と5.3の諸節をみられたい.〕

第1章

一 般 的 考 察

1.1 序　　説

1.1.1.1　オートマトンの理論． オートマトン〈automata〉の形式的〈formalistic〉研究は，論理学，通信理論，生理学の中間領域に属する問題である．それはこの3分野のどれか一つだけにとらわれた立場で見たのでは片輪なものになってしまうような抽象化を内包している．とくにこの一番後の分野から見た場合が，いちばんひどい片輪になりそうである．にもかかわらず，この理論を正しく取り扱うのは，これら3分野別々の立場からの見方を融和させることが必要であると思われる．よって，それは，上の3分野を総合した広い立場で見なければならないし，そうして最後には，むしろそれ自身の立場を持った独立な研究分野と見られるようになるだろう[1]．

1.1.1.2　構成的方法とその限界． 本書はオートマトンの形式的理論のある特別なまた限られた面を取り扱う．それはあるいくつかの存在定理を確立しようというのであるが，そこで決定的な限界は，それを証明するために作り上げるものが何らかの意味で**最適**〈optimal〉であるとか，用いられた仮定が何らかの意味で**最小**〈minimal〉であるとかいうことが示せないことである．この最適性，最小性の問題は，このオートマトン，制御，組織などの問題に対して，不変的な量的概念をつくり，またそれを測定したり，計算したりするための方法が，いまよりずっと進歩発展してはじめて扱うことができるようになるであろう．このような発展は可能で，また期待すべきものであり，かなり重要な点に至るまで，熱力学の型と概念形成のあとをたどることになるだろう[2]．だが本

---

1)　[von Neumann はここで Wiener を引用した．Wiener の *Cybernetics* と von Neumann の書評参照．]

論文で用いる方法はその方向の研究のほんの一部にしか貢献しないものであり，とにかく，ここでは，上に略述したような意味での存在定理を(適当な ad hoc に組立てたものによって)確立することだけに問題を限ることにする．

1.1.2.1 主な問題: **(A)**—**(E)**. 上述のような制限のもとに，さて，かなり中心的な——少なくとも問題の初期の段階で中心的な——問題を扱うことにしよう．オートマトンを，重要，かつ相互に関連した二つの側面：論理の側面と組立ての側面から追究する．われわれの考察は，五つの主要問題の形にまとめることができる．

(A) 論理的万能性．あるオートマトンの類が，論理的に万能になるのは，つまり，有限な(但しどんなに長くてもよい)手段によって実行可能な論理操作をすべて実行できるようになるのは，どういう場合か．またどのような付加物——可変でもよいが，本質的には標準的な付加物——を用いれば，オートマトンがただ一つで論理万能性を有するようになるか．

(B) 組立て可能性．オートマトンがオートマトンを作ること，つまり適当に定義された"原材料"を集めて組立てることができるか．あるいは，逆の方向から出発して，問題を拡張してみると，適当に決めた一つのオートマトンにどのような種類のオートマトンが作れるか．(A)の第二の設問の場合と同様，可変ではあるが本質的には標準的な付加物を，ここで認めてもよい．

(C) 組立て万能性．(B)の第二の設問をより限定して，ある適当に与えられたオートマトンが組立て万能性を有するか，すなわち，問題(B)の意味で(適当な，本質的には標準的な付加物をつけて)他のすべてのオートマトンを作ることができるか．

(D) 自己増殖性．(C)の問題を狭くして，自分と全く同じ他のオートマトンをつくれるようなオートマトンがあるか．さらにそのオートマトンに他の仕事をするように，たとえばある他の，定められたオートマトンを作るようにでき

---

2) von Neumann, "The General and Logical Theory of Automata" と "Probabilistic Logics and The Synthesis of Reliable Organisms from Unreliable Components." [本書の第Ｉ部第3，第4講も参照．]

るか.

(E) 進化. 問題(C)と(D)を組み合わせて,オートマトンによるオートマトンの組立てが,単純な形から,だんだん複雑な形に進化することができるか.また,"効率"についてある適当な定義を仮定して,この進化が,効率の悪いオートマトンからより効率のよいオートマトンの方向へ進むというようにできるか.

1.1.2.2 得られるべき解答の性質. 問題(A)に対する解答は既にわかっている[3]. 問題(B)—(D)に対しても肯定的解答をこれから確立しよう[4]. 問題(E)に対して同じように答えることの意味に対する重要な制約は,問題自身を,特に,"効率"の意味をもっとあいまいさのない形にいい表わすことの必要性にある. 更に,この意味での問題(A)—(E)をオートマトンが何からできているかということについて,もっとはっきりときめて,たとえば**結晶状規則性**〈crystalline regularity〉と呼んだらよいようなものを仮定して,取り扱うことができるであろう. 実際,そうした結果は,少くとも,問題(A)—(D){そして,ある程度まで問題(E);上参照}に対して肯定的な答を得ることと,同じぐらい本質的かつ有益なものに思われる.

第1章の残りの部分では,問題(A)—(E)の発見学的準備的検討を行なう.第2章では,特定のモデルを発展させ,そのモデルについて細部にわたって厳密に問題(A)—(D)を扱うであろう. 第3章では,より自然だが,技術的にはより厄介な別のモデルについて解析する. 第4章では,さらに発見学的な考察を行なうが,それは第2章,第3章での細部にわたった構成より後の方がより好都合なような(そしてそれをある程度前提とするような)ものである.

[1.1.2.3 von Neumann による自己増殖のモデル. 前節は,von Neu-

---

3) Turing, "On Computable Numbers, with Application to the Entscheidungsproblem."[この論文の49頁以降のTuring機械と万能Turing機械についての議論参照. Turing機械の無限に延長できるテープが,von Neumannが問題(A), (B)で "可変だが本質的には標準的な付加物" と述べたものである.]

4) von Neumann, "The General and Logical Theory of Automata." 全集 5. 315-318.

mann が,この章を書いたとき,心にもっていた計画を示している.不幸にして,von Neumann が志したものは,第2章として計画されたものの一部分のみで終ってしまった.彼の計画,そうして本章の残りの部分で彼がそれについて折にふれ言い及んでいるのを理解するためには,彼が考案したいろいろな自己増殖モデルについて,少しばかり知っておく必要がある.この節では,これらのモデルについて簡単に説明する.当然ながら,ここで述べられることの多くは,von Neumann が自己増殖モデルについて話した相手の人達から,個人的に聞き出したことに基づくものである.

von Neumann は自己増殖モデルを全部で五つ考えた.これらを,運動学的モデル,細胞モデル,刺激―閾―疲労モデル,連続モデル,確率的モデルと呼ぶことにする.

運動学的モデル〈kinematic model〉は,運動,接触,位置決め,融合,切断等の幾何学的運動学的問題を扱うが,力とかエネルギーの問題は無視する.運動学的モデルの根本要素は次のようなものである:論理的要素(スイッチ)・記憶要素(遅延)――情報を貯え,処理する;けた――構造を一定に保つ;感覚要素――まわりの物体を知覚する;運動学的(筋肉のような)要素――物を動かす;結合(溶接)する要素と切断する要素――要素の結合や切りはなしを行なう.自己増殖の運動学的モデルは,本書の第I部第5講に述べた.そこにあるように,von Neumann は少くとも 1948 年までそれについて考えていた.

von Neumann の自己増殖モデルの第二は,**細胞モデル**〈cellular model〉である.これは S. M. Ulam に示唆されたもので,Ulam は,運動学的モデルについて議論した際に,運動学的モデルの枠組みよりも,細胞モデルの枠組みの方が,論理的数学的に取り扱いやすいだろうといったのである[5].細胞モデルでは,全く同じ有限オートマトンが一つずつ入った細胞に分かれている,無限に広い空間の中で自己増殖が行なわれる.von Neumann はこの空間を"結

---

5) [1.3.1.2 節の脚注 17 参照.Ulam は,1950 年に発表した "Random Processes and Transformations." において,細胞モデルの枠組みを簡単に記述し,これが von Neumann と自分によって考案されたものであると述べている.]

1.1 序　説

晶状規則性"とか,"結晶媒質"とか,"粒状構造"とか,"細胞構造"とか呼んだが,ここでは**細胞構造**〈cellular structure〉という表現を用いることにする[6].

自己増殖に用いられるような細胞構造にはいろいろな形がありうる. von Neumann は,詳しい展開をする際は,方形の細胞が無限に並んだものを選んだ. 各細胞は同じ 29 の状態をもつ有限オートマトンである. 各細胞は隣接する四方の細胞と直接に 1 単位時間かそれ以上の遅れを伴って通信し合う. von Neumann は "Theory of Automata: Construction, Reproduction, Homogeneity" という題の原稿でこのモデルを発展させた. これが本書のこの第 II 部を構成している. Klara von Neumann 夫人は,筆者への書簡で,夫の原稿について次のように述べている."夫がそれを始めましたのは 1952 年 9 月の下旬で,1953 年も半ば過ぎた頃あたりまでその仕事をつづけておりましたことは間違いございません."と. 私が知る限りでは,von Neumann は 1953 年以後はその原稿にほとんど何も手を加えなかった.

von Neumann の遺稿は,完全な章が二つと,三つ目の長いが未完成の章とからできている. 原稿の第 1 章が本章である. 原稿の第 2 章は 29 状態細胞システムの状態遷移規則が述べてあり,これは次の第 2 章の内容である. 原稿の未完成な第 3 章では細胞自己増殖オートマトンの設計の基本的なところを一歩一歩築き上げている. これは後出第 3 章,第 4 章の内容となるものである. von Neumann は細胞自己増殖オートマトンの設計を遂に完成しなかった. 後出の第 5 章で著者がやり方を述べる.

von Neumann の自己増殖の細胞モデルは,Ulam の細胞オートマトンに関する仕事と比較してみるとよい. Ulam は,著書 *A Collection of Mathematical Problems* の中で,細胞モデルから生ずるところの行列問題についてのべている. また Ulam は,"On Some Mathematical Problems Connected with Patterns of Growth of Figures" と "Electronic Computers and Scientific Research" の中で,簡単な遷移規則を持った細胞オートマトンに

---

6) [Moore の "Machine Models of Self-Reproduction" では "モザイクモデル (tessellation model)" という名前が用いられている.]

おける図形の成長について研究した．彼は，一つの世代が単純だが非線型な回帰的変換に従って次の世代を作り出すとして，単純な性質をもった個体が，世代を追って進化して行く過程を研究した．

von Neumann は，1948年10月28日付の手紙に同封して H. H. Goldstine にこの第1章の写しを送った．この手紙には，1.1.2.2 節で述べた計画について詳しく書かれている．

　ここにお送りするのは，お約束した序論——あるいは第1章——です．これは試案であり，とくに以下の点で不完全なものです．
　(1)　これは主に"第2章"への導入であり，ここでは，細胞はみな約30個の状態を持つようなモデルを論じます．またわずかばかりですが第3章，第4章にも触れています．"第3章"では刺激-閾-疲労モデルを論じ，"第4章"では"結晶"ではなくて"連続"モデルについて少しばかり論ずるつもりです．今いえる限りでは，本質的には拡散型の連立非線型偏微分方程式をそこで用いる予定です．
　(2)　この草稿は，まだ全然形をなしていません．脚注(注を入れる場所だけ記してあります)，引用文献，動機の説明，着想の起源など何も記してありません．

von Neumann がこの第1章を書いたとき，次のような計画を心に描いていたことは明らかである．すなわち，第2章で自己増殖の細胞モデルの展開を完成して，第3章で自己増殖の刺激-閾-疲労モデルを取り扱い，最後に第4章で自己増殖の連続モデルを論ずることにする．von Neumann は細胞モデルの設計の本質的なところを終えたところで中止した．それ以来細胞モデルを完成する時間も他の二つのモデルについて書く時間も彼になかったのはかえすがえすも惜しまれることである．

von Neumann は1953年5月2日から5日まで，プリンストン大学において Vanuxem 講演を行なった．"Machines and Organisms" と題する4回の講演である．第4講演が自己増殖にあてられ，運動学的モデル，細胞モデル，刺激-閾-疲労モデル，連続モデルがみな触れられた．その時，既に von Neumann はイリノイ大学出版所に "Theory of Automata, Construction, Re-

1.1 序　説

production, Homogeneity" と題をうった原稿を渡すことに同意していたので，それと別にこの講義の講義録を自分で書くつもりはなかった．そのかわり，John Kemeny が，この講義と，原稿の初めの二つの章に基づいた論説をまとめる手筈になっていた．これは 1955 年に "Man Viewed as a Machine" という題で出版された．Vanuxem 講演のうち初めの三つの講演で述べられたことは，後に出た The Computer and the Brain の中にかなり書かれている．

自己増殖の**刺激-閾-疲労モデル**〈exitation-threshold-fatigue model〉[7] は細胞モデルを基礎とするものであった．細胞モデルの無限構造の中のそれぞれの細胞には，29 状態のオートマトンがある．von Neumann の考えは，閾と疲労の機構を有する神経細胞的な素子から 29 状態のオートマトンを作り上げるというものであった．疲労が神経細胞の働きの中で重要なものである故に，刺激-閾-疲労モデルは細胞モデルよりもっと現実の組織に近いといえよう．von Neumann は，疲労の働きをもつ理想化された神経細胞がどういう具合にはたらくかについて論じることはしなかったが，彼が疲労作用のない理想化した神経細胞について述べたことと，実際の神経細胞の絶対不応期と相対不応期についての彼の説明とを考えあわせれば，その神経細胞が設計できるわけである（前記の本の p. 44 から p. 48 まで，および全集 5. 375-376 参照）．

理想化された刺激-閾-疲労神経細胞は決められた閾値と決められた不応期を持つ．不応期は，絶対不応期と相対不応期の 2 期に分かれる．神経細胞は，疲労していなければ，入力のうちで興奮させようとするものの数が閾値以上あると，興奮状態に移る．この神経細胞が興奮すると二つのことが起る：まずある決められた遅れをもって出力信号を放ち，そして不応期に入る．絶対不応期には神経細胞は絶対に興奮しない．相対不応期には興奮することもあるが，それ

---

7)　[von Neumann が疲労 (fatigue) と呼んでいる現象は，普通，不応性 (refractoriness) と呼ばれる方が多いことに注意されたい．普通の使い方では，疲労とは多数の不応期に関係した現象である．神経細胞の絶対不応期から，発火の回数の最大値が決まる．この最大かそれに近い回数で繰返して神経細胞を発火させると，閾値が増加し，発火させるのが次第に困難になってくる．この閾値の増加する現象が，普通 "疲労" と呼ばれるものである．]

は興奮させようとする入力の数が通常の閾値よりもっと高いある閾値を超える場合に限られる.

刺激-閾-疲労神経細胞は,一度興奮すると,そのことを不応期の間ずっと記憶して,別の入力刺激がふだんのような作用を及ぼすのをこの情報によって防ぐ必要がある.したがって,この種の神経細胞は,スイッチ作用,出力の遅れ,入ってくる信号の作用を制御するための内部記憶とフィードバック作用などを組み合わせたものである.そういった装置は,つまり,有限オートマトンの小さなものである.すなわち,入力,出力と有限個の内部状態をそなえた装置である. von Neumann は, Vanuxem 講演の第4講演の中で,閾値が2,不応期が6の神経細胞によって,細胞モデルの各々の細胞に必要な,29状態有限オートマトンのほとんどすべての状態を作りだせるとのべた.

von Neumann の考えた第四の自己増殖モデルは**連続モデル**〈continuous model〉である.彼は,流体中の拡散過程を表わす型の連立非線型偏微分方程式をこのモデルの基礎にする予定であった. von Neumann は非線型偏微分方程式を研究したことがあり,このような方程式に関する理論的な問題の解決のために,発見学的手段にオートマトンを用いたいと思っていた(上掲書の p.33 から p.35 までを参照).自己増殖の連続モデルの場合には,彼は逆の方向をとることを考えた.すなわち非線型偏微分方程式を用いてオートマトン理論の問題——自己増殖過程の論理的,数学的本質の問題——を解決しようとしたのである.これは,オートマトン理論のもろもろの問題の解決に数学の分科の中の解析学と呼ばれるものの技法と結果を用いようという von Neumann の全体計画の一部をなすものであった.

自己増殖系の物理学,化学,生物学,そして論理学は非常に複雑であり,いろいろ沢山の要素に関係している;例えば,質量,エントロピー,運動エネルギー,反応速度,酵素とホルモンの濃度,輸送現象,符号化,制御などである.自己増殖系の本質的な性質のすべてが,この方程式の中で関数あるいは従属変数によって表わされなければならない. von Neumann は,自己増殖を説明するに足りるだけの連立非線型偏微分方程式は,普通に研究されているものにく

らべてはるかに複雑なものになることを認識していた.

　von Neumann は化学技師としての教育を受けたことがあり,複雑な化学反応をよく知っていた.彼はまた,数学をいろいろの複雑な物理系に応用したことがあった.彼は,自己増殖の連立偏微分方程式を,彼の提案した自己増殖の刺激-閾-疲労モデルと結びつけて考えたものと思われる.細胞モデルが刺激-閾-疲労モデルに還元されたとすると,問題は,神経細胞の興奮作用,閾作用,疲労作用を支配する偏微分方程式を定式化することである.神経細胞の活動には次の諸過程が関係する[8].神経細胞は他の神経細胞からの入力によって刺激される.これらの入力刺激の総計が神経細胞の閾値に達すると,細胞体の外から内へナトリウムイオンの流れるきっかけを作り神経細胞を興奮させる.イオンの流れ,すなわち拡散によって細胞体が脱分極される.それからこの拡散と脱分極が軸索を伝わっていくが,これが神経細胞の発火である.発火の後には,カリウムイオンが神経細胞の内から外に拡散して,神経細胞を再び分極する.ナトリウムとカリウムの化学平衡はさらに後で回復される.

　神経細胞の興奮作用,閾作用,疲労作用について上に述べたことから,これらの作用において化学的な拡散が基本的な役割を演ずることは明らかである.これで,von Neumann が自己増殖の連続モデルになぜ拡散型偏微分方程式を選んだかがわかる.von Neumann が線型でなくて非線型の微分方程式を選んだ理由も明らかである.運動学的モデル,細胞モデル,刺激-閾-疲労モデルはみな,スイッチ作用(例えば,閾作用,否定)が分枝,フィードバック,遅延を含む制御ループとならんで,自己組織の論理的,情報的,および組織的側面に欠くことができないことを示している.このような離散的な現象を連続モデルとしてモデル化するために,非線型偏微分方程式を用いるのが必要だということなのである.

　連続モデルを作るための上述のプランでは,離散的なものからはじめて連続的なものに進んでいる.まず自己増殖の細胞モデルをつくり上げ,それを刺

---

　8)　[完全に述べたものとしては,Eccles の *The Neurophysiological Basis of Mind* を参照.]

激-閾-疲労モデルに還元し，最後にこのモデルを非線型偏微分方程式で書き表わすのである．科学では逆の過程を踏むことが多いし，もちろん von Neumann もそれはよく知っていた．まず連続的な系たとえば衝撃波の進む液体をとり上げて，これを別々の小空間に区切り，その小空間の中では皆一様であると思って近似をする．こうすれば，連続な系の微分方程式は離散系の差分方程式に置き換えられる．そしてこの差分方程式はディジタル計算機によって解かれ，適当な条件の下で，これはもとの微分方程式の近似解となる．

しかし順序はどうであれ，連立微分方程式とそれに対応する差分方程式とは本質的に同じ現象を表現するものである．細胞モデルの遷移規則(後の第 2 章参照)は，連続モデルの連立偏微分方程式を差分方程式に直したものである．自己増殖をする親のオートマトンの設計はこの偏微分方程式系の境界条件に対応する．連続モデルと細胞モデルとの対比は，またアナログ計算機とディジタル計算機との違いという見地から眺めることもできる．アナログ計算機は連続的な系であり，ディジタル計算機は離散的な系である．そこで，von Neumann が考えた自己増殖の連続モデルと，アナログ計算機との関係は，彼が考えた自己増殖の細胞モデルと，ディジタル計算機との関係と同じである．von Neumann は，論文 "Probabilistic Logics and the Synthesis of Reliable Organisms from Unreliable Components" の第 12 節において，アナログ装置でディジタルな情報を表現し処理する方法を提案した．彼の自己増殖の連続モデルはこの方法と比較すべきものである．

von Neumann の考えた自己増殖は，Turing のある仕事とも比較できる．"The Chemical Basis of Morphogenesis" の中で Turing は，形態形成の現象を化学物質の相互作用，発生，拡散を表現する微分方程式を解くことによって解析した．Turing はほとんどもっぱら線型微分方程式ばかり扱ったが，非線型微分方程式にもちょっと触れている．

von Neumann は，生涯を通じて確率論の応用に興味を持っていた．量子力学の基礎に関する労作やゲームの理論などはその例である．彼がオートマトンに興味を持つようになった時，ここにも確率論を応用しようとしたのは当然で

ある.本書の第I部の第3講はこの問題を扱っている.彼の "Probabilistic Logics and the Synthesis of Reliable Organisms from Unreliable Components" は,確率的オートマトン——状態間の遷移が決定論的に決まるのでなく確率的であるようなオートマトン——に対する最初の労作である.彼は,自己増殖を論ずるときはいつでも,突然変異に触れている.突然変異とは要素が当てのない変化をすることである(前出 p.105 と後出 1.7.4.2 節参照).前出の 1.1.2.1 節と,1.8 節とにおいて,彼は,オートマトン理論の枠組みの中で進化過程をモデル化すること,自然陶汰を数量化すること,効率が悪い単純で弱いオートマトンが,効率が良い複雑で強力なオートマトンにいかにして進化できるのかを説明すること,などの問題を提起した.これらの問題に対して完全な答えが得られれば,**自己増殖と進化の確率的モデル**〈probabilistic model of self-reproduction and evolution〉ができたことになろう[9).]

1.2 論理学の役割——問題(A)

1.2.1 論理操作——神経細胞. 問題(A)を考えるためには,論理学の中の本質的な命題を表現するのに必要十分な器官をそなえているオートマトンについて考察すればよいことは明らかである.それには,論理学上の**真**〈true〉と**偽**〈false〉という二つの基本真理値に対応して,安定状態を二つもつ器官を用いればよい.この器官を生理学との類推から(実際にどうであるか,どう考えられるかはともかく)**神経細胞**〈neurons〉と呼び,上述の二つの状態を**興奮**〈excited〉,**静穏**〈quiescent〉と呼ぶのが好都合である.また更に,これらの状態にディジタルな(算術的な)記号 1 と 0 をあてるのが便利である[10).] そうして,そのような器官同士を,論理関係を表現する**線**〈line〉で結び,個々の基本論理操作に対して,それぞれ基本的器官すなわち神経細胞の異る**種**〈species〉を考えること

---

9) [これに関連したものとして,J. H. Holland の,"Outline for a Logical Theory of Adaptive Systems" と "Connecting Efficient Adaptive Systems" を参照.]

10) こうすれば Boole 代数が応用できるようになる.

120   第1章　一般的考察

により，よく知られている論理学の構造をそのような器官から組み立てたオートマトンに持ち込むことができるようになる[11]．ふつうの命題計算の場合には，それは**論理積**〈and〉，**論理和**〈or〉，**否定**〈not〉でありそれぞれ・，＋，－で表わされる[12]．神経細胞の行動を制御する線，いいかえれば，神経細胞が行なう基本的な論理操作あるいは論理関数にあらわれるところの論理変数をあらわす線は，その**入力**〈input〉である；一方，神経細胞が結果として示すふるまいを表現する線，いいかえれば，問題の論理関数の値を表わす線は，**出力**〈output〉である．これはまた他の神経細胞への入力となるのが普通である．一つの神経細胞に出力をいくつも付けるより，一つだけにして，後でそれを必要な数だけ**枝分れさせる**〈split〉方が都合がよい．神経細胞の働きにおける時間的な要素を表現するには，この神経細胞の動作を制御する各神経細胞がそれぞれの状態になってから一定の遅延時間 τ を経た後に，この神経細胞がそれの表わす論理関数できめられた状態（すなわち，その関数の値）になるときめるのが一番よい方法である．すなわち，**刺激**〈stimuli〉が（入力の線に）加わって一定時間 τ 遅れてから神経細胞の**応答**〈response〉が（出力の線に）あるようにするのである．線を伝わるときの遅れを考える必要はない；つまり出力は他の神経細胞の入力になっているところで直ちに作用するとしてよい．それぞれの事象がすべて，τ の整数倍の時間 t におこると仮定するのが一番簡単である．ここで $t=n\tau$，$n=0, \pm 1, \pm 2, \cdots$．次に，時間の単位に τ をとってもよい．すなわち $\tau=1$ で，そこでいつも $t=0, \pm 1, \pm 2, \cdots$ となる．

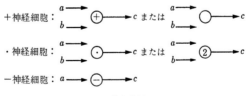

第3図　基本的神経細胞

---

11) McCulloch and Pitts の "A Logical Calculus of the Ideas Immanent in Nervous Activity" 参照．

12) von Neumann, "Probabilistic Logics and the Synthesis of Reliable Organisms from Unreliable Components" の第4節参照．

1.2 論理学の役割——問題(A)

上述の基本的神経細胞を第3図に示す．その動作は以下の規則で表わされる：

1. a, b がこの神経細胞の入力線で，c が出力線である．
2.1. ＋神経細胞が時間 t に興奮状態にあるためには，a を出力線とする神経細胞か b を出力線とする神経細胞かが時間 $t-1$ において興奮していることが必要かつ十分である．
2.2. ・神経細胞が時間 t に興奮状態にあるためには，a を出力線とする神経細胞と b を出力線とする神経細胞とが共に時間 $t-1$ において興奮していることが必要かつ十分である．
2.3. －神経細胞["マイナス神経細胞"]が時間 t で興奮状態にあるためには，a を出力線とする神経細胞が，時間 $t-1$ において興奮していない(静止状態にある)ことが必要かつ十分である．

各神経細胞の動作にこのような時間の遅れを考えたことによって，こうして得られた論理体系の実効的，構成的性格が保証される[13]．これらの器官からできているオートマトンが，論理学のあらゆる**命題関数**〈propositional function〉を表現できるということは，すぐわかることであり，実際，ここで考える神経細胞の種と，論理学の基本操作(上述のことと第3図を参照)との対応からの必然的結果なのである[14]．更に進んで帰納過程や，もっと一般には有限的論理学で許されるあらゆる過程を含ませるためには，もっと深く掘り下げて解析しなければならない[15]．それは実質的に新しい要素を一つ持ち込むことになる．すなわち，いくらでも大きい(有限ではあるが，大きさを自由に調節できる)記憶容量が必要となるのである．このことは問題(B)と関連するので，後に考察することにする．

---

13) McCulloch and Pitts, 前掲論文，および von Neumann 前掲論文の 2.1 節と 3.3 節参照．
14) McCulloch and Pitts, 前掲論文，および von Neumann 前掲論文の 3 節参照．
15) McCulloch and Pitts, 前掲論文，および von Neumann 前掲論文の 3.3 節と 5.1 節参照．[von Neumann は Kleene のことも述べた．おそらく "Representation of Events in Nerve Nets and Finite Automata" の Rand Corporation 版に触れるつもりであったと思われる．]

1.2.2 神経的機能と筋肉的機能. 問題(A)は論理的な決定ということに限られていた. だから, 真と偽という二つの状態をとる器官だけ(少くとも, 直接にはこれだけ. ただし 1.2.1 節の最後で述べたことを参照)あればよかったのである. この二つの状態は, 神経細胞の興奮状態と静穏状態とで十分間に合う. ところで, 問題(B)では, オートマトンがオートマトンを組み立てることが必要であるので, そのため, 論理的以外の働きをもつ器官, すなわち, そのオートマトンを構成する器官を寄せ集め, 組み立てるのに必要な, 運動学的または力学的な属性をもつ器官を考えなければならない. 生理学の言葉でいえば, 純粋に神経的な機能に, 少くとも筋肉的機能をつけ加えなければならない. この段階で, いろいろな可能性が出てくる.

1.3 組立ての基本問題——問題(B)

1.3.1.1 直接的な取扱い——幾何学や運動学等々による. 一番すぐ考えられるやり方は以下に述べるものである. もとになる器官は, (A)で必要な神経細胞と線と, それに加える(B)(つまり, これからの話)で必要な他の器官である. これらの構成器官は, 実在の空間にある物理的実体と考える必要がある. 従って, それらを取り集めたり組合わせたり(しっかり固定することも含めて)することは, 実在の空間, つまり3次元 Euclid 空間の中で行なわれなければならない. (空間の次元数や幾何学的性質をもっと違えることも考えられるが, ここではそのことは考えない. ただし, 後の結晶格子の議論を参照.) オートマトンを作るのに要素として必要な器官は, だから空間の中で見つけて取ってきて, 空間の中で動かしてくっつけて固定しなければならないし, オートマトンはみな, 本当の幾何学的な(そして運動学的で力学的な)実体として考えておかねばならない. 前に筋肉的機能とやや象徴的な意味でいったものは, ここでは本当に筋肉という名にふさわしい. しかしなお, いろいろの度合の抽象化が可能である. 例えば, 物質の真に力学的な側面(力とか, 出入するエネルギーなど)を考えてもよいし, 考えなくてもよい. しかし, 上述のような本来力学的な

側面を全く無視した,一番簡単な方法をとったとしてもなお,随分複雑な幾何学的運動学的考察が要求されるのである[16]. そうして,これからやるような初めての試みでは,そのようなことは避けるべきだという感じをもたずにはいられない: すなわちいまの場合,オートマトンの研究の本質的な論理的・組合わせ論的側面だけに注意を集中すれば良いようにすべきである. 1.1.1.1 節で**形式的**〈formalistic〉という修飾語を用いたのは,このような取組み方——純粋に幾何学的運動学的力学的な複雑化をできるだけ避けるやり方——を指したつもりであった. 上述のような要項の妥当性は,上で,幾何学から始めて運動学,力学というように,避けたいものを数え上げたのを,更に続けてみると,ますますはっきりする. つまりそれは(同じ精神で)物理学,化学,そうして最後に個々の生理学的,物理化学的構造の解析まで続いて行くことになろう. これらはみないずれは大体上に述べた順序で,逐次取り入れなければならないが,研究のはじめには,これらは,幾何学,運動学といえども,すべてできれば避けるべきだと思われる.(後でわかるように,ごく原始的な幾何学と形ばかりの運動学は,それでもある程度取り入れることになる.)

1.3.1.2 非幾何学的な取扱い——真空の構造. 上に述べた要項にずっとよくかなう,より凝ったやり方について以下に述べる[17].

幾何学(と運動学)が必要だということはとりもなおさず,真空(今は何もないが,オートマトンの部品となる器官が占有するかもしれない場所)でさえもある構造をもっているという事実を表わしている. さて3次元ユークリッド空間が,実際の"真空の構造"を表わしている(あるいは,今考察している場合には十分な程度の近似で表わしている). ところがこの構造には不必要な複雑化を招くような面がいくつかある. それらは後の段階では考察しなければならないが,はじめの試みでは無視することが望ましい. 従ってわれわれはそうすることにしよう.

---

16) von Neumann, "The General and Logical Theory of Automata", 全集 5. 315–318 参照. [前出第 I 部第5講も参照.]

17) [von Neumann はここで S. Ulam を引用しようとしていた. 前出 1.1.2.3 節参照.]

1.3.2 不動性——静穏状態と活動状態. 除きたいと思う複雑さは，主として運動学によるもの，つまり物体をあちこち動かさねばならないことである．動かない物体だけを考えそれらは通常は**静穏**〈quiescent〉状態にあり，適当な，はっきり定義された条件のもとに，それらが静穏状態から**活動**〈active〉状態に——あるいは可能ないくつかの活動状態のうちの一つに——状態遷移するような一つのシステムを仮定する方が望ましい．

1.3.3.1 離散的枠組みと連続的枠組み. 次に，このような不動で，普通静穏状態にある物体は，離散的なものと考えるか，連続的に広がった媒質の(無限小)構成要素と考えるかのどちらかである．はじめの場合は，**粒状**〈granular〉あるいは**細胞**〈cellular〉構造であり，後の場合は，いずれにせよ Euclid 幾何学の空間のたぐいの連続空間に逆戻りする．

1.3.3.2 均質性：離散(結晶的)と連続(Euclid 的). ここで，問題を簡単化はするが，非常に限定してしまうような仮定をする．それはこの空間的あるいは準空間的な下地が均質であるということである[18]．すなわち，前の粒状構造の場合は結晶的な対称性が要求されるし[19]，後の連続空間の場合は Euclid 空間でなければならない[20]．どちらの場合にも，均質性の程度は絶対均質性にまでは至らない．いわば，上に述べた(静穏状態と活動状態をとる)物体——基本器官——を容れている空間の鋳型(より広くいえば，組合わせ論的鋳型)が均質であることを仮定しただけであって，これらの物体の分布の均質性までも仮定したのではない．すなわち，はじめの(離散的な)場合には，結晶の中の細胞がみな同じ規則に従って行動するという仮定はしないし，後の(連続な)場合には，空間を満たす連続媒質がどの場所でも同じ規則に従うという仮定はしないので

---

18) それはより強い結果を要求する．[つまり均質な媒質で自己増殖オートマトンを作る方が均質でない媒質でよりも困難である．]

19) [結晶とは，規則正しい内部構造を持ち，定まった特別な角度で交わり，対称性をもって並んだ平面で，表面を囲まれた固体である．その規則正しい内部構造は，結晶原子の列とパターンで構成される．結晶の表面はこの規則正しい内部構造が外に表われたものである．]

20) [von Neumann は，ここの脚注で，Bolyai-Lobachevski や Riemann の非 Euclid 空間を除外する理由を説明しようとしたと思われる．]

ある.この仮定があるかないかによって,この系が**本質的**〈intrinsic〉あるいは**機能的**〈functional〉**な均質性**〈homogeneity〉を有するとか有しないとかいうことにする[21].

更に,もし(離散的または無限小の)要素がみな同じ状態,例えば静穏状態(上述のことを参照)にあれば,もっと完全な均質性が存在しているといえる.このような場合それぞれを,**完全均質性**〈total homogeneity〉,**完全静穏**〈total quiescence〉と呼ぶことにする.これを一般的に仮定することができないことは明らかである.なぜなら,そうするとオートマトンの積極的な組織立った動き,例えば前に 1.1.2.1 節で述べた問題(B)—(E)でいわれた活動はすべてだめになってしまうからである.しかし,オートマトンの初期状態として完全静穏を仮定しようと思うのは極めてもっともなことである.厳格にそれで押し通すことは,普通の規則体系では完全静穏は自己持続状態であるから,できない(後述のこと参照).しかし,初期状態を完全静穏にして,最小限の外部刺激を注入することにより起動させるようにするのは実際的なやり方である(後述のこと参照).

1.3.3.3 構造の問題:(P)—(R). 1.3.3.2 節の冒頭で指摘した点,すなわち,1.3.3.2 節での均質性の仮定は相当制約的なものだということについてはもう少し考慮する価値がある.というのは,問題(A)で論じた基本器官(1.2.1 節での神経細胞)を普通につなぎ合わせるつなげ方(後述参照)でさえも,1.3.3.2 節でのべた均質性に関する第一の原則——下地の粒状構造つまり結晶対称性に関する原則——に違反するのである.しかし,この程度の均質性ならごく当り前の簡単な工夫によって実現できることを後で示す.

このようにしてできた系でも,1.3.3.2 節でのべた均質性に関するより厳しい原則,すなわち機能的均質性の原則には違反している.このことは,神経細胞の種がいくつもあり(1.2.1 節,特に第3図参照),結晶格子中に不規則に

---

21) [離散的(結晶の,粒から成る,細胞の)場合には,機能的均質性とは,各細胞に同じ有限オートマトンが入っていてそれぞれのオートマトンが隣同士同じようにつながれていることを意味する.von Neumann が第2章で用いる特別な細胞構造は,機能的均質性を有するといえる.後出 1.3.3.5 節参照.]

(すなわち結晶対称的でなく)分布しなければならない限り,明らかなことである.しかし,普通の論理学的組合せ論的技法(後述参照)の見方で見て当り前な方法で,この問題に取り組もうとするならば,そのようにいろいろな種類の神経細胞を用いたり,それを不規則に分布させたりすることは自然なことである.この困難もまた克服でき,機能的均質性を成り立たせることができるということを後に示す.とはいえ,これははるかに面倒なことで,実際,本書の主要な結果の一つである.

均質性の問題に関連して,さらに,副次的な問題がいくつかあり,それぞれの順番がきた時に,順次に論ずることにする.それは以下に示す問題である:

(P) 使用に耐える最小の次元数は幾つか.(この問題は,1.3.3.1 節と 1.3.3.2 節で述べたはじめの場合——離散的,結晶の——にも,後の場合——連続的,Euclid 的——にも,ともに生ずる.)

(Q) 機能的均質性に関連して,均質性のほかに等方性[22]も要求できるか.{結晶の場合には,このことは等軸晶系だけに対して意味がある[23].問題(R)も参照.}

(R) 結晶モデルの場合には,どの結晶族が使えるか.あるいは,本当のねらいをはっきりいい表わせば,使えるもののうちで一番規則性の高いものは何か[23].

問題(P)に関しては,次元数 3 が,使える最小なものだろうと思うかも知れないが,実は 2 でも使えるのである.しかし 1 については,少くとも他の点で無理のなさそうな仮定と組み合わせたのでは使えそうもない[24].この問題は,

---

22) [物質や空間は,あらゆる方向に対して同じ性質をもつときに限り,等方性をもつという.結晶の(離散的な)場合では,機能的等方性とは,各細胞が隣りにあるどの細胞にも同じように結ばれていることを意味する.von Neumann が第 2 章で採用する特別な細胞構造は,機能的等方性を有する.後出 1.3.3.5 節参照.]

23) 二次元と三次元の結晶族.[結晶は,対称軸の数と性質によって,六つの群あるいは系に分類される.等軸晶系(立方晶系ともいう)に属する結晶は,結晶のうちで一番対称性が高い.等軸晶系の結晶では,三つの結晶学的座標軸が相互に直角をなし,長さが等しい.立方体の単位胞をもつ結晶と,正八面体の単位胞をもつ結晶がこの結晶族の型のうちで最も単純なものである.]

後に多少詳しく考察する.

問題(Q)は後で検討する.等方性のないモデルもまた相応の興味はあり得るが,等方でよいことが示される.

問題(R)に関しては,最高度の規則性を用いることにする.それは,具体的には3次元では(体心)立方格子,2次元では正方格子ということになる.上の問題(P)で述べた見地から後者に重点を置く.だが,後でわかるように他にも興味のある族がある.

1.3.3.4 結晶モデルとユークリッド空間モデルに対する結果の性質:命題(X)—(Z). この一連の論述の結びとして次のことを注意しよう.1.3.3.1節の二つの場合{結晶(離散的)の場合と,連続(Euclid的)の場合}を比較研究することは非常に有益なことと思われる.今までにわかっていることがらから,以下の結論が強く打ち出される:

(X) 一般的可能性については,両方大体同じである.

(Y) 連続の場合は,結晶の場合より数学的にずっと難かしい.

(Z) 連続の場合を扱う解析的方法の適当なものができたならば,それは結晶の場合よりもっと満足すべきもの,もっと広く,かつ適切にあてはまるようなものとなるだろう.

これらについては,後でもう少し詳しく論ずる.ここでは,結論(Y)と(Z)で述べた困難に関係して,もう一言のべることにする.これらの困難は,この場合に,この数学的問題が連立非線型偏微分方程式の問題となることからきている.非線型偏微分方程式は,われわれの数学の水平線をいろいろな方向で定め,また制限しているものであるが,この場合にもまたそれがあらわれているのは意味なしとしないであろう.

(Y)と(Z)で述べた困難の故に,われわれはまず主として結晶の場合の方に注意を向けることになるだろう.実際に,これからは,特に逆の場合とことわ

---

24) [von Neumannは,ここで,Julian BigelowとH. H. Goldstineを参照するつもりだった.彼等は,自己増殖を3次元でなく2次元でモデル化することを提唱したのである.]

らなければ，いつも結晶の場合であると思うことにしよう．

[1.3.3.5 均質性，静穏，自己増殖. von Neumann は本書のこの第Ⅱ部を書いている時，自己増殖の細胞モデルに至るまでの一連の推論過程をたどっていた．このはじめの方の段階では，彼はいろいろの可能性を追究して，どちらときめることは後に延ばした．そこで検討が進むにつれて，当然ながら用語の使い方が多少変わってきている．たとえば，前出 1.3.3.2 節で用いられた "静穏(quiescence)" は後出の 1.3.4.1 節と 1.3.4.2 節では "興奮不能性(unexcitability)" と "興奮可能な細胞の静穏(quiescence of an exitable cell)" という二つの言葉に分れるのである．ここで最終結果を前もって見わたしておくことは，読者が von Neumann の考えの発展のあとをたどるのに役立つであろう．

von Neumann の細胞モデルは，以下の第2章で詳しく述べられる．彼は方形細胞の2次元の無限行列を選んだ．細胞には，皆，同じ29状態の有限オートマトンが一つずつ入っていて，このオートマトンは四つ隣りのオートマトンと皆全く同じやり方で結ばれている；すなわち，後出第2章の遷移規則はどの細胞にも同じなのである．従ってこの細胞構造は 1.3.3.2 節での意味で "機能的に均質(functionally homogeneous)" である．29状態のオートマトンは四つ隣りのどれとも同じやり方で結ばれているので，1.3.3.3 節でいわれた意味で等方的でもある．しかし機能的均質性と等方性とは構造にのみ関するもので，内容つまり状態に関するものではない．その結果，この細胞構造の中のある領域内の異なる細胞が異なった状態にあれば，この領域のある部分はあるやり方で動き，情報をある方向に送り，一方他の部分はそれと異なったやり方で動き異なった方向に情報を送るということができる．

各細胞がとりうる 29 の状態は三つの範疇に分離できる：すなわち，興奮不能(1)，興奮可能(20)，潜像状態(8)．これについては後に第9図に記してある．

興奮不能状態 **U** は全くの静止である．この状態は細胞構造の情報内容に関して基本的な役割を演ずる．というのは，この細胞構造の動作のしかたは，どの時点においても有限個の細胞しか興奮不能以外の状態にはないようになって

1.3 組立ての基本問題——問題(B)

いるのである．この点で，von Neumann の興奮不能状態というのは，Turing 機械のテープ上の何も書いてないますと似ている．実際，von Neumann は彼の線状配列 L 内の零を興奮不能状態 U で表現したのである；後出 1.4.2.5 節参照．

興奮可能の 20 の状態は三つの組に分かれる．まず合流状態 $C_{\varepsilon\varepsilon'}$ が 4 個あり（ε と ε' は 0 と 1 の値をとる；0 は興奮していないことを 1 は興奮していることをあらわす），次に普通伝達状態 $T_{0\alpha\varepsilon}$ が 8 個，特別伝達状態 $T_{1\alpha\varepsilon}$ が 8 個ある．ここで $\alpha=0, 1, 2, 3$，また $\varepsilon=0, 1$ は上と同様である．伝達状態のうち 8 個は興奮しており，8 個は興奮していない．潜像状態は本来過渡的であり，正確に 1 時刻だけ続く．

興奮できない状態 U と興奮していない状態 C_{00}, $T_{u\alpha0}$ ($u=0, 1$; $\alpha=0, 1, 2, 3$) とからなる 10 の状態の組は次の性質を持つ：無限細胞構造の中のすべての細胞がこの 10 状態のうちのどれかにあるならば，このシステムは決して変化しない（すなわちどの細胞も状態を変えない）．興奮できない状態 U と 9 個の興奮していない（だが興奮可能な）状態 C_{00}, $T_{u\alpha0}$ との違いは刺激（興奮化）に対する反応の仕方にある．興奮できない状態 U にある細胞に刺激が加わると 9 個の興奮していない状態 C_{00}, $T_{u\alpha0}$ のうちのどれかに変化する．この変化は後の 2.6 節に述べられる直接過程である．この直接過程には 4～5 単位の時間を要し，潜像状態がこの過程の中間状態としてはたらく．

20 個の興奮できる状態 $C_{\varepsilon\varepsilon'}$, $T_{u\alpha\varepsilon}$ ($\varepsilon, \varepsilon', u=0, 1$; $\alpha=0, 1, 2, 3$) にある細胞に刺激が加わると次の二つのことのどちらかがおこる．この細胞が興奮できない状態 U にもどるか（これは 2.5 節で述べられる逆過程である）あるいは，この刺激は切りかえられたり，他の刺激と結合されたり，そうしてふつうのように遅延させられたりする．特に，細胞構造内のある領域 $\mathcal{A}$ の細胞をそれぞれ 10 個の状態 U, C_{00}, $T_{u\alpha0}$ のうちのどれかにすることによって，領域 $\mathcal{A}$ に興奮していない 1 個の有限オートマトンをはめ込むことができる．適当にそのようなオートマトンを設計すれば，それに刺激を加える（活性化する）と普通のように計算を行なうようにできる．

この細胞構造の時間の座標は，時間 $\cdots-3, -2, -1, 0, 1, 2, 3, \cdots$ から成る．von Neumann はこの時間座標をどのように使うつもりかを明確に述べなかったが，以下のように考えれば彼が言っていることと矛盾しない．負の時間には細胞は皆興奮できない状態にあるとする．**初期細胞割当て**〈initial cell assignment〉とは，細胞の**有限**〈finite〉なリストにそれぞれの細胞に対する状態を割当てたものである．時間零に，"外部"から細胞構造への初期細胞割当てが行なわれるが，割当表にない細胞は皆興奮できない状態のままに残されている．その後は，この細胞システムは第2章の遷移規則に従って動作する．初期細胞割当てをどうするかによって無限細胞構造の歴史が一義的に定まる．無限細胞構造に初期細胞割当てを伴ったものを**無限細胞オートマトン**〈infinite cellular automaton〉と呼ぶことにしよう．

自己増殖をモデル化した無限細胞オートマトンは次のような動きをする．1.6.1.2節に述べられる有限オートマトン **E** が初期細胞割当てとなる．もっと詳しくいえば，この有限オートマトン **E** の初期あるいは出発状態が初期細胞割当てとなる．この初期細胞割当てが時間零に行なわれ，そこで有限オートマトン **E** が細胞構造にはめこまれることになる．割当てをうけた細胞の領域を $\mathcal{C}$ としよう．そうすると初期には $\mathcal{C}$ の外の細胞は皆興奮不能である．**E** の論理構造は，ある時間 τ の後に **E** の別の写しが細胞構造の中の他の領域 $\mathcal{C}'$ にできるような構造になっている．すなわち，時間 τ における $\mathcal{C}'$ の各細胞の状態は，時間零における $\mathcal{C}$ の対応する細胞の状態と同じである．このようにして **E** は自己を領域 $\mathcal{C}'$ に再生する．まとめていうと，時間零には **E** の写しが一つだけこの無限細胞オートマトンにはめこまれているに過ぎないが，時間 τ には **E** の写しが二つ入っているのである．これは自己増殖である．

無限細胞オートマトンの時間的発展に注目しよう．負の時間には 1.3.3.2 節で述べた意味で全く均質であり，すべての細胞が興奮不能である．時間零には有限の領域に非均質性を持ち込むことにより完全な均質性が破られる．一般にこの非均質性はまわりの領域にひろがるわけであるが，自己増殖の場合には領域 $\mathcal{C}$ の非均質性が，別の領域 $\mathcal{C}'$ が $\mathcal{C}$ と同じに組織されるまで，ひろがるので

1.3 組立ての基本問題——問題(B)

ある.

無限細胞オートマトンの上述の取扱いでは負の時間を本質的には使っていない．この時には細胞は皆興奮不能なので，時間 $0, 1, 2, 3, \cdots$ だけを用いても一般性は失われない．von Neumann はなぜ負の時間を導入したかいわなかった．それを自己増殖と進化の確率的モデルに関連して用いるつもりだったのかも知れない（前出 1.1.2.3 節参照).]

1.3.4.1　組立ての問題を 1.3.1.2 節の方法で単純化すること． さてここでわれわれは，1.2.2—1.3.3.1節で考えたもとの考え——すなわち，神経の働きだけでなく筋肉的な働きに相当することをする器官も持つことが必要なこと——にもどることができる．いいかえると，1.2.1 節の意味での全く論理的な操作に関するものではなくて組立てようとするオートマトンの基本器官を取ってきて位置をきめたりつぎあわせたりすることに関与する器官が必要だということである．"蒐集"とか"位置ぎめ"とかの全く運動学的な側面は 1.3.1.2 節と 1.3.2 節の考察によって取り除かれたので，上で"筋肉の働きに相当するもの"と述べたものの本質を再検討しなければならないことになる.

1.3.2 節の終りに述べたことからわかるように，この働きは**興奮していない**〈quiescent〉状態にある物体——1.3.3.1節での用語によると，**細胞**〈cell〉——を適当な**活動**〈active〉状態に移行させるという面にあらわれるのである．ところで 1.2.1 節で述べた論理的諸機能もやはりそこにあらわれるのであるが，そこには違いがある．あるいは少くとも違う可能性がある．この違いの性格は生理学的比喩を用いると一番よく説明できる.

1.3.4.2　静穏対活動；興奮可能性対興奮不能性；普通刺激対特別刺激． 神経細胞は静穏状態にも活動状態にもなるが，とにかく潜在的には活動しうるのもである；すなわち，**興奮可能な**〈excitable〉細胞である．一方，結合組織は**興奮不能な**〈unexcitable〉全く受動的な細胞である．このように，興奮可能だが（一時的に）興奮していない細胞と（永久に）受動的な細胞との違いは明らかである．ここで暫く，神経細胞（すなわち興奮可能な細胞）の成長が，新しく細胞を生ずることによるのでなく，既存の興奮不能な細胞が興奮可能に変換され

ることによっておこると思ってみることにしよう．これは本当ではないが，1.3.2 節で導入した不動細胞の考え方に一番よくあう道具立てであることを注意しよう．これを現実と融和させるためには，細胞がないことを，細胞が特別な，特に興奮しにくい状態にあるというように解釈しなければならない．この考え方は，1.3.1.2 節で用いた"真空の構造"に関する考え方とよく調和する．

このような変換それ自身は，ある特殊な刺激によって，いいかえると，隣りの細胞がある特別な活動状態になることによって引き起される必要がある．1.2.1 節で論じた，論理的な働きを制御する普通刺激（普通の活動状態）ではこれはできない．これらの刺激は興奮していない状態と普通の活動状態との間の遷移を制御するが，それは興奮可能な細胞の場合だけであり，しかも問題の細胞（神経細胞）の種（1.2.1 節の意味での）を変えることは決してない．実際，上で興奮不能性を定義したのは，この普通刺激に対してであった．成長に相当することを可能にするためには，上で述べた特殊な刺激によって興奮できない状態から興奮できる状態に遷移をおこすこと，またこのようにして創り出された興奮可能な細胞（神経細胞）の種（1.2.1 節の意味での）を指定することができなければならない．

これらの概念によって，(興奮できるが)興奮していないことと興奮できないこととの違いが定義できる；前者は普通刺激に反応する（それによって移り変わる）が，後者は特別刺激にのみ反応する．もちろんこれは上の差別を，**普通**〈ordinary〉刺激と**特別**〈special〉刺激との区別に，すなわち普通の活動状態と特別活動状態との区別にすり変えたに過ぎない．生理学的比喩において当面の数学的問題に帰るとしても，この事情はまだ問題点を残している．

1.3.4.3 1.3.4.2 節における区別の検討． 実際，今度は普通刺激と特別刺激の区別がどのくらい役に立つかを批判的に検討しなければならない．上で略述したように，もとになる考え方はこうである．普通刺激は論理操作に用いられ，関係する神経細胞の種は固定されたものである；すなわち，普通刺激は既に組織ができ上ったサブユニットを制御したり利用したりするのに用いられる．特別刺激は成長の働きに用いられ，前には興奮不能か他の異った状態にあった領

1.3 組立ての基本問題——問題(B)

域に興奮可能性を持ちこみ，同時に神経細胞の種を新たに決める．いいかえると，特別刺激は，前には未組織であった(あるいは違った組織のされ方の)領域を(ある論理的に定まった計画に沿って)組織化することに用いられる．

この区別は最初の試みには確かに便利である，というのは，概念的にかなり異った機能を，実際の具現化や作動においても全くはっきりと区別しておくことができるからである．したがって，最初の構成では，全くこのやり方を固持することにしよう(後の方参照)．しかし，いろいろな論理的組み合わせ論的手段によってこの点をだんだんとゆるめて，遂に全く破棄するところまでいくことも十分ありうる．数学的概念的な諸理由からこのことが全く望ましいことがあとからわかるので，後の方の構成でこのことを導入することにする．

[論理機能と成長機能は概念的にかなり異っている．von Neumann は予備的考察において細胞モデルにおけるそれぞれの表現を鋭く区別した．論理機能は普通刺激で行なわれ，成長機能は特別刺激で行なわれる．後に彼は，両方の刺激を両方の機能に対して用いることによってこの区別を幾分緩和した．

普通刺激と特別刺激の最終的な区別の仕方は第9図に示されている．普通および特別の伝達刺激は共に興奮不能状態 U から9個ある興奮していない状態 C_{00}, $T_{u\alpha 0}(u=0,1;\ \alpha=0,1,2,3)$ の一つへの"成長"をひきおこす；これは後で 2.6 節と第10図で示される直接過程である．特別伝達刺激は普通伝達状態 $T_{0\alpha\varepsilon}$ ($\alpha=0,1,2,3;\ \varepsilon=0,1$) か合流状態 $C_{\varepsilon\varepsilon'}(\varepsilon,\varepsilon'=0,1)$ を興奮できない状態 U に変えるが，一方，普通伝達刺激は特別伝達状態 $T_{1\alpha\varepsilon}(\alpha=0,1,2,3;\ \varepsilon=0,1)$ を興奮できない状態 U に変える；これは2.5節に述べられる逆過程である．論理和(disjunction)論理積(conjunction)遅延(delay)の論理機能は普通は普通伝達状態と合流状態を並べることによって実行される．否定(negation)の論理機能は von Neumann のシステムには直接にあらわれていない．そのかわりに，通信路を遮断して後で回復することにより実現される．この遮断は逆過程で，回復は直接過程で行なわれる．3.2節第17図に例がある．]

1.4 一般的な組立ての方式——問題(B)続き

1.4.1.1 細胞集合体の組立て——作りつけの設計書. これまでの議論(1.2.2—1.3.4.3節)は問題(B)の第一の部分,すなわちあるオートマトンを別のオートマトンが組立てるという当面の問題のみを扱った.ここでわれわれは問題(B)の第二の部分に移る,すなわち,どのようにすれば単独のオートマトンが他の広い種類のオートマトンを組み立てられるようになるか,そして可変の,しかし本質的にはある標準にかなった付加物を用いて,この組立てがどのように容易になり拡張されるかを考えるのである.

これまでの議論では次の設問だけが扱われた:どんな方法によって特定の性質を持つ単一細胞が創られるか? これに関していくつかの指導原理を展開した.残る問題は,この操作を細部にわたってどのように制御するかということである.これが親のオートマトンの1.1.2.1節で考察した論理的な部分の仕事であることは明らかである.親のオートマトンのこの論理的な部分が,子の(作られた方の)オートマトンを作り出すのに必要な単一細胞創造のためのいろいろな仕事を監視し,順序づけねばならないと考えることも自然である.

単一細胞創造の上述のような"順序づけ(sequencing)"は,親のオートマトンの論理部分の中に既にできている論理的パターンによって制御しなければならない.このような"論理的パターン"は明らかに子のオートマトンの完全な"設計書"そのもので,それ以上でも以下でもない.それは親のオートマトンの中に,親のオートマトンが"理解"しそれに従って行動できるような"言葉"によってその機能が用意されている.

すなわち,子のオートマトンの設計書は,おそらく1.2.1節の意味での論理結合の言葉によって,親のオートマトンに"組込まれ"ていなければならない.

1.4.1.2 多様な設計書を組込む3種の方法——パラメーター形式. 1.4.1.1節の結論は,上の目的のための親のオートマトンは,一見したところでは(すなわちいちばんすぐに思いつく最も単純な設計を採用すると)たった一つの子

1.4 一般的な組立ての方式——問題(B)続き 135

オートマトンを組立てることしかできないということである.しかし,もう一段と一般化することもじきにできる.

まず第一に当然であるが,親オートマトンにいくつかの(異なった)種類の子オートマトンの設計書を組込むことができる.第二に,親オートマトンに,特定の子オートマトンを一度以上,例えばある前もって指定された回数だけ組立てさせるような論理装置を組込むこともできる.第三に,子オートマトンの設計書には数値パラメーターを幾つか持たせられる;そしてこの設計書は(可変の)パラメーター形式のままで組込み,このパラメーターに適当な数値を代入するための仕掛もいっしょに親オートマトンに組込むようにできる.

この第三の方法——あるいは第二と第三の方法を組合わせたもの——はこの中で一番一般的である.しかし,この形のままではまだ制約が残る.すなわち,(第三の方法で)パラメーターの値あるいは(第二の方法で)繰り返し数として使える数の制限である.実際,これらの数は親オートマトンの内部に何らかの形で,例えばディジタル表示で存在していなければならない.そのような数が p 個あったとし,それらはすべて負でない整数,例えば,$\nu_1, \cdots, \nu_p$ であると仮定しよう.これらを表わすのに用いられる細胞にはそれぞれこの目的のために使える状態が k 個あるとしよう.これらの状態は k 進の数字 $0, 1, \cdots, k-1$ だと解釈するのが最もよい.ν_i のために n_i 個の細胞が使えるとしよう;ただし $i=1, \cdots, p$.こうすると総計 $n=n_1+\cdots+n_p$ 個の細胞が必要となる.そこで ν_i は k 進法で n_i 桁で表わせる;したがって ν_i の値は k^{n_i} 個の値 $0, 1, \cdots, k^{n_i}-1$ に限定されることになる.

1.4.2.1 数値パラメーターに対する記述文 L. 上に述べた制約は簡単な工夫で回避できる.上の細胞が"外に"ある(すなわち,親オートマトンの領域の中ではなく,その隣りに)つまり外部の本来は興奮していない領域にあるようにしよう.例えば,それは親オートマトンの領域を右手(すなわち x の正の)方向にはずれて伸びている線状の配列 **L** をなしているとしよう.上の"記号"として使われる k 個の状態ももちろん準静穏的な性質のものでなければならない.つまり通常はお互い同士やまわりの静穏状態の細胞を乱す(刺激するかあるい

は違う状態に変形する)ようなことがないようになっていなければならない．しかし，これは容易にかなえられる要求である(後の方参照)．そうして親オートマトンは，この線状の配列 L のあらゆる部分と接触することができ，L の細胞の"記法的"(k 進の数字によってあらわされる)状態によって，上の条件にかなうようにその動作を制御できるようになっていなければならない．ちょっと考えると，固定された有限な親オートマトンによって，可能なあらゆる L (あらゆる L の大きさ，つまり n の値)に対して上のことを行なうのは困難なように見えるかも知れない．しかし，あとで詳しくのべるように [後出 1.4.2.5 参照]，この問題はすべて，かなり直接的な方法で解決できる．ここではそのうち一つについてだけのべることにしよう．

L を"調べる"ためには，L の長さすなわち n を定めること――すなわち，親オートマトンの中に書き込んでおくこと――が必要であると思うかも知れない．実際，p と $\nu_1, \cdots, \nu_p$ のすべてとをそのようなやり方で指定しなければならないと考えるのはもっともなことである．親オートマトンは固定されたものであるから，このことは p と $n_1, \cdots, n_\nu$ をもまた制限することになる．そうして，L が制限されることになり，それにより L が表現できる数に制限が加わることになる．

この困難は次のようにして解決される．L の各細胞は，表現のための状態は前と同じように k 個あるとしよう；つまり，数字 $0, 1, \cdots, k-1$ に対応する状態で，それに加えて**コンマ**〈comma〉と**ピリオド**〈period〉と呼ぶ二つの状態があるとする．(これらの状態はすべて，上述した意味で"準静穏状態"になければならない．) L の内部では，数 p や $\nu_1, \cdots, \nu_p$ は数字の状態にある細胞だけから構成される．ところで，L は次のような配列になっているとしよう(左から右の方へ，つまり x 軸正方向に)．p を表わす数字，コンマ，ν_1 を表わす数字，コンマ，$\cdots, \nu_p$ を表わす数字，ピリオド．親のオートマトンは L を"調べる"ときに，コンマとピリオドを見ることによって p や $\nu_1, \cdots, \nu_p$ が長かろうと短かろうと長さを確実に知ることができる．

1.4.2.2 L の応用．1.4.2.1 節で述べた線状配列 L は，問題(B)で述べた，

可変だが本質的にはある標準にかなった付加物なのである．それは，親のオートマトンにつけた単純な付属物であり，そうしてそれは本質的には静穏で，またきわめて簡単な構造であるが，それは 1.4.2.1 節で述べたようにこのオートマトンの活動能力を本質的に拡張するものである．しかし，この付加物に内在する可能性というものは，この後になってはじめて本当にわかる．この意味でのいちばんおもな応用は後でのべる[1.5 節と 1.6 節]．ここではまず，小さな応用について考えてみよう．

1.4.2.3 問題(A)のための無限の記憶装置として L を用いること． 直ぐ前で述べた応用というのは，問題(A)のところでのべた，純論理的オートマトンへの付加物に関連するものである．

(1.2.1 節で考えたように，(A)における意味での)純粋に論理的な機能のための道具立ては，一つの成分がたりないために万能になり得ない：その成分とは，有限ではあるが大きさが変えられるような，いくらでも大きくなり得る記憶装置である(1.2.1 節の終りの方参照)．1.4.2.1 節で述べた線状配列 L はまさにそれである．よって L に，観察したり，探索したり，組立てたりするための補助的な装置をつけると，論理的オートマトンの(可変だが，本質的にはある標準にかなった)付加物が得られたことになり，このことによって，問題(A)で示された論理万能性に至るまでの溝が埋められることになる．上述のように L の補助装置が必要だということは，本来は(B)における親の(作る方の)オートマトンに必要とされる部品が，もし論理万能性を目指すならば，問題(A)の(論理的)オートマトンにも導入されなければならないということであることに注意されたい．これらすべての詳細については後述参照[第 4 章と第 5 章]．

1.4.2.4 L に対し基底数 2 を用いること． L の細胞についてもう一つ述べるべきことがある：それは $k=2$ としてよいこと，つまり数はみな 2 進法で表現してよいことである．そうすると L の各細胞は，今の目的のために，$k+2=4$ 個の状態を必要とする(1.4.2.1 節で検討したこと参照)．数を表現するための状態の数を 2 ですませたいならば，それも可能である．2 値状態が一対あれば，$2^2=4$ 通りの組合わせができるから，L の各細胞を 2 個の細胞で置き換え

ればよいのである.

　Lの数字化と区切り方は1.4.2.1節で述べた要求をすべて満たす. しかし，それは唯一の方法ではない. 次に述べるものは，すぐにわかる代案である. 区切りのための状態(コンマとピリオド)は1.4.2.1節のと同じにしておく. 0, 1と記した二つの数字状態のかわりに1と記される状態一つだけを用いる. 数 ν (整数$\geqq 0$)を, 2進法による展開である0と1の列によってでなく，単に ν 個の1の列によって表わすのである. この表現によると，1.4.2.1節のよりかなり長くなる(n 個の記号のかわりに ν 個要る，ここで n は $2^n > \nu$ つまり $n > \log_2 \nu$ なる最小の整数)が，定義がより簡単になり，(1.4.2.3で述べた補助的機能という意味において)使い方もより簡単になる. 詳細な検討は後述する.

　[1.4.2.5　線状配列 L.　ここで，制限のない線状配列 L の任意の細胞に読み書きする機構の von Neumann による設計をあらかじめ知っておくことは有用と思われる.

　まず，いくらでも伸ばすことのできる，つまり無限のテープに接続した有限オートマトンである Turing 機械からはじめよう. テープは"ます"に区切られ，それぞれのますには有限個の文字のうちの一つが書かれる(すなわち，ますは有限個の状態のどれかにある). 基本アルファベットが二つの文字(0 と 1, それぞれ空白とマークで表わされる)から成るとしよう. ある時点において，この有限オートマトンはテープ上の一つのますだけを見ることができる. このますの内容を(マークを付けたり，もとからあるマークを消したりして)変え，かつテープを一ます左または右へ動かすことができ，その場合次の時点には隣りのますを見ることになる. こうしてこの有限オートマトンは，テープのどのますのところにも有限の時間でたどりつき，読み，書き替えることができる.

　テープ上のどのますにでもたどりつけるということが重要なことは明らかであり，テープを動かすというのはこの目的を達する一つの手段にすぎない. かわりに，テープは動かさず，有限オートマトンの方がテープに沿って前後に動くようにすることもできる. あるいは，有限オートマトンもテープも動かさずに，いくらでも縮めたり伸ばしたりできる"電線"によって，有限オートマト

1.4 一般的な組立ての方式——問題(B)続き

ンがどのます x_n とも情報を交換できるようにしてもよい．有限オートマトンは，この電線によってます x_n をしらべてその状態を変えることができる．そうしたら，有限オートマトンは電線をます x_{n+1} まで伸ばしたり，ます x_{n-1} まで縮めたりする．

この最後のやり方が，von Neumann が細胞システムで用いた方式である．詳細は後で第 4 章に述べられる．ここではそこの第 37 図について基本的な考え方を説明しよう．メモリー制御装置〈memory control〉**MC** は，図に示された領域を占める有限細胞オートマトンである．**L** は，右方に伸びる細胞の無限の列である．"0" は，細胞 x_n が興奮できない状態 **U** にあることにより表わされ，"1" は，興奮していないが興奮可能な状態 $\mathbf{T}_{030}$ によって表わされる．$\mathbf{T}_{030}$ は下方に向いた普通伝達状態である．

細胞 x_n の内容を読むためには，テープ制御装置 **MC** は刺激のパルス列を，接続ループ $\mathbf{C}_1$ に沿って矢の方向に送り出す．このパルス列は隣りの x_{n-1} と x_{n+1} に影響を与えずに x_n を通り，x_n の内容をもってメモリー制御装置 **MC** にもどる．それからメモリー制御装置 **MC** は x_n を書きかえ，パルス列が細胞 x_{n+1} を通るように接続ループ $\mathbf{C}_1$ を伸ばすか，x_{n-1} 細胞を通るようにループ $\mathbf{C}_1$ を縮めるかどちらかのことをする．タイミングループ $\mathbf{C}_2$ はこの伸張収縮過程で用いられ，ループ $\mathbf{C}_1$ といっしょに伸ばしたり縮めたりされる．

L の上で表わされるべき基本文字はコンマとピリオドも含めて有限個である．これらはある長さ k の 2 進数列で表わされ，各文字は **L** の k 個の細胞に貯えられる．はじめに，有限の文字列を **L** に書いておき，その最後の文字だけをピリオドにする．そして，メモリー制御装置 **MC** はピリオドを見て，**L** 上の情報を伸縮するのに応じてこれを左右にを動かす．こうして，**MC** は有限で固定された大きさなのにもかかわらず，それが作用する **L** 上の情報量には限界がないのである．]

1.5 万能組立て方式——問題(C)

1.5.1 L を非数値的(普遍的)パラメーター化の手段として用いること.
1.4.2.1節(と 1.4.1.2節と)の方式によって,ある適当に与えられた(固定された)親のオートマトンが第二の問題(B)の意味で作ることのできる子オートマトンの種類に対して重要な拡張がなされた.しかし,問題(C)のねらいである組立て万能性が直ちに得られたわけではない.そこでこれから,1.4.2.1 節の方法に更に変更を加えることによって,この万能性をも得られることを示そう.

単独の親オートマトンによって1.4.2.1節のように作られる子オートマトンの種類は上の意味で限られている.(しばらくの間 1.4.1.2 節の影響は無視する.)これらの(子の)オートマトンの種類はたくさんにあり得るが,とはいえみなある共通な種の中の特殊な標本でしかない;つまり,それぞれの(組立て)設計書はみな共通の一般的なマスター・プランで,自由に変えられるパラメーターに特別な数値を代入して得られるものである.いいかえると,子のオートマトンそのものの設計書は親のオートマトンに組込まれていないでも,やはり基になる包括的な設計書——それに従う設計計画すべてを支配する設計書——が組込まれていなければならないのである.

1.5.2 万能的な設計書の形式. 任意の(だが具体的に定義された)子のオートマトンを考え,それを記述する可能な方法を考えてみよう.次に述べるものが適当な一つの方法であることは確かである:

(a) 子のオートマトンが含まれるべき矩形の四辺の x 座標(二つ)と y 座標(二つ)を定める.それらを x_1, y_1, x_2, y_2 とする.これらの座標は,親のオートマトンの領域内の適当に決められた原点から測られるものとする.

実際には,子を含む矩形領域の辺の長さ $\alpha = x_2 - x_1 + 1$, $\beta = y_2 - y_1 + 1$ ($x_1 \leq x_2, y_1 \leq y_2$ とする)を導入し,x_1, y_1, α, β の組を用いる方が良い.

(b) 上の(a)により,子のオートマトンをつつむ矩形の中のおのおのの細胞は,二つの座標 $i(=0, 1, \cdots, \alpha-1)$, $j(=0, 1, \cdots, \beta-1)$ で表わされる.(くわしく

いうと，(a)で用いた座標系では細胞 i, j の座標は x_1+i, y_1+j である．）これにより，当然ながら，子をつつむ矩形の中に $\alpha\beta$ 個の細胞があることになる．これらの細胞の各々が採りうる状態の数を $\mathcal{L}$ とし，これらの状態に指標 $\lambda=0, 1, \cdots, \mathcal{L}-1$ によって番号をつけよう．子のオートマトンの構成がちょうど完了した時点において（問題の子のオートマトンの設計書に基づいて）細胞 (i, j) のあるべき状態を λ_{ij} で表わそう．

(a)と(b)から明らかなように，子のオートマトンは，x_1, y_1, α, β の値と $i=0, 1, \cdots, \alpha-1$; $j=0, 1, \cdots, \beta-1$ のすべての対に対する λ_{ij} の値を定めることによって特徴付けられる．

これらの数の取り得る値は次のようになる：

$x_1, y_1 = 0, \pm 1, \pm 2, \cdots$

$\alpha, \beta = 1, 2, \cdots$

$\lambda_{ij} = 0, 1, \cdots, \mathcal{L}-1$　（但し $i=0, 1, \cdots, \alpha-1$; $j=0, 1, \cdots, \beta-1$）

最後に，x_1, y_1 は，絶対値 $|x_1|, |y_1|$ と

$$\varepsilon \begin{cases} =0 & (x_1 \geqq 0 \text{ のとき}) \\ =1 & (x_1 < 0 \text{ のとき}) \end{cases} \qquad \eta \begin{cases} =0 & (y_1 \geqq 0 \text{ のとき}) \\ =1 & (y_1 < 0 \text{ のとき}) \end{cases}$$

できまる二つの数 ε, η とであらわす方がなおよい．このようにして次の（負でない整数の）列

$$(*) \begin{cases} \varepsilon, \eta, |x_1|, |y_1|, \alpha, \beta, \\ \lambda_{ij} \quad \text{但し } i=0, 1, \cdots, \alpha-1; j=0, 1, \cdots, \beta-1 \\ (\lambda_{ij} \text{ は } i, j \text{ によって辞書のように配列されていると考える)} \end{cases}$$

が，求むる子のオートマトンの，完成直後の初期状態として実際に要求されるとおりの条件——つまり，細胞の状態——にある場合を，完全に記述する．

この数列は，1.4.2.1節でより単純な数列（数列 $p, \nu_1, \cdots, \nu_p$）について述べたのと同じ方法によってとり扱うことができる．すなわち，右方向（x 軸正方向）に伸びる細胞の線状配列 **L** を，次のようにつくる：式(*)にならべた数字を，それぞれ k 進展開の形で表わしたものが，そこに現われたのと同じ順序で現われ，隣り合った数がコンマで区切られ，最後にはピリオドがつく．上のような

一般的な記述は，1.4.1.2 節の第三の方式に関して述べたような，一群の子のオートマトンのパラメーターを含む一般的な設計書の役割をまさに演ずるものである．その上，上で導入した線状配列 **L** は，1.4.2.1節で導入した線状配列 **L** にちょうど相当する：それは，一般的な記述の中のパラメーターに代入すべき数値を定めるものである．こうして，ここで述べた，任意の子のオートマトンの記述法は，1.4.1.2 節で述べた第三の方式のパラメーターの取り方に完全に合致したわけである．ここには全く何も制限がないから，問題(C)で言及した万能性はこの方法で達せられることになる．

1.6 自己増殖——問題(D)

1.6.1.1 自己増殖の場合に L を用いることが一見困難であること． 問題(D)すなわち自己増殖の問題を考えよう．

自己増殖の可能性に対する先験的な反論は，作る側のオートマトンは作られる側のオートマトンよりも複雑だろう——つまり，親のオートマトンの方が子よりも複雑だろう——と当然考えられるということである．このことは，1.2.2—1.4.1.1 節——(B)の第一の問題を扱った節——において略述したところの結果からもわかる．すなわち親は子の完全な設計書を含まねばならず(1.4.1.1 節参照)，その意味で親の方が子よりも複雑である[25]．この条件は，あとの 1.4.1.1—1.5.2 節での発展によってやや変化したが，なくなったわけではない；そこで得られた結果の中で最も強いもの(問題(C)に対する 1.5.2 節での答，即ち万能性の保証)でさえ，ある形においてそのような条件にしばられている．実際，この結果は細胞の線状配列 **L** 上に表現された子のオートマトンの完全な記述が，親のオートマトンに付属していることを要求する．

もし，ここから自己増殖に直接に移行しようとするなら，自分自身の設計書を，例えば，**L** の形で中にもっていられるようなオートマトンをつくることが必要となろう．もし，(D)の第二の問題も含めるなら，このオートマトンは，他

---

25) [p.79-80 参照．]

の決められたオートマトンの設計書(すなわち L)ももっていなければならない.

1.5.2 節の方式を用いたのでは，最初の方でさえもできない：そこで考えた(子の)オートマトンは $\alpha\beta$ 個の細胞しか持たないが，一方(1.5.2節の式(*)によれば) L は $\alpha\beta+6$ 個のディジタル表現された数と，$\alpha\beta+5$ 個のコンマと，1 個のピリオド(すなわち $2\alpha\beta+12$ 以上の細胞)から成るのである．この問題にはいろいろと違ったやり方が可能であるが，直接用いて上の困難を克服できるような方法はまだない．しかしここにこの困難を回避する間接的方法がある．

1.6.1.2 困難の回避――E 型と E_F 型．その方法は以下のようである[26].

1.5.2 節の万能の(親)オートマトンを A で表わそう．1.5.2 節で述べたように，A は，A に付加された L に記述されている子のオートマトンをなんでも作れる．

そこで次の機能を有する別のオートマトン B を設計し，A の隣りの決められた位置に置くようにすることができる．B は L を調べて，L の正確な写し L′ を作り，L が親の A に対して置かれているのと全く同じ子に対する位置に L′ を置く．この位置決めに必要な情報は L を調べればわかる．なぜなら，問題の子オートマトンの親 A に対する位置を表わす数 x_1, y_1, α, β が L の中に書かれているからである．

最後に，上述の二つのオートマトン A と B を以下のように制御するオートマトン C を考えよう：C はまず親として働く A に，L に書かれた子 S を作らせる．次に C は，L の写し L′ を B に作らせ，上述の S に L′ をとりつけさせる．ここで三つのオートマトン A, B, C をあわせたものを D で表わそう．

このオートマトン D の記述 L を L_D で表わす．L_D は，親に対する，求むる子の位置を記述するための数 $x_1, y_1(\varepsilon, \eta, |x_1|, |y_1|)$ によって間接的に；1.5.2 節の式(*)を見よ)，α, β を含んでいなければならないことに注意されたい．D をかこむのにどの位の矩形が要るかはわかっているから α, β の値に何を用いるかについては問題はない．しかし，x_1, y_1 に関しては選択の余地がある；この二

---

26) von Neumann, "The General and Logical Theory of Automata." [pp. 102-106 も参照せよ.]

つの座標は親のオートマトンに対する，求むる子のオートマトンの相対位置を定めるものである．まずいまのところ，この選択はある決まったやり方で行なわれるということにしよう；それは，子のオートマトンとその付加物 L' が親とその付加物の全く外にあることを保証するものであればよいのである．後でこのことについてはもう少し述べることがあろう．

さて L_D を D に装着して得られる複合物 E を考えよう．上に述べたことをもう一度よく考えてみると，E は，まさに D に L_D のついたものを，上述のようにずらされた場所に作り上げることが，容易に証明される．したがって E は自己増殖をする．

これが(D)の第一の問題に対する解答である．(D)の第二の問題も同じ線に沿って答えることができる．いま，自己増殖に加えて，別のオートマトン F を作ることが要求されるとしよう．この場合には，D の記述に続いて F も記述するような L，つまり L_{D+F} をつくる．D に L_{D+F} を付け加えて得られる複合物 E_F を考えよう．これは，明らかに，D を作り，L_{D+F} をそれにくっつけ，その上 F を作る．いいかえると，それは自己増殖し，そのほか F も作る．

次に，(D)に対して今あらましをのべた方法の性格をより明確にするために若干のことをつけ加える．

1.6.2.1 第一の注意：L の形．

オートマトンを組立てる方法として，適当な包含領域内のあらゆる細胞の正しい状態をすべて別々に作り上げるという方法を用いた{その手順については1.5.2節の(b)を見よ}．包含領域としては，矩形という単純な，だがそのためおそらく広過ぎる形を考えた(1.5.2節(a)参照)．外的付加物 L の方は線状配列である(1.5.2節の最後の部分参照)．この二つの幾何図形は必ずしも互いに完全にうまくはくっつかない：両方を矩形でおおってしまおうとすると，その矩形はやたらと大きくなってしまう．L を線の形にしたということは，何も変えられないことではなく，むしろこれを変えてみるのもよいかもしれないことに注意すべきである(後述参照)．しかし一方，線という形は全体が手がとどきやすいという利点がある([第4章]参照)．

1.6.2.2 第二の注意：1回の増殖における衝突の回避．

1.6.1.2節の終りの

1.6 自己増殖——問題(D)

方で指摘したように，x_1, y_1 は子のオートマトン(親のオートマトンに対するその相対位置が座標 x_1, y_1 できまる)とその付加物 $\mathbf{L}'$ が親のオートマトンとその付加物 $\mathbf{L}$ の全く外に位置するぐらいに大きくなければならない．したがってそれらは $\mathbf{L}$ の大きさに左右される．($\mathbf{L}'$ は $\mathbf{L}$ に合同である．) $\mathbf{L}$ は $|x_1|, |y_1|$ を含むので，上のことは悪循環に陥る危険を生ずる．

しかし，この危険はあまり重大ではなく，次の方法のどれによってでも回避できる．

$\mathbf{L}$ は(親の $\mathbf{L}$ 自身の場合も子の $\mathbf{L}'$ の場合も) 1 方向(x 軸正方向；1.5.2 節の終り参照)だけに伸び，(特にそれが線状の場合には；上述後述参照) y 軸方向には極めて細い．それ故，$|y_1|$ に対し，固定した最小値をきめることができ，それにより y 軸方向の間隔によって，親と子の $\mathbf{D}$ も $\mathbf{L}$ もぶつかりあわないことが保証される．

もう一つの方法は，$|x_1|, |y_1|$ に k 進表示を使ったこと(1.4.1.2 節と 1.4.2.4 節参照)の結果として，それらを表現するに用いられる領域，そしてその結果 $\mathbf{L}$ も，これら数の log に比例してしか増加しないのに対して，それらによってもたらされる間隔は事実上それらの数自身の大きさによってきまるということを利用する．明らかに，十分大きい数をとれば，その数は，その log の値よりもいくらでも大きくできるのである．

最後に，たとえ，1.4.2.4 節で代案として示したように，数をその数だけ 1 を並べることによって表わした場合でも，たとえば $|x_1|, |y_1|$ は完全平方数になっており，上のように表現するのはそれらの平方根であると約束することによって，困難を避けることができる．こうすると，$\mathbf{L}$ に要求される長さは必要な間隔の平方根に比例するのであり，平方根は log と同様ゆっくり増す関数なので，数が十分大きくなれば十分それより小さくなる．

上述のように，上の3方法はどれを使ってもよいし，それだけというのでもない．具体的なやり方は後に展開する．

1.6.2.3 第三の注意：1.6.1.1 節の困難を解決する方法の分析——L の役割． ここで，1.6.1.1 節で述べた自己増殖の可能性に対する先験的な反論が

1.6.1.2節でどのように克服されたかをまとめておくことも意味があろう.

　本質的なステップは，D がどのような線状配列 L でも複写する(そして場所を変える)ことのできる部分装置 B を持っていることにあった．B は固定した有限の大きさの固定された実体であるが，にもかかわらずどのような大きさの L でも複写できる．親の方が(大きさと組織とにおいて)子よりも優るという一見常に成り立つように見える法則を打破したのは，本質的にはこの"複写"の段階なのである．

　ところで，1.5.2節で検討したように，$L=L_G$ が作るべき子 G の記述である．(1.6.1.2節での実際の応用では，D と $D+F$ が G の役割を演じた．)　複写装置 B を制御するのに，なぜもとの G よりも記述 L_G の方が良いのかという疑問が出るかも知れない．いいかえると，B は G そのものを直接に複写することが何故できないのか，つまり何故仲介物 L_G を導入しなければならないのか？　この疑問は，われわれが今取組んでいる領域，つまりオートマトンの理論に対して，明らかにかなり重要な意義を担っている．正に，それは，表示法と表現の全般的な問題，つまり，もとの物体に加えて"記述"を導入することの意義と利点ということの基本に触れるものである．

　理由はこうである．B に関する 1.6.1.2 節の考えに従って細胞群の写しを作るためには，細胞の各々の状態を探知するために細胞群を"調べ"て，写しが置かれるべき領域にある対応する細胞を同じ状態にもっていくことが必要である．探索するということは，もちろん細胞群の各細胞に適当な刺激を作用させ，そして，反応を観察することを意味している．複写オートマトン B の動作として期待されるもの，つまりその場合場合に見たものに基づいて適当な行動をおこすというやり方も，明らかにそれである．もし観察下の物体が"準静穏"な細胞からできているならば(1.4.2.1 節でこの点について述べたこと参照)，これらの刺激は，B が診断の目的に必要とするような反応は引きおこすが，調べられるべき領域の他の部分に影響するような反応は引きおこさないようにすることができる．それ自身能動的なオートマトンかもしれない部分装置 G を上の方法で調べたとすると，厄介なことがおこると思わねばならない．上述のよ

1.6 自己増殖——問題(D)　　　　147

うに,"診断"の目的で加えられた刺激は,実際は G のいろいろな部分を刺激して,その結果他の領域を巻き込む,つまりそれらの細胞の状態を変えてしまうことになる.こうして G はひっかきまわされる;つまり予見困難な変化をして,いずれにせよ観察の目的には合わなくなりそうである;実際,観察とか複写とかは,もとが変わらないことを前提としているのである.(G に比べて) L_G を設けることの利点は,L_G が準静穏状態にある細胞からできているので,上のようなこじれ(つまり,診断のための刺激がひろがること)を考えなくてもよいことである.(これらすべての詳細は後出[4章]参照.)

上のことにはもう一つ注意が必要である.われわれが選択したのは,実は G を複写するか L_G を複写するかではなかった.それよりはむしろ,G の写しを作るか,それとも L_G の写しを作ってそれから G をその記述 L_G から作り上げるかであった.だが第二の方の手続きで後半のステップは実行可能である.なぜなら,これは,1.5.2節によれば,正に問題(C)の意味での万能組立てオートマトンがすることと同じだからである.$L=L_G$ の準静穏的な性質はこの組立ての段階においても重要であることに注意されたい;実際 L の準静穏性に関する1.4.2.1節の考察は直接この応用をねらったものであった.

1.6.3.1 複写:原物を使うか記述を利用するか. 第三のステップ,すなわち,もとの G を直接調べて L_G を作ることが,何故これらの方法ではできないかを,この時点でみておくのも意味があると思われる.もしこれができるなら,与えられたオートマトン G を,適当な親のオートマトンが記述 L_G をもらわなくても複製することが可能になるのである.実際,その場合には上に述べたこと,すなわち G から L_G を作ることから始めて,前に述べた二つのこと,すなわち L_G の写しを作ることと L_G から G を作ることをやるようにする.困難な点は,後の二つのステップにはただ準静穏な L_G を調べるだけですむが,はじめのステップには手に負えないほど反応的な G を調べることも必要になることである.オートマトンと論理学の関係に関する既存の研究に照らしてみると,ある与えられたオートマトン G を,記述 L_G を持たずに,直接に写しをとる手続きは決して成り立たないように思われる;さもないと多分 Richard 型の論

理的矛盾に陥ってしまうであろう[27].

これまでのことをまとめると, "記述" L_G を "もと" の G のかわりに用いることの理由は, 前者が準静穏(つまり, 不変, ただし絶対的な意味でではなく, 必要な検索に対して不変)な状態にあるのに対して, 後者は生きていて反応的であるということにある. われわれがここで考えているような問題の立場からは, 記述の重要さというのは, 変り易い反応的な原品を, 静穏で(一時的には)不変である意味上の同等物によって置き換え, その結果複写を可能ならしめたという点にある. 上に見たように, 複写ということが, 自己増殖(もっと一般的にいえば大きさや組織化の度合について退化することのない増殖)を可能にする決定的な一歩なのである.

[**1.6.3.2 Richard のパラドックスと Turing の機械**. 前述したように, von Neumann は Richard のパラドックスに関連して脚注で Turing を参照しようとしていた. 彼の心の内はわからないが, 多分, 彼は, Richard のパラドックス[28]と, 停止問題の決定不可能なことに関する Turing の証明との間の類似に触れようとしていたらしく思う. いずれにせよこの類似を, この場所でのべることは適切である.

Richard のパラドックスは, 適当な言語 $\mathcal{L}$ の中で次のようにしてつくられる. 1変数の2値的整数論的関数, すなわち自然数を二つの値0と1とに対応させる関数, を定義する $\mathcal{L}$ のすべての表現をならべたものを $e_0, e_1, e_2, \cdots$ としよう. "x は奇数である" という表現はこのような表現の一つである; それは奇数に対しては真(値1)となり, 偶数に対しては偽(値0)となる関数を定義する. $f_i(n)$ を e_i で定義される整数論的関数であるとし,

$$f_i(n) = 1 \quad \text{なら} \quad -f_i(n) = 0$$
$$f_i(n) = 0 \quad \text{なら} \quad -f_i(n) = 1$$

によって $-f_i(n)$ を定義しよう.

---

27) [von Neumann はここで Turing を参照する脚注をつけるように印をつけている. 後出 1.6.3.2 節参照.]

28) [Richard, "Les principes des mathématiques et le problème des ensembles." Kleene, *Introduction to Metamathematics*, pp. 38, 341 も参照.]

1.6 自己増殖——問題(D)　　149

最後に，e' は "関数 $-f_n(n)$" という表現であるとしよう．ここでわれわれは e' が $\mathcal{L}$ で表現できると仮定し，それが矛盾に導びくことを示そう．(1) $e_0, e_1, e_2, \cdots$ の中には1変数の2値的整数論的関数を定義するような $\mathcal{L}$ のすべての表現が含まれる．表現 e' は明らかに1変数の2値的整数論的関数を定義する．よって e' は $e_0, e_1, e_2, \cdots$ と数え上げた中に含まれる．(2) しかし e' は関数 $-f_n(n)$ の具体的な定義であり，そして後者は $f_0(n), f_1(n), f_2(n), \cdots$ と数え上げた関数のどれとも異なるものである．よって，e' は関数 $f_0(n), f_1(n), f_2(n), \cdots$ のどれの定義にもならない．それぞれの i に対して $f_i(n)$ は e_i によって定義される．したがって，e' は $e_0, e_1, e_2, \cdots$ と数え上げた中に入らない．

そこで，表現 e' は $e_0, e_1, e_2, \cdots$ と数え上げた中にあるということと，その中にはないということとを同時に証明したことになる．このような矛盾があらわれるのは意外である．何故なら，表現 e' は首尾一貫した言語，すなわち日本語に若干の数学的記号を付加したもので表わした一つの正しい表現だと思われるからである．実際は，この矛盾は，もしある言語 $\mathcal{L}$ が矛盾を含まないならば e' はその言語では表わせないということを示すものである．

次に Turing 機械の停止問題を考えよう．この問題は前述の第I部の第2講の終りに説明してある．Turing 機械とは，無限に伸ばすことのできるテープを持った有限オートマトンである．"具体的な Turing 機械"とは，テープに有限の"プログラム"すなわち問題の記述がはじめから書かれている Turing 機械のことである．ある具体的な Turing 機械が2進数の有限な列を打ち出して止るとき，その機械は "循環的(circular)" であると呼び，一方，機械が一つおきの枡に2進数字を永遠に書き続けるとき "非循環的(circle-free)" であると呼ばれる．Turing は，停止問題の決定機械が存在しないこと，つまり，ある任意の具体的 Turing 機械が循環的である(いつかは停止する)か非循環的であるかを決定できるような抽象 Turing 機械は存在しないということを，証明した．

停止を決定する機械が存在しないことの Turing による証明は，Richard のパラドックスに関する前述の証明に非常によく似た形に書くことができる．

非循環的な具体的 Turing 機械を数え上げたものを $t_0, t_1, t_2, \cdots, t_i, \cdots$ としよう．機械 t_i で計算される数列を $s_i(0), s_i(1), s_i(2), \cdots, s_i(n), \cdots$ としよう．$s_i(n)$ は皆 0 か 1 の値をとるから，機械 t_i は，関数値を自然の順序に並べるという意味で，2値関数 $s_i(n)$ を計算していることになる．ここで関数 $-s_n(n)$ を考えよう．この関数は，Richard のパラドックスの場合に表現 e' によって定義された関数 $-f_n(n)$ に相当する．

この平行性を更におし進めて，関数 $-s_n(n)$ を計算する，非循環的な具体的 Turing 機械 t' が存在することを仮定し，そうして矛盾に導びこう．(1) $t_0, t_1, t_2, \cdots$ と数え上げたものには非循環的な具体的 Turing 機械がすべて含まれている．その結果，機械 t' は $t_0, t_1, t_2, \cdots$ と数え上げた中に入っている．(2) 定義により，t' は，$s_0(n), s_1(n), s_2(n), \cdots$ と数え上げたすべての関数と明らかに異なる関数 $-s_n(n)$ を計算する．それぞれの i に対して関数 $s_i(n)$ は機械 t_i によって計算される．その結果，機械 t' は $t_0, t_1, t_2, \cdots$ と数え上げた中には入らない．

こうして，機械 t' は $t_0, t_1, t_2, \cdots$ と数え上げた中に入っていることと入っていないこととが同時に示された．しかしこの矛盾が生じることは不思議ではない．何故なら t' という機械が存在すると考えなければならない理由はどこにもないからである．いいかえると，この矛盾により，t' なる機械が存在しないことが示されたことになり，その結果 $-s_n(n)$ という関数は，どのような非循環的な具体的 Turing 機械によっても計算されないことが示されたことになる．

次に，停止を決定する機械 t^h が存在すると仮定して，それから矛盾に導びこう．まず，具体的 Turing 機械すべてを数え上げることのできるような具体的 Turing 機械が存在する；これを t^e とする．t^e の出力を t^h に食わせることができ，その結果，非循環的な具体的 Turing 機械をすべて数え上げる $t^e + t^h$ なる機械ができることになる．また，各々の具体的 Turing 機械を順番に模倣して，各々の機械 n に対し $s_n(n)$ を見つけて $-s_n(n)$ を書き出すような抽象 Turing 機械 t^u が存在する．そこで $t^e + t^h + t^u$ なる機械は，関数 $-s_n(n)$ を計算するもので，これが機械 t' となる．しかるに前のパラグラフで，t' という機

械は存在しないことを知っている．機械 t^e, t^u は存在する．したがって t^h という機械が存在しないことになる．つまり，停止の決定機械は存在しないのである．その結果機械 t^e+t^h も存在しないことがわかる．すなわち，非循環的な具体的 Turing 機械をすべて数え上げる機械は存在しないのである．

停止の決定機械が存在しないという前述の証明のはじめの部分は，機械 t' が $t_0, t_1, t_2, \cdots$ と数え上げたものの中に入っていることを示すと同時に入っていないことを示す．これは，前に Richard のパラドックスのところで，表現 e' が $e_0, e_1, e_2, \cdots$ と数え上げたものに入っていることを示すと同時に入っていないことを示したのと全く平行している．両方共，数え上げられたものの中にない関数を定義するために，Cantor の対角線論法を用いている．von Neumann がこの場所で Turing を参照しようとしたのは，この類似の故であったと思われる．

ある言語における Richard のパラドックスはその言語に "タイプの理論" を課すことにより除かれることに注意しよう[29]．例えば，ある言語を，その言語のすべての表現はそれぞれタイプ数があり，そうしてあるタイプに属する表現はそれより下のタイプに属する表現しか参照できないというように設計することができる．ここで，表現 $e_0, e_1, e_2, \cdots$ がタイプ m であるとしよう．表現 e' は，これらすべての表現を参照するから，もっと高いタイプでなければならず，その結果 $e_0, e_1, e_2, \cdots$ のリストの中には入り得ない．そのため，Richard のパラドックスを前のようにして導びくことはできなくなる．この点に関しては，前出第Ⅰ部第2講の終りで引用された Kurt Gödel からの手紙を参照されたい．

自分自身を参照することに関してここで考察したことは，自己増殖するオートマトンを設計する問題に大いに関連がある．何故なら，そのようなオートマトンは自分自身の記述を必要とするからである．1.6.3.1 節("複写：原物を使うか記述を利用するか" と題した)で，von Neumann はそのための二つの方法を考察する．それらを "受動的" 方法と "能動的" 方法と呼ぼう．受動的方法

---

29) [Russel, "Mathematical Logic as Based on the Theory of Types." Kleene, *Introduction to Metamathematics*, pp. 44-46 も参照.]

では，自己増殖するオートマトンがそれ自身に関する受動的な記述をそれ自身の中にもっており，この記述を，それがオートマトンの動作をみだすことのないようなやり方で読むのである．能動的な方法では，自己増殖するオートマトンは自分自身を調べて，それによって自分自身の記述を作り上げる．von Neumann は，この第二の方法は多分 Richard 型のパラドックスにおちいるだろうと示唆して，その理由から，第一の方法を採用する．後の 1.7.2.1, 2.3.3, 2.6.1, 2.8.2 の諸節を参照されたい．自己増殖機械が第一の方法を用いて実際に構成できることが，後に第5章の終りで示される．このことは，オートマトンが自分自身の記述を含むことが可能であることを示している[30].]

1.7 外のものを組立てることに関する，問題(D)と(E)の中間にある種々の問題

1.7.1 親，子，孫，等々の位置ぎめ． ここでわれわれは問題(E)への道を示すことをも兼ねて，問題(D)の一つの拡張に移ろう．それは，自己増殖する親の E あるいは E_F が作る子の位置決めの問題と，自己増殖動作の開始，タイミング，繰り返しの問題である．

E_F に対して F の位置を決めるのには何ら新しい問題はでてこないことに注意されたい：E_F は L_{D+F} を D に付けたものであり(1.6.1.2 節の終り参照)，L_{D+F} は D の記述に F の記述をつなげたものである．D と F をいっしょに記述したものの中では，後者は，前者に対して明確に位置がきまるから，この点に関しては必要なことはこれですんでいる．

そこで E または E_F が子の位置を決めるというおもな方の問題に立ちかえると，それは次のように議論を進めることができる．1.6.2.2 節の第一の方法によって，つまり，$|y| \geq \bar{y}$ なら E あるいは E_F の親と子が離れていることが保証

---

30) [自分自身を参照している Gödel の決定不能な式(p.66 参照)と，自分自身の記述を含んでいる von Neumann の自己増殖オートマトンとの間にはおもしろい平行関係がある．Burks, "Computation, Behavior, and Structure in Fixed and Growing Automata", pp. 19-21 参照.]

されるように適当な $\bar{y}$ をえらぶことによって，上の位置決めが行なわれると仮定しよう．($\mathbf{E_F}$ の場合には，親でも子でも，$\mathbf{L_{D+F}}$ によって $\mathbf{D}$ に対する $\mathbf{F}$ の位置決めがされるものと考える．) 1.5.2 節で用いた x, y 座標系の原点は，親をおおう矩形の左下端，つまり，子の方では x_1, y_1 として示される点に対応する点に置かれるとしよう．こうすれば，子は親に対し x_1, y_1 だけ平行にずらされることになる．

子は，それ以外の点では親と（第二の場合には $\mathbf{F}$ が付け加わるということを除いて）全く同じであるから，また自己増殖をし（第二の場合には他の $\mathbf{F}$ を生み出し），孫をつくる．これは更に曾孫を作り，そのまた子…と続く（第二の場合には各世代に $\mathbf{F}$ が付随する；前述のこと参照）．それに伴うずれは $2x_1, 2y_1$，次は $3x_1, 3y_1$，次は $4x_1, 4y_1$，…である．

その結果，第 p 世代と第 q 世代の間のずれは $(q-p)x_1, (q-p)y_1$ である．$p, q = 1, 2, \cdots$ であるので，$p \neq q$ ならば

$$|q-p| = 1, 2, \cdots$$

であり，これより $|(q-p) \cdot y_1| = |q-p| \cdot |y_1| \geq \bar{y}$ となる．これから，1.5.2 節に関連した上の考察によると，これら二つは重ならないことがわかる．すなわち，親から逐次作られた子孫は皆空間的に別々でぶつかりあわない実体となっている．(より正確にいうと，このようにしてできてきたものは，基盤とした結晶[結晶構造]の上にある，明確に区別され，互いに干渉し合わない実体である．)

親やその子孫の間で互いに避けあうためのこのプログラムは，実際には，結晶内の通路，つまりこれらのものが自分自身の増殖のために親として動作するときにそれを通じて作業場とつないで，その直接のこどもを作るためのその通路にまでおよぼす必要がある．

しかし，これには特に困難はないので，詳しい議論を展開する際に述べることにする．

1.7.2.1 作られたオートマトン：初期状態と動作開始刺激． 次に述べなければならないのは，動作開始とタイミングの問題である．組立ての目標となっ

ているところの子オートマトンのもつべき状態，つまり，いわゆる**初期状態**(initial state)を考えてみよう {1.5.2 節の式(*)の直ぐ後参照}．このオートマトンは，そこまでに至るあらゆる状態において，またなるべくならこの状態自身までも含めて，準静穏状態になければならない．このことは組立てを秩序正しく行なって行くためには明らかに必要なことである．何故なら，まだでき上がらない子のうちで既にできた部分は，作業が——隣り合った領域はもちろんそれ以外でも——まだ進行しているうちは，反応的で変化したりしてはこまるからである．

　ここでの問題は，1.6.2.3 節で論じた L の準静穏に関する問題と別のものではない．しかし今度の方が簡単である．L を調べるのに用いられる刺激は，そうやって得た情報に基づいて適当な動作を引きおこすという機能を果たすためには，親の中にある反応を引きおこすことができなければならない．（このことは親が正しく動作するためには本質的なことで，実際 1.4.2.1 節で指令の制御による組立てのはたらき方を論じた際や，また 1.6.2.3 節と 1.6.3 節で，複写のはたらきを論じた際にそのことを見た．）　一方，子を組立てるときに求める細胞の状態を創り出すための刺激は，子であれ親であれここで問題になっている種類のオートマトンに対しては，上のような作用を及ぼす必要はない．このことは後で詳しく験証する．そこで，オートマトンの"記述" L を"現物"(1.6.3.1 節参照)からはっきりと分離することが必要であったのに対し，いまここで問題となっているオートマトンは，準静穏的な初期状態を持つように構成することが可能なのである．詳細と正確な定義とについては，後の記述を参照．

　もちろんこの問題で肝腎な点は，一度そのような(子の)オートマトンができ上がり，したがって準静穏的な初期状態でそこにあるとすると，あとは適当な方法でこれを刺激することによって，**正規の**⟨normal⟩(すなわち意図したような)動作状態に移行させられるということである．この刺激のやり方は，単一の刺激を，親から，完成後の適当な時間に，子の適当な点に加えると考えるのが一番都合が良い．これは子に対する**始動刺激**⟨starting stimulus⟩である．

また，これは親が子を作る場合の最終のステップでもある．詳細については後の記述を参照．

自己増殖の場合には，すなわち 1.6.1.2 節と 1.7.1 節で検討した $\mathbf{E}$ あるいは $\mathbf{E}_F$ に対しては，子(あるいは子のうちの一つ)は親を位置をずらして写したものである．始動刺激はこの子に活を入れ，それに(親が前にそうであったように)自己増殖能力を与える．こうして 1.7.1 節で扱った自己増殖の反復過程が維持されるのである．

1.7.2.2 1回限りの自己増殖と繰返し自己増殖． 自己増殖する親($\mathbf{E}$ あるいは $\mathbf{E}_F$；上述参照)の方に対する次の問題は，親は子を作り上げて，それに始動刺激を加えたあと，何をするかということである．

一番簡単なやり方は，その初めの状態と同じ準静穏状態にもどすことであろう．特にことわらなかったが，これは 1.7.1 節で連続的増殖についてしたような議論とうまく合う仮定である．

別の可能性は，準静穏な状態で終るとともに，始動刺激を再び与えるような適当な末端器官が活動しているようにすることである．この仕掛によると，もとの親，そしてもちろん第一代，第二代，第三代等々のすべての子孫も同様に繰り返し繰り返し自己増殖をすることになる．ただし，もう一つ手を加えなければうまくはたらかない．

実は，このままでは，親は，次々に作る子をすべて同じ x_1, y_1 で，つまり結晶内の同じ位置に作ろうとすることになる．これでは当然衝突がおこる；一番よくいって，子を2度目に作る時，はじめのものが乗りつぶされ，破壊されてしまうだろう．しかし実際は，はじめに作られた子はその時はもう反応性をもっているから，次回の組立て作業(の意図)を妨害して，予知できないような誤動作をおこして増殖をすっかり挫折させてしまうことになる方が普通であろう．したがって，子を作ろうとする試みの第1回と第2回の間で x_1, y_1 を変えることが必要であり，同様に第2回と第3回の間，第3回と第4回の間…でも変える必要がある．このように x_1, y_1 を変えることは，上でのべた末端器官が活動している間に(つまりその活動の一部として)行なわなければならない．このよ

うに x_1, y_1 を次々に変えるのを制御する算術規則はもとの親からできる次々の子のすべてが互い同士で邪魔しないと同時に，それに伴ってできる **F** とも (1.7.1 節のはじめの部分参照)，それを組立てるために必要な通路とも邪魔し合わないようなものでなければならない．その上，もとの親からできる子はすべて，もとのものをずらして写したものであるから，同じようにするだろう．したがってこれから3代目が2系列作られ，更に同じ機構で，4代目は3系列，5代目は4系列という具合に作られていく．したがって，x_1, y_1 を次々に変えていくための規則は，この階層の中のどの二つをとっても互い同士，およびそれぞれが作る **F**，それぞれの組立て用の道と邪魔し合わないということでなければならない．

この要求は厄介なように感じられるが，次々の x_1, y_1 をきめるための適当な算術規則を作ることは特に困難なことではない．これについては後で論ずる．

そこで上の議論によって自己増殖に二つの型の区別がなされた：一つは，親が一つだけ子を作る場合で，もう一つは，親それぞれが次々と止まることなく，子を作り続ける場合である．これらを，それぞれ，**一回限り**〈single-action〉型と**繰返し**〈sequential〉型の自己増殖と呼ぶことにする．

1.7.3 組立て，位置ぎめ，衝突． ここで，上に述べたような組立て法に対する生理学的類似物に関して少しのべておくのがよかろう．

このようなオートマトンの組立てや増殖のやり方と，自然界での実際の発育と増殖の過程とを比較すると，次のような違いが目立っている；われわれの場合，場所というものが実在の場合よりもはるかに重大な役割を演ずる．その理由は，連続な Euclid 空間から離散的な結晶に移行する際に，運動学を意図的にできるだけ避けて通ったことにある．そのために，構造物がそれ自身の形を変えないで動きまわること，つまり結晶格子上の位置を変化することは，もはや自然の場合のように単純な基本的動作というわけにいかなくなったのである．

われわれの場合には，それは本当の増殖とほとんど同じくらいに複雑なことであろう．このことは，われわれの構造物はすべて，そのはじめの位置にかなりしっかりと結びつけられており，それらの間の衝突や相互干渉はすべて，第

一義的には場所に関する相互干渉であるということを意味する.

自然の場面でも，争いや衝突が同じように場所に関するものであるということは事実であるが，その場合には，運動ができるために仕組みがより弾力性がある．動作様式のこのような状況にもとづく制約は，運動学を除くことによって得た単純さに対する当然の代償であることは明らかである(1.3.1.1—1.3.3.1 節の議論参照).

われわれの考えた増殖の機構で欠くことのできない予備条件は，それが働くべき領域が静穏であることである(たとえば 1.7.2.1 節のはじめの部分と 1.7.2.2 節のはじめの部分での注意参照)．つまり，親オートマトンを取り囲む領域には反応するような有機体が何もあってはならず，そしてその条件は増殖の過程が邪魔されずに進行することを予定している範囲のすべての場所で成立しなければならないのである．親オートマトンのもとで増殖しながら広がっていく領域が，他の反応する有機体とぶつかるところでは，1.7.2.2 節で述べた"予知できない誤動作"が生じ得ることは明らかである．もちろんこれは，いくつかの独立な有機体が接触し相互作用するようになったときの相剋的状況をただ言いかえたにすぎない.

1.7.4.1 E_Fと遺伝子機能. もう一つの生理学的類似で指摘したいことは，E_F 型のオートマトンの動作と典型的な遺伝子機能との類似性である[31]．つまり，E_F は自己増殖し，その上きめられた F を作る．遺伝子は自己増殖をし，さらにある特定の酵素をも作る——あるいはその生産を促進する.

1.7.4.2 E_Fと突然変異——突然変異のいろいろの型. E_F について述べておきたい性質がまだほかにある．E_F のある細胞を任意に変えたとしよう．もしその細胞が E_F の D 領域にあれば，増殖の進行はとまるかまたは完全に誤った方に向けられてしまう．一方，もしそれが E_F の L_{D+F} 領域にあるならば，E_F は子を作るだろうが，これは E_F (および F) に対して求められたような関係にないものになってしまうだろう．最後に，もし変えられた細胞が L_{D+F} 領域

---

31) von Neumann, "The General and Logical Theory of Automata." 全集 5. 317-318.

にあり，特に，F を記述した部分にあって，F を F' に変えてしまったとしたら，今度は $E_{F'}$ が作られ，それに加えて F' が作られることになる．

E_F の中のある細胞がそのような変化をすることは，ちょっと，自然界における**突然変異**〈mutation〉を想起させるものがある．第一の場合は，致死あるいは不稔性の突然変異の本質的特徴を備えているように見える．第二の場合はこの特徴はないが，本質的な変化を受けた，多分不稔性の子を作る場合に相当する．第三の場合には子は生きていて親のように自己増殖はできるが，親とは異なった副産物(F の代りに F')を作ることになる．これは遺伝的な株の変化を意味する．すなわち，突然変異の大きな分類は自然に実際におこるものと非常に近いことがわかる．

1.8 進化——問題(E)

1.7 節での考察は，問題(D)から問題(E)への橋渡しの役をしている．(E)そのもの，進化の問題，については，ここでは二,三の注意をするだけに止めておく．

E あるいは E_F のようなオートマトンに，前に外から受けた刺激によって L_D, L_{D+F} のそれぞれ D, F の領域を変更するような論理装置を組込むのは困難ではない．それは，オートマトンが実際に活動している間のいろいろな出来事(経験)によって，遺伝形質の集積が修正を受けるということである．これは正しい方向への一歩であることは明らかであるが，本当に意味のある議論をするには，更に相当大変な解析や細かい検討が必要であることもまた明らかである．このことについては後に二,三の注意をするつもりである．

更に，独立な有機体間の相剋が，"自然陶汰"の理論によれば，進化の重要な機構となると考えられるような種々の結果を生み出すことを銘記すべきである．1.7.3 節の終りで見たように，われわれのモデルはそのような相剋の状況を生ずる．したがって，上のような進化の動因はこのモデルの枠組の中でも考えられるだろう．それが有効になるための条件は極めて複雑なものになるだろうが，

研究する価値はある．

第2章

29個の状態と一般遷移規則

2.1 序　説

2.1.1 モデル：状態と遷移規則． この章では，論理万能性と組立て万能性と自己増殖の力を有し，更に第1章でこれらを検討した際に出てきた他の属性をも有するようなモデルの第1のものを展開することにしよう．このモデルは結晶状媒質を基にするものである(1.3.3.1～1.3.3.3節参照)；それは二次元で，そして正方格子[1]を用いて，組立てることができる{1.3.3.3節の終り；特に問題(P)と(R)参照}．この結晶の各格子点は異なった状態を有限個(例えばN個)だけとることができ，そのふるまいは直隣りの状態によってきまるこれらの状態間の遷移のすべてを含むような，あいまいさのない**遷移規則**⟨transition rule⟩によって，記述される(あるいは制御される)ものである．

これから，1.1.2.1節の問題点(A)—(E)(およびその後の第1章に述べられた関連する考察)によってきまる組立て手順の大筋を，この線に沿って定義された特定のモデルに対して考察することにしよう．

2.1.2 空間と時間の関係の定式化． ここで厳密な概念と記法をいくつか導入しよう．

正方結晶の格子点(2.1.1節参照)は整数値をとる二つの座標i, jによって指定される．少くとも違うやり方がよいという特定の理由が現われない限り，結晶がどの方向にも無限であるように扱うのが自然である．これによりi, jの値域が決まる：

(1) $\qquad i, j = 0, \pm 1, \pm 2, \cdots$

[原点(0,0)としてどの格子点を選ぶかは重要ではない.] こうして対i, jは平

---

1) ［正方結晶の格子点は正方形の頂点にある.］

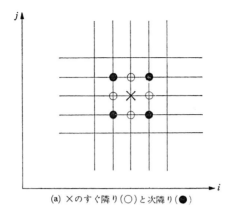

(a) ×のすぐ隣り(○)と次隣り(●)

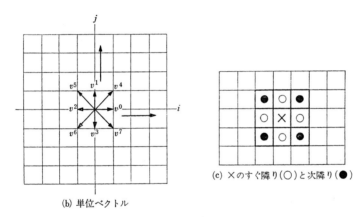

(b) 単位ベクトル

(c) ×のすぐ隣り(○)と次隣り(●)

第4図　正方格子

面上の一点を表わすが，それをベクトルと見做すこと，つまり加法的量として扱うことも便利である．そこで

(2) $$\vartheta = (i, j)$$

と書く．(i,j)の最近隣は$(i\pm 1, j)$, $(i, j\pm 1)$の4点である．次隣りは$(i\pm 1, j\pm 1)$の4点である．第4図(a), (c)では，×の最近隣を小さい円(○)で，次隣りは黒丸(●)で印してある．

(3) $$\begin{cases} v^0 = (1, 0), & v^1 = (0, 1), \\ v^2 = -v^0 = (-1, 0), & v^3 = -v^1 = (0, -1), \end{cases}$$

および

(4) $\begin{cases} v^4 = (1,1), & v^5 = (-1,1), \\ v^6 = -v^4 = (-1,-1), & v^7 = -v^5 = (1,-1). \end{cases}$

と置こう．第4図(b)を見よ．ϑ の最近隣は $\vartheta+v^\alpha(\alpha=0,\cdots,3)$ で，ϑ の次隣りは $\vartheta+v^\alpha(\alpha=4,\cdots,7)$ である．2.1.1節で言及した ϑ の直隣りを $\vartheta+v^\alpha$ で，$\alpha=0,\cdots,3$ の四つにすべきか $\alpha=0,\cdots,7$ の八つにすべきか迷うかも知れない．道具の組をより単純にするために，われわれは前者を選ぶことにしよう．

第4図(a), (b)では結晶格子は普通のように示され，格子点は線の交点であった．今後の図では違うやり方をとろう：格子点を正方形で表わし，**直隣り**〈immediate neighbors〉(第4図の(a)と(b)では辺一つで結ばれていた)は接触する(つまり辺を共有する)正方形であるとしよう．更に，直接問題となっている点を説明するのに必要な正方形(つまり格子点)だけを示すことにする．そうすると第4図(a)は第4図(c)のようになる．

1.2.1節で検討したように，時間 t の値域は

(5) $\qquad t = 0, \pm 1, \pm 2, \cdots$

である．

各格子点は1.3.3.1と1.4.1.1節の意味での細胞である．それは N 個の状態をとり得る(2.1.1節参照)；これらを指標

(6) $\qquad n = 0, 1, \cdots, N-1$

で指定しよう．したがって時刻 t における細胞 $\vartheta=(i,j)$ の状態は

(7) $\qquad n_\vartheta^t$

と書かれる．また，式(6)で n を指定するのに用いられた N 個の数字 $0, 1, \cdots, N-1$ は，都合によって他の N 個の記号に置きかえてもよい．

この系は1.3.3.2節の意味で本質的に均質であるべきである；つまり，どの格子点 ϑ でも同じ規則によって動作が定まるべきである．この規則は2.1.1節で言及した**遷移規則**〈transition rule〉であり，これによって，前の適当な時間におけるそれ自身の状態と直隣りの細胞の状態とに応じて時刻 t での細胞 ϑ の状態が決まる．われわれは系を制限し単純化するためにこの"前の適当な時

間"を t のキッカリすぐ前の時刻,すなわち $t-1$ に限定することにしよう.そこで n_ϑ^t は n_ϑ^{t-1} および $n_{\vartheta+v^\alpha}^{t-1} (\alpha=0,\cdots,3)$ の関数になる.つまり,

(8) $$n_\vartheta^t = \mathbf{F}(n_\vartheta^{t-1}; n_{\vartheta+v^\alpha}^{t-1} | \alpha=0,\cdots,3).$$

n_ϑ^t の代わりに m で置きかえ,$n_{\vartheta+v^\alpha}^t$ の代わりに m^α で置きかえよう.そうすると関数 $\mathbf{F}$ は $\mathbf{F}(m; m^\alpha | \alpha=0,1,2,3)$ になる.したがって N 値変数五つから成る N 値関数 $\mathbf{F}$ で遷移規則が表わされることになる.これは,この(本質的には均質な)系のふるまいを決める唯一の,しかも完全な規則である.

$\mathbf{F}$ の値域は N 個の要素を持つが,$\mathbf{F}$ の変域(五つ組すべての集合)は N^5 個の要素を有することに注意されたい.これより,$\mathbf{F}$ の関数として

(9) $$N^{(N^5)}$$

個があり得る.つまり,これだけたくさんのものが遷移規則,すなわち今考えているようなモデルとしてありうるのである.

2.1.3 状態に対する形式以前の考察の必要性. そこで細胞の N 個の状態を何にすべきかを,もっと発見学的な方法で検討しよう.これらの状態の性質はもちろん数え上げ(6)で記述されるのではなく,遷移規則(8)で記述されるのである.(6)に含まれる唯一の意味のある情報は状態の数 N である.これに対応して,これらの考察を厳密に総括することは,遷移規則(8),すなわち関数 $\mathbf{F}$ を決定することにあるわけである.しかし今の発見学的段階では,(6)での数え上げですましておき,(6)の各々の n に名前をつけ,それが演じるべき役割を言葉で記述するだけにしておく方がよいだろう.こういうわけで,2.1.2 節の(6)と(7)の後の注意で述べた,記法を変更できることをも利用するであろう.

2.2 論理機能——普通伝達状態

2.2.1 論理的-神経的な機能. 1.2.1 節で論じたように,状態はまずはじめに純粋に論理的あるいは神経的な機能を表現する必要がある.したがって,第3図の神経細胞およびそれを結ぶ線に相当するものが必要である.

2.2.2.1 伝達状態——接続線. まず接続線を考えよう.これは細胞の列す

	(a)	T_{00}	T_{00}	T_{00}	T_{00}	T_{00}		(b)	T_{10}	
									T_{10}	
									T_{10}	
									T_{10}	
									T_{10}	
	(a')	→	→	→	→	→		(b')	↑	
									↑	
									↑	
									↑	
									↑	

	(c)	T_{20}	T_{20}	T_{20}	T_{20}	T_{20}		(d)	T_{30}	
									T_{30}	
									T_{30}	
									T_{20}	
									T_{30}	
	(c')	←	←	←	←	←		(d')	↓	
									↓	
									↓	
									↓	
									↓	

第5図 普通伝達状態

なわち格子点の列でなければならない．線は(神経)刺激を伝えることができなければならないので，線の細胞の各々には，このためだけに対して，**静穏な**〈quiescent〉状態と，**興奮している**〈excited〉状態がなければならない．ここで考える目的は(神経)刺激を伝えることである．そこでこれを細胞の**伝達状態**〈transmission states〉と呼び，記号 **T** で表わす．ここで指標 $\varepsilon=0,1$ を用いる；すなわち，静穏であるか興奮しているかを表わすのに T_ε と書く．$\varepsilon=0$ が前者を，$\varepsilon=1$ が後者を表わすとするのである．

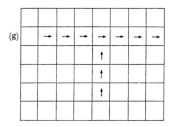

第5図 つづき

　(伝達状態にある細胞の代表するところの)線は，特定の点を結ぶように方向付けられているので，この伝達は方向性のある過程である．したがってある制限を設けなければならない．伝達状態にある細胞は，一つの特定の方向，その**入力方向**〈input direction〉だけから刺激を受け取るとしてもよい．すなわち，興奮している伝達細胞が，(静穏な伝達細胞である)直隣りに対してその入力方向にある場合に限り，前者が後者を興奮している伝達状態にもっていく(あるいは，後者がすでにその状態にある場合には，そのままにしておく)のである．別法としては，伝達状態にある細胞が，その**出力方向**〈output direction〉である一つの特定の方向にだけ刺激を発するとしてもよい．すなわち，興奮している伝達細胞の出力方向にある(静穏な伝達細胞である)直隣りに対してのみ，前者は後者を興奮している伝達状態にもっていく(あるいは，もし後者が既にその状態であるときはそのままにしておく)のである．あるいはまた，以上の両方を同時に要請してもよい．

この線に沿っていろいろなモデルを試みた結果，出力方向を決めるやり方が一番よいように思われた．制御のきかない，したがって望ましくない刺激の逆行現象を避けるためには，特定の入力方向を定めないかわりに，出力方向は入力に感じないとするのが望ましいと思われる．

　第4図(b)の v^α ($\alpha=0,\cdots,3$) は直隣りに対する方向として可能なものを全部数え上げたものである(2.1.2節の(3),(4)式の後の注意参照)．そこで $\mathbf{T}_\varepsilon$ には指標 $\alpha=0,\cdots,3$ が更に与えられる：$\mathbf{T}_{\alpha\varepsilon}$，すなわち $\mathbf{T}_{\alpha\varepsilon}$ は出力方向 v^α を有する．そこで上の要請は次のようになる：ϑ' の $\mathbf{T}_{\alpha'1}$ が ϑ に($\mathbf{T}_{\alpha 0}$ か $\mathbf{T}_{\alpha 1}$ から)$\mathbf{T}_{\alpha 1}$ を引きおこすのは，$\vartheta=\vartheta'+v^{\alpha'}$ だが $\vartheta \neq \vartheta+v^\alpha$ の場合，つまり $\vartheta-\vartheta'=v^{\alpha'} \neq -v^\alpha$ の場合でありまたその場合に限る．

　さて式(6)の中の 8 個の値の代りに記号 $\mathbf{T}_{\alpha\varepsilon}$ ($\alpha=0,\cdots,3$; $\varepsilon=0,1$) を使うことにしよう(2.1.2節の(6),(7)式の後の注意参照)．また 2.1.2 節で検討した，刺激-応答過程の単位時間の遅れを考えに入れることにしよう．そうすると上の規則は次のようになる：

(10)
$$\begin{cases} n^{t-1}_\vartheta = \mathbf{T}_{\alpha\varepsilon} \text{ とする．} \\ \text{そのときもし } n^{t-1}_{\vartheta'} = \mathbf{T}_{\alpha'1} \text{ なら，} \vartheta-\vartheta'=v^\alpha \neq -v^\alpha \\ \text{なるある } \vartheta' \text{ に対して } \quad n^t_\vartheta = \mathbf{T}_{\alpha 1}, \\ \text{他の場合には} \quad\quad\quad\quad\quad\quad n^t_\vartheta = \mathbf{T}_{\alpha 0}. \end{cases}$$

2.2.2.2 接続線における遅れ，曲り角，方向転換． 接続線に対するこのモデルは，1.2.1 節で考えたものとは有限の伝播遅れを導入した点で異なる．ここでは直隣り同士の間に単位時間の遅れがある．しかし，1.2.1 節のやり方からこう変ったことは，問題となるような望ましくない結果を生じない．

　このモデルが，伝達細胞から真直ぐな接続線を作るのにも，曲り角あるいは方向転換のある接続線を作るのにも同じように使えることに注意されたい．真直ぐな線を第5図(a)—(d)に示した；これらは，われわれの格子における可能な四つの"真直ぐな"方向を表わす．"曲り角"と"方向転換"を第5図(e),(f)に示した．第5図(a)—(f)は，第4図(c)で述べた規則に従って描いた．第5図(a′)—(f′)は，各々，第5図(a)—(f)を簡単化した(そしてもっと見易くし

た)ものであり，その中では $T_{\alpha\varepsilon}$ の各々はその v^α の矢に置きかえてある(第5図(b)参照).

次に第3図の神経細胞を考えよう.

2.3　神経細胞――合流状態

2.3.1　＋神経細胞.　＋神経細胞としては，出力が一つと入力の場所が二つある興奮可能細胞があればすむ．もちろん，入力が二つより多くあるようにしても悪いことはない．2.2.2.1節では伝達細胞を，入力が三つできるように定義した．四辺のうち，出力辺を除くすべてが入力になるのである．こうして，この伝達細胞は，神経細胞間の接続線(の要素)の機能(これが本来意図した機能であるが)を果たすばかりでなく＋神経細胞の役割をも果たす．

普通伝達状態を＋神経細胞として，すなわち，接続線の合流点として用いる例を第5図(g)に示した．この図は，第5図(a′)―(f′)のやり方で描いてある.

2.3.2　合流状態：・神経細胞.　・神経細胞としては，一つの出力と，興奮にもっていくためには同時に刺激しなければならない二つの入力を有する興奮可能細胞が必要である．一連のそのような状態を導き入れることは全く実際的なことである．しかし，出力方向一つと入力方向二つを(v^α, $\alpha=0,\cdots,3$で表わされる可能な四方向すべてのうちから)自由に選ぶと$(4\times3\times2)/2=12$通りになり，興奮していない状態と興奮している状態とが各々になければならないので，全体で24状態が必要となる．より経済的に，つまり，1種類，したがって2状態だけで同様に満足な結果を得るようにすることもできる．それには，特別な入力方向あるいは出力方向というものを全く定めず，つまり，どの方向も入力として可能であり出力としても可能であるとする．更に，興奮するための必要条件として，最低限二つの刺激，つまり，直隣りにあって，その出力方向に当の細胞があるような興奮している伝達細胞が最低二つあるように規定すればよい．しかし，条件をもっと柔軟にして，問題の細胞に対して出力を向けている直隣りの伝達細胞のすべてが興奮している時に，当の細胞が興奮するときめた

方がもっと便利である.(ここでは,直隣りの細胞が一つも上の条件,つまり,伝達細胞であってかつ出力方向が当の細胞に向いているという条件を満たさないという——厳密に論理的には許されるが,明らかに上述の意図とは合致しない——特別な場合は除外して考えている.) このように規則を定めることは次のような結果をもたらす.すなわち,問題の細胞に出力方向を向ける直隣りの伝達細胞の数が 1, 2, 3 であるにしたがって,当の細胞は,それぞれ,閾値1(すなわち,入力の点から見ると,普通伝達細胞のごとく),あるいは閾値 2(すなわち,求むる・神経細胞のごとく),あるいは閾値 3(すなわち,・神経細胞二つの組み合わせのごとく)の神経細胞の働きをする.(この細胞は,出力方向をこれに向けているような伝達細胞を刺激できないので——規則(10)およびそれを今の状況に適応させた後述の規則(12)参照——直隣りの四つすべてがそのような状態にあることは無意味である.このような状況では,当の細胞が興奮しても何の結果も生じ得ない.)

細胞のこのような状態を**合流状態**〈confluent states〉と呼び,記号 **C** で表わす.再び,指標 $\varepsilon = 0, 1$ を用いる;つまり,$\mathbf{C}_\varepsilon$ と書き,興奮していないこと ($\varepsilon = 0$) と興奮していること ($\varepsilon = 1$) を表わす.ここでも 2.2.2.1 節の終りでしたと同じようにする.式(6)の二つの数の代りに,記号 $\mathbf{C}_\varepsilon (\varepsilon = 0, 1)$ を用いる(2.1.2 節の表(6), (7)の後の注意参照).上で定式化した規則は,**C** の入力に関する限り,次の ようになる.

(11) $\begin{cases} n_\vartheta^{t-1} = \mathbf{C}_\varepsilon \text{ とする.} \\ \text{次の(a), (b) 共に成り立つ時} \quad n_\vartheta^t = \mathbf{C}_1 \\ \quad \text{(a)} \ \vartheta - \vartheta' = v^{\alpha'} \text{ である } \vartheta' \text{ に対し } n_{\vartheta'}^{t-1} = \mathbf{T}_{\alpha' 1} \\ \quad \text{(b)} \ \vartheta - \vartheta' = v^{\alpha'} \text{ である } \vartheta' \text{ に対し決して } n_{\vartheta'}^{t-1} = \mathbf{T}_{\alpha' 0} \text{ でない} \\ \text{他の場合} \quad n_\vartheta^t = \mathbf{C}_0 \end{cases}$

規則のうちで,**C** の出力に関する部分は,規則(10)を修正する形に表わされなければならない.何故なら,それにより,伝達細胞を興奮させる,つまり,$\mathbf{T}_{\alpha\varepsilon}$ から $\mathbf{T}_{\alpha 1}$ を作る新しい方法が作り出されるからである.それには,規則(10)の第二,第三文の間に次のものを挿入すればよい:

$$(12) \quad \begin{cases} 更にもし \vartheta - \vartheta' = v^\beta \mp -v^\alpha (\beta = 0, \cdots, 3) \\ なる \vartheta' に対し n_\vartheta^{t-1} = \mathbf{C}_1 なら n_\vartheta^t = \mathbf{T}_{\alpha 1} \end{cases}$$

規則(10), (11), (12)の組合せでは，$\mathbf{T}$ による $\mathbf{T}$ の，また $\mathbf{T}$ による $\mathbf{C}$ の，$\mathbf{C}$ による $\mathbf{T}$ の興奮が得られるが，$\mathbf{C}$ による $\mathbf{C}$ の興奮は得られないことに注意されたい．このことからは，問題となるような望ましくない結果は生じない．

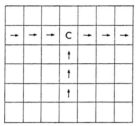

(a) 合流状態による・神経細胞の実現

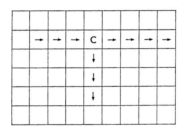

(b) 合流状態による分岐の実現

第6図 合流状態

・神経細胞とその近隣を第6図(a)に描いた．この図は，第5図(a′)—(f′)および(g)の方式で描いてある．合流状態 $\mathbf{C}$ はここではじめてあらわれた．

2.3.3 —神経細胞．—神経細胞としては，興奮していないときとしているときの役割が，伝達状態の場合の逆になっているような興奮可能細胞が必要である．それは，普通は興奮していなければならない（すなわち，その出力方向が指している，伝達状態にある，直隣りの細胞を興奮させることができなければならない）が，入力刺激によって興奮していない状態にされ（刺激が止った時興奮に戻ら）なければならない．そのような状態を幾つか導入してもよかったわ

けである——例えば，伝達状態とちょうど同じように，出力が一つ与えられ，他の方向は皆入力方向とするのである．4方向がありうるので，4種類必要であり，それぞれに興奮している状態としていない状態が要るので，八つの状態が要求される．しかしながら，普通の何もしない状況で静穏状態でないというような種類の状態を導入することはあまりやりたくない．この異議に対しては，はらう犠牲に大小はあるがいろいろな方法で避けることができよう[2]．しかし別の理由で後に導入される1組の状態が，一神経細胞の機能を実現するのに使えることが後にわかる．それ故この段階では，そのことを考えるのは全くとばして行くことにする．

2.3.4 分岐．第3図の中の神経細胞とその接続線についてはすべて片づいたが，この部類の中で考えておく必要のあるものがもう一つ残っている．1.2.1節の意味での論理(すなわち神経)回路網は，大概の場合，一つの出力から幾つかの入力に至る接続線，つまり，分岐する出力線が必要になる(これは1.2.1節で触れた)[3]．すなわち，伝達状態のような状態で出力が幾つかあるものが必要である．

しかし，実は合流状態を上のように定義したことでこの要求はもう満たされている．(2.3.2節，特に，2.3.2節終り近くの，合流状態に対する"閾値1"の配置についての議論を参照．この場合は細胞は入力が一つで，したがって出力は3本まで可能である．)

合流状態を用いてつくった分岐を第6図(b)に示す．この図は同図(a)のやり

---

2) [von Neumann は，彼の "Probabilistic Logics and the Synthesis of Reliable Organisms from Unreliable Components"，全集 5.337 の二重線トリックのことを言ったのである．そこでは＋神経細胞と・神経細胞だけを用いて，コードが 01(0 に対し)，10(1 に対し) である一対の線を使うことにより，要素的真理値関数の完全な組を作り上げている．つまり，対の各々の線は，対のもう一方の線といつも反対の状態にあるから，対の二本の線を入れかえる(交差させる)ことによって否定を実現できる．しかし本稿では，von Neumann は，後述 2.5 節および 2.6 節の破壊(逆)および構成(直接)過程によって否定を作り上げた．このような作り方の一例は後述 3.2 節の第 17 図に示される．]

3) [彼の脚注の表では，von Neumann はここには "退化 degeneration(?)" と書いている．彼が何を意図したかはわからないが，あるいは入力線1本で出力線2本以上を駆動するときにパワー増幅が必要であることを言おうとしたのかもしれない．]

方にしたがって描いてある．特にことわった例外や変更を除けばこれから後の図はすべて同様である．

2.4 成長機能：興奮不能状態と特別伝達状態

2.4.1 筋肉あるいは成長機能——普通対特別刺激． 1.2.1 節の意味での論理(つまり神経)機能については終ったので，もう一つの問題に移ることにしよう．1.2.2 節では，これらを仮に筋肉機能と記したが，1.3 節の検討によると，それらを成長機能と見做して扱った方がより適当であることがわかる．いずれにせよ，これらの機能を表わす状態が必要である．

このことが，普通対特別刺激，つまり，普通対特別興奮状態の問題に結びつくものであることはわかっている(上述の参照を見よ)．普通の方は論理的な目的に使われるもの，すなわち，これまで(特に 2.1.3—2.3.2 節において)考えてきたものである．特別の方は，上でのべた機能のために，ここで導入すべきものである．

2.4.2 興奮不能状態． 興奮している状態のうちで特別な状態という方の目的は，1.3.4.2 節と 1.3.4.3 節の意味での成長を導入すること，つまり，興奮不能状態から興奮可能状態へ細胞の状態を変え，後の類の中で状態の種類をも決定することである．最後に述べた決定については，既にいろいろな種の存在を要請した：四つの種 T_α，$\alpha=0,1,2,3$ を持つ伝達，すなわち T 状態；と合流状態の種 C(2.2.2.1 節と 2.3.2 節参照)．これらの各々に実際には $\varepsilon=0,1$(静穏と興奮と)の二つの状態が対応することに注意されたい：$T_{\alpha\varepsilon}, C_\varepsilon$．しかし，いまは種 T_α, C だけを考えればよい，すなわち，もっと正確にいえば，$\varepsilon=0$ の状態だけでよいのである：すなわち $T_{\alpha 0}, C_0$．その理由は，興奮できる細胞をそれぞれ興奮していない状態で創り出すことができるだけで十分であるからである．もし興奮している状態がほしければ，後から普通刺激によってひきおこすことができる(後者については，1.3.4.2 節と 2.4.1 節参照)．

それ故，興奮不能(普通刺激によっては興奮できない；上の注意および参照を

見よ)状態を導入する必要がある．それを **U** で表わす．しかし，その性質について厳密な説明を与える前に，幾つか関連した事柄を検討しなければならない．

2.4.3 直接および逆過程——特別伝達状態． 興奮不能状態 **U** から興奮可能状態(例えば，**T** と **C**; 2.4.2 節における検討参照)に移すことができるばかりでなく，この過程が可逆であること，つまり，興奮可能状態から **U** に移すことができることが望まれる．このように両方向に移行できることは，後にいろいろな形で用いられるだろう．ところで，このような変形すべてを引きおこす刺激は，自分自身はそれによって同じように影響を受けないような細胞状態によって伝達されなければならない．したがって，自分達同士の関係については **T** の場合と同じであるような，新しい幾つかの伝達状態，例えば **T′**，を導入するのが適当である．よって，2.2.2.1 節の $\mathbf{T}_{\alpha\varepsilon}$ と同じように，そのような状態が八つ: $\mathbf{T}'_{\alpha\varepsilon}(\alpha=0,\cdots,3;\ \varepsilon=0,1)$——なければならない．そこで，$\mathbf{T}_{\alpha\varepsilon}$ に対して，つまり，2.2.2.1 節の規則(10)でやったのと同じ方法で進めることにする．

式(6)の8値変数のかわりに記号 $\mathbf{T}'_{\alpha\varepsilon}(\alpha=0,\cdots,3;\ \varepsilon=0,1)$ を用いる(2.1.2節の式(6)および(7)のあとの注意参照)．その規則は次の通りである：

$$(13)\begin{cases} n_\vartheta^{t-1}=\mathbf{T}'_{\alpha\varepsilon}\ \text{とする．}\\ \text{そのとき，}\vartheta-\vartheta'=v^{\alpha'}\mp-v^{\alpha}\ \text{なる}\ \vartheta'\ \text{に対し}\\ \quad n_{\vartheta'}^{t-1}=\mathbf{T}'_{\alpha'1}\ \text{ならば，}\ n_\vartheta^t=\mathbf{T}'_{\alpha 1}.\\ \text{他の場合は}\qquad\qquad n_\vartheta^t=\mathbf{T}'_{\alpha 0}. \end{cases}$$

2.5 逆 過 程

2.5.1.1 普通状態に対する逆過程． そこで，逆過程，すなわち，特別刺激(**T′** の)によって，興奮できる状態(**T, C**)を興奮できない状態(**U**)に遷移させること，の厳密な定義をすることができる．それは，**T** の規則(10), (12)，および **C** の規則(11)を修正する形を取る：

2.5 逆 過 程

(14) $\begin{cases} n_\vartheta^{t-1} = \mathbf{T}_{\alpha\varepsilon} \text{ または } \mathbf{C}_\varepsilon \text{ としたとき, 次の規則が(10), (12)の規則と} \\ \quad (11)\text{の規則に優先する:} \\ \vartheta - \vartheta' = v^{\alpha'} \text{ なる } \vartheta' \text{ に対し } n_{\vartheta'}^{t-1} = \mathbf{T}'_{\alpha'1} \text{ ならば } n_\vartheta^t = \mathbf{U}. \end{cases}$

条件 $\vartheta - \vartheta' \neq -v^\alpha$ {ただし $\mathbf{T}$ の場合;規則(10)と(12)の同様な要請参照} は要求されないことに注意;すなわち,($\mathbf{T}'$ からの)特別刺激による "殺し" は,($\mathbf{T}$ の)出力方向に対してもやはり有効である.

2.5.1.2 特別状態に対する逆過程.(興奮可能から興奮不能への;2.4.3 節と後述参照)逆過程が,普通の興奮可能状態($\mathbf{T}, \mathbf{C}$)に対して望まれることに対する理由は,特別状態($\mathbf{T}'$)に対しても同じようにあてはまる.しかし,規則(14)は $\mathbf{T}'$ 状態には拡張できない;$\mathbf{T}'$ の $\mathbf{T}'$ に対するそのような作用は,$\mathbf{T}$ の $\mathbf{T}$ に対する同じような作用が許されないのと同じ理由で許されない:そういう作用は,特別刺激に対する伝達状態としての $\mathbf{T}'$ の性格を破壊してしまう.それは同様な作用が,普通刺激に対する伝達状態としての $\mathbf{T}$ の性格を破壊するのと同じである.この後の方の事情から($\mathbf{T}$ および $\mathbf{C}$ を $\mathbf{U}$ に移行させるために)$\mathbf{T}'$ を導入することが必要になった;そこで今度は $\mathbf{T}$ を($\mathbf{T}'$ を $\mathbf{U}$ に移行させるために)同じような目的に用いることができる.しかし,$\mathbf{C}$ にもこの性質を持たせることはしない方がよい.実際,$\mathbf{C}$ に対してはすべての方向が出力方向なので,$\mathbf{C}$ にこの力を与えると,それを方向付け制御することがむずかしくなりすぎるきらいがある.そこで,(13)を変更する次の規則を導入する:

(15) $\begin{cases} n_\vartheta^{t-1} = \mathbf{T}'_{\alpha\varepsilon} \text{ とするとき次の規則が(13)の規則に優先する:} \\ \text{もし } \vartheta - \vartheta' = v^{\alpha'} \text{ なる } \vartheta' \text{ に対し } n_{\vartheta'}^{t-1} = \mathbf{T}_{\alpha'1} \text{ なら } n_\vartheta^t = \mathbf{U}. \end{cases}$

2.5.1.1 節の終りの,出力に関する注意はここでもあてはまる.

2.5.2 特別刺激の作成.これまで,特別パルスの作成,つまり,$\mathbf{T}'$ を興奮させる方法はお互い同士によるものを除けばまだ与えていなかった.

2.2.2.1—2.3.4 の諸節で普通刺激に対してしたのと同じように,特別刺激に対し完全な(論理)神経細胞の仕組を導入することは必要ではない.それを導入するときに実際に意図したように,すべての論理は普通刺激によって扱うことができるのであり,必要なときはいつでも,それを使って特別刺激の連鎖をお

こすことができる.(このことの生理学的類推は,論理機能は神経活動に限られ,筋肉活動はいつも神経活動によって引きおこされ制御されるということである.この比喩については1.2.2節を見よ.) したがって,普通刺激に反応して特別刺激を発することのできる,つまり,T により興奮して T' を興奮させることのできるような状態が必要となる.

この目的のために新種の状態を導入する前に,既にあるものでできないかどうかみることにしよう. T は T' を興奮させない{それは,それを"殺す";規則(15)参照}.よって,この目的のためには T も T' も用いることはできない.したがって,C だけが残る.ところで C は T により興奮させられる;よってそれに T' を興奮させる力だけを与えればよい.これは可能である.(T' が C を興奮させない——でそれを"殺す";2.5.1.1節参照——ことは別にさしつかえない.) 必要なのは T' に対し規則(12)に似たものを要請することだけである.こうして,既に(10)と(13)の双対性および(14)と(15)の双対性で表わされた T と T' の双対性は,これから述べる(12)と(16)の双対性で更に完全なものとなる.これは(13)の第2文と第3文の間に挿入したと見做すべきもので,それ故もとの(13)と同様,(15)がこれに優先する.その規則は次の通りである:

(16) $\begin{cases} \vartheta - \vartheta' = v^\beta \div -v^\alpha (\beta = 0, \cdots, 3) \text{なる } \vartheta' \text{ に対し,} \\ n^{t-1}_{\vartheta'} = C_1 \text{ ならば,また } n^t_\vartheta = T'_{\alpha 1} \end{cases}$

2.6 直接過程——潜像状態

2.6.1 直接過程. 2.4.3節の逆過程(興奮可能から興奮不能への遷移)がすんだので,これから,(まず必要となる)2.4.2節の直接過程(興奮不能から興奮可能への遷移)を考察することに移ろう.

この過程によってつくる必要のある細胞の種のリストは大きくなった.2.4.2節では T_α と C があった;2.4.3節から,これに T'_α が加わった.いいかえると,次の状態をつくり出すことができなければならない($\varepsilon=0$ の役割については2.4.2節の検討を参照):

(17) $\quad\quad\quad\quad\quad\quad T_{\alpha 0},\ T'_{\alpha 0},\ C_0$

これは全部で九つの状態になる．

こうして，Uから(17)の9状態のどの一つにでも遷移させられるような機構が必要である．この機構に関して注意することが二つある．

2.6.2.1 第一の注意：普通状態と特別状態の双対性． 用いることのできる刺激が2種類ある：T(おそらくはCも含めて)とT'の状態それぞれの興奮に対応する，普通と特別の二つである．もとの意図は，特別刺激，つまり，T'状態だけを用いて，Uから(17)の9個の状態のどれかに変えることであった(2.4.1 と 2.4.2 節参照)．しかしその後，逆過程(2.4.3—2.5.2 の諸節参照)を扱うときに，T(実際にはCを除く)とT'の状態がむしろ，互いに相補的かつ対称的役割を演ずるようにした(2.5.2節の終りでの"双対性"に対する部分参照)．したがって，直接過程に関しても同じように対称的な役割をそれらに持たせたくなる．

これもまた双対的にできそうである．すなわち，T'をUからT(およびC)への遷移に用い，TをUからT'への遷移に用いるのである．しかし，この制限も不必要であることがわかる．Uを$T,\ C,\ T'$ {すなわち(17)の9個の状態}のどの状態に変えるのにも，TとT'は同一の，互いに代行できるような働きをするという設定で，すべてがうまくいくのである．

ここで，もしTだけでUからのすべての遷移を引きおこし制御することができるのなら，何故そもそもT'を導入する必要があったのかという疑問が生ずる．その答えは，逆過程が，伝達とUへの遷移をおこすこととを区別するために，T'を必要としたのである；規則(10)と(12)を規則(14)と比較し，規則(13)と(16)を規則(15)と比較せよ．更にこの逆過程(T, T', CからUへの遷移)は，直接過程(UからT, T', Cへの遷移——あるいはTかCへの遷移だけの場合でも)を適当に制御するのに必須である．この点はもう少し詳しく考察する価値がある．

2.6.2.2 逆過程の必要性． 第7図で，細胞1, …, 9は，これから組み立てようとする，つまりUの状態からいろいろな(定められた)状態，例えばT状態，

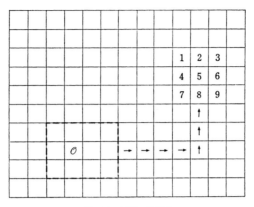

第7図 領域の組織化

へ移そうとする 3×3 個の細胞の領域である．細胞 $1, \cdots, 9$ をこのように構成する作業は領域 $\mathcal{O}$ から始動し，制御するものとする．

いま中央の5番の細胞の遷移を考えよう．それが普通パルスによるにせよ特別パルスによるにせよ(すなわち T の興奮によるにせよ T' の興奮によるにせよ)，それらの興奮を作り出し論理的制御をする領域から，作用を受けるべき細胞，ここでは5番，に至るまで(T あるいは T')伝達細胞の途切れのない連鎖が敷かれなければならない．第7図では矢印を付した細胞が連鎖をつくっている；それは第5図のように T_α であってもよいし，対応する T'_α であってもよい．この連鎖は，目標の5番細胞を取り巻く細胞の環，すなわち番号 $1, \cdots, 4, 6, \cdots, 9$ を付した細胞の環と交わらなければならない．第7図では連鎖は8番細胞で交わっている．

ここで，領域 $1, \cdots, 9$ を求めるように作り上げるには，交点の細胞(ここでは8番；前を見よ)に，連鎖のものとは違う他の(静穏)状態を与えることになるかもしれない．(連鎖の方からは，v^α が連鎖の方向であるような T_α か T'_α 状態であることを要求する；ここでは $\alpha = 1$ である；第4図(b)と第7図を見よ．) よって，この細胞を作るのは5番細胞を作る前にはなり得ない．もしそれが5番の細胞を作ったあとに起るとすれば，連鎖上の問題の(T あるいは T' の)細胞が求める状態に遷移しなければならない．直接過程で U から求むるどの状態へ

遷移することも可能なので，現在の(T あるいは T′)状態から U へ遷移させる方法を与えておくのが一番簡単である．よって，逆過程はたしかに必要である．

2.6.3.1 第二の注意：直接過程の制御にきまった刺激パルス列が必要であること． 2.6.2.1 節の終り近くで，直接過程{つまり，U から(17)に列挙した状態への遷移}は T と T′ の興奮による刺激によっておこさねばならないこと，そうしてこの点に関して両方(つまり T と T′)に全く同じ作用を持たせることが可能であろうということを注意した．このやり方が直ぐに考えられる他の案よりもいろいろな点で有利であることも後からわかる．

この過程でもやはり C は除いた方がよい．ここで直接過程を用いることの理由は，逆過程を用いることの(2.5.1.2 節で示した)理由と同じである．その上，C に対してはすべての方向が出力方向であるという正にその理由から，場合によっては C の辺のあるものを保護する必要が生ずるが，そのためには U を用いるのが自然である．したがって C が U に何がしか作用を及ぼすようでははなはだ具合がわるい．

直接過程によって，(17)にあげた9状態のどれにも U から遷移できなければならない．たとえ T と T′ の興奮が違う作用をおよぼすようにしたとしても，このように9種類もあっては，単独の刺激には多過ぎて扱いかねる．その上，T と T′ はこの過程では同じ作用をするときめた．したがって，ここで必要になった九つの分類は，2進符号化された刺激のパルス列によって表わすほかはない．この2進符号では，数字1が刺激(T あるいは T′)で表わされ，数字0は刺激がないことによって表わされる．長さ3の符号列で八つの異なったものを表わすことができる：000, 001, ···, 111. 異なったものが九つ必要なので，上のうちの一つ——例えば，1番目の，000——では更に二つを区別するようにしなければならない；つまり，0000 と 0001 というようにのばす必要がある．このようにして，符号化パルス列が九つ得られることになる．

$$(18) \quad \begin{cases} 0000, \ 0001, \ 001, \ 010, \ 011 \\ 100, \ 101, \ 110, \ 111. \end{cases}$$

これらを(17)の9状態のリストに対応させなければならない．

リスト(18)の9個の符号化パルス列は，成分となる数字0と1から順に組み立てて行かなければならない．すなわち，遷移の(直接)過程において，$\mathbf{U}$ は，リスト(18)の符号化パルス列を作るときに現われる部分パルス列に対応する中間状態を経由する必要がある．これらの符号化部分パルス列は次の通りである．

$$\text{(19)} \quad \begin{cases} 0, \ 1, \ 00, \ 01, \\ 10, \ 11, \ 000; \end{cases}$$

すなわち，その数は7個である．最後に，符号化パルス列{リスト(19)の部分パルス列を通って(18)のパルス列に至る}がまだ始まらない前の，この過程の初まりに対応する状態がなければならない．この場合は符号化パルス列は(初期状態において)空集合であると解釈して次のように表わすのがよかろう．

(20) θ.

2.6.3.2 必要なその他の状態. (20), (19), (18)で並べた17個の符号化パルス列に対して共通の記号 Σ を用いることにしよう．これらは $\mathbf{S}_\Sigma$ で表わす17個の状態に対応しなければならない．しかし，(18)に並べた9個の Σ に対する $\mathbf{S}_\Sigma$ は(17)に並べた9個の状態でなければならない；つまり，これらは新しい状態ではない．そのほか，(20)の Σ に対する $\mathbf{S}_\Sigma$ (つまり $\mathbf{S}_\theta$)を $\mathbf{U}$ と同じにすることが自然かつ適当ではないかどうか考えてみる必要がある．

直接過程で $\mathbf{S}_\theta$ から(19)のリストの $\mathbf{S}_\Sigma$ を通って(18)のリストの $\mathbf{S}_\Sigma$ {つまり，(17)のリストにある状態} に遷移することは($\mathbf{T}$ または $\mathbf{T}'$)刺激が生じる時は Σ に1を加え，何も刺激が生じない時は Σ に0を加えることにより，行なわれる．{もちろん，Σ が増えていくという上の過程は Σ が(18)の最大の長さに達すると止まる．それからは(17)のリストにある状態を扱うわけで，それらは(10)—(16)の規則によって支配される．} ということは，$\mathbf{S}_\theta$ から最後の $\mathbf{S}_\Sigma${Σ が最長，つまり(18)のリストにある}までの発展は時間がきっちりと定められているということである．刺激がないことも，刺激があることとまったく同じように一定の作用をおよぼすので，必要となる刺激は，明確に要求した遅れ以外の遅れなしに，定まった時間に与えなければならない．一方，$\mathbf{U}$ はいつも興奮していない状態として考えている；この状態は，刺激を受けたときのほかは変わって

はいけないのである．この二つのことを結び付けると，$\mathbf{U}$ と $\mathbf{S}_\theta$ は同一にしてはいけないことがわかる．こうして，8個の新しい状態，すなわち(20)と(19)のリストにある $\varSigma$ に対する $\mathbf{S}_\varSigma$，ができたことになる．

2.6.4 潜像状態．2.6.3.1節と2.6.3.2節で導びかれた二つの新しい状態を**潜像状態**〈sensitized state〉と呼ぶ．いいかえると，これらは，(20)と(19)のリストにある $\varSigma$ を持った $\mathbf{S}_\varSigma$ であり(18)のリストにある $\varSigma$ は含まれない｛後者はリスト(17)に既にある状態｝．

$\mathbf{U}$ および潜像状態の動作を制御する厳密な規則は2.6.3.1節と2.6.3.2節での議論からひきだすことができる．これらの規則は次の通りである：

(21) $\begin{cases} n_\vartheta^{t-1}=\mathbf{U} \text{ とする．} \\ \text{そのとき，} \vartheta-\vartheta'=v^{\alpha\prime} \text{ なる } \vartheta' \text{ に対して} \\ \qquad n_{\vartheta'}^{t-1}=\mathbf{T}_{\alpha'1} \text{ または } \mathbf{T}'_{\alpha'1} \text{ なら，} n_\vartheta^t=\mathbf{S}_\theta \\ \text{他の場合は，} \qquad\qquad\qquad n_\vartheta^t=\mathbf{U}. \end{cases}$

(22) $\begin{cases} (20) \text{ または } (19) \text{ の } \varSigma \text{ に対し } n_\vartheta^{t-1}=\mathbf{S}_\varSigma \text{ とする．} \\ \text{そのとき，} \vartheta-\vartheta'=v^{\alpha\prime} \text{ なる } \vartheta' \text{ に対して} \\ \qquad n_{\vartheta'}^{t-1}=\mathbf{T}_{\alpha'1} \text{ または } \mathbf{T}'_{\alpha'1} \text{ ならば，} n_\vartheta^t=\mathbf{S}_{\varSigma 1} \\ \text{他の場合は，} \qquad\qquad\qquad n_\vartheta^t=\mathbf{S}_{\varSigma 0} \end{cases}$

[$\mathbf{S}_{\theta 0}=\mathbf{S}_0$，$\mathbf{S}_{\theta 10}=\mathbf{S}_{10}$，$\mathbf{S}_{\theta 111}=\mathbf{S}_{111}$，等々であることに注意．]

2.7 偶数と奇数の遅れ

2.7.1 道の差による偶数の遅れ．2.4.2節の直接過程(2.6節参照)，すなわち，$\mathbf{U}$ から(17)のリストにある状態への遷移を行なう過程の記述は完結した．2.6.3.2節で，直接過程が時間がはっきり定められていること，つまり，(17)の各々の状態には，あるきまった刺激を時間的に互いに一定の間隔をおいて与えることが必要であることに注意した．もっとはっきりいうと，$\mathbf{S}_\theta$ から，(17)のリストにある状態，つまり(18)のリストにある $\varSigma$ に対応する $\mathbf{S}_\varSigma$ に遷移するためには，(22)によれば，(18)のリストにある途切れのない刺激-無刺激のパルス

列が必要である．それは長さが3または4のきまったパルス列である．実際にはUから出発したいので，規則(21)も適用しなければならない；すなわち，このパルス列の直ぐ前に刺激が一つなければならない．したがって，完全な要求では，長さ4または5のきまった途切れのない刺激-無刺激のパルス列が指定される．

よくできた制御系では，ふつう上のようなパルス列は適当な(単一)制御刺激によって引きおこされる．

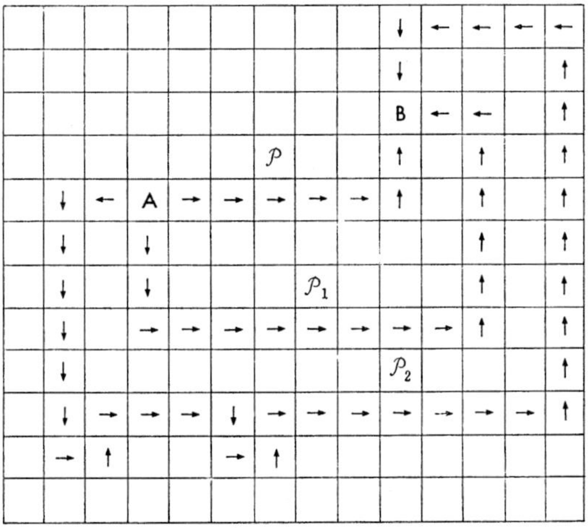

第8図　偶数および奇数の遅れの必要性

(単独の)制御刺激から，四つか五つの続いた時点 t { t は整数を取る；式(5)を見よ} の間にきめられた刺激列を得るためには，多重遅れ系が必要である．第8図を見よ．(単独の)制御刺激は格子点 A に現われ，またきめられた刺激-無刺激の系列が格子点 B でほしいならば，A から B に幾つかの道を通じて興奮が伝えられるようにして，お互いの間で一定の遅れの差がでてくるようにすることが必要である．A から最初に興奮を B に伝える路を $\mathcal{P}$ としよう．そのとき A から B への他の道 $\mathcal{P}_1, \mathcal{P}_2, \cdots$ は $\mathcal{P}$ に対して，最初の刺激(規則(21)で必要なもの；上を見よ)から，求むる刺激-無刺激のパルス列の中のある刺激までの間隔に等しいだけの遅れを生み出さなければならない．第8図にそのような状

況を例示した．[細胞 A の出力辺から細胞 B の入力辺までの遅れは，道 $\mathcal{P}$ に沿うと 7，道 $\mathcal{P}_1$ に沿うと 17，道 $\mathcal{P}_2$ に沿うと 37 である．もしこれらの道を時刻 0 において刺激すると，刺激は時刻 7，17，37 において細胞 B にたどりつく．]

2.7.2.1 奇数の遅れと単一の遅れ． しかし，この方法では偶数の遅れしか作れないことは明らかである：定められた二点 A と B を結ぶどの二つの道の長さも偶数だけ差がある．しかし {(22) のリストで要求される} (18) のリストにある系列に {(21) のリストで要求されるように} 頭に (刺激の) 数字 1 をつけたものには，奇数の距離はなれた数字 1（つまり，刺激）がありうる．この矛盾は解決しなければならない．これの解決法はいろいろできる．

まず第一に，同じ二点を結ぶいろいろな道の長さの差が偶数になるという原理の成立不成立は，用いる結晶格子による．それは，ここで用いている正方結晶に対しては成立するが，他のある結晶については成り立たない．だから結晶格子を変えることにしてもよい．

第二に，リスト (18) のパルス列を，数字 0 (無刺激) を挿入することによって伸ばし，{規則 (21) で要求される頭の 1 をも含めた} 数字 1 (刺激) の間のすべての距離を偶数にしてしまうこともできる．そうするとリスト (18) のパルス列を作るときにあらわれる部分パルス列の数，つまりリスト (19) のような部分パルス列の数を増すことになる．これにより潜像状態がもっと多く必要になる．

第三に，奇数の遅れを直接導入することもできる．単一の遅れを導入するだけで明らかに十分である．それは，t における興奮が（これまで考えてきたあらゆる場合，つまり T, T′, C に対する場合のように）時刻 $t-1$ での刺激によって生ずるのではなく，時刻 $t-2$ における刺激によって生ずるような興奮状態が必要であることを意味する．

2.7.2.2 合流状態による単一の遅れ． もっと詳しく考えると，2.7.2.1 節で述べた三つの案のうち最後のものが一番好都合であり，特に，新しく要求される状態の数の点では一番経済的であることがわかる．これに関して，注意を加えておくことが二つある．

第一に，単一遅れの機能は普通 (T) 刺激に対して与えるだけで十分である．

実際,特別(**T′**)刺激は,遅れの決まった変換過程{すなわち,(16)}によって普通刺激から得られる.すなわち,もし特別(**T′**)刺激の(2.7.1節の意味での)時間的に決まったパルス列が要るなら,まずそれを(2.7.2.1節の遅れシステムにより)普通(**T**)刺激で作り,その後で普通から特別に{規則(16)によって}変換するのが実際的である.

第二に,普通刺激に対し単一の遅れを導入するためには,新しい種類の状態を導入しないでも,既にあるものを利用して,これを拡張するので十分である.事実,この役を **C** に押しつけるのがちょうどよい.何故なら,**C** の他の必要な機能はこの変更によっても損われなくてすむからである.

このことは,**C** を具体的に用いていく段階で明らかになって行く.今のところは,**C** の動作を定める規則の中に求むる(単一)遅れを導入するに必要な変更を定式化することだけに限っておこう.

現在は,**C** の興奮については規則(11)に述べられている.**C** の刺激作用については規則(12)と(16)に述べられており,**C** を"殺すこと"(すなわち **U** への遷移)については規則(14)に述べられている.

これらの規則では,**C** は二つの状態 C_ε を有し,指標 $\varepsilon=0,1$ が興奮に関する現在の状態を表わす.もし興奮を単位時間遅らせようとするならば,**C** はそれだけの時間の間,その興奮状態が次に何になるのかを記憶しなければならない.したがって,二つの指標,例えば ε,ε' が必要となる.状態は $C_{\varepsilon\varepsilon'}$ となり,指標 $\varepsilon=0,1$ が現在の興奮の状態を表わし,$\varepsilon'=0,1$ が次の興奮の状態を表わす.これの,規則(11)への影響と,規則(12),(14),(16)への影響は,そこで次のようになる.

規則(11)では:($t-1$ に対する)C_ε が(t に対する)$C_{\varepsilon''}$ に移されたところが,($t-1$ に対する)$C_{\varepsilon\varepsilon'}$ が(t に対する)$C_{\varepsilon'\varepsilon''}$ に移されるというようになる.

規則(12),(14),(16)では:($t-1$ に対する)C_ε の役割を($t-1$ に対する)$C_{\varepsilon\varepsilon'}$ がかわりをする.

更に,(17)のリストにおいて(興奮していない)状態 C_0 を(全く興奮していない)状態 C_{00} に置きかえるのが自然である.

したがって，必要な修正を厳密に述べたものは次のようである：

(23)
$\begin{cases}
\text{規則(11)では } n_\vartheta^{t-1}=\mathbf{C}_\varepsilon \text{ を } n_\vartheta^{t-1}=\mathbf{C}_{\varepsilon\varepsilon'} \text{ で置きかえ,} \\
n_\vartheta^t=\mathbf{C}_1 \text{ を } n_\vartheta^t=\mathbf{C}_{\varepsilon'1} \text{ で置きかえ,} \\
n_\vartheta^t=\mathbf{C}_0 \text{ を } n_\vartheta^t=\mathbf{C}_{\varepsilon'0} \text{ で置きかえる.} \\
\text{規則(12)と(16)では } n_\vartheta^{t-1}=\mathbf{C}_1 \text{ を } n_\vartheta^{t-1}=\mathbf{C}_{1\varepsilon'} \text{ で置きかえ,} \\
\text{規則(14)では } n_\vartheta^{t-1}=\mathbf{C}_\varepsilon \text{ を } n_\vartheta^{t-1}=\mathbf{C}_{\varepsilon\varepsilon'} \text{ で置きかえる.} \\
\text{リスト(17)では } \mathbf{C}_0 \text{ を } \mathbf{C}_{00} \text{ で置きかえる.}
\end{cases}$

結論をいうと，この，(単一)遅れを導入する方法によると $\mathbf{C}_\varepsilon$ の二つの状態は $\mathbf{C}_{\varepsilon\varepsilon'}$ の四つの状態に置きかえられることがわかる；つまり，新しい状態を二つ導入した．

2.8 要　　約

2.8.1 状態と遷移規則の厳密な記述. 今や厳密なまとめ，つまり全状態の表とすべての場合をつくした遷移規則を与えることができる．

$\mathbf{T},\mathbf{T}'$ の代わりに，各々 $\mathbf{T}_u, u=0,1$ と書く．これにしたがって，普通刺激と特別刺激をそれぞれ**刺激**〈stimuli〉[0]と**刺激**[1]と呼ぶことにしよう．

状態を数え上げると次のようになる：

(S)　　**状態**〈state〉：

状態は次のものである．

伝達状態〈transmission states〉$\mathbf{T}_{u\alpha\varepsilon}$，ここで $u=0,1$ は，**普通**と**特別**；$\alpha=0,1,2,3$ は**右，上，左，下**；$\varepsilon=0,1$ は**静穏**状態か**興奮**状態にそれぞれ対応する．

合流状態〈confluent states〉$\mathbf{C}_{\varepsilon\varepsilon'}$，ここで $\varepsilon=0,1$ は**静穏**状態か**興奮**状態に，$\varepsilon'=0,1$ は**次に静穏**な状態か**次に興奮**する状態にそれぞれ対応．

興奮不能状態〈unexcitable state〉$\mathbf{U}$．

潜像状態〈sensitized states〉$\mathbf{S}_\Sigma$——ここで Σ は次の値をとる．

(S.1)　　　　　$\Sigma = \emptyset,\ 0,\ 1,\ 00,\ 01,\ 10,\ 11,\ 000.$

それに加えて次の Σ に対する $\mathbf{S}_\Sigma$

(S.2) $\Sigma = 0000,\ 0001,\ 001,\ 010,\ 011,\ 100,\ 101,\ 110,\ 111,$

はこの順に

(S.3) $\mathbf{T}_{u\alpha 0}(u=0,1;\ \alpha=0,1,2,3)$ と $\mathbf{C}_{00}$

を $\mathbf{T}_{000},\ \mathbf{T}_{010},\ \mathbf{T}_{020},\ \mathbf{T}_{030},\ \mathbf{T}_{100},\ \mathbf{T}_{110},\ \mathbf{T}_{120},\ \mathbf{T}_{130},\ \mathbf{C}_{00}$ の順にとったものと同じである．全部で 16(伝達)+4(合流)+1(興奮不能)+8(潜像)=29 の状態となる．したがって

(24) $N = 29,$

そして，記号 $\mathbf{T}_{u\alpha\varepsilon}(u=0,1;\ \alpha=0,1,2,3;\ \varepsilon=0,1)$, $\mathbf{C}_{\varepsilon\varepsilon'}(\varepsilon=0,1;\ \varepsilon'=0,1)$, $\mathbf{U}$, $\mathbf{S}_{\Sigma}\{(\mathrm{S.1})$ による $\Sigma\}$ が式(6)の 29 個の数の代わりに用いられる(2.1.2 節の式(6)と(7)の後の注意参照)．

では遷移規則を考えよう．第一に，この規則(つまり，2.1.2 節の意味での関数 $\mathbf{F}$)が幾つありうるかという数は，式(9)と $N=29$ より，

(25) $29^{(29^5)} \approx 10^{30,000,000}$

(指数の有効数字 3 桁とした)となることに注意する．第二に，規則(10)-(16)と(21)-(23)とを合わせたものが遷移規則で，それは次のようにまとめることができる．

(T) **遷移規則**〈transition rule〉:

(T.1)
$n_\vartheta^{t-1} = \mathbf{T}_{u\alpha\varepsilon}$ とする．

(α) $\vartheta - \vartheta' = v^{\alpha'}$ なるある ϑ' と $u \neq u'$ に対して $n_{\vartheta'}^{t-1} = \mathbf{T}_{u'\alpha'1}$ のときかつそのときだけ $n_\vartheta^t = \mathbf{U}$.

(β) (α)が成立たず次の(a)か(b)が成立つとき，かつそのときだけ $n_\vartheta^t = \mathbf{T}_{u\alpha 1}$:

但し (a) $\vartheta - \vartheta' = v^\alpha \neq -v^\alpha$ なるある ϑ' に対して $n_{\vartheta'}^{t-1} = \mathbf{T}_{u\alpha'1}$.

(b) $\vartheta - \vartheta' = v^\beta \neq -v^\alpha\ (\beta=0,\cdots,3)$ なるある ϑ' に対して $n_{\vartheta'}^{t-1} = \mathbf{C}_{1\varepsilon'}$.

(γ) (α)も(β)も成立たないときかつそのときだけ $n_\vartheta^t = \mathbf{T}_{u\alpha 0}$.

2.8 要約

(T.2)
$\begin{cases} n_\vartheta^{t-1}=\mathbf{C}_{\varepsilon\varepsilon'} \text{ とする.} \\ \quad (\alpha) \quad \vartheta-\vartheta'=v^{\alpha'} \text{ なるある } \vartheta' \text{ に対して } n_{\vartheta'}^{t-1}=\mathbf{T}_{1\alpha'1} \text{ のときか} \\ \qquad \text{つそのときだけ} \quad n_\vartheta^t=\mathbf{U}. \\ \quad (\beta) \quad (\alpha)\text{が成立せず, 次の(a)(b)共に成立するときかつその} \\ \qquad \text{ときだけ} \quad n_\vartheta^t=\mathbf{C}_{\varepsilon'1}: \\ \qquad \text{但し} \quad \text{(a)} \quad \vartheta-\vartheta'=v^{\alpha'} \text{ なるある } \vartheta' \text{ に対して } n_{\vartheta'}^{t-1}=\mathbf{T}_{0\alpha'1} \\ \qquad \qquad \text{(b)} \quad \vartheta-\vartheta'=v^{\alpha'} \text{ なるどの } \vartheta' \text{ に対しても決して } n_{\vartheta'}^{t-1} \\ \qquad \qquad =\mathbf{T}_{0\alpha'0} \text{ とならない.} \\ \quad (\gamma) \quad (\alpha) \text{も} (\beta) \text{も成立しないときかつそのときだけ} \\ \qquad n_\vartheta^t=\mathbf{C}_{\varepsilon'0}. \end{cases}$

(T.3)
$\begin{cases} n_\vartheta^{t-1}=\mathbf{U} \text{ とする.} \\ \quad (\alpha) \quad \vartheta-\vartheta'=v^{\alpha'} \text{ なるある } \vartheta' \text{ に対して } n_{\vartheta'}^{t-1}=\mathbf{T}_{u\alpha'1} \text{ のときか} \\ \qquad \text{つそのときだけ} \quad n_\vartheta^t=\mathbf{S}_\theta. \\ \quad (\beta) \quad (\alpha) \text{が成立しないときかつそのときだけ} \quad n_\vartheta^t=\mathbf{U}. \end{cases}$

(T.4)
$\begin{cases} n_\vartheta^{t-1}=\mathbf{S}_\Sigma \{\Sigma \text{ はリスト}(\mathrm{S.1})\} \text{ とする.} \\ \quad (\alpha) \quad \vartheta-\vartheta'=v^{\alpha'} \text{ なるある } \vartheta' \text{ に対して } n_{\vartheta'}^{t-1}=\mathbf{T}_{u\alpha'1} \text{ のときか} \\ \qquad \text{つそのときだけ} \quad n_\vartheta^t=\mathbf{S}_{\Sigma 1}. \\ \quad (\beta) \quad (\alpha) \text{が成立しないときかつそのときだけ} \quad n_\vartheta^t=\mathbf{S}_{\Sigma 0}. \end{cases}$

2.8.2 言葉によるまとめ. 2.8.1 節での厳密なまとめは, 2.2—2.7 の諸節で到達した言葉による定式化と結論の完全ないいかえになっている. この意味で, 2.8.1 節の完全な形式化された内容を言葉でいい表わしたものを見たければそれらの節を読めばよい. しかし, ここで 2.8.1 節の内容, つまり, 状態と遷移規則の記述を言葉でいいかえておくことは望ましいことだと思われる. たしかに, 2.8.1 節での定式化は, 2.2—2.7 の諸節で動機を言葉で説明したものがなければ, たどるだけでも容易でない. しかし一方, それらの節での言葉による説明は長たらしく, 一歩一歩到達したものである. そこで, 直接に言葉でいいかえたものをここに示すのである.

このような, 状態と遷移規則を共におおう説明を以下に示す.

16 個の**伝達状態**〈transmission state〉$\mathbf{T}_{u\alpha\varepsilon}$ が存在する．指標 u は状態の種類〈class〉を表わす：**普通**に対しては $u=0$，**特別**に対しては $u=1$ である．指標 α は当の状態の**方位**〈orientation〉を表わす：**右**に対しては $\alpha=0$，**上**に対しては $\alpha=1$，**左**に対しては $\alpha=2$，**下**に対しては $\alpha=3$．指標 ε は現在の**興奮**〈excitation〉の状態を表わす：**静穏**に対しては $\varepsilon=0$，**興奮**に対しては $\varepsilon=1$ である．伝達状態は**出力**方向が一つ，**入力**方向が三つある：前者はその方位によって定義される方向であり，後者は他のすべての方向である．伝達状態が，直隣りにある同じ種類の興奮している伝達状態の出力方向にあり，逆に後者が前者の入力方向にあるときに，前者は**遅れ 1** をもって後者によって興奮させられることができる．

4 個の**合流状態**〈confluent states〉$\mathbf{C}_{\varepsilon\varepsilon'}$ が存在する．指標 ε は現在の興奮の状態を表わし，指標 ε' は次の時点の興奮の状態を表わす：**静穏**の状態に対しては ε または $\varepsilon'=0$ であり，**興奮している**に対しては ε または $\varepsilon'=1$ である．合流状態は種類 0 であると見做される．合流状態に対しては，すべての方向が入力としても出力としても使える．[しかしある定められた時間に，一方向を同時に入力にも出力にも使うことはできない．] 合流状態は，**遅れ 2** で，それを出力方向にもつような直隣りの同じ種類（すなわち 0）の伝達状態によって興奮させられうる．少なくとも一つそのような直隣りが存在し，そうしてそのような直隣りが（数はどうであれ）すべて興奮しているときに限り興奮がひきおこされる．

（どの種類のでも）伝達状態の入力方向の一つの直隣りに興奮している合流状態がある時にも，前者は**遅れ 1** でもって後者により興奮させられることができる．

興奮不能な一つの状態 **U** が存在する．この状態は興奮していないと見做せる．伝達あるいは合流状態が直隣りの興奮している反対種類の伝達状態の出力方向にあるとき，前者は後者によって**殺される**〈killed〉（つまり，興奮できない状態に移される）．

上述の（伝達および合流の）状態はみな，上述の規則によって，興奮も殺しも行なわれないときは，それぞれの静穏状態に移行する．

リスト(S.1)の Σ に対応して8個の**潜像状態**〈sensitized state〉$\mathbf{S}_\Sigma$ が存在する．リスト(S.2)の Σ に対しても記号 $\mathbf{S}_\Sigma$ を用いるが，これは潜像状態とは考えられない．それは，リスト(S.3)の静穏伝達状態および静穏合流状態と同じである．(リスト(S.1)—(S.3)については2.8.1節参照．) 潜像状態 $\mathbf{S}_\Sigma$ はどの場合でも(直ちに，すなわち**遅れ1**で)変化をおこす，すなわち $\mathbf{S}_{\Sigma 0}$ か $\mathbf{S}_{\Sigma 1}$ に変わる．この潜像状態が直隣りの興奮している(どちらかの種類の)伝達状態の出力方向にある時，後者の作用によって $\mathbf{S}_{\Sigma 1}$ への遷移がおこる．そうでない場合は $\mathbf{S}_{\Sigma 0}$ への遷移がおこる．

直前に述べたこの規則は，その状態が潜像状態にある限り，すなわちその Σ がリスト(S.1)のものであってリスト(S.2)のものでない限り(つまり，Σ が最大長まで達しない限り)においてのみ，あてはまるものだということを再び強調しておこう．

[2.8.3 遷移規則の解説．von Neumann の無限細胞構造の各細胞は，29状態の同じ有限オートマトンで占められる．1.3.3.5節で説明したように，"無限細胞オートマトン"は，この無限細胞構造に細胞の初期状態割当てをつけ加えたものである．"細胞の初期状態割当て"は有限個の細胞のリストと，そのリストの各細胞に対する状態割当て表との組である；リストに入っていない細胞はすべて興奮不能状態 **U** を割当てたものとする．細胞の初期状態割当ては，無限細胞オートマトンの時刻0における状態を定める．その後の無限細胞オートマトンの歴史は時刻 t における29状態の一つの有限オートマトンの細胞およびその四つの直隣りの細胞の状態からその関数として，時刻 $t+1$ における中心の細胞の状態を定める遷移規則によって決定される．

この29状態とその遷移規則は第9図および第10図にまとめてある．von Neumann はまた，伝達状態の対をあらわすのに，(普通に対して)0 あるいは(特別に対して)1 を，出力方向を示す矢印に付けた記号化をも用いた．例えば，状態 $\mathbf{T}_{00\varepsilon}$ の対は $\underset{\rightarrow}{\mathbf{0}}$ で表わされ，一方 $\mathbf{T}_{11\varepsilon}$ は $\uparrow\mathbf{1}$ で表わされる．

von Neumann の細胞構造の一つの細胞を占める29状態のオートマトンはいろいろな見方で見ることができる．たとえばスイッチ素子と遅延素子から作

種類	名称	記号	個数	遷移規則の要約
普通	興奮不能	U	1	直接過程は U を潜像状態に変えて，それから T_{ua0} かまたは C_{00} に変える。 逆過程は $T_{ua\varepsilon}$ や $C_{\varepsilon\varepsilon'}$ を殺して U にする。
普通	合流	$C_{\varepsilon\varepsilon'}$ $\begin{cases}\varepsilon=0\,(静穏)\\\varepsilon=1\,(興奮)\\\varepsilon'=0\,(次に静穏)\\\varepsilon'=1\,(次に興奮)\end{cases}$	4	自分の方に向いた $T_{0a\varepsilon}$ から論理積で受ける；自分に向いていないすべての $T_{ua\varepsilon}$ へ2倍の遅れで発信する。 自分に向いた T_{1a1} によって殺されて U になる。殺す作用は受信より優先する。
普通	伝達 $T_{0a\varepsilon}$	$\begin{array}{l}\xrightarrow{0}\\\uparrow 0\\\xleftarrow{0}\\\downarrow 0\end{array}$ 種類: $u=0$(普通) $u=1$(特別) 興奮状態: $\varepsilon=0$(静穏) $\varepsilon=1$(興奮)	8	自分の方に向いた $T_{0a\varepsilon}$ からおよび $C_{\varepsilon\varepsilon'}$ から論理和で受ける；出力方向にある。 a) 自分に向いていない $T_{0a\varepsilon}$ へ，および $C_{\varepsilon\varepsilon'}$ へ， b) U または潜像状態へ直接過程として， c) T_{1a1} へ，逆過程で殺すために， 単一の遅れで発信する。 自分に向いた T_{1a1} によって殺されて U になる。殺す作用は受信より優先する。
特別	伝達 $T_{ua\varepsilon}$ $T_{1a\varepsilon}$	$\begin{array}{l}\xrightarrow{1}\\\uparrow 1\\\xleftarrow{1}\\\downarrow 1\end{array}$ 出力方向: $\alpha=0$(右) $\alpha=1$(上) $\alpha=2$(左) $\alpha=3$(下)	8	自分の方に向いた $T_{1a\varepsilon}$ からおよび $C_{\varepsilon\varepsilon'}$ から論理和で受ける；出力方向へ。 a) 自分に向いていない $T_{1a\varepsilon}$ へ， b) U または潜像状態へ直接過程として， c) $T_{0a\varepsilon}$ または $C_{\varepsilon\varepsilon'}$ へ，逆過程で殺すために， 単一の遅れで発信する。 自分に向いた $T_{0a\varepsilon}$ によって殺されて U になる。殺す作用は受信に優先する。
	潜像	$S_\theta \begin{cases} S_0 \begin{cases} S_{00}\begin{cases}S_{000}\\ \end{cases}\\ S_{01}\end{cases}\\ S_1\begin{cases}S_{10}\\ S_{11}\end{cases}\end{cases}$	8	これらは直接過程の中間状態である。U の方に向いた T_{ua1} はそれを S_θ に変える。その後は S_Σ は a) 一つでも T_{ua1} が自分の方に向いていれば $S_{\Sigma1}$ に変る。 b) それ以外なら $S_{\Sigma0}$ に変る。 そして T_{ua0} または C_{00} になることによって直接過程は終る。第10図を見よ。

第9図　29の状態とその遷移規則

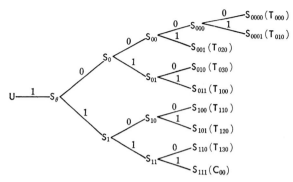

第10図 直接過程における状態の遷移

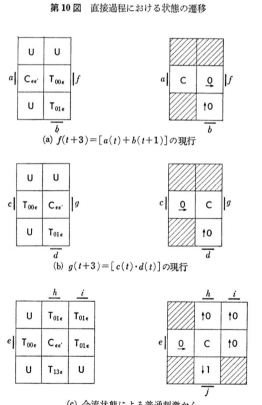

(a) $f(t+3)=[a(t)+b(t+1)]$ の現行

(b) $g(t+3)=[c(t)\cdot d(t)]$ の現行

(c) 合流状態による普通刺激から
　　特別刺激への変換および分岐

第11図 伝達状態および合流状態の説明

られ，四面の境いを横切る線によって四つの直隣りと結ばれるところの有限オートマトンと見ることができる．しかし以下では，これを何個かの基本素子(部分オートマトン)とこれらの素子の間をあちこちと切りかえることを制御する装置の組合せと見る方がもっと実り多い．それは，細胞の29個の状態を，特定の機能に対応する部分集合に分解することである．

例として，伝達状態 T_{000} と T_{001}，すなわち $\varepsilon=0,1$ に対する $T_{00\varepsilon}$ の対を考えよう．この状態の対は，出力が右に向いた，単一遅れをもたらす論理和(+神経細胞)として働く．$T_{00\varepsilon}$ の可能な入力は，それの上方，左方，下方の直隣りにありうる．これらの入力は合流状態あるいはそれに方向を向けた他の普通伝達状態からくる．そこで第11図(a)において，細胞 $T_{00\varepsilon}$ は次のように動作する．もし t において隣りが $C_{1\varepsilon'}$ か T_{011} なら $t+1$ においては自分は T_{001} になる；もし時刻 t において隣りが同時に $C_{0\varepsilon'}$ および T_{010} なら $t+1$ では自分は T_{000} になる．いいかえると，第11図(a)がそこに示されている状態に限られている限りは，2状態 $T_{00\varepsilon}$ は左方と下方からの入力と右方(f)への(単一遅れをもつ)出力を持つ論理和素子をなすと考えることができる．

4個の合流状態 $C_{\varepsilon\varepsilon'}(\varepsilon,\varepsilon'=0,1)$ の組は，論理積("and"，"・")，2倍の遅れ，線の分岐，普通刺激の特別刺激への変換の働きをする；von Neumann はまたこの四つの状態を記号 C であらわした．これらの状態は方向性がなく，作用する方向は四つの直隣り細胞の(普通および特殊の両方の)伝達状態の方向によって決められる．与えられた細胞のとる状態 $C_{\varepsilon\varepsilon'}$ の組を考えよう．この組 $C_{\varepsilon\varepsilon'}$ に対する入力は，それに方向を向けた普通伝達状態から発せられる．この組 $C_{\varepsilon\varepsilon'}$ からの出力は，それに方向を向けていない普通および特殊伝達状態の両方に作用する．第11図(b)と(c)を見よ．図(b)では細胞 $C_{\varepsilon\varepsilon'}$ は次のように動作する．t において同時に T_{001} かつ T_{011} ならば $t+1$ では $C_{\varepsilon'1}$ であり $t+2$ では $C_{1\varepsilon''}$ である；もし t において T_{000} であるか T_{010} ならば $t+1$ では $C_{\varepsilon'0}$ であり $t+2$ では $C_{0\varepsilon''}$ である．いいかえると，図(b)の中では $C_{\varepsilon\varepsilon'}$ の四つの状態は，左方下方からの入力と右へ(g へ)の(2単位時間遅れた)出力を持つ論理積素子をなすと考えることができる．

2.8 要約

$T_{u\alpha\varepsilon}$ 細胞あるいは $C_{\varepsilon\varepsilon'}$ 細胞の状態 ε をある時刻でのその出力状態と考え，その直隣りの状態の組合せをその時刻におけるその入力状態と考えると都合が良い．また，細胞への入力(第11図の a, b, c, d, e)あるいは細胞からの出力(第11図の f, g, h, i, j)を短かい棒線であらわすと便利である．この用法にしたがうと第11図に対しては

$$f(t+3) = [a(t)+b(t+1)]$$
$$g(t+3) = [c(t) \cdot d(t)]$$
$$h(t+4) = e(t)$$
$$i(t+5) = e(t)$$
$$j(t+4) = e(t)$$

となる．出力 j が特別刺激であるのを除くと，出力はみな普通刺激である．

論理和 $(+)$ と論理積 $(\cdot)$ のスイッチ関数(真理関数)はそれぞれ，適当な遅れをゆるせば，普通状態 ($T_{0\alpha\varepsilon}$ と $C_{\varepsilon\varepsilon'}$) の細胞回路網によって実現できる．記憶のループは普通状態で作れる．第12図では $B1, B2, A2, A1$ のループによってパルス列10000が貯えられ，それはその四角を永久に回り続けながら絶えず細胞 $C1$ に出力している．否定は29状態には直接に表わされていないが破壊(逆)および組立て(直接)過程によって合成される．後述の 3.2.2 節と第17図を見よ．

直接過程により，興奮できない状態 U から9個の静穏な状態 $T_{u\alpha 0}$ ($u=0, 1$; $\alpha=0, 1, 2, 3$) あるいは C_{00} のどれかに細胞の状態が遷移する．U に方向を向けた(普通あるいは特別)伝達状態が直接過程を起動，制御し潜像状態がその中間状態の働きをする．U の方向を向いた $T_{u\alpha 1}$ のどれか(あるいは幾つか)がその U を S_θ に変える．その後で，S_Σ は，(a)もしその細胞の方向を向いた $T_{u\alpha 1}$ があれば $S_{\Sigma 1}$ に，(b)なければ $S_{\Sigma 0}$ に移り変わり，第10図のように直接過程が $T_{u\alpha 0}$ あるいは C_{00} を作って終るまで続く．例えば，状態 U の細胞に伝えられるパルス列が10000であれば T_{000} を生じ，1011であれば T_{100} を生じ，1111であれば C_{00} を生ずる．

直接過程の例を第12図に図示する．下添字(ε と ε' の値)に示されるように，$B1, B2, A2, A1$ のループは時刻0においてパルス列10000をこの順に貯えてい

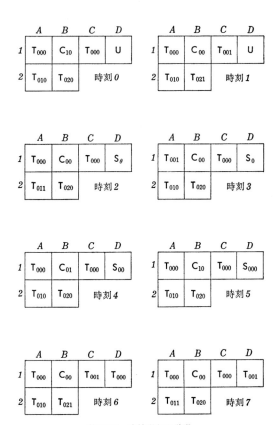

第12図 直接過程の説明

る．このパルス列はこのループを無限に回り続け，細胞 $C1$ に繰り返し出力する．それは遅れ1をもって細胞 $C1$ を通る．それは次に示すような時間経過で細胞 $D1$ に作用する：

時刻：	0	1	2	3	4	5	6	7	…
$D1$ への入力：	0	1	0	0	0	0	1	0	…
$D1$ の状態：	U	U	S_θ	S_0	S_{00}	S_{000}	T_{000}	T_{001}	…

この過程はまた繰り返し，今度は細胞 $D1$ がパルス列 10000 をその右にある細胞に出力して，それに $S_\theta, S_0, S_{00}, S_{000}, T_{000}, T_{001}, \cdots$ という順序で状態をとらせていく．この過程は何度でも無限に繰りかえされる．こうして第12図の1番

2.8 要約

目のパターンを初期細胞状態割当てとするような無限細胞オートマトンは，通信路 $\overrightarrow{0}\,\overrightarrow{0}\,\overrightarrow{0}\cdots$ を右の方へいくらでも長く伸ばしていく．

逆過程（破壊，殺し）は伝達状態 $T_{u\alpha\varepsilon}$ や合流状態 $C_{\varepsilon\varepsilon'}$ を何でもみな U に変える．興奮している普通伝達状態 $T_{0\alpha 1}$ は，その方向にある特別伝達状態 $T_{1\alpha\varepsilon}$ を

時刻 0	時刻 1
U U U U U T_{101} C_{00} U U U U U	? ? ? ? ? T_{100} U ? ? ? ? ?

(a) 特別伝達状態が合流状態を殺す

時刻 0	時刻 1
U U U U U T_{101} T_{021} U U U U U	? ? ? ? ? U U ? ? ? ? ?

(b) 特別伝達状態と普通伝達状態が互いに殺しあう

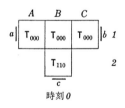
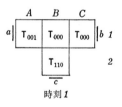

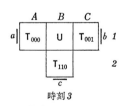

(c) 殺しは受信に優先し発信には優先しない

第13図 逆過程の諸例

殺し，興奮している特別伝達状態 $T_{1α1}$ は，その方向にある普通伝達状態 $T_{0αε}$ および合流状態 $C_{εε'}$ を殺す．第 13 図に例が示されている．同図(a)と(b)で時刻 1 において疑問符をつけた細胞があるのは，その時刻におけるそれらの細胞の状態がまわりの外側にある細胞の状態に依存するからである．第 13 図(a)と(b)の場合以外はいつも，図中の有限細胞配列はまわりから作用する直接過程あるいは逆過程によって変化することはないと仮定する．同図(b)の特別および普通伝達状態はお互いに殺しあうことに注意されたい．

逆過程は受信より優先する．もし時刻 t に"殺し"刺激がある細胞に入ると，他にどんな刺激が時刻 t にその細胞に入ったかにかかわりなく，時刻 $t+1$ にはその細胞は U 状態になる．一方，殺しは出力に優先しない．つまりもしある細胞が時刻 t に刺激を出力しようとしていたとき，たとえちょうど時刻 t に殺しの刺激を受けたとしても，その刺激を実際に出力してしまうということである．このことを第 13 図(c)に図示する．

第 13 図(c)において，時刻 0 と 1 において普通刺激が入力 a に入り，時刻 1 において特別刺激が入力 c に入り，他のどの時刻にも他の刺激はこの図には入らないと仮定しよう．時刻 0 に a に入る普通刺激は時刻 1 には細胞 $B1$ に入り，時刻 2 には細胞 $B1$ を出て，時刻 3 には細胞 $C1$ を出る(出力 b)．時刻 1 において c に入力する特別刺激は時刻 2 において細胞 $B1$ に入り，時刻 3 において細胞 $B1$ を状態 U にする．時刻 1 に a に入る普通刺激は時刻 2 に細胞 $B1$ に入るが，時刻 1 に特別殺し刺激も細胞 $B1$ に入るので，この普通刺激は何も作用をおよぼさない．よって，a に入力するはじめの普通刺激は，細胞 $A1, B1, C1$ を通って伝達され出力 b で放出されるが，入力 a への第二の普通刺激は入力 c からの殺し刺激に優先され消滅する．

この細胞システムにおける基本的な構成の一つは，直接過程によって遠くの細胞の状態を変え，それから組立てに用いた通路を消し去ることである．このやり方を第 14 図に図示した．まず普通刺激の列が交互に入力 i と j から加えられそれらは道 $B2$-$D2$ に沿って伝わり，そして $D3$ は興奮していない状態で得られる．必要なパルス列は以下のようである（第 10 図参照）．(a) 入力 i に

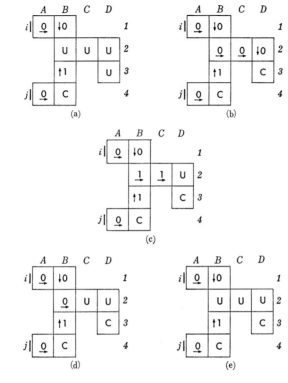

第14図 遠くの細胞の状態を変え，組立てに用いた通路をもとの興奮不能な状態にもどす手順

10000, 10000, 1010, 1111 が加えられる．道 $B2$-$D2$ は普通伝達路になり，細胞 $D3$ は望む状態 **C** になる(第14図(b))．(b) 入力 j に 1, 1011; 1, 1011; 1 が加えられる．細胞 $B2$ と $C2$ は相次いで **U**, S_θ, S_0, S_{01}, S_{011} (すなわち T_{100}) のように変る．第14図(c)のように細胞 $D2$ は **U** になる．(c) パルス列 1, 10000, 1 を i に加えると第14図(d)ができる．(d) 最後に，単一刺激 1 を j に加える

と第14図(e)ができる．こうして，$D3$ が求める状態で残り，通路 $B2$-$D2$ は興奮不能な状態にもどった．

　第14図における変換は，細胞 $B2$ の入力辺から時間を測ると 37 ステップの時間を要する．上述のように，刺激は入力 i と j から交互に入るが，刺激がないことは "0" で表わされるから，長さ 37 のパルス列が入力 i を通して細胞 $B2$ に入り，同時に長さ 37 のパルス列が入力 j を通して細胞 $B2$ に入ると考えることができる．入力 j から $B2$ に至る道は，入力 i から $B2$ に至る道よりも 2 単位時間長くかかる；したがって，j への入力は，i への入力に 2 単位時間だけ先立たなければならない．その結果，第14図(a)から同図(e)への変化は第14図の下の方に示された普通刺激の 36 ビットのパルス列二つによって行なわれることになる；この系列で時間は左から右へ進むものとする．入力 i に対するこのパルス列は，i の前に，状態 $\mathbf{T}_{00\varepsilon}$ の細胞 36 個の列を置き，i に加える求むる入力にしたがってそれぞれの ε の値を選ぶことによって得られる．同様に，入力 j に対するパルス列は，j の前に 36 個の細胞列を置き適当な $\mathbf{T}_{00\varepsilon}$ 状態にすることによって得られる．

　上の方法は，静穏な細胞，すなわち状態 U，$\mathbf{T}_{u\alpha 0}$ ($u=0,1$；$\alpha=0,1,2,3$) または $\mathbf{C}_{00}$ にある細胞の任意の有限配列 $\mathcal{A}$ を作るのに用いることができる．そのような配列各々に対し，第14図の入力 i と j に加えると右方に配列 $\mathcal{A}$ を作り出すことのできるような刺激の 2 進パルス列の対が存在する．さらに，これら二つのパルス列は，ε を適当に選んだ $\mathbf{T}_{00\varepsilon}$ の状態にある細胞の二つの線状配列から発せられる．これら二つの線状配列に第14図の細胞 $A1$, $A4$, $B1$-$B4$ を加えたものは，配列 $\mathcal{B}$ をなす．このようにして，von Neumann の細胞構造における構成に対して，次の結果が得られる：静穏で有限の配列 $\mathcal{A}$ に対し，有限の配列 $\mathcal{B}$ と時間 τ が存在し，$\mathcal{B}$ を初期細胞状態割当てとする無限細胞オートマトンにおいて時刻 τ に配列 $\mathcal{A}$ があらわれるようにすることができる．更に，配列 $\mathcal{A}$ の細胞が興奮していないという制限は重要ではあるが(前述 1.6.3.2 節参照)，それほど重大なことではない，というのは配列 $\mathcal{B}$ は通路を興奮不能状態にもどす前に配列 $\mathcal{A}$ に動作開始刺激を伝えることができるからである．

領域 $\mathcal{B}$ が常に $\mathcal{A}$ よりも大きい(より沢山細胞を持つ)ことは，前の構成法をみれば明らかである．上述の 1.6.1.1 節参照．von Neumann は，この困難を，万能組立てオートマトン $\mathbf{D}$ を設計し，それに自分自身を記述するテープ $\mathbf{L_D}$ を付すことによって回避する；この万能組立てオートマトンはいろいろのことができるが，とりわけ，万能 Turing 機械の能力を有する．第 14 図の技法は，この万能組立てオートマトン $\mathbf{C}$ の動作の中で本質的役割を演ずる．後出第 4 章，第 5 章を見よ．]

第 3 章

基本器官の設計

3.1 序　　説

3.1.1　自由タイミングと固定タイミング，周期的繰返し，相停止． 以下の節において構成される器官は，二つの重要な特徴を(別々にまたは同時に)示す．それは**自由タイミング**〈free timing〉と**固定タイミング**〈rigid timing〉である．

　(特定の点においてある順序にしたがって)特定の刺激が出される場合に，一つの刺激と次の刺激の間の時間間隔，つまり**時間の遅れ**が一定していない場合は**自由タイミング**である．

　また上述の時間の遅れが数値的にきめられている場合が**固定タイミング**である．別の言い方として，この遅れの時間の間は"無刺激"でうめられていると言ってもよい．(一つの刺激と次の刺激の間の一定の遅れを d とすれば，その二つの刺激の間には，明らかに $d-1$ 個の無刺激があることになる．)　固定タイミングの刺激列は，したがって"刺激-無刺激列"が切れ目なしに続くものとして表わすこともできる．この形式では，0 と 1 の列として $\overline{i^1 \cdots i^n}$ (各 $i^p = 0, 1$)の形に表示される．ここで 1 は刺激を表わし，0 は無刺激を表わす．この $\overline{i^1 \cdots i^n}$ の表示を用いる時には，いつも固定タイミングを意味する．

　[前に 2.6.3.2 節で述べた直接過程は固定タイミングになっている．そこで von Neumann が言っているように，固定タイミングにおいては，"刺激が存在しないということは，存在する事と同じようにはっきりした効果を与えるものなので，したがって，必要な刺激は特に必要とされた遅れ以外の遅れなしに一定の時間に与えられなければならない"．

　1.3.3.5 節で見たように，任意の与えられた時間において興奮状態にあることの出来る細胞の数には限りがない．ただしもちろんこの数は有限である．し

たがって von Neumann の細胞構造はいくらでも多くの並列動作を許している。しかし von Neumann は自分の自己増殖オートマトンを設計するのに，彼の細胞構造のもつ並列動作の機能をあまり用いなかった．むしろ彼の自己増殖オートマトンは，直列型のディジタル計算機のように働き，大部分の器官は通常静止している．この点では，EDVAC に似ている．(第9-12頁参照)

自己増殖オートマトンの器官が一つまたはそれ以上の刺激を含む列によって刺激されると，その器官はある遅れをもって出力(応答)を出す．普通は，入力と出力の間の遅れは問題にならない．何故なら，他に何も同時に作られたり，計算されたりしていないからである．同じようにして，ある器官への入力と，その器官への次の入力との間の遅れは，それが十分大きくて，その器官が2番目の動作をする前に1番目の動作を終えるようなら，通常問題にならない．これらの点に関する主な例外は，次の第4章で述べるテープ・ユニットに関するものである．テープを伸ばしたり縮めたりするのに von Neumann が用いた方法は，二つの接続ループでの同時(並行)動作を必要とする．]

$\overline{i_1 \cdots i_n}$ のようなパルス列の**周期的繰返し**⟨periodic repetition⟩というときは，固定タイミングをとった周期的繰返し，つまり，特にことわらない限り，周期 $\overline{i_1 \cdots i_n}$ が切れ目なしに続く，周期的な繰返しを意味する．そこで周期的に繰返された $\overline{i_1 \cdots i_n}$ を $\overline{\overline{i_1 \cdots i_n}}$ で表わし，$\overline{i^1 \cdots i^n i^1 \cdots i^n i^1 \cdots i^n \cdots \cdots}$ を意味することにする．このような周期的繰返しが，無限に続いてはこまる．**周期**⟨period⟩ s の**位相** k **で停止する**⟨stop in phase k⟩ $(k=1, \cdots, n)$ というときには，系列が s 番目の周期の i^k の直前で打ち切られることを意味している．(すなわち，この時およびそれ以後は刺激が出ない．) これをまた $l=ns+k$ の時**ステップ**⟨step⟩ l で**停止**と呼ぶこともある $(l=1, 2, \cdots)$．(相については言わずに)**周期 s で停止**と言う時は，相1での停止を意味している．(すなわち，$ns+1$ ステップで停止．)

3.1.2 器官の組立て，単純器官と複合器官． ではこれから，いくつかの器官を，より簡単なものからより複雑なものへと，次々に組立てていこう．これらの器官の大部分は，その前に定義された器官を互いに制御接続網で組み合わせた複合物である．各器官にはそれぞれ名前と記号を与え，次の段階の大きな，

複雑な器官の一部として現れる場合に,それを識別することが出来るようにする.

[ある場合には,von Neumann はある与えられた類に属する任意の器官を設計するアルゴリズムを与えている.たとえばパルサー(3.2 節参照),復号器官(3.3 節),および符号化チャネル(3.6 節)の場合がそうである.3 進計数器(3.4 節)および $\bar{1}$ 対 $\overline{10101}$ 弁別器(3.5 節)の場合には,彼は特定の器官を設計している.von Neumann のアルゴリズムおよび構成法を追っていくのを容易にするように,各節の初めにまず完成した器官についてのべることにする.

von Neumann の関心は自己増殖の存在証明にあったから,彼は一般には設計を簡単化する努力はあまりはらわなかった.]

3.2 パルサー

3.2.1 パルサー:構造,寸法,タイミング.

[第 15 図は von Neumann のアルゴリズムにしたがって設計された二つのパルサーを示す.これらがどのように動作するかを説明しよう.

時刻 t にパルサー $\mathbf{P}(\overline{111})$ の入力 a に入る刺激(例えば $\mathbf{T}_{001}$)は各合流素子で分岐し,時刻 $t+9$, $t+10$, $t+11$ に出力 b から列 $\overline{111}$ を出す.斜線でハッチした細胞は興奮不能状態 $\mathbf{U}$ にある.

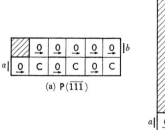

第 15 図 二種のパルサー

特性 $\overline{10010001}$ は 1 を三つ含んでいるから，$\mathbf{P}(\overline{10010001})$ にはそれぞれ相対遅れ 0, 3, 7 をともなった三つの経路 (B, D および F) が必要である．下にある合流細胞は，それぞれ相対遅れ 0, 1, 2 をつくる．遅れを付加するには二つの方法がある．常時上向きの伝達状態二つを $C5, C6, D5$，および $D6$ のようなブロックで置き換えると，2 単位の遅れをその経路に付け加えることになる．この機構によって三つの経路に 0, 3 および 6 の相対遅れをつくれる．上から第 2 行目の普通伝達状態を合流状態で置き換えることにより（例えば $F2$），1 単位の遅れをその経路に付け加えられる．この方法で三つの経路 B, D および F にそれぞれ 0, 3 および 7 の相対遅れをつくることが出来る．]

パルサー〈pulser〉から始めよう．この器官は入力 a と出力 b を持っている．a に刺激があると，b からあらかじめ決まったパルス列 $i^1 \cdots i^n$ を出す．

a に入る刺激と b からの応答の間の時間関係は自由である．すなわち，この間の遅れはここではあらかじめ決まっていない（しかしこの点についてはこの節の終りの記述を参照）．このパルサーの記号は $\mathbf{P}(\overline{i^1 \cdots i^n})$ である．パルス列 $\overline{i^1 \cdots i^n}$ は任意に決めることが出来て，このパルサーの**特性**〈characteristic〉と呼ばれる．また n をその**位数**〈order〉と呼ぶ．

パルサーを組立てるのに必要な原理は極めて簡単である．実際の回路は第 16 図に順次展開されている．この組立ておよびその結果の回路をこの節の残りで議論する．

$\nu_1, \cdots, \nu_k$ を $i^\nu = 1$ となる ν，すなわち，パルス列 $\overline{i^1 \cdots i^n}$ 中の刺激の位置とする．したがって $1 \leq \nu_1 < \nu_2 < \cdots < \nu_k \leq n$，よって $\nu_h \geq h$ である．

(1′) $$\begin{cases} \nu_h - h = 2\mu_h + r_h, \\ \text{ここで } \mu_h = 0, 1, 2, \cdots; \ r_h = 0, 1 \end{cases}$$

と書く．

a への入力刺激は k 個の別々の刺激，番号 $h=1, \cdots, k$，に分割，いや，むしろ多重化され，それぞれ相対遅れ ν_h ($h=1, \cdots, k$) をともなって出力 b に到達する．

最初に第 16 図(a)の回路を考えよう．a に到達した刺激が b に達するのに k 個の経路がある．h 番目の経路 ($h=1, \cdots, k$) は，a から水平に h 番目の **C** へ行

202

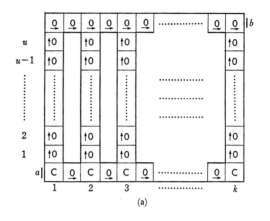

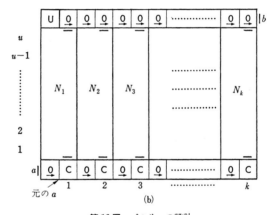

第16図　パルサーの設計

き，そこで垂直上方に向きを変え，上端までのぼり，そこから水平に b まで続く．全体で $(2h-1)+u+(2(k-h)+1)=2k+u$ ステップあるが，そのうち h ステップは C であり，したがって全体の遅れは $(2k+u)+h$ となる．すなわち h 番の経路は(他の経路に対して)相対遅れ h をもっている．

この回路は $2k-1$ の幅を持っているが，その高さ $u+2$ は u と共に未定であることに注意しなければならない．

ここで第16図(a)の h 番目経路の相対遅れ h を，相対遅れ ν_h で置き換えな

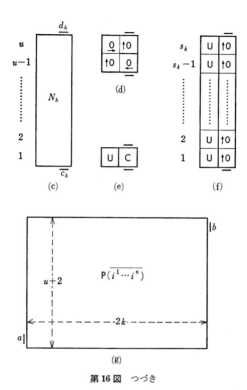

第16図 つづき

ければならない($h=1, \cdots, k$ に対して).すなわち,この遅れを $\nu_h - h = 2\mu_h + r_h$ だけ増さなければならない((1′)式参照).そこで第16図(a)の k 個の垂直枝のそれぞれを,適当な遅れ回路で置き換える.例えば第16図(b)のように h 番目の垂直枝を遅れ回路 N_h で置き換える.(そのほか入力 a を1ステップ左に動かし,最初の C の前に $\underset{\rightarrow}{\underline{0}}$ を入れた.) したがって N_h は $2\mu_h + r_h$ の遅れをつくる必要がある.

N_h を再び第16図(c)に示し,入力を c_h, 出力を d_h で示す.(c_h は h 番目の C のすぐ上にあり,この上の d_h は上端の経路の下にある.すなわち,上端の経路の $2h-1$ 番目の $\underset{\rightarrow}{\underline{0}}$ のすぐ下にある.) 欲しい遅れ $2\mu_h + r_h$ をつくるには,N_h は垂直に遅れ2のブロックを積み重ね,さらに $r_h = 1$ なら遅れ1のブロックを一つ加える.前者を第16図(d)に示す.その高さは2である.後者を第

16図(e)に示す．その高さは1である．それから N_h の全体の高さを，長さ $u-2\mu_h-r_h=u-(\nu_h-h)=s_h$ (公式(1′)参照) の普通状態の垂直上昇を挿入することによって一定値 u に合わせる．これを第16図(f)に示す．(言うまでもなく上述の遅れはすべて，通常の垂直上昇と較べての相対遅れである．) 第16図(d)のブロック μ_h 個は N_h の底に，(もしあれば)第16図(e)のブロックを一つ N_h の上端に，そして第16図(f)の垂直の挿入物をその間に入れるのがよい．この最後の注意の理由は，第16図(e)の C が第16図(d)の伝達状態と接しないためで，接触すると意図しなかった刺激が起こるかもしれないからである．第16図(e)と第16図(f)の U の入れ方はそのような接触が，第16図(e)と第16図(d)の間で，しかも，後者が前者の右にきた場合にしか起こらないようになっている．したがって $N_h(h=1,\cdots,k)$ の上端では，第16図(e)のブロックのすぐ右に第16図(d)のブロックがこないようになっていなければならない．

したがってこれらをすべて考慮すると，次の条件を得る：常に $u \geqq \nu_h-h$．もしある r_h が $r_h=1$ で，(すなわち，ν_h-h が奇数，すなわち上端に第16図(e)のブロックがある)，また ν_h-h の最大値が偶数であるなら，すべての h に対して $u > \nu_h-h$ である．言いかえると $u \geqq u^0$，ここで

$$(2')\begin{cases} u^0 = \underset{h=1,\cdots,k}{\mathrm{Max}}(\nu_h-h)+\varepsilon^0 \\ \text{ここで，Max が偶数であるが } \nu_h-h \text{ が奇数となるものがある場合} \\ \text{は，} \varepsilon^0=1. \\ \text{その他の場合は } \varepsilon^0=1. \end{cases}$$

もちろん $u=u_0$ とするのが一番簡単である．

[この規則は，$\mathbf{P}(\overline{1010})$ のように $\nu_k-k=1$ である時には正しくない．何故なら最低行の合流状態はその上の合流状態を直接駆動できないからである．この見落としはいろいろの方法でただすことができる．ここでは von Neumann の規則(2′)に次の制限を加えることによって訂正を行なう．

$$\text{もし } \nu_k-k=1 \text{ なら } u=2$$

$\mathrm{Max}(\nu_h-h)=\nu_k-k$ となることに注意．

von Neumann が ε^0 を導入したのは第16図(e)のすぐ右に第16図(d)がこ

ないようにするためで，それは前者の図の合流状態が後者の図の普通伝達状態に影響をおよぼすからである．しかし，もし第16図(e)がパルサーの上端の次の行にあり，第16図(d)がその行とその下の行にあれば，この効果は実際にはパルサーの出力を変えることはない．したがって von Neumann の設計アルゴリズムの代りに，u を決めるもっと簡単な規則を持った，新しいアルゴリズムを置くことが出来る．すなわち

　　　もし　$\nu_k - k = 1$　なら　$u = 2$,

　　　その他の場合　$u = \nu_k - k$.

しかし von Neumann のもとの設計に出来るだけ近くしておきたいので，この規則の置き代えはしないことにする．]

これで組立ては終った．第16図(b)が示しているように，この回路の領域は幅 $2k$ 高さ $u+2$ の場所をとっている．この回路の省略された表現を第16図(g)に示す．

パルス列 $\overline{i^1 \cdots i^n}$ すなわち相対遅れ $\nu_h (h=1, \cdots, k)$ は，あらかじめもうけたある絶対遅れを伴って達成されていることに注意されたい．第16図(a)の条件のもとではそれは $2k+u$ であることを知った．第16図(b)の **C** の前に $\underset{\rightarrow}{\mathbf{0}}$ を挿入すると，これはふえて $2k+u+1$ になる．したがって第16図(g)に示された最終的な装置では，a に刺激があると，あらかじめもうけた(絶対)遅れ $2k+u+1$ だけ後に，b にパルス列 $\overline{i^1 \cdots i^n}$ が開始される．(これは，そのパルス列の最初の刺激または無刺激の位置 i^1 は遅れ $2k+u+2$ を持っていることを意味している．)

もし入力 a が何度か刺激されると，b での出力は同時的に起こって，誘起された列 $\overline{i^1 \cdots i^n}$ が重なり合うか否かに無関係に出力が出る．すなわち，この回路では相互干渉によるパルス列の劣化は起こらない．

[パルサー $\mathbf{P}(\overline{i^1 \cdots i^n})$ の外部特性を要約しよう．第16図(g)参照．

パルサーの幅は $2k$ である．ただし k は特性 $\overline{i^1 \cdots i^n}$ の中の1の数である．von Neumann は暗に $k \geq 2$ を仮定している．何故なら $k=0$，または $k=1$ に対しては器官は必要でないからである．

パルサーの高さは $u+2$ である．ここで u は次のようにして決まる．$\nu_1 \cdots \nu_k$

は $i^p=1$ であるような ν のことである．訂正された von Neumann の u に対する規則は

$$\nu_k - k = 1 \quad \text{なら} \quad u = 2,$$

その他の場合は $u=(\nu_k-k)+\varepsilon^0$. ここで

$\nu_k - k$ が偶数で，ある $\nu_h - h (h=1, \cdots, k)$

が奇数の場合は $\varepsilon^0 = 1$,

その他の場合は $\varepsilon^0 = 0$

である．k は特性の中の 1 の数であり，ν_k はその右端のものの肩添字であることに注意されたい．したがって $\nu_k - k$ は特性の右端の 1 より前にある 0 の総数となる．

a に入った入力パルスと b から出る最初の出力 i^1 の間の遅れは $2k+u+2$ である．]

3.2.2 繰返しパルサー：構造，寸法，タイミング，$PP(\bar{1})$型

[第 17 図は，von Neumann が以下に展開したアルゴリズムにしたがって

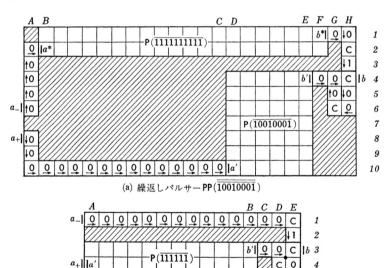

第 17 図 二種の繰返しパルサー

3.2 パルサー

設計した二つのパルサーを示す.

繰返しパルサー $\mathbf{PP}(\overline{10010001})$ は，目的のパルス列を 1 度発生するパルサー $\mathbf{P}(\overline{10010001})$，周期 8 の周期的レピーター $G4$-$G6$ および $H4$-$H6$，レピーターの動作をとめる機構 $H1$-$H3$，レピーターの動作をとめるのに必要な信号をつくるパルサー $\mathbf{P}(\overline{1111111111})$ から構成される.

時間 t に入力 a_+ に入った"開始"刺激は，時間 $t+29$ から $t+36$ に $\mathbf{P}(\overline{10010001})$ の出力 b' から $\overline{10010001}$ を発生させる. パルス列 $\overline{10010001}$ はレピーターの動作がとまるまで，出力 b から繰返し発生する. 入力 a_- に"停止"刺激が入ると，上部のパルサーは 10 個の 1 から成るパルス列を射出する. これらのパルスは合流状態 $H2$，特別伝達状態 $H3$ を通って細胞 $H4$ に入る. はじめの 5 個のパルスは, $\mathbf{C}_{\varepsilon\varepsilon'} \to \mathbf{U} \to \mathbf{S}_\theta \to \mathbf{S}_1 \to \mathbf{S}_{11} \to \mathbf{S}_{111} (=\mathbf{C}_{00})$ という変換を誘起し，後の 5 個のパルスはこの変換をもう一度繰返す. 周期的レピーターの内容は何であろうと消されてしまう. これに関連して，レピーターの動作をとめるのに 1 ばかりの列を用いたので，細胞 $H4$ に左から（すなわち，レピーター自身から）1 が入っても影響がないことに注意してほしい. これが合流状態を第 10 図の枝分れで一番下にもってきた理由である.

繰返しパルサー $\mathbf{PP}(\overline{1})$ はたびたび使われるので，von Neumann はこの特別な場合については，設計を簡単化することにした. ここで彼は，第17図(b) が動作すると，その周期的レピーター内には 6 個の 1 から成るパルス列がある，という事実を用いた. $E2$ からのパルスで合流状態 $E3$ の変換が一度始まれば，この変換は周期的レピーターに残っている 4 個の 1 によって完成される（2 個の 1 は，$E3$ が殺される時に失なわれる）. しかしこの周期的パルサーはまわりの状態がどのようになっていても働くわけではない. この節の最後の総括討論参照.]

次に組立てる器官は**繰返しパルサー**〈periodic pulser〉である. この器官は 2 個の入力 a_+, a_-, 出力 b を持っている. a_+ に刺激がくると，この器官は一定の周期的に繰返されるパルス列，例えば $\overline{i^1 \cdots i^n}$ を b から発生しはじめる. a_- に刺激がくると，この b からの発生は停止される.

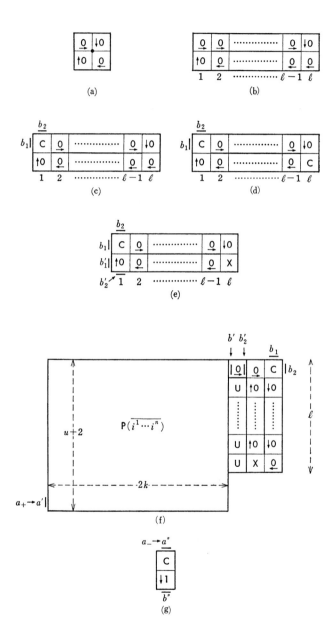

第18図 繰返しパルサーの設計：最初の組立て

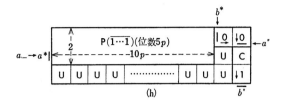

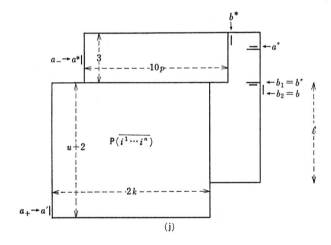

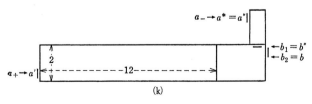

第18図 つづき

a_+, a_- での刺激および b での(開始および停止の)応答の間のタイミングは自由である．すなわち，これらの間の二つの遅れはここではまだ決っていない．(これについてはこの節最後に述べる注意参照．)

この繰返しパルサーの記号は $\mathbf{PP}(\overline{i^1\cdots i^n})$ である．任意に決めることのできるパルス列 $\overline{i^1\cdots i^n}$ をこのパルサーの**特性**〈characteristic〉と呼ぶ．n を**位数**〈order〉と呼ぶ．

必要な回路は第 18 図に順次展開されている．この組立ておよびその結果の回路は，この節の残りの部分で議論される．

周期的に繰返されるパルス列 $\overline{\overline{i^1\cdots i^n}}$ をつくる動作は，二つの部分操作に分解して考えるのがよい．第一に 1 回限りのパルス列 $\overline{i^1\cdots i^n}$ をつくり，第二にこれを周期的に繰返すのである．第一の仕事は，第16図(g)による3.2.1節のパルサー $\mathbf{P}(\overline{i^1\cdots i^n})$ があればよい．その場合の a, b の代りに，ここでは a', b' と書くことにする．こうすると，現在の入力 a_+ は入力 a' に加えられるか，または a' 自身でなければならない．第二の仕事として，長さ n の任意の 1 周期を出力 b で繰返させる器官を，出力 b' に付けることが必要である．

最も簡単な周期的レピーターは伝達状態の(閉じた)サイクルである．この種の最も短かいサイクルは，第18図(a)に示されているように，周期が 4 である．明らかに[この形の]サイクルはどれも偶数の周期を持っている．したがって一般のサイクルの周期は $2l$, $l=2, 3, \cdots$ である．この周期のサイクルを，第18図(b)に示す．

ところでその出力 b はこのレピーターから出てこなければならない．したがってその細胞のうちの少くとも一つは，2 方向(b と，サイクルを続けるための方向)に刺激を出せなければならない．即ち，その細胞は $\mathbf{C}$ でなければならない．出力 b はこの $\mathbf{C}$ 上で二つの位置をとることが可能である．b_1 か b_2 である．

これを第18図(c)に示す．この $\mathbf{C}$ は周期の長さを $2l+1$ に増す．これは奇数周期である．もし偶数周期が必要なら，(最初の $\mathbf{C}$ を除くことはできないので，)第二の $\mathbf{C}$ を挿入しなければならない．これを第18図(d)に示す．この時周期の長さは $2l+2$ である．($\mathbf{C}$ は $\mathbf{C}$ を刺激することができないので，二つの $\mathbf{C}$ は隣接

していないことに注意.) 第18図(e)に両方の場合をいっしょに示す. ここで

$$\mathbf{X} \begin{cases} = \underset{\leftarrow}{\mathbf{0}} & (r=1 \text{ に対して}) \\ = \mathbf{C} & (r=2 \text{ に対して}) \end{cases}$$

である. 周期は $n=2l+r$, ここで $l=2,3,\cdots$; $r=1,2$ である. 即ち位数(周期) $n=5,6,\cdots$ を正確にとりあつかうことができる. したがって位数 n には次の条件が課せられる.

(3′) $\qquad\qquad\qquad n \geqq 5$

条件(3′)が破れたとき, 即ち位数 n が $n<5$ であるときは, 周期 $\overline{i^1\cdots i^n}$ を $\mathcal{O}$ 回繰返せばよい. これは n を $\mathcal{O}n$ で置き換え, $\mathcal{O}n$ が(3′)即ち $\mathcal{O}n \geqq 5$ を満たすように $\mathcal{O}$ を選びさえすればよい.

ここでまた第18図(e)にもどろう. 出力 b はそこに示したように $\mathbf{C}$ 上になければならない. サイクルの入力, 即ち b' が加えられる点は, 遅れを最小にするには, できるだけこの $\mathbf{C}$ に近くなければならない. $\mathbf{C}$ の残りのあいている辺 (b_1, b_2 のうち b として用いられていない方)は別の目的に必要になるかもしれないので, サイクルの入力は $\mathbf{C}$ 自身の上にあることはできない. したがってこれを $\mathbf{C}$ のすぐ前に置いて b'_1 または b'_2 とする. (このサイクルのまわる向きはこのように信号の入れ易さを最大にするように考慮した.)

ここで第16図(g)のパルサー $\mathbf{P}(\overline{i^1\cdots i^n})$ と第18図(e)のサイクルを実際にくっつけよう. これを第18図(f)に示す. ここで

$$n = 2l+r$$
$$l = 2, 3, \cdots ; \quad r = 1, 2$$
$$\mathbf{X} \begin{cases} = \uparrow \mathbf{0} & (r=1 \text{ に対して}) \\ = \mathbf{C} & (r=2 \text{ に対して}) \end{cases}$$

第18図(f)は $l<u+2$ のように画かれているが, $l\geqq u+2$ も同じように可能である. サイクルは前の形からは回転して, $\mathbf{P}(\overline{i^1\cdots i^n})$ にうまくあうようにしてあることに注意(第18図(e)対第18図(f)). その上に二つの器官は $\mathbf{U}$ の列で切り離されており, これにより一方の器官の $\mathbf{C}$ と他の器官の伝達状態の間の接触により, 望まない刺激が発生することを防いでいる.

第18図(f)の回路で $\overline{i^1\cdots i^n}$ を始めることはできる．残るのは $\overline{i^1\cdots i^n}$ をとめる回路を何とかすることである．

われわれは否定または抑止を直接表現する状態(または刺激)を導入していないので，これを間接的な機構で行なわなければならない．これを行なう明白な方法は，特別刺激を用いることである．すなわち，第18図(e)(これは回転すると第18図(f)の1部になっている)のサイクルを構成する伝達状態と合流状態のうちの一つの性格を変えてやればよい．これはサイクルの外に現われている辺の一つに向いた刺激[1]を，a_- が制御すればよいことを意味している[1]．第18図(g)はこれを行なう器官を示す．この器官を(a_- から a'' を通して)上から刺激するのが，またこれをサイクルの上側につけるのが，都合がよいので，第18図(g)はそのような位置で示してある．この器官の出力 b'' はサイクルの任意の細胞につけることができる．示された位置では(第18図(f)および第18図(g)参照)$\overset{\rightarrow}{\mathbf{0}}$ または $\mathbf{C}$ につけることになる．(第18図(e)の上で)他の二つの可能な位置(即ち，右からまたは下から)の場合には，(右からなら)$\mathbf{C}$, $\downarrow\mathbf{0}$ のどれか，$\overset{\leftarrow}{\mathbf{0}}$, (下からなら)$\underset{\leftarrow}{\mathbf{0}}$ または $\mathbf{X}$ につけることになる．

このやり方では，a_- からの刺激[0]は a'' に到達し，$\mathbf{C}$ および次の $\downarrow 1$ を興奮させ，(a'' から数えて)3だけ遅れて，b'' に刺激[1]を与える．したがって b'' に接触しているサイクルの細胞は，4だけ遅れて状態 $\mathbf{U}$ に入り，パルスの発生をやめる．一応停止はできた．しかしこの細胞がそれから先どうなるかという問題が残っている．つまり，この細胞はいまは $\mathbf{U}$ であるから，サイクルを回ってくる次の刺激[0]がこれを $\mathbf{S}_\theta$ に変換する(もし b'' を通して刺激[1]がそれより前に到達してこの変換を行なわなければ)．この後，(b'' を経た[1]のサイクルからの[0]の)刺激，あるいは無刺激が，潜像状態{2.8.1節の表(S.1)の Σ による $\mathbf{S}_\Sigma$}を通って(普通または特別)伝達状態または合流状態{$\mathbf{T}, \mathbf{T}'$ または $\mathbf{C}$, 即ち2.8.1節の表(S.2)の Σ を持つ $\mathbf{S}_\Sigma$}にその細胞を変換する．これらの最終状態のうちのどれに実際に到達するかは，サイクル内をまわっている刺激列(プ

---

1) [2.8.1節ですでに述べたように，"[0]"は普通刺激を表わし，"[1]"は特別刺激を表わしている.]

ラス b'' からもしかしたら与えられる刺激)によって,即ち,パルス列 $\overline{i^1\cdots i^n}$ およびそれがあらわれる位相によってきまる.

すべての $\overline{i^1\cdots i^n}$ に対して動作し,――さらにもっと大切なことであるが――停止が命令されるときの位相が何であっても動作するような仕掛けを得るには,どんな場合にも U が十分長くて中断されない刺激列を受けるように仕組むのが一番よい.それには刺激列は b'' から与えるのが一番よい.したがってそれは刺激[1]の列である.最初の刺激は U を S_θ に変換し,さらに3個の刺激がこれを $S_{111}=C_{00}$ に変換する.これらの刺激[1]は U をつくったはじめの刺激[1]の後にすぐに続いてくる.したがって全部で5個の相続く刺激[1]が b'' に入ること,即ち a'' に5個の相続く刺激[0]が入ることが要求される.しかしこれについてこれ以上議論する前に,誘起される変換の列について考えよう.

(4′) サイクル細胞($C, X, \underset{\rightarrow}{0}, \underset{\leftarrow}{\downarrow 0}, 0$ の一つ)――→
$$\rightarrow U \rightarrow S_\theta \rightarrow S_1 \rightarrow S_{11} \rightarrow S_{111} = C_{00}$$

最後にはこのように変換されたサイクル細胞は,その元の状態にもどす必要がある.この目的には(4′)の変換列そのものを用いるのが一番簡単である.この変換列は C で終る.したがってそれは C で始まるものであるべきである.即ち,考えているサイクル細胞はサイクル内の C であるべきなのである.これは第18図(g)の b'' が第18図(f)の b_1 でなければならないことを意味している.その結果(最終)出力 b は b_2 でなければならない.

ここで a'' への5個の刺激[0]にもどろう.これらはパルサー $P(\overline{11111})$ で与えることができるが,この場合その出力 b^* は a'' に加えられ,入力 a^* は a_- から加えられる.しかしもう一つの点を考えなければならない.

上記5個の刺激は,サイクル細胞(4′)が状態 U に入った時点,および続いて状態 $S_\theta, S_1, S_{11}, S_{111}=C_{00}$ に入る4時点では,その出力を麻痺させる.そして最後に,C は遅れ2で応答するので,その次の時点でもこの細胞からの出力はない.即ち,この細胞は次に続く6時点ではだまっている.周期の長さ n が $n \leq 6$ であると,このサイクルを永久にだまらせるのにこれで十分である.しかし $n>6$ であると,b'' での5個の刺激[1]の列,即ち a' での5個の刺激[0]の列は繰

返さなければならない．これを p 回繰返すとしよう．上のことから，2 群の $\overline{11111}$(5 個の刺激)の間には 0(刺激なし)を一つ挿入してもよいことがわかるが，この挿入はやめた方が簡単である．そこで位数が $5p$ のパルス列 $\overline{11\cdots1}$ を用いる．これによってサイクル細胞は変換列(4′)を p 回通る．これによって $5p+1$ の相続く時点にわたってサイクル(即ちその出力 $b=b_2$)をだまらせる．したがってもし $n \leq 5p+1$ ならばそれを永久にだまらせるであろう．即ちこの条件は，

(5′) $$p \geq \frac{n-1}{5}$$

である．もちろん一番簡単な p の選び方は，条件(5′)を満足する最小の整数にすることである．

そこで，上に述べたパルサー(その出力 b^* から a'' に入力し，入力 a^* は a_- から受ける)は位数が $5p$ の $\mathbf{P}(\overline{1\cdots1})$ でなければならない．全体の配置を第 18 図(h)に示す．このパルサーに関する量はすべて星印をつけると，$n^*=k^*=5p$ および $\nu_h^*=h (h=1,\cdots,5p)$ を得る．したがって 3.2.1 節の規則(2′)より $u^{*0}=0$ であるから，$u^*=0$ に選ぶことができる．

第 18 図(h)のパルサーの右および下の辺のまわりにある $\mathbf{U}$ による境界は，この場合もまた境界の $\mathbf{C}$ による望ましくない刺激が起こる可能性を防ぐのに役立っている．

先に進む前に，第 18 図(h)のパルサーを導入しないですむような重要な特例についてふれておく．これは可能な最も簡単な周期の場合，即ち $\overline{1}$ の場合である．その位数 n は $n=1$ である．この場合には次のようにする．

位数 $n=1$ は条件(3′)に合わない．したがってこれを $\mathcal{O}$ 倍して，$\mathcal{O}n$ が(3′)を満たすようにしなければならない．即ち $\mathcal{O} \geq 5$ でなければならない．(これは $\mathcal{O}=5$ を示唆するが，ここの選択は後にまわす．) 新しい n は $\mathcal{O}$(前の $\mathcal{O}n$)である．第 18 図(f)のサイクルは周期 $n=\mathcal{O}$ を持つ．ここで第 18 図(f)の b_1(即ち，第 18 図(g)の b''，上記参照)への刺激[1]は，このサイクル(第 18 図(f))の上右の $\mathbf{C}$ を $\mathbf{U}$ に変換すると仮定する．これは変換列(4′)を開始させる．この変換列を完成するには，あと 4 個の刺激が必要である．これらは固定タイミングである．

変換列(4′)の後の議論では，これにb''からの[1]を用いることにしたが，サイクルからの[0]でもよいわけである．サイクル細胞が(4′)の最初の変換{即ち，(**C**→**U**)}を受けたあと，サイクルはなお$n-2$の刺激[0]をこれに与える筈である．もし$n-2=4$だと，即ち$n=6$だと，これはちょうど変換列(4′)を完成するのに必要な分にあたっている．同時にサイクルは，望みどおり永久にだまる(条件(5′)または$n=6$，$p=1$の場合の条件(5′)に到る議論参照)．したがって$n=\mathcal{O}=6$に選ぶことにする．(これは前の条件$\mathcal{O}\geq5$を満たすが，しかしそこでのべたような最小選択$\mathcal{O}=5$ではないことに注意!)

このように選ぶと，(第18図(g)の)b''には単一の刺激[1]があれば十分である．したがってこの場合には第18図(h)を第18図(g)に加える必要はない．しかしこの場合，入力a''は**C**の左に置いたほうが上側よりも便利である．なお第18図(h)のパルサー$\mathbf{P}(\overline{1\cdots1})$を除いたので，記法を一様にするために$a''$と$a^*$を同じとした方が便利である．以上を第18図(i)に示す．

そこで第18図(f)の回路を第18図(h)の回路{一般の場合：$\mathbf{PP}(\overline{i^1\cdots i^n})$}または第18図(i)の回路{特別な場合：$\mathbf{PP}(\overline{1})$}と合わせることによって主要な合成を行なうことができることになる．前にも注意したように，接触は$b''=b_1$で行なわなければならない．そして(最終)出力は$b=b_2$である．結果は第18図(j)と第18図(k)にそれぞれ示すとおりである．2番目の場合には$n=6$，また$h=6$，$\nu_h=h(h=1,\cdots,6)$；で，したがって公式(2′)より$u^0=0$となり，したがって$u=0$に選べることに注意．その結果第18図(k)に示されているように$2k=12$，$u+2=2$である．また第18図(j)は$l<u+2$，$10p<2k+1$であるように画いてある．$l\geq u+2$または$10p\geq2k+1$またはその双方が成立するような場合も同じく可能であることに注意．

第18図(j)および第18図(k)は，a_+での，というよりむしろa'での刺激からbでの始動までに，またa_-での，というよりむしろa^*での刺激からbでの停止までの間に若干の遅れをもっている．これをこれから決定することにする．

第一の場合，即ち第18図(j)を考える．

第18図(j)のa'から$b_2=b$への経路は，全部回路の下半分に，即ち第18図

(f)に示された部分に入っている．第18図(f)を用いると，3.2.1節の終りで見たように，a' に刺激があると，その後絶対遅れ $2k+u+1$ をともなって b' に刺激 $\overline{i^1\cdots i^n}$ が現われる．この絶対遅れに対して，相対遅れ $1,\cdots,n$ を加えねばならず，したがってパルス列 $\overline{i^1\cdots i^n}$ は遅れ $2k+u+2,\cdots,2k+u+n+1$ をともなって，b' に現われる．b' から b までの遅れは明らかに 4 である．したがって最初の周期の $\overline{i^1\cdots i^n}$ は，遅れ $2k+u+6,\cdots,2k+u+n+5$ をともなって b' に現われる．これにより $b(b=b_2;$ 第18図(j)参照)での開始は a' での刺激に対して $2k+u+6$ 遅れることになる．

第18図(j)の a^* から $b_2=b$ への経路は，$b_1=b''$ から $b_2=b$ への部分と a^* から $b_1=b'$ への部分とから成っている．a^* から b'' までの部分は全部回路の上半分，即ち，第18図(h)に示された部分に入っている．第18図(h)を用いると，3.2.1節の終りで見たように，刺激 $\overline{1\cdots 1}$(位数 $5p$)は，a に刺激があると，その後絶対遅れ $2k^*+u^*+1$ をともなって b^* に現われる．$k^*=5p,\ u^*=0$ だから，この遅れは $10p+1$ である．b^* から b'' への遅れは明らかに 5 である．したがってパルス列 $\overline{1\cdots 1}$ は，遅れ $10p+7,\cdots,15p+6$ をともなって $b_1=b''$ に現われる．ここで(第18図(f)の)b_1 での刺激[1]は，その作用をうける C{変換列(4′)の議論参照}からの次の出力を禁止する．したがって b_2 での出力は全体で $10p+8$ 遅れて停止する．こうして $b(b=b_2,$ 第18図(j)参照)での停止は，a^* での刺激に対して $10p+8$ だけ遅れる．

ここで第二の場合，即ち第18図(k)について考えよう．

第18図(j)と第18図(k)の下半分は同じ構造をしている．したがって a' から b での開始までの遅れは，第一の場合に上に導いた公式によって与えられる．これは $2k+u+6$ である．今の場合 $k=6,\ u=0$(第18図(k)の議論参照)だから，この遅れは 18 である．

第18図(k)の $a^*=a''$ から $b_2=b$ までの遅れも，また簡単に決められる．a'' から $b_1=b''$ への経路もまた第18図(i)に示されている．この遅れは明らかに 3 である．(第18図(f)で)b_1 での刺激[1]から b_2 での停止までの遅れは，第一の場合と同じである．即ち，1 である．したがって $b(b=b_2,$ 第18図(k)参照)での

3.2 パルサー

停止は $a^*(=a''$; 第18図(k)参照)での刺激に対して4だけ遅れる.

再度述べると, a' での刺激から b での開始までの遅れは, 第一の(一般的な)場合(第18図(j))は $2k+u+6$ で, 第二の(特別な)場合(第18図(k))は18である. a^* での刺激から b での停止までの遅れは, 第一の(一般的な)場合(第18図(j))は $10p+8$ で, 第二の(特別な)場合(第18図(k))は4である.

3.2.1節の終りの状況と異なって, この回路内では干渉による障害はまがいもなく可能である. それは次の規則によってきまることが簡単に確かめられる.

(6'.a) $\Big\{$ (6'.b)から(6'.d)を通じて a', a^* での刺激は, 修正された時間的序列にしたがって見る必要がある. この序列の普通の序列との違いはある種の系統的な(相対的)時間移動を行なうことである. (6'.b)から(6'.d)までの記述でこれらの刺激の同時性, 先行性, 序列に関するものはすべて, この修正された時間関係によって理解しなければならない. この時間関係は次のようにして定義される. a' における刺激の序列の, お互いの相対関係は変わらない. また a^* における刺激の序列も, お互いの相対関係は変わらない. a' での刺激は a^* での刺激に対して a' から b での開始までの遅れと a^* から b での停止までの遅れの間の差だけ, ずらされる. 言いかえると, これらの刺激の時間関係は, それらがそれぞれ(a' および a^* で)起った時間によるのではなくて, (a' に対しては b での開始の形で, また a^* に対しては b での停止の形で, b において)それらが効果をあらわした時間によって, 順序をつけるのである.

(6'.b) $\Big|$ a' で多重刺激があると, この間 a^* に刺激が起らなければ, 単にその効果は重ね合わさるだけである. したがって3.2.1節の終りと同じように, この場合には干渉による障害は起らないと言うことができる. しかしこれは, a' での新しい刺激はそれぞれ, 前の刺激によってつくられる(すでに複合したものになっている可能性もある)周期の上に, それ自身による位相を持っ

た周期を重ね合わせることになるので，その器官の(b からの)周期的な出力は，この過程によって変わるかもしれないということである事に注意しなければならない．最後に，周期が刺激のみからなる特別な場合(それは $\bar{1}$！)には，この変化はない．したがってあとから重ね合わさっても，変わることはない．

(6'. c)
a^* での刺激が a' での刺激{これらに対しては規則(6'. b)参照}につづいてくる場合，後者によって発生する周期を停止する．a^* での多重刺激はその最初のもの以上の効果は持たない．即ち，最初の刺激による停止は他の刺激によって保持されるが，それらがなくても同じように保持される[2]．なお，もし a' と a^* での刺激が同時であると，後者が前者より優先する．即ち，b から射出は起らない．

(6'. d)
a' の刺激が a^* での刺激に続いてくる場合，それが後者に対して遅れ $\geq 5p+1$ をともなう場合に限って{(6'. b)の意味で}完全な効果を持つ．(これは一般の場合で，特別な場合には $p=1$ にすればよい．) それがもっと早くくると，周期の中の刺激のうちでその最初が遅れ $\leq 5p+1$ をもって起るようなものは，その周期の中から永久に除かれてしまう．

結論として，a' から b での開始の間の遅れおよび a^* から b での停止の間の遅れを等しくするある種の調整を行なって，(6'. a)にのべた(6'. b)-(6'. d)中の特別な序列のために起きる繁雑さを除くことにしよう．これは一方では a_+ と a' の間に，もう一方では a_- と a^* の間に適当な遅れ経路を挿入することによって行なうことができる．われわれは三つの場合をさらに次のように区別することにする．

第一に第18図(j)で $10p<2k+1$ の場合と仮定する．z_1 を $10p+z_1=2k+1$ によって定義すると，$z_1=1,2,\cdots$ である．第19図(a)に示された回路を第18図(j)の左側につけ加える．a_+ から a' への遅れは3である．これより a_+ から b

---

2) [ここには誤りがあるが，これについてはこの分節の最後で議論する．]

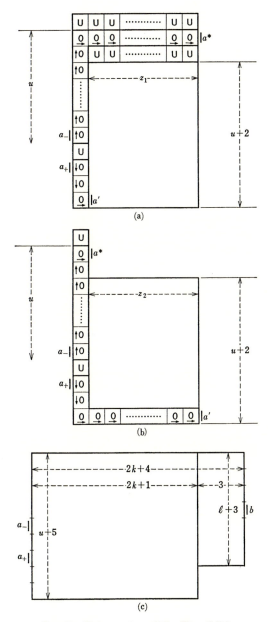

第19図 繰返しパルサーの設計：遅れの均等化

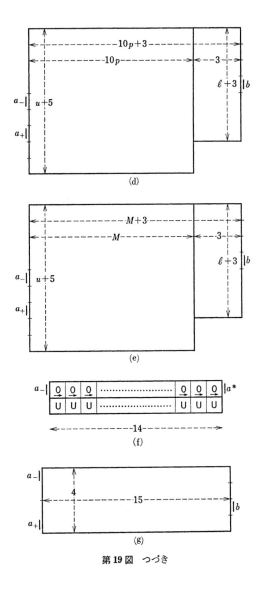

第19図 つづき

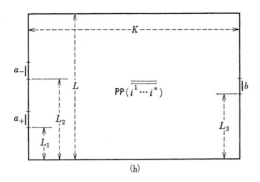

第19図 つづき

での開始までの遅れは $3+(2k+u+6)=2k+u+9$ である．a_- から a^* への遅れは $u+z_1$ である．これより a_- から b での停止までの遅れは $(u+z_1)+(10p+8)=(10p+z_1)+(u+8)=(2k+1)+(u+8)=2k+u+9$ である．したがって遅れは両方とも $2k+u+9$ で，第18図(j)と第19図(a)をいっしょにすると，第19図(c)のような形になる．この図は $l<u+2$ のように画かれているが，$l\geqq u+2$ も同じく可能である．

第二に第18図(j)で $10p\geqq 2k+1$ の場合を仮定する．z_2 を $(2k+1)+z_2=10p$ で定義すると，$z_2=0,1,2,\cdots$ である．第19図(b)に示された回路を第18図(j)の左側につけ加える．a_+ から a' への遅れは $3+z_2$ である．これより a_+ から b での開始までの遅れは $(3+z_2)+(2k+u+6)=((2k+1)+z_2)+(u+8)=10p+u+8$ である．a_- から a^* への遅れは u である．これより a_- から b での停止までの遅れは $u+(10p+8)=10p+u+8$ である．

したがって遅れは両方とも $10p+u+8$ で，第18図(j)と第19図(b)をいっしょにすると，第19図(d)のような形になる．この図は $l<u+2$ のように画かれているが，$l\geqq u+2$ も同じく可能である．

第三の場合に進む前に，第一の場合（$10p<2k+1$ である）には共通の遅れが $2k+u+9$ であるのに対して，第二の場合（$10p\geqq 2k+1$ である）には $10p+u+8$ であることに注意しよう．両方の場合とも $M+u+8$ という式にまとめられる．ただし

(7′) $$M = \mathrm{Max}\,(10p,\ 2k+1)$$

とする.また第19図(c)および第19図(d)も,図(c)の幅が $2k+4$ であるのに対して図(d)の幅が $10p+3$ であるという点を除けば,すべての点で同じ外観を有している.ここでも両方とも同じ式 $M+3$ によってまとめられる.したがって第19図(e)は第19図(c)と第19図(d)の両方を表わす.第19図(e)は $l<u+2$ のように画かれているが,$l \geqq u+2$ も同じく可能である.

第三に第18図(k)の場合を仮定する.第19図(f)に示された構造を第18図(k)の左側につけ加える.また a' と a_+ は同じとする.すると a_+ から b での開始までの遅れは a' からの遅れに等しくなり,18である.a_- から a^* への遅れは14である.これより a_- から b での停止までの遅れは $14+4=18$ となる.

すなわち遅れは両方とも18となり,第18図(k)と第19図(f)をいっしょにすると,第19図(g)のような形になる.

第19図(d)および第19図(g)は求める回路の,それぞれ一般の $\mathbf{PP}(\overline{i^1 \cdots i^n})$ および特別の $\mathbf{PP}(\overline{1})\{n=6$ として,$\mathbf{PP}(\overline{111111})$ として実現される$\}$ の場合である.これらに対して共通の略記法を導入するのは意味のあることである.第19図(d)の場合は,必要なだけ $\mathbf{U}$ でうめて一様な高さ $N+3$ にする.ここで

(8′) $$N = \mathrm{Max}\,(u+2,\ l)$$

とする.第19図(g)は変える必要はない.結果は第19図(h)に示すようになる.一般の場合 $\mathbf{PP}(\overline{i^1 \cdots i^n})$ に対しては,

$$K = M+3, \quad L = N+3, \quad L_1 = 2, \quad L_2 = 4, \quad L_3 = L-4$$

特別の場合 $\mathbf{PP}(\overline{1})$ に対しては,

$$K = 15, \quad L = 4, \quad L_1 = 0, \quad L_2 = 3, \quad L_3 = 1$$

である.

a_+ から b での開始まで,および a_- から b での停止までの遅れは同じである.この共通の遅れは,一般の場合には $M+u+8$ で,特別の場合には18である.これで a' の代りに a_+,a^* の代りに a_- を用い,開始および停止に対して共通の遅れを用いることによって,規則(6′.a)-(6′.d)を書き直すことができることになった.これで前にものべたように,特別な序列に関する規則(6′.a)が必要

でなくなった．したがって次のようになる．

　干渉によって起り得る障害を支配する規則は，(6'.a)-(6'.d) の形から次のようにして修正される．

(9') $\begin{cases} \text{(6'.a) で定義した } a' \text{ および } a^* \text{ における刺激の特別な時間関係は，} \\ a_+ \text{ および } a_- \text{ における刺激の生起に対する普通の時間関係に置き} \\ \text{換えてよい．即ち，すべての比較は } a_+ \text{ および } a_- \text{ で刺激が生起す} \\ \text{る時間にしたがって行なわれる．この修正 (および } a' \text{ を } a_+ \text{ で，} \\ a^* \text{ を } a_- \text{ で置き換えること) によって，(6'.b)-(6'.d) の規則はその} \\ \text{まま成り立つ．} \end{cases}$

[前に注意したように，繰返しパルサーのタイミングに関する von Neumann の規則 (6'.c) には誤りがある．また von Neumann が議論しなかった重要な場合がある．即ち，"停止" の刺激が "開始" の刺激に先行する場合である．

　まず最初に von Neumann の繰返しパルサーのタイミングについて，第17図を例として考えよう．繰返しパルサー $\mathbf{PP}(\overline{10010001})$ に対して，次のような位相関係がある．"開始" 刺激が時刻 t に入力 a_+ に入ると，パルス列 $\overline{10010001}$ が時刻 $t+31$ から $t+38$ にかけて細胞 $G4$ から細胞 $H4$ へ入る．"停止" 刺激が時刻 t に入力 a_- に入ると，パルス列 $\overline{1111111111}$ が時刻 $t+31$ から $t+41$ にかけて細胞 $H3$ から細胞 $H4$ に入る．この場合 $H3$ からの殺す信号が $G4$ からの伝達信号よりも優先するので，出力 b からは何も出ない．もし "停止" 刺激が1時刻遅く (時刻 $t+1$ に) 来れば，パルス列 $\overline{1111111111}$ は時刻 $t+33$ から $t+42$ に細胞 $H3$ から細胞 $H4$ に入る．この場合細胞 $H4$ は，時刻 $t+31$ には状態 $\mathbf{C}_{00}$ に，時刻 $t+32$ には状態 $\mathbf{C}_{01}$ に，時刻 $t+33$ には状態 $\mathbf{C}_{10}$ になり，(時刻 $t+33$ には b からパルスが出力され) 時刻 $t+34$ には状態 $\mathbf{U}$ になる．

　次に von Neumann の特別な繰返しパルサー $\mathbf{PP}(\overline{1})$ の位相関係について考えよう．"開始" 刺激が時刻 t に入力 a_+ に入ると，パルス列 $\overline{111111}$ を時刻 $t+16$ から $t+21$ に細胞 $D3$ から細胞 $E3$ に生ずる．"停止" 刺激が時刻 t に入力 a_- に入ると，それは時刻 $t+17$ に細胞 $E2$ から細胞 $E3$ に入る．その結果，もし

"開始"と"停止"の刺激が同時に起ると，bからは何も出ない．もし"停止"刺激が1時点遅く来ると，繰返しパルサー $\mathbf{PP}(\overline{10010001})$ の場合と同じくパルスが1個bから出る．

なお，われわれは遅れを，入力a_+およびa_-からはじめて，出力bを駆動する合流状態$\mathbf{C}$を含む細胞のところまで（ただしこの細胞は含まない）の間で測っていることに注意すべきである．von Neumann は，これらの遅れをこの細胞を通って出力bまでとして測った．"停止"入力a_-からの信号に対しては，殺すのには1単位の時間しか必要ないので，この最終の細胞を通るための遅れは1単位にすぎない．これよりa_+とa_-の両方からbでの停止までの遅れは，$\mathbf{PP}(\overline{10010001})$ に対しては33で，von Neumann の $\mathbf{PP}(\overline{1})$ に対しては18である．第1表参照．

第1表 繰返しパルサーの外部特性

	一般の場合		特別の場合	
	パラメーター表示	例 $\mathbf{PP}(\overline{10010001})$	von Neumann の $\mathbf{PP}(\overline{1})$	別の $\mathbf{PP}(\overline{1})$
幅 K	$M+3$	23	15	13
高さ L	$N+3$	10	4	4
入力または出力の下の細胞の数				
入力 a_+	2	2	0	1
入力 a_-	4	4	3	3
出力 b	$L-4$	6	1	1
入力 a_+ から b への遅れ，また入力 a_- から b での停止までの遅れ	$M+u+8$	33	18	19

そこで，von Neumann のアルゴリズムによって構成されたすべての繰返しパルサー $\mathbf{PP}(\overline{i^1\cdots i^n})$ に対する位相関係は次のようになる．繰返しパルサーは設計されたとおりのもので，また静止しているものとする．もし入力a_+への"開始"刺激と入力a_-への"停止"刺激が同時であったとすると，出力bからは何も出ない．そして繰返しパルサーはその初期状態のままに保たれる．もし"停止"刺激が"開始"刺激よりT単位時間$(T>0)$だけ遅れて起ると，パルス列

3.2 パルサー

$\overline{i^1…i^n}$ は ν 回出力され，続いてそのパルス列の最初の部分が長さ μ の分だけ出力される．ここで $T=n\nu+\mu$，$\mu<n$ で，ν または μ のどちらかが0であってもかまわない．この位相関係は von Neumann が意図したとおりのものであって，彼の規則にしたがっている．しかし von Neumann は"停止"刺激が"開始"刺激に先行するような場合(即ち，$T<0$)についてはすべて考えなかった．おそらくは，彼は各繰返しパルサーに対して"開始"と"停止"の刺激の間に1対1の対応があって，m 番目の"停止"刺激は m 番目の"開始"刺激の前に来ることはなく，m 番目の"停止"刺激は周期的レピーターをはらってしまうのに十分な長さの時間だけ，$m+1$ 番目の"開始"刺激よりも先行するようにして用いるように計画していたのである．しかし彼はこの意図はどこにも述べていないし，後で彼が繰返しパルサーを用いた場合も，必しもこれにしたがっていない．

パルス列 $\overline{101}$ を $\mathbf{PP}(\overline{10010001})$ の"停止"入力 a_- に加えた時どうなるかについて考えよう．このパルス列は上部のパルサー $\mathbf{P}(\overline{1111111111})$ から(10個でなく)12個のパルスを出させ，("開始"入力 a_+ の位相関係によっては)細胞 $H4$ を望まない状態にしておくかもしれない．$\overline{101}$ が a_- に，$\overline{1}$ が a_+ に入る位相関係の条件によっては，細胞 $H5$ は殺されて $\mathbf{U}$ になるかもしれない．この困難は次の**用法の規則**〈rule of usage〉によって解決される．"一般の場合"の繰返しパルサー $\mathbf{PP}(\overline{i^1…i^n})$ の"停止"入力 a_- は，長さ n の任意の時間帯をとった時，その中で2回刺激されてはならない．実際は，von Neumann が"一般の場合"の繰返しパルサーを後に用いる場合には，すべてこの規則にしたがっている．

von Neumann の"特別の場合"の繰返しパルサー $\mathbf{PP}(\overline{1})$ の場合には，もっと重大な問題が含まれている．"停止"入力 a_- に刺激が入ると，細胞 $E3$ を $\mathbf{U}$ に変える．そしてパルサー $\mathbf{P}(\overline{111111})$ または周期的レピーター(またはその双方)内の4個のパルスが直接過程で動作して，$E3$ を合流状態 $\mathbf{C}$ にする．ところで"停止"刺激が"開始"刺激に先行したとしよう．この場合には細胞 $E3$ は正しい状態にはならない！　この事実は，von Neumann の $\mathbf{PP}(\overline{1})$ を3進計数器(3.4節)に用いた場合には問題をおこさないが，彼の制御器官の動作に対し

ては，それを読出し-書込み-消去-制御 **RWEC**(4.3.4節)内に用いたような場合は誤動作をひきおこす．**CO** の中の回路の一部を修正してもよいわけであるが，むしろ **CO** 内では，動作を開始させる前に停止刺激を与えても汚されないような $\mathbf{PP}(\bar{1})$ を用いた方がよい．

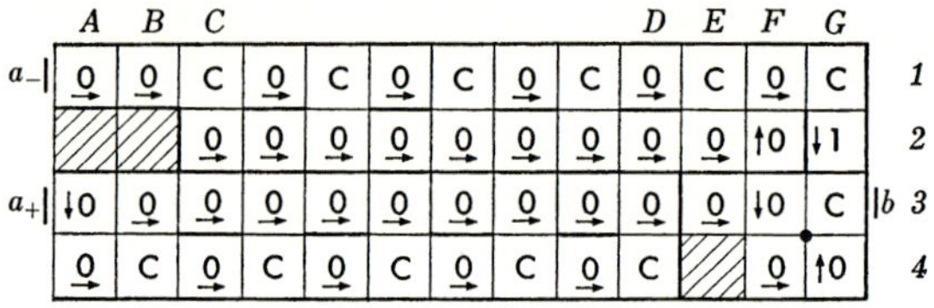

第20図　変形繰返しパルサー $\mathbf{PP}(\bar{1})$

この変形された $\mathbf{PP}(\bar{1})$ を第 20 図に示す．これは修正されたパルサー $\mathbf{P}(\overline{11111})$ を上と下の二つ用いている．"開始"刺激が時刻 t に入力 a_+ に入ると，パルス列 $\overline{11111}$ が時刻 $t+17$ から $t+21$ にかけて細胞 $E4$ から細胞 $G3$ に入る．もし細胞 $G3$ が合流状態 **C** になっていると，このパルス列は時刻 $t+19$ から $t+23$ にかけて出力 b から現われる．したがって入力 a_+ から b までの遅れは 19 単位時間である．"停止"刺激が時刻 t に入力 a_- に入ると，パルス列 $\overline{11111}$ が時刻 $t+18$ から $t+22$ にかけて，細胞 $G2$ から細胞 $G3$ に入る．殺すには 1 単位時間あればよいから，入力 a から b での停止までの遅れは 19 単位である．これは von Neumann が計算したのと同じである．第 1 表参照．

さらに，停止入力 a_- が刺激されてから 1 ないし 4 単位時間後に開始入力が刺激されたとすると，レピーターには 1 ないし 4 個のパルスが残っていることに注意してほしい．これより第 20 図の変形 $\mathbf{PP}(\bar{1})$ に対する，次の使用規則を規定する：停止入力 a_- は 5 単位時間内に 2 度にわたって刺激されることはなく，開始入力 a_+ は停止入力が刺激された後 1 ないし 4 単位時間に刺激されることはない．読出し-書込み-消去-制御ユニット **RWEC** ではこの規則は常に満足される．この規則にしたがう環境条件の中で動作させると，この別の $\mathbf{PP}(\bar{1})$ はフリップフロップとして働く．これは a_+ でセット，a_- でリセットされ，またこれがセットされている間は，連続刺激列を b が出し，それはゲート

3.3 デコードする器官：構造，寸法，タイミング

（合流状態）を動作させるのに用いることができる．

ここで繰返しパルサーの外部特性をまとめておこう．von Neumann の特別な場合の $\mathbf{PP}(\bar{1})$ は第 17 図(b)に示されている．われわれの変形された特別な場合の $\mathbf{PP}(\bar{1})$ は第 20 図に示されている．これらの両方の $\mathbf{PP}(\bar{1})$ の外部特性を第 1 表に示す．

$n \geqq 5$ である一般の場合の $\mathbf{PP}(\overline{i^1 \cdots i^n})$ は第 19 図(h)に示されている．もし $n < 5$ で，しかも特別の場合があてはまらないなら，特性を $n \geqq 5$ となるまで繰返す．例えば，$\mathbf{PP}(\overline{101})$ がほしいのなら，$\mathbf{PP}(\overline{101101})$ を構成すればよい．一般の場合 $\mathbf{PP}(\overline{i^1 \cdots i^n})$ はパルサー $\mathbf{P}(\overline{i^1 \cdots i^n})$ を含み，その u および k は 3.2.1 節の終りで定義されている．次の一連の定義によって，$\mathbf{PP}(\overline{i^1 \cdots i^n})$ のパラメーター K(幅) および L(高さ) がきめられる．

$$l = \frac{n-1}{2} \text{ の整数部}$$

$$N = u+2 \text{ と } l \text{ の大きい方}$$

$$L = N+3$$

$$p = 5p \geqq n-1 \text{ なる最小整数}$$

$$M = 10p \text{ と } 2k+1 \text{ の大きい方}$$

$$K = M+3$$

その他の情報は第 1 表に与えられている．]

3.3 デコードする器官：構造，寸法，タイミング

[第 21 図はデコードする器官 $\mathbf{D}(\overline{10010001})$ を示している．このデコードする器官は特性が $\overline{10010001}$ で位数は 8 である．長さ 8 のパルス列はすべて二つの類に分けることが出来る：ビットごとに特性 $\overline{10010001}$ に包含される（特性 $\overline{10010001}$ のすべての刺激を含んでいる）パルス列（例えば $\overline{10010001}$，$\overline{11010011}$ 等）と，そうでないもの（例えば，$\overline{10000001}$，$\overline{10010010}$ 等）とである．前者の類に属するパルス列が入力 a に加えられると，適当な遅れの後にパルスが一つ出

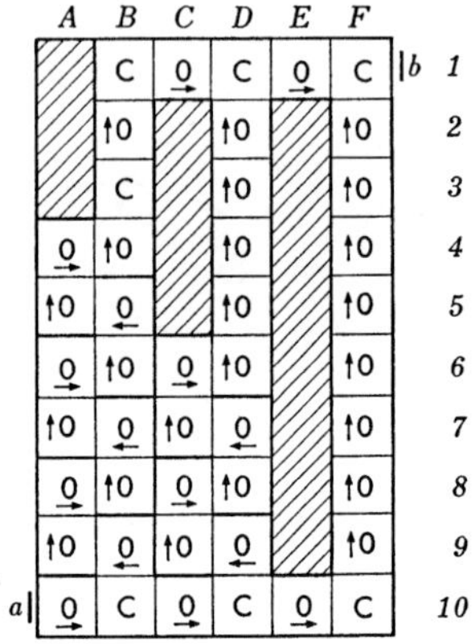

第 21 図　デコードする器官 $\mathbf{D}(\overline{10010001})$

力 b から出てくるが，後者の類に属するパルス列は出力を出さない．

デコードする器官は，"識別"装置，すなわちある特定のパルス列(例えば，$\overline{10010001}$)に対して出力を出すが，それ以外に対しては出さないような装置とは別である．そのような装置は3.5節で議論する．

デコーダー $\mathbf{D}(\overline{10010001})$ は次のような具合に動作する．パルス列 $\overline{i^1 i^2 i^3 i^4 i^5 i^6 i^7 i^8}$ で $i^1=1$, $i^4=1$, $i^8=1$ なるものが時刻 t から $t+7$ に入力 a に入ったとすると，三つの刺激 i^1, i^4, i^8 はそれぞれ相対遅れ 0, 3, 7 をもって入る．経路 B および D はそれぞれ遅れ 21 および 18 をもって合流状態 $D1$ で合流する．したがって i^1 および i^4 は時刻 23 に細胞 $D1$ に出力をつくる．この出力は時刻 24 に細胞 $F1$ に到達し，これは経路 F を通ってきた i^8 の到着と合流する．そして時刻 26 に b から出力を出す．特性 $\overline{10010001}$ には1が3個あるので，デコーダーには経路が3個 (B, D, F) 必要なことに注意．

デコードする器官の設計はパルサー(3.2.1節)の設計と非常によく似ている．実際，パルサーは一つのコーダーにほかならない．ところがデコードする器官の場合には，一致を検出するため上端の行に合流状態が必要である．経路間の相対遅れに奇数の遅れを導入するため合流状態が必要になる場合(例えば，第21図の細胞 $B3$) には，これらの合流状態は(第21図の第2行のように) $\mathbf{T}_{018}$ 状

3.3 デコードする器官：構造，寸法，タイミング

態によって上端の行の合流状態から離しておかなければならない.]

3番目に組立てるのは**デコードする器官**〈decoding organ〉である．この器官は入力 a と出力 b を有している．その理想的な形態は，一定のパルス列，例えば $\overline{i^1\cdots i^n}$ が a に到達すると，その時に限って b からパルスを一つ出すようなものである．しかしながらこの器官をわれわれのような特定の応用に用いる場合には，もっと簡単な要求で足りるので，それをこれから用いることにする．それは次のようなものである．あるパルス列，例えば，$\overline{i^1\cdots i^n}$ が決められたとする．任意のパルス列 $\overline{j^1\cdots j^n}$ が a に到達すると，そのパルス列が $\overline{i^1\cdots i^n}$ の中の刺激をすべて含んでいれば（即ち，$i^\mu=1$ なら $j^\mu=1$ となっていれば），そしてその時に限って，b からパルスを一つ出す．入力 a の起動パルス列 $\overline{j^1\cdots j^n}$ と出力 b の応答の間のタイミングは自由に決められる．即ちこれらの間の遅れはいまの時点ではまだ決めていない（しかしこの節の終りの注意参照）．

デコードする器官の記号は $\mathbf{D}(\overline{i^1\cdots i^n})$ である．パルス列 $\overline{i^1\cdots i^n}$ は任意に決めることができて，その**特性**〈characteristic〉と呼ばれる．n は**位数**〈order〉と呼ばれる．

必要な回路は第22図に順次展開されている．この組立て作業とその結果の回路をこの節の残りで議論する．それは3.2.1節で議論されたようなパルサー $\mathbf{P}(i^1\cdots i^n)$ のものと共通なところが多い．

$\nu_1, \cdots, \nu_k$ を $i^\mu=1$，即ちパルス列 $\overline{i_1\cdots i_n}$ 中の刺激のある位置を示す ν であるとしよう．（この場合には3.2.1節の場合とちがって，単調にならんでいる必要はない．）

(10′) $\begin{cases} n-\nu_h = 2\mu'_h+r'_h \\ \text{ここで}\ \mu'_h=0,1,2,\cdots;\ r'_h=0,1 \end{cases}$

と書く．{式(10′)と式(1′)の相違に注意！}

a への入力刺激には，相対遅れ $\nu_1\cdots\nu_k$ をもつ k 個の刺激がそこにあるかどうかを見るために，比較を行なわなければならない．この比較は，a に到達した各刺激を $h=1,\cdots,k$ の番号をもつ k 個の異なる刺激に多重化し，それぞれが $n-\nu_h(h=1,\cdots,k)$ の相対遅れをもってある比較点 b' に到達するようにして行な

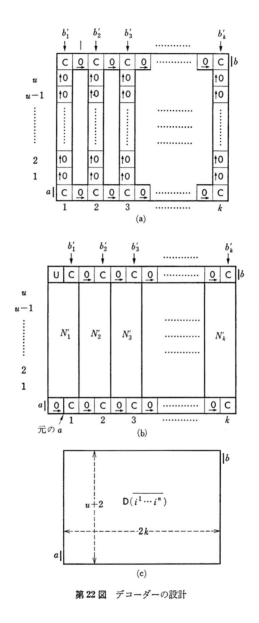

第22図 デコーダーの設計

3.3 デコードする器官：構造，寸法，タイミング

うことができる．こうすると，b' に k 個の刺激が同時に到達することは，番号 $h=1, \cdots, k$ の k 個の異なる刺激がそれぞれ相対遅れ $\nu_1 \cdots \nu_k$ をもって a に到達したことと等価である．

したがって，番号 $h=1, \cdots, k$ をもつ k 個の a から b' への経路が必要で，これらの経路は互いに他に対してそれぞれ相対遅れ $n-\nu_h (h=1, \cdots, k)$ をもたなければならない．しかしながら，$k>3$ であると，単一の点で一挙に k 重の一致を検出することはできない．($k=3$ は，一個の $\mathbf{C}$ が扱える最大である．2.3.2節参照．) したがってこれらの k 個の経路を一度に二つずつまとめていく方がよい．最初に，経路1と2が比較点 b'_2 で合流し(b'_1 で始めるよりも b'_2 で始めた方がよい．以下参照)，合流経路 $2'$ が b'_2 から続くようにする．次に経路 $2'$ と3が比較点 b'_3 で合流し，合流経路 $3'$ が b'_3 から続く．次に経路 $3'$ と4が比較点 b'_4 で合流し，合流経路 $4'$ が b'_4 から続く．…．そして最後に経路 $(k-1)'$ と k が b'_k で合流し，合流経路 k' が b'_k から直接，出力 b に続く．このように順繰りにして，$b'_2 \cdots b'_k$ での2重一致で，b' での k 重一致を置き換える．もちろん $\mathbf{C}$ は困難なく2重一致を扱うことができる(2.3.2節参照)．

この過程は明らかに第16図(a)と第16図(b)で展開された形式の回路を必要とする．まず第16図(a)を考えよう．ここでは a に入った刺激は k 個の別の経路を通って b に到達し，これらの経路の一つ一つに対して必要な遅れの調整は，まだ行なわれていないが，それは後から第16図(b)の方法，即ち第16図(d)-(f)に詳細が示されている第16図(c)の回路 N を使って始末をつければよい．われわれはまず第16図(a)では現在の状況にそぐわない別の点について議論する．

第16図(a)において，基底線上にある $\mathbf{C}$ によってつくられる k 個の経路は，(基底線上で) $2, 3, \cdots, k$ の番号のついた $\mathbf{C}$ の上にある上縁の線上の $\overrightarrow{\mathbf{0}}$ によって直接合流する．これらの合流は $\overrightarrow{\mathbf{0}}$ 細胞によって行なわれる，つまり一致の必要がない．これは3.2.1節の第16図(a)の目的には合うが，現在の目的には合わない．問題の $k-1$ 個の細胞 $\overrightarrow{\mathbf{0}}$，つまり合流の起るところは，明らかに上に述べた比較点 $b'_2, b'_3, \cdots, b'_k$ である．したがって，これらは一致を検出出来なければ

ならない,即ち $\boldsymbol{0}$ ではなく $\mathbf{C}$ でなければならない.対称性をよくするために,(基底線上で)番号1のついた $\mathbf{C}$ の上の上端の線上の $\underset{\rightarrow}{\boldsymbol{0}}$ も $\mathbf{C}$ で置き換えて,b'_1 と呼ぶことにする.この新しい配置を第22図(a)に示す.

a に到達した刺激は,b に達するのに k 個の経路がある.経路 $h(h=1,\cdots,k)$ をとると,刺激は a から水平に(基底線の)h 番目の $\mathbf{C}$ へ行き,次に垂直上方に向きを変え,上端の線(の b'_h の $\mathbf{C}$)まで昇り,そこから水平に b まで続く.(ここまでは,第16図(a)のパターンにしたがってきたが,これからは違う.) これは $(2h-1)+u+(2(k-h)+1)=2k+u$ ステップあるが,そのうち $h+(k-h+1)=k+1$ 個は $\mathbf{C}$ だから,含まれる遅れは全体で $3k+u+1$ となる.即ち遅れはすべての経路で等しい.

そういうわけで,h 番目の経路の遅れは,$n-\nu_h=2\mu'_h+r'_h$ だけ増してやらなければならない.{式(10′)参照.} それは 3.2.1 節でやったのと全く同じようにして行なうことができる.各垂直枝は適当な遅れ回路で置き換える.即ち,h 番目の分枝は回路 N'_h で置き換える.この N'_h は第16図(e)の N_h と同じようなものである.即ち,それは第16図(d)-(f)に示された部分から形成されており,ただ μ_h, r_h の代りに μ'_h, r'_h が用いられる点だけがちがう.したがってその結果第22図(b)が得られ,これは第16図(b)の図(a)に対する関係と同じ関係を,第22図(a)に対してもっている.高さ u は,条件(2′)を導く3.2.1節の議論を繰返すことによって得られる.{今度は μ_h, r_h の代りに μ'_h, r'_h を用いる.即ち,(1′)の ν_h-h の代りに式(10′)の $n-\nu_h$ を用いる.} そこで(条件(2′)の類推に上に述べた修正を加えて)条件 $u \geq u'^0$ を得る.ここで

(11′) $\begin{cases} u'^0 = \text{Max}\,(n-\nu_h)+\varepsilon'^0, \\ \text{ただし, Max が偶数で,ある } n-\nu_h \text{ が奇数の時は } \varepsilon'^0=1, \\ \text{その他の場合は } \varepsilon'^0=0. \end{cases}$

もちろん $u=u'^0$ と置くのが最も簡単である.

[第22図(a)の行 u が合流状態を含んでいる場合,この行と上端の行の間に,更に細胞を1行加える必要があることを von Neumann は見落した.このようにしないと行 u の合流状態は上端の行の合流状態と隣接し,合流状態は別の

合流状態を駆動することができないので，路が途切れてしまう．第21図の行2は，この von Neumann の見落した1行である．行2をとると，細胞 $B1$ と $B3$ の合流状態が隣接してしまう．

この見落しは次のようにして von Neumann のパラメーターを変えずに矯正できる．$1 \leq \nu_1 < \nu_2 < \cdots < \nu_k \leq n$ としよう．ここで，余分の合流状態が一番左の経路(即ち，ν_1 に対する経路)にあるかどうかによって，場合が二つに分れる．余分の合流状態が一番左の経路にある場合は，これとその上の(即ち，上端の行の)合流状態を普通の伝達状態を 4 個接続したブロックで置き換える．したがって第21図では細胞 $A1, B1, A3, B3$ に普通の伝達状態を置き，行2を除けばよい．また，一番左の経路以外に余分の合流状態がある場合には，それを一つ下の細胞におろせばよい．]

これで組立ては終った．第22図(b)が示しているように，この回路の大きさは幅 $2k$ で高さは $u+2$ である．この回路の略記法を第22図(c)に与える．

第22図(a)で a から b までの遅れは各経路とも $3k+u+1$ であった．したがって第22図(b)では h 番目の経路の遅れは $1+(3k+u+1)+(n-\nu_h)$ である．第1項の1は第22図(a)の最初の **C** の前に $\underset{\rightarrow}{\mathbf{0}}$ を挿入したためである．したがって a におけるパルス列 $\overline{i^1 \cdots i^n}$ の ν_h 番目 ($i^{\nu_h}=1$) の刺激は，$(3k+u+2)+n$ だけ遅れて b に到達する．これはパルス列 $\overline{i^1 \cdots i^n}$ の開始の直前の時間から数えた遅れである．したがってちょうど開始から数えると遅れは $3k+u+n+1$ となる．これは当然のことながら $h=1, \cdots, k$ のすべてに対して同じである．これによって，この k 重一致(即ち，a で $\overline{i^1 \cdots i^n}$ を含むパルス列 $\overline{j^1 \cdots j^n}$ の存在，上記参照)を示す刺激は，遅れ $3k+u+n+1$ をもって b に現われる．したがって第22図(c)に示された最終的な装置においては，パルス列 $\overline{j^1 \cdots j^n}$ ($\overline{i^1 \cdots i^n}$ を含む) の到着から b の応答まで $3k+u+n+1$ の遅れがある．

容易にわかるように，この回路においては，干渉による障害は起らない．即ち，どんな刺激が a に到達しても，その中に $\overline{i^1 \cdots i^n}$ を含むパルス列 $\overline{j^1 \cdots j^n}$ があれば，そのパルス列の始めから $3k+u+n$ 遅れて b に応答の刺激が現われる．

[デコードする器官 $\mathbf{D}(\overline{i^1 \cdots i^n})$ の外部特性をまとめておこう．第22図(c)参照．

パルサーの幅は $2k$ である．ここで k は特性 $\overline{i^1\cdots i^n}$ 内の1の数である．von Neumann は暗に $k\geq 2$ を仮定している．$k=0$ および $k=1$ に対しては何も必要ない．

デコードする器官の高さは $u+2$ である．ここで u は次のようにして決まる．$\nu_1,\cdots,\nu_k$ は $i^\nu=1$ である ν である．n が特性の長さで ν_1 は最初の1の肩添字であることに注意すると，$n-\nu_1$ は最初の1の右にくる特性内のビットの数である．$\nu_h(h=1,\cdots,k)$ は全て正なので，$\mathrm{Max}(n-\nu_h)=n-\nu_1$ である．von Neumann の u に対する規則は，

$n=(n-\nu_1)-\varepsilon'^0$ ここで

$(n-\nu_1)$ が偶数で，ある $n-\nu_h(h=2,\cdots,k)$ が奇数の場合は $\varepsilon'^0=1$,

その他の場合は $\varepsilon'^0=0$

となる．

a に入った入力信号 i' と b から出る出力パルスの間の遅れは $3k+u+n+1$ である．]

3.4 3進計数器

[これまでの節で von Neumann は，任意のパルサー $\mathrm{P}(\overline{i^1\cdots i^n})$，任意の繰返しパルサー $\mathrm{PP}(\overline{i^1\cdots i^n})$，任意のデコーダー $\mathrm{D}(\overline{i^1\cdots i^n})$ を設計するアルゴリズムを与えた．彼は次に特別の器官，3進計数器 $\varPhi$ を設計した．完全な器官を第23図に示したが，ここで寸法は正確に画いてはない．繰返しパルサー $\mathrm{PP}(\bar{1})$ は第17図のものであって幅15,高さ4のものである；したがって $\varPhi$ の実際の幅は24,高さは26である．第23図の矢印のついた長い線は，伝達だけに使われて分岐には使われない普通伝達状態の列を示している．

von Neumann が3進計数器を必要としたのは特定の目的，即ち外部テープ L の接続ループ(C_1 または C_2)をめぐるパルスを3回送るためである；第37図参照．$\varPhi$ の二次出力 d が接続ループ C_2 の入力 v_2 に接続され，ループ C_2 の出力 w_2 が $\varPhi$ の二次入力 c に接続されているとしよう．$\varPhi$ の一次入力 a に入った

235

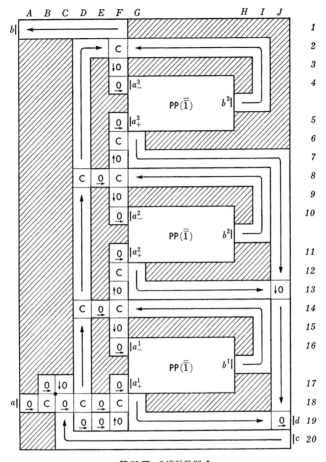

第23図　3進計数器 Φ

パルスはループ C_2 を3回まわり，それから Φ の一次出力 b から出てくる．

　使用規則として，Φ の入力 a が一度刺激されると，Φ の出力 b から刺激が出るまでは，入力 a がもう一度刺激されることはないと仮定する．この仮定のもとでは，3進計数器 Φ は次のように働く．a への開始刺激は，コーディングおよびデコーディング回路を通って a_+^1 へ行き，ここで第一の繰返しパルサーを始動し，また d へも行って，C_2 の入力へうけ渡される．ある時間遅れて，第一

の繰返しパルサーの出力 b' は第14行に沿って合流細胞 $F14$ に向けて刺激を送る．この合流細胞はゲートとして働く．C_2 からの出力パルスが c から $\varPhi$ に入ると，第20行にそって伝わってから D 列に入り，三つのゲート $F14$, $F8$, $F2$ を刺激する．これらのゲートのうち最初の $F14$ だけが開いている；パルスはこのゲートを通り第一の繰返しパルサーをとめ，第二の繰返しパルサーを動作させ，第13行と J 列を通って二次出力 d へ行く．

C_2 から二次入力 c へ入ってきた次のパルスは，第二のパルサーをとめ，第三のパルサーを動作させ，二次出力 d から C_2 へもどって行く．C_2 からこのパルスがもどってきて，第三のパルサーをとめ，一次出力 b から出ていく．これで $\varPhi$ の動作は完了した．

一次入力 a から細胞 $F18$ への経路は，二次入力 c から $D14$ への経路と交差していることに注意してほしい．実際には，細胞 $D14$ を通ってゲート $F14$, $F8$, $F2$ へ行く一次入力刺激はこれらのゲートが最初には閉じているので，害をおよぼさない．しかし c から $D14$ へのパルスが $F18$ へ入ると，まずいことが起る．これは線の交差という一般的な問題の特別な場合である．この一般的な問題は，以下の3.6節にのべるコーデッドチャネルの機構によって解決される．$\varPhi$ における特別な場合は，コーダー $B17$, $B18$, $C17$, $C18$ とデコーダー $D18$, $D19$, $E18$, $E19$, $F18$, $F19$ によって解決される．すなわち前者は刺激されると $\overline{101}$ をつくり，後者は $\overline{101}$ によって刺激されれば $\bar{1}$ を $F17$ と $G18$ に出すが，$\bar{1}$ によって刺激されても何も出さないのである．

3進計数器の設計原理を修正，一般化して m 個のパルスを数える計数器，即ち受けとったパルスを m 番目ごとに出すような計数器をつくることは容易である．]

3.2節および3.3節で構成した三つの器官は，かなり一般的な意義を持つ基本的なものであった．これからのものはずっと特殊である；それらは，われわれがこれからとりかかる最初の大がかりな複合体の構成の途上で生じてくるところの特殊な要求に対応するものである．

この種の器官の第一は **3 進計数器** ⟨triple-return counter⟩ である．この器

3.4 3進計数器

官は二つの入力 a, c と二つの出力 b, d をもっている；a, b は**一次**〈primary〉の入出力の組であり，c, d は**二次**〈secondary〉の入出力の組である．

この器官の動作を記述するには，その二次出力 d と二次入力 c が，(適宜に与えられた)他の器官の入力 c^* と出力 d^* にそれぞれつながっていると仮定する必要がある．この他の器官というのは**応答**〈responding〉器官であって，これをさしあたり記号 Ω であらわすことにする．このように Ω につないだ結果，3進計数器はその一次入出力の組 a, b だけが自由になっているわけである．

a を刺激すると，それは d で応答し，その結果 c^* を刺激する．そこで Ω は適当な遅れの後に d^* で応答し c を刺激すると仮定しよう．これは第二の応答を d に発生させ，したがって c^* で Ω を刺激する．そこで Ω が適当な遅れの後に d^* で2回目の応答をし c を刺激するとしよう．これは第三の応答を d に発生させ，したがって c^* で Ω を刺激する．Ω が適当な遅れの後に3回目の応答をして，c を刺激するとしよう．これは b に応答を発生させてこの過程は終了する．

最初の a への起動と b での最終的な応答の間のタイミングは自由である；即ち，これらの間の遅れはここではまだ決まっていない．ここで a から b までの全過程には，その遅れがいずれにせよ応答器官 Ω によってきまり，今構成しようとしている器官にはよらないような相が三つあることに注意してほしい．即ち，d から c^* および d^* を通って(即ち，Ω を通って) c までを3回まわることである．しかし a から b に至る全過程の，他の相(即ち，a から d，c から d へ2回，最後に c から b まで)は，今組立てようとしている器官だけに依存する．自由タイミングに関して上にのべたこと，即ち特定の遅れの長さが決まらないというのはこれらの相についてのことである．(しかし，この節の終りの注意を参照のこと．)

3進計数器の記号は Φ である．

必要な回路は第24図に順次展開されている．この組立ておよびその結果の回路についてこの節の残りで議論する．

われわれは，刺激が c^* から d^* へ(即ち，Ω を通って)正確に3回通過するこ

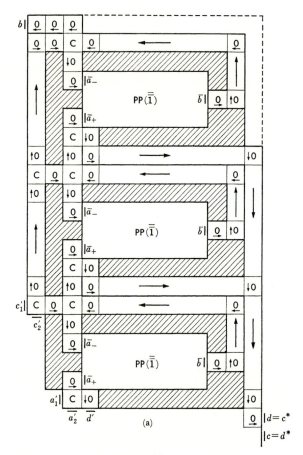

第 24 図 3 進計数器 Φ の設計

とを要求する．即ち，もっと的確に言えば，刺激が $(\Omega$ の d^* から$)c$ に到達するはじめの 2 回のときの $(\Phi$ における$)$ 結果は 3 度目のときに起こる結果とは違っていることを要求するのである．したがって Φ は記憶をもっていて，最初の 2 回の場合を 3 回目の場合と区別すること，つまり三つまで数えることが必要である．

われわれがいま持っている手段では，これは繰返しパルサー $\mathbf{PP}(1)$ を三つ使ってやるのがちょうどよい．三つをそれぞれ，それが表示する計数期間の初め

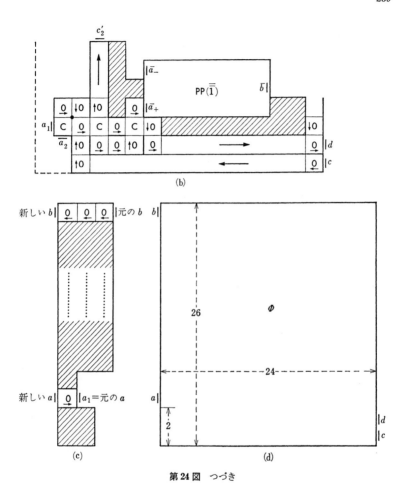

第 24 図 つづき

に起動し,終りに停止させるのである.計数期間の間は,対応する $\mathrm{PP}(\bar{1})$ が計数期間の存続を,出力刺激が(ずっと)得られるということによって実質的に表示する.そしてこの刺激を用いて当該の計数期間の特徴的な動作を実行させなければならない.それは次のようなものである.

第一計数期間: c に達した刺激は d に導かれ,その後第一期間の $\mathrm{PP}(\bar{1})$ は停止され,第二期間の $\mathrm{PP}(\bar{1})$ が始動される.

第二計数期間: c に達した刺激は d に導かれ，その後第二期間の $\mathbf{PP}(\bar{1})$ は停止され，第三期間の $\mathbf{PP}(\bar{1})$ が始動される．

第三計数期間: c に達した刺激は d に導かれ，その後第三期間の $\mathbf{PP}(\bar{1})$ は停止される．

a への最初の刺激は，もちろん c へ導かれ，また第一期間の $\mathbf{PP}(\bar{1})$ を始動しなければならない．

$\mathbf{PP}(\bar{1})$ が連続して出すパルスを使って，その期間を起動する d への刺激の助けを借りて，その計数期間に特徴的な望む結果を誘発する（上記参照）には，次のようにすればよいことは明らかである．合流状態 $\mathbf{C}$ を一致器官として用いて，上記の $\mathbf{PP}(\bar{1})$ の出力からの経路と c からの経路とをその入力とする（それらの刺激の一致を検出する）．そしてこの $\mathbf{C}$ を前に列挙した特徴的な応答の始動に用いるのである．[第23図の細胞 $F14$, $F8$, $F2$ 参照．von Neumann は d (即ち c^*) での刺激を，与えられた計数期間を始動するものと考えている．この刺激は Ω を通って c (即ち d^*) から Φ に入る．]

これらの装置全体は第24図(a)に示すとおりである．この図では $\mathbf{PP}$ の入力と出力を（第19図(g)および(h)で a_+, a_-, b と記したのを）$\bar{a}_+, \bar{a}_-, \bar{b}$ と記す．$\mathbf{PP}$ の上下の端は $\mathbf{U}$ で保護され，$\mathbf{C}$ による望ましくない刺激がこれらの境界を越えて入ってくるのを防いでいる．この保護壁は，各 $\mathbf{PP}$ の左下の隅まで伸ばさない方が（そこに伝達チャネルの余地をつくるために）便利である；これが許されることは第19図(h)には示してないが第19図(g)に示してある．[第16図(b)および第18図(k)も参照．]

第24図(a)および(b)においては次のような簡略化がほどこされている：状態 $\underset{\rightarrow}{\mathbf{0}}$ が一直線に並んだものは一本の矢印で示してある．他の三方向も同様である．状態 $\mathbf{U}$ が続いているところは斜線でハッチしてある．$\mathbf{PP}(\bar{1})$ は実際の大きさ（即ち 4×15，第19図(g)参照）では示してない；したがって第24図(a)の回路の領域は水平も垂直もその分だけ縮まっている．

第24図(a)には，2次入出力対 c, d および1次入力 a に対する伝達チャネルが，それぞれの終点 $c=d^*$, $d=c^*$, a にどのようにして達するかは示してない．

(この図には $c=d^*$, $d=c^*$ は示してある;a は示してないが,下の左の隅の方にあると考えればよい.) 図ではそれらの伝達チャネルはそれぞれ c_1' または c_2', d', a_1' または a_2' で終っている.一次出力 b は正しい終点に達するように示されている.d' を d とつなぐのには困難はないが,c_1' または c_2' を c とつなぎ,同時に a_1' または a_2' を a とつなぐことは(その過程で b および d の接続をみださないようにすることは)位相幾何学的な難問である:これらの経路がどうしても交差するのは明らかである.a, b, c, d が図示されたような位置にあることは不動の要求ではないことに注意(a に関しては上記の注釈参照);即ち,a, b, c, d はいくらか動かすことはできる.しかし,a, b が回路の左の端にあり,c, d が右の端にあることは必要であり(後の[第 39 図]参照),これが上に述べた位相幾何学的な困難,即ち交差路の必要性を結果している.したがって a, b, c, d は上に示した位置のままでも同じことである.われわれは c_1' または c_2' から c へのチャネルと,a_1' または a_2' から a へのチャネルを相互干渉によって情報を乱すことなしに,つまり一方のチャネルに送ろうとした情報が他のチャネルに入って回路の誤動作を引き起こさないように,どうやって交差させるかという問題を解決しなければならない.

線の交差の問題(これは 2 次元に特有なものである;第 1 章およびこの後を参照)は,後にこの目的のための特別な器官を構成する(3.6節参照)ことによって一般的に解決される.しかしいまの場合は特別に簡単なので,この一般的な方法による必要はなく,むしろこのための特別な方法で解決した方がよいと思われる.

この場合簡単になる点は,c から c_1' または c_2' へのチャネル信号が a から a_1' または a_2' へのチャネルへ入らないようにすることは必要であるが,その逆は必要でないということにある.たしかに,これらのチャネル間の第一の形式の混信は,パルスを応答器官 Ω と 3 進計数器 Φ の間を無限に循環させて,動作をすっかりこわしてしまう.これに対して第二の形式の混信は元の(a からの)刺激を $c_1'-c_2'$ チャネルに注入して,三つの一致検出器 **C**(図の左端の,$c_1'-c_2'$ チャネルの二こま右にある)の一つ一つに刺激を与えるだけである.遅れをよくしら

べてみると(下記参照),この時 $PP(\bar{1})$ はどれもまだ動作しておらず,したがって問題の C はどれも一致に必要な他の刺激を受けとっていないことがわかる.したがって,この型の迷子の a 刺激は無害である.

そこで,c 刺激が $a'_1-a'_2$ チャネルに入るのだけを防げばよいことになった.これは,あとで上に述べた(3.6 節参照)一般的な目的に用いるのと同じ,コーディング-デコーディング技術を用いれば出来る.即ち a 刺激の代りに,パルサーを用いて(符号化された)パルス列を出し,そして $a'_1-a'_2$ の前にデコーダーを置いて $a'_1-a'_2$ チャネルを保護し,このパルス列だけ応答して,一発のパルスに応答しないようにすることができる.こうすれば引きのばされた(符号化された)形の a 刺激は $a'_1-a'_2$ を通ることができるが,これに対して一発の刺激だけの c 刺激は $a'_1-a'_2$ に達することができない.その上,ここでは前にのべたようなパルサーやデコーダーの構成を使う必要はなく,むしろ現在の目的だけのために必要な基本的な器官をつくるのが最も簡単である.

a 刺激を符号化するには,これを 2 刺激で置き代えるだけでよい.そしてそれを続いた 2 刺激にはしない方がいくらか便利である.即ち,$\overline{11}$ ではなくて $\overline{101}$ を用いるのである.こうすると符号化も複号化もまるで簡単になる.これを行なう装置を第 24 図(a)に示す.(第 24 図(b)は第 24 図(a)の下を伸ばしたものであるのに注意.二つの図面を見れば,どの素子が共通であるか,つまり二つをどのように重ねればよいかがわかる.)a の位置は a_1 か a_2 のどちらでもよい.これが左端の C を刺激し,C は相対遅れ 2 だけちがう二つの経路を通じて刺激を右隣りの $\underset{\rightarrow}{0}$ に送る.そこで刺激が a_1-a_2 からくれば,パルス列 $\overline{101}$ が C の右隣りの $\underset{\rightarrow}{0}$ に達する.この $\underset{\rightarrow}{0}$ にはそのすぐ下の $\uparrow 0$ からもパルスが入ることに注意.この $\uparrow 0$ は c からくるチャネルを表わしている.このチャネルからは一発の $\bar{1}$ だけしか入ってこない.このように a_1-a_2 刺激の符号化(そして c 刺激の非符号化)は(左端の C の右隣りの)$\underset{\rightarrow}{0}$ ですでにできている.これは第二の C を刺激する.ここからは刺激は(符号化されたのもされないのも)c'_2 までそのまま邪魔されずに伝わる.一方この(左から 2 番目の)C から次の(3 番目の)C へ行く,相対遅れが 2 ある二つの経路は,こんどは一致回路として働く.即ち,

3.4 3進計数器

この最後のCはその前のCが補償遅れ2を持つ二つの刺激,即ち $\overline{101}$ を受けとった時にだけ応答するのである.言いかえれば,a_1-a_2 からきた刺激だけが(この間接的な機構によって)最後のCを刺激することができる(c からの刺激は,できない).このCは第24図(a)の左下の隅のC,即ち $a_1'-a_2'$ の入口に隣接したCと同じものである.こうして,c からの伝達を排除して a_1-a_2 からだけ $a_1'-a_2'$ へ伝達することが望みどおり達成できた.

a_1' と a_2' は(Cが二つの入口を必要とするので,上記参照)両方とも使われたが,a は a_1, a_2 のどちらでもよいことに注意.われわれは a が左からくる方がよいので a_1 を用いることにする.c_1' と c_2' については,われわれは c_2' を用いたので,c_1' はこれからは考えないでよい.第24図の(a)と(b)をくっつけた後,更に左端につけ加える必要がある.すなわち,縁をまっすぐにした方がよいし,(隣りの伝達状態から不必要な刺激を受けないように)CをUでかこって護ることが望ましい.したがってわれわれは,第24図(a)および(b)の左縁にUでかこいをし,新しい a の位置から古い a の位置への通路と,新しい b の位置から古い b の位置への通路を残しておくことにする.これを第24図(c)に示す.第24図(b)に対する相対位置は,そこに破線で示されている.最後に第24図(a)の右上の角のまわりの破線で示された帯状地帯をUでうめて,完全な長方形にする.

これで組立ては終った.第24図(a)の $\mathbf{PP}(\bar{1})$ の領域は,第19図(g)によれば幅15高さ4である.したがって第24図(a)の回路の領域は,幅21高さ26の長方形を占めることになる.その結果,(第24図(a)-(c)から出来る)全体の回路の(長方形の)領域は,幅24,高さ26となる.この回路の略記法を第24図(d)に示す.第24図(c)と第24図(d)は第24図(a)と第24図(b)に較べて更に縮めて描いてある.

a から a_1 への遅れは明らかに1である(第24図(c)参照);a_1 から $\bar{a}_+$ までの(三つのCを通る)遅れは(コーディング-デコーディングの手続の性質上,最初の二つのCの間の短かい経路は後半の二つのCの間の長い経路と組み合わされ,またその逆が行なわれるので,どちらの遅れも同じになって)11となる(この勘定,および以下のいくつかの勘定に関しては第24図(b)参照).これはまた,最

後の **C** のすぐ右の ↓0 の出力までの，即ち d へ至るまっすぐなチャネルの入口までの遅れでもある．このチャネルから d までの遅れは($\mathbf{PP}(\bar{1})$の正しい長さが第19図(g)によると15であることを考慮すると)18である．$\bar{a}_{+}$から $\mathbf{PP}(\bar{1})$ を通って $\bar{b}$ までの遅れは18である(3.2.1節の終り参照)．$\bar{b}$ から(第24図(a)の $c'_1-c'_2$ の2こま右にある)最初の一致回路 **C** までは(ここで $\mathbf{PP}(\bar{1})$ の実際の長さは15で，$\mathbf{PP}(\bar{1})$ の上から b までの距離が2であることを思いだすと)遅れが22である(第19図(g)参照)．こうして a から $d=c^{*}$ で応答器官が最初に刺激されるまでの全体の遅れは $1+11+18=30$ となる．さらに a から，最初の一致回路 **C** が(最初の $\mathbf{PP}(\bar{1})$ に刺激されて)$c'_1-c'_2$ からの刺激を通すようになるまでの遅れは，$1+11+18+22=52$ となる．

a_1 から出て左から2番目の **C** から $c'_1-c'_2$ チャネルに入るパルスは，そこに行く(即ち，第二の **C** の上側に現れる)のに(最初の二つの **C** の間の二つの可能な経路のどちらをとるかにしたがって；第24図(b)参照)5または7の遅れが出る．ここから c_2 への遅れは($\mathbf{PP}(\bar{1})$ の実際の高さが4なので；第19図(g)参照)5である．そこから最初の一致回路-**C**(第24図(a)参照)までは3である．したがって a からこの正規でないチャネルを通って最初の一致回路-**C** に至る全体の遅れは $1+5+5+3=14$ または $1+7+5+3=16$ である．この遅れは第二の一致回路-**C** に対しては9だけふえ，第三の **C** に対してはさらに8だけふえる．したがってこれらの **C** に対して高々 $16+9=25$ および $25+8=33$ で，全体として高高33遅れるということになる．最初の一致回路-**C** が c_1-c_2 チャネルからの刺激に対して通過可能になるのは a への刺激から52遅れてからだということをわれわれは前に見た．(その他の一致回路-**C** に対しては，この遅れはもちろんずっと長くなる．) したがってこの正規でない刺激は早く来すぎるので障害は起こさず，これは前にのべたことを確認したことになる．

 [von Neumann は次に $\varOmega$ の $c=d^{*}$ での i 番目の応答を $i=1,2,3$ に対して考察した．彼は各応答に対して $\varPhi$ を通るときの遅れを計算し，内部のタイミングが正しい事を確かめた．タイミングに関して問題になる点を第23図で説明することにしよう．$\varOmega$ の最初の応答をなすパルスを考えよう；細胞 $D14$ にパル

スが達した時間を t としよう．時間 t には $F14$ は開いており，ゲート $F8$ と $F2$ は閉じている．このパルスはゲート $F14$ を通り，いろいろな事をする中で，(時間 $t+9$ に)入力 a_+^2 に入って第二の繰返しパルサーを始動し，そしてそのパルスは今度はゲート $F8$ を開く．ゲート $F8$ が開くのが早すぎて元のパルスがそこを通って第三の繰返しパルサーを始動し，その結果誤動作を起こすようなことはないだろうか？ 細胞 $F8$ へ至る二つの経路の遅れを計算すると，これは起こらないことがわかる．元のパルスは左から $F8$ へ時間 $t+12$ に到達するのに対して，ゲートパルスは右から $F8$ へ時間 $t+49$ に到達するのである．同様の計算からゲート $F2$ でも問題はないことがわかる．]

これで Φ 内の遅れに関する議論と，その動作の無矛盾性の証明は終った．ここで Φ の遅れ特性のうち外部に関係のあるものを再録する：a への刺激から Ω の最初の刺激まで：30；Ω の最初の応答から Ω の第二の刺激まで：66；Ω の第二の応答から Ω の第三の刺激まで：83；Ω の第三の応答から b への出力(第24図(d))まで：59である．

Ω の i 番目の刺激から i 番目の応答までの遅れを $w_i(i=1,2,3)$ とする．(これは Ω の性質であって Φ の性質ではない！) すると a から Φ (と Ω を3度！)通って b へ達するまでの全体の遅れは $30+w_1+66+w_2+83+w_3+59=238+w_1+w_2+w_3$ となる．

3.5 $\bar{1}$ 対 $\overline{10101}$ 弁別器：構造，寸法，タイミング

このシリーズの次の器官は **$\bar{1}$ 対 $\overline{10101}$ 弁別器**⟨$\bar{1}$ vs. $\overline{10101}$ discriminator⟩ である．この器官は一つの入力 a と二つの出力 b と c を持つ．この器官の機能は，われわれがデコーダーに対して要求することを意識的にさしひかえたところのものである(3.3節の初め参照)：それは二つのパルス列で一方が他方の一部となっているようなものを弁別するのである．具体的には，一発の刺激が a にくると，その前に十分の長さの無刺激が続いていたなら，b に出力を生じる．パルス列 $\overline{10101}$ が a にくると，c に出力を生じる(しかし b には生じない；即ち，

その中に含まれる単一パルスの効果を麻痺させる；上記参照）……．

　a における起動パルス列 $\bar{1}$（即ち $\overline{0\cdots01}$；上記参照）と $\overline{10101}$ の関係，および b と c における応答の間のタイミングは自由である；即ち，これらの間の遅れはここではまだきめていない……．

　$\bar{1}$ 対 $\overline{10101}$ 弁別器の記号は $\mathit{\Psi}$ である．

　[von Neumann は次に $\mathit{\Psi}$ に対する彼の回路を展開した．後に説明する理由によって，ここでは彼の $\mathit{\Psi}$ の設計をもっと簡単なものに置き代えることにした．

　弁別器 $\mathit{\Psi}$ は，無限に長い線状の配列 **L** の任意の細胞 x_n を読むのに用いられる（第37図）．"0"は細胞 x_n では興奮不能状態 **U** によって表示され，"1"は静止しているが興奮可能な状態 $\mathbf{T}_{030}$，即ち下向きの普通伝達状態によって表示されている．細胞 x_n を読むには，パルス列 $\overline{10101}$ を接続ループ $\mathbf{C}_1$ の入力 w_1 に送り，$\mathbf{C}_1$ の出力 w_1 から $\bar{1}$ が出るか $\overline{10101}$ が出るかを見る．パルス列 $\overline{10101}$ は $\mathbf{C}_1$ の上半分を伝わって細胞 x_n に入る．細胞 x_n が状態 **U** であると，パルス列 $\overline{1010}$ が x_n を状態 $\mathbf{T}_{030}$ に変換し，残りの $\bar{1}$ が x_n を通って $\mathbf{C}_1$ の下半分を伝わって出力 w_1 に出てくる．もし x_n がすでに $\mathbf{T}_{030}$ 状態にあると，パルス列 $\overline{10101}$ 全体が $\mathbf{C}_1$ を一まわりして，w_1 に出てくる．したがって w_1 での $\bar{1}$ は x_n での"0"を表わし，w_1 での $\overline{10101}$ は x_n での"1"を表わす．$\bar{1}$ 対 $\overline{10101}$ 弁別器はこれら二つの場合を弁別する．

　von Neumann が彼の弁別器を設計した時点では，他にもどんなパルス列がそこに加えられるかわからなかった．弁別器が読み‐書き‐消去ユニット **RWE**（第37図および第39図）に実際に用いられる場合には，他の場合は起こらないのである．この知識を利用して，そして他の点についても von Neumann の設計を改良すると，彼の議論と設計はずっと簡単になる．この理由からわれわれは von Neumann の弁別器を第25図のもので置き代える．

　使用規則として，$\mathit{\Psi}$ はふだんは静止状態にあるが時折り時間 t から始まってパルス列 $\overline{10000}$ または $\overline{10101}$ が入力 a に入り，一度どちらかのパルス列が入力 a に入ると，$\mathit{\Psi}$ が再び静止するまでは，入力 a にはそれ以上刺激がこないもの

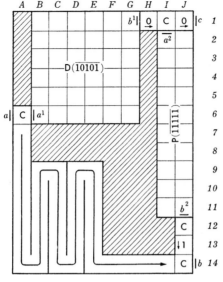

第25図 $\overline{1}$ 対 $\overline{10101}$ 弁別器 Ψ

と仮定しよう.

われわれはこの二つの場合を別々に考える. 第一の場合時間 t に入力 a に $\overline{1}$ が入り, 長い矢印で示される経路を伝わっていき, 時間 $t+40$ に b から出てくる. この $\overline{1}$ はまたデコーダー $\mathbf{D}(\overline{10101})$ にも入るが, そこで消えてしまう.

第二の場合はパルス列 $\overline{10101}$ が時間 t から $t+4$ までに a に入り, ただちに二つの効果を生じる. まず第一に, パルス列 $\overline{10101}$ は $\mathbf{D}(\overline{10101})$ によってデコードされ, 時間 $t+21$ に出力 b' から単一のパルスが出る. 第二にこのパルス列は入力 a から出力 b への経路を伝わって, 時間 $t+38$ から $t+43$ に細胞 $J14$ に入る. そして次のようにして細胞 $J13$ からの殺し作用によってとめられない限り, そのあと出力 b から出てくる. b' からのパルスは時間 $t+24$ に a^2 に入るから, $\mathbf{P}(\overline{11111})$ は細胞 $J14$ に時間 $t+39$ から $t+43$ までの間刺激を送る. これは, 時間 $t+38$ から $t+43$ までの間は $I14$ から $J14$ にパルスが入ってもなくなってしまうということを意味している. パルス列 $\overline{10101}$ は左から時間 $t+38$ から $t+42$ にかけて $J14$ に入るので, それは破壊され, b からの出力は出ない. 時間 t

$+21$ に b^1 から出たパルスは時間 $t+25$ に c から出てくる.

両方の場合をまとめると,第25図の弁別器 Ψ に対して:もし時間 t から $t+4$ に入力 a に $\overline{10000}$ が入ると,時間 $t+40$ に出力 b から刺激が出力され,出力 c からは何も出ない;一方時間 t から $t+4$ に入力 a に $\overline{10101}$ が入ると,時間 $t+25$ に出力 c から刺激が射出され,出力 b から何も出ない.したがって Ψ は必要な弁別を行なう.

ここで第25図の弁別器および von Neumann 設計の弁別器 Ψ について,彼の用いたパラメーターには「かっこ」をつけて,特性を要約することにしよう.$\overline{1}$ 対 $\overline{10101}$ 弁別器 Ψ の大きさは幅 10(22),高さ 14(20) である;入力 a は下端から 8(1) だけ上の細胞であり,出力 b は下端から 0(6) だけ上,出力 c は下端から 13(18) だけ上の細胞である.入力 a から出力 b までの遅れは 40(86),入力 a から出力 c までの遅れは 25(49) である.第25図のものよりずっと小さな $\overline{1}$ 対 $\overline{10101}$ 弁別器をつくることは可能であるが,第25図のものは von Neumann の設計の精神を生かしたものであり,またわれわれの目的も十分満足するものである.

二つのパルス列 $\overline{1}$ と $\overline{10101}$ を弁別するのは,一般に2進のパルス列を弁別する仕事の特別な場合である.この一般の仕事の他の例が次節のコーデッドチャネルの場合に出てくる.von Neumann はこの問題を解くのに,一組のパルス列を,そのうちのどれをとっても,たとえ時間的にずらしても,ビットごとに他のものより大きい(または小さい)ことがないように,えらぶことにした.パルス列 $\overline{1011}$,$\overline{1101}$,$\overline{1110}$ はそのような組を成している.なお2進パルス列を弁別するという一般の仕事は,与えられたパルス列だけを"識別"するようなユニットによって行なうことも出来るということを念のため注意しておく.識別器の例を第26図に示す.

第26図の識別器 $\mathbf{R}(\overline{101001})$ は次の機能を行なう.(相対的な)時間 0 から 5 までにパルス列 $\overline{i^1 i^2 i^3 i^4 i^5 i^6}$ が入力 a に入ったとして,またこのパルス列の前にも後にもいくつか 0 が続くものと仮定する.このような状況のもとでは,入ってくるパルス列が $\overline{101001}$(即ち,i^1,i^3,i^6 は 1 で,i^2,i^4,i^5 が 0)の場合,かつその場

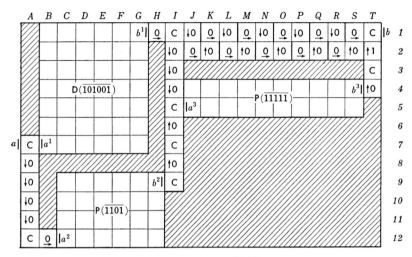

第 26 図　識別器 $R(\overline{101001})$

合に限って，識別器 $R(\overline{101001})$ は時間 $t+48$ に出力 b から刺激を出力する．識別器 $R(\overline{101001})$ がどのようにしてその目的をはたすかを説明しよう．任意の識別器 $R(\overline{i^1 i^2 \cdots i^n})$ を設計する一般原理（アルゴリズム）は，この説明の終りには明らかになるであろう．

次のような条件が成り立つ．

(Ⅰ)　デコーダー $D(\overline{101001})$ は，i^1, i^3, i^6 がすべて1の時，そしてその時に限り，時間 23 に b' からパルスを出す．

(Ⅱ)　パルサー $P(\overline{1101})$ は i^2 か i^4 か i^5 かが1の時，そしてその時に限り，時間 23 に出力 b^2 からパルスを出す．そこで3通りの場合が考えられる．

(A)　第一の場合：入力パルス列が $\overline{101001}$，即ち i^1, i^3, i^6 が1で i^2, i^4, i^5 が0の場合，b^2 または b^3 からは何も出ず，出力 b^1 からのパルスは出力 b から時間 48 に出る．

(B)　第二の場合：i^1, i^3, i^6 は1で，i^2, i^4, i^5 の一つまたはそれ以上が1の場合．時間 23 に b^1 からも b^2 からもパルスが出る．これらのパルスは時間 29 に合流状態 $I5$ に入り，その結果時間 31 にパルスが入力 a^3 に入る．パル

サー $\mathbf{P}(\overline{11111})$ はパルス列 $\overline{11111}$ を出し，これは時間 47 から 51 にかけて細胞 $T1$ に入る．時間 23 に b^1 から出たパルスは行 1 と 2 をジグザグに進み，時間 46 に細胞 $T1$ に入り，$\overline{11111}$ の細胞 $T1$ に対する殺し作用によってこわされてしまう．したがって何も出ない．

(C) 第三の場合：i^1, i^3, i^6 の全部が 1 ではない場合．出力 b^1 からはパルスは出ず，したがって出力 b からは何も出てこない．もしパルスが b^2 から出ても，合流状態 $I5$ でとめられてしまう．

これで識別器 $\mathbf{R}(\overline{101001})$ の議論を終る．]

3.6 コーデッドチャネル

3.6.1 構造，寸法，コーデッドチャネルのタイミング

[3 次元空間では，線は互いに他と交わらずに交差することができる，即ち，一方から他方へ情報を伝えるような接触をもたないで交差できる．2 次元空間では，伝送チャネルが交わることは位相幾何学的に必要であり，したがってあるチャネルに，それと交差するチャネルには伝わらないように情報を送るという問題がある．この問題は，線交差の原始状態を加えることによっても解決できる．しかしこのような線交差の原始状態はそれ自身がいくつかの余分な状態になる上に，直接（構成）過程のためにいくつかの潜像状態を更につけ加えることが必要になる．von Neumann はこの問題を，"コーデッドチャネル" によって彼の 29 状態細胞システムの中で解決した．

第 27 図は von Neumann のアルゴリズムにしたがって構成したコーデッドチャネルの一例を示している．ここには入力 a_1, a_2, a_3 と出力 b_1, b_2, b_3 がある；各入力 a_i はそれぞれ出力 b_i に対応している．このように入力 a_2 に入ったパルスは，いつかは両側の出力 b_2 に（同時ではないが）現われ，他には現われない．このコーデッドチャネルは七つのパルサーと七つのデコードする器官（みんな縮小してかいてある），それに $\mathbf{P}(\overline{10011})$ の出力から $\mathbf{D}(\overline{11001})$ の入力まで通っている"主チャネル"とからできている．

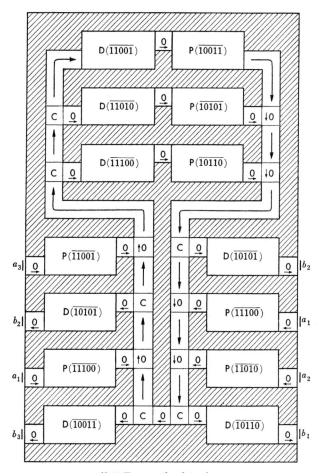

第27図 コーデッドチャネル

コーディングは6個の長さ5のパルス列で,どれも互いにビット毎に他を含まない(また他に含まれない)ようなパルス列によって行なわれる.パルス列 $\overline{11100}$, $\overline{11010}$, $\overline{11001}$, $\overline{10110}$, $\overline{10101}$, $\overline{10011}$ が a_1, a_2, a_3, b_1, b_2, b_3 にこの順序で対応している.パルス列の動作は例を示せばよくわかる.入力 a_2 が刺激されたとしよう.これによりパルサー $\mathbf{P}(\overline{11010})$ はその特性パルス $\overline{11010}$ を主チャネルに出力する.このパルス列は主チャネルの終りまで伝わって行くが,そ

れは用いている他のどのパルス列とも違っているので，デコーダー $\mathbf{D}(\overline{11010})$ だけに影響を与える．$\mathbf{D}(\overline{11010})$ は次にパルサー $\mathbf{P}(\overline{10101})$ にパルスを送り，このパルサーは特性パルス $\overline{10101}$ を主チャネルに出す．パルス列 $\overline{10101}$ は主チャネルの終りまで伝わるが，これは用いている他のどのパルス列とも違うので，二つのデコーダー $\mathbf{D}(\overline{10101})$ だけに影響を与え，これらは両方ともその出力 b^2 からパルスを出す．

コーデッドチャネルの入力と出力は任意の順に並べることができる．各入出力対に二つのパルス列が対応していて，その一方から他方への変換が第 27 図の上端のところで起こるようになっているのはこのためである．

コーデッドチャネルへの入力は，誤動作，あるいは混信を避けるために，時間的に十分離す必要がある．a_1 と a_2 が刺激されて，その出力 $\overline{11100}$ と $\overline{11010}$ がすぐに続いて主チャネルに入ったとしよう．組み合わされたパルス列 $\overline{11100}$ $\overline{11010}$ はパルス列 $\overline{11001}$ を含んでおり，これは入力 a_3 に割り当てられている．したがってこれは $\mathbf{D}(\overline{11001})$ を動作させ，結局 b_3 に出力を生じてしまう．]

このシリーズで三番目にわれわれが構成するのは**コーデッドチャネル**〈coded channel〉である．これまでは考えている器官に対して綿密で完璧な記述と議論を行なうというのがわれわれの方針であった．しかし今回はこの原則からはずれることにする．即ち，もっと発見的な方法で進む方が，われわれの目的にはずっと簡単で，しかもそれで十分である．したがって，この時点でわれわれが満たそうとしている要求は何であり，またどういう方法でこれを行なうことができるかということを，もっと一般的に議論することにしよう．そうして次に，基本的で，原形的な，特別な場合を扱い，それについて十分な議論を展開し，それによって次に実際の応用するとき（後述）に，必要な特定な器官が難なく出てくるようにしよう．

コーデッドチャネルは，2 次元空間の特有な狭さのゆえに必要となる機能を行なうものである．すなわち，論理回路では，2 次元空間内で実現出来ないような仕方で線を交差させなければならないようなことがじきに起こってくる．例えば，5 点 a, b, c, d, e があって，それぞれを他の点のすべてと結ぶことにな

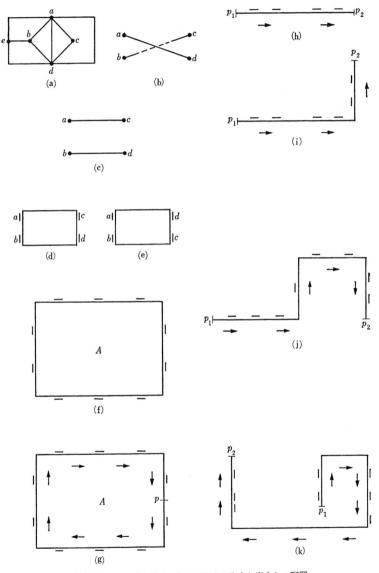

第28図　コーデッドチャネルにおける入力と出力との配置

ったとすると，第28図(a)に模式的に示すように，2次元では交差点なしでは実現することができない．この図では c と e を結ぶ線がないが，交差点なしではこれを書きこむことはできない．交差点を必要とする接続の実際の例の一つが，3進計数器を構成する時に(3.4節の中ほど参照)，第24図(a)から第24図(b)へ進むところであらわれた．

この困難は3次元空間では起らないことに注意してほしい．しかしわれわれの構成のその他の部分は，2次元空間でも3次元空間と同じようにできるので，他の点で支障がないなら，次元数を2におさえておくことは，やってみる価値がある．そんなわけで，2次元での線交差という副次的な困難と，それを克服するための特別な構成の必要性を受け入れることにする．

すぐ考えつく方法は，第28図(b)に模式的に示すように，線交差の要素的なはたらきを行なう特別な器官を構成することである．これのもっと詳しい表示が第28図(d)である：この器官は二つの入力 a, b と二つの出力 c, d がある．入力 a への刺激は(適当な遅れの後に)出力 d に応答を引き出し，入力 b への刺激は(やはり適当な，前とは違うかもしれない遅れの後に)出力 c に応答を引きだすようにしたい．a, b, c, d の実際のサイクリックなならび方が本質的であることに注意してほしい：もしこれらが第28図(e)のように，——あるいは第28図(c)に模式的に示すように——配置されているなら，もちろん何も困難はないわけである．

実際はこれよりももう少しましなものをねらった方がよい．すなわち第28図(d)に示すような，単一の交差を行なう器官を構成するだけだとすると，あとの構成のときにこれを多数組み合わせなければならない．これでは全体の幾何学的な配置が大変なことになり，われわれの一般的な設計手順もやりにくくなる．したがって，以下にもっとくわしく述べるような意味での多重線交差器官を構成した方が良い．

どんなところにも使えるような多重線交差器官とは次のようなものである．それは第28図(f)に示すような長方形領域 A で，そのまわりには種々の入出力がある．これらの入出力は第28図(f)でも第28図(g)-(k)でも棒で示されてい

る．各入力は記号 $a_\nu, \nu=1, \cdots, n$ で示され；各出力は記号 $b_\nu, \nu=1, \cdots, n$ で示されている．同じ ν に対して a_ν が何個かあってもよいし，b_ν が何個かあってもよい．これらの a_ν や b_ν などの A の囲りでのならび方は，どのように指定しても自由である．そこである a_ν に(即ち，考えている ν に対する何個かあるかもしれない a_ν のうちの一つに)刺激を与えると，(同じ ν を持つ)すべての b_ν が適当な遅れ(必ずしも同じ遅れである必要はない)の後に応答するようにしたいのである．

しかし，この装置を必要とするような目的に対しては，もう少し弱い要求にしても差しつかえない．その要求は，以下で明らかになるように，実現するのがいくらか簡単になるのである．要求の弱め方は次のようである．第28図(g)に矢印で示されているように，A の囲りにまわる向きを定義する．次にこの循環的な配列を切る；即ち，この周辺を p で示されている点で切って，線状配列に変えるのである——即ちそれは p 点で始まり，A の囲りを矢印の方向に囲り，また p で終るのである．さてここで，a_ν の刺激は(同じ ν を持った) b_ν のうち，考えている a_ν よりも矢印の方向に関して前の方にある b_ν だけが応答するということを要求することにしよう．最後に A の囲りを p で切り開く；即ち囲りを一本の線にしてしまう．この線はまっすぐでも折れていてもよい；即ち，それは第28図(h)-(k)に示されているように一つまたはそれ以上のまっすぐな線分から成る．いずれにせよ，入力 a_ν と出力 b_ν は元通りついているが，それがつく側は変える(反対側にする)こともできるものとする．(後者については第28図(k)参照．) 第28図(h)-(k)に示すように，これからも，上に述べた(前には循環性の，今は線状の)方向をやはり(第28図(g)に示したような)矢印で示し，ただ p が p_1(始め)と p_2(終り)に変る．

上に述べたような動作を達成する明白な方法はコーディングとデコーディングによることである．これを行なうのに，各 $\nu=1, \cdots, n$ に対応して適当な刺激-無刺激のパルス列 $\overline{i_\nu^1 \cdots i_\nu^m}$ をあてはめることにする．(パルス列 $\overline{i_\nu^1 \cdots i_\nu^m}$ の長さ m は ν に依存していてもよいわけであるが，その必要はない．) ここで各入力 a_ν に対してコーディング器官 $\mathbf{P}(\overline{i_\nu^1 \cdots i_\nu^m})$ をつけ，各出力 b_ν に対しては $\mathbf{D}(\overline{i_\nu^1 \cdots i_\nu^m})$

をつけよう．そしてこれらの入出力すべてを(普通)伝達状態——0 か $\uparrow 0$ か $\underset{\rightarrow}{0}$ か $\underset{\leftarrow}{0}$ か $\downarrow 0$ を矢印が正しい方向を向かうように選ぶ——を用いて，説明図(第 28 図(h)-(k)の中のすきなもの)の矢印で示された経路にそって接続することにする．もっとはっきり言えば，(a_ν および b_ν の全システムを)接続するリンクは，このような伝達状態から構成されなければならない．これは入力(a_ν)と結びつくところでも同じである．しかし b_ν と結びつくところでは刺激は 2 方向(伝送線を先へ進む方向と，その点についている出力への方向)に進まなければならない．したがってこのような場所ではそれぞれ 1 個の合流状態 $\mathbf{C}$ が必要である．この普通伝達状態と合流状態から成る鎖をこの器官の主チャネルと呼ぶ．

第 29 図(第 28 図(i)をくわしくしたものと見られる)を見るとこのことが一層詳細にわかる．この図は $n=2$ について，a_ν および $b_\nu (\nu=1, \cdots, n)$ の特定の，

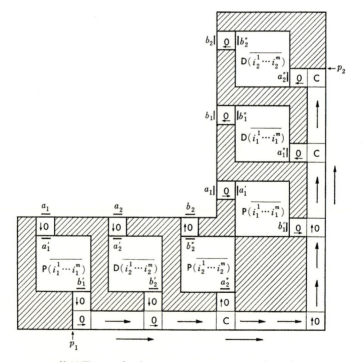

第 29 図　コーデッドチャネルにおけるパルサーとデコーダー

しかし典型的な配置を示す．第29図では $\mathbf{P}(\overline{i_0^1\cdots i_0^m})$ の入力は実際の入力 a_ν より一区画だけ離れており，a_ν' で示されている．一方，$\mathbf{P}(\overline{i_0^1\cdots i_0^m})$ の出力は b_ν' で示してある．また $\mathbf{D}(\overline{i_0^1\cdots i_0^m})$ の出力は実際の出力 b_ν より一区画だけ離れていて，b_ν'' で示されており，$\mathbf{D}(\overline{i_0^1\cdots i_0^m})$ の入力は a_ν'' で示されていることに注意してほしい．さらに各 $\mathbf{P}(\overline{i_0^1\cdots i_0^m})$ または $\mathbf{D}(\overline{i_0^1\cdots i_0^m})$ は普通の第16図(g)および第22図(c)の配置を四つの角度 $0°$，$90°$，$180°$，$270°$ のどれかだけ回転することができ，もし必要なら水平線または垂直線に関して逆転させることもできることにも注意してほしい．明らかにこれは，第16図および第22図の各構成に対してわかりきった変形を行なうだけのことである．

そこで今度はパルス列 $\overline{i_0^1\cdots i_0^m}$, $\nu=1,\cdots,n$ を選ぶことをしなければならない．各々の b_ν，即ち各 $\mathbf{P}(\overline{i_0^1\cdots i_0^m})$ は $\mu=\nu$ に対する $\overline{i_\mu^1\cdots i_\mu^m}$ だけに応答し，それ以外には応答しないようにしなければならない．$\mathbf{D}(i^1\cdots i^m)$ の特性を考えると，それは {3.3節の初め参照}，$\mu\neq\nu$ の $\overline{i_\mu^1\cdots i_\mu^m}$ は $\overline{i_\nu^1\cdots i_\nu^m}$ を含んではならないということである．時間の原点がずれたために起る"誤解"を避けるためには，この要請は $\overline{i_\mu^1\cdots i_\mu^m}$ と $\overline{i_\nu^1\cdots i_\nu^m}$ が互いにずれた場合（これら二つのパルス列はそれぞれ，その前後に十分長い0のパルス列が続いているものとする）に拡張する必要がある．

この要請は $\overline{i_\nu^1\cdots i_\nu^m}$, $\nu=1,\cdots,n$ がどの二つをとっても異なっており，かつ，どれも最初のビットは刺激で始まり，含まれる刺激の総数がみな同じ k 個であるならば，たしかに満される．そこで，この条件が満されているものとすることにする．

そこでわれわれの問題は，$\nu=1,\cdots,n$ に対応して n 個の互いに異なるパルス列 $\overline{i_\nu^1\cdots i_\nu^m}$（$i_\nu^1$ は1だから考える必要はない）で，それぞれ長さが $m-1$ でちょうど $k-1$ 個の "1" を含むようなものを見つけることである．この種の（異なる）パルス列の数は明らかに

$$\binom{m-1}{k-1}$$

である．したがって上記の意味の選択は

(12′) $$n \leqq \binom{m-1}{k-1}$$

の時，かつその時に限って可能である．したがって，残る仕事は(12′)を満足するように m, k を選ぶことだけである．

{同じ m に対して}$k-1$ もまた(12′)を満たすような k の選び方をするのは妥当であると思えない．そこで

$$\binom{m-1}{k-1} > \binom{m-1}{k-2}$$

つまり，$k-1 < m-k+1$, $2k < m+2$ であり，したがって $2k \leqq m+1$, 即ち

(13′) $$k \leqq \frac{m+1}{2}$$

となる．実際は $k=(m+1)/2$ および $k=m/2$ とするのが普通実際的な選択である．

これらの議論で，おこり得る特定の場合に，各コーデッドチャネルの構成をどのように行なったらよいかが明らかになった．われわれは略記法として第28図(h)-(k)を使い，矢印はつけるが，文字 p_1, p_2 は書くとは限らず，また各入，出力細胞に対しては必要に応じて a_v, b_v をつけて示すことにする．

まだ考えるべき細かい問題点がいくつか残っている．

第29図の器官 $\mathbf{P}(\overrightarrow{i_v^1} \cdots \overrightarrow{i_v^m})$ と $\mathbf{D}(\overrightarrow{i_v^1} \cdots \overrightarrow{i_v^m})$ はすべて k は同じであり（前記3.2.1節および3.3節参照），したがって長さも同じである（第16図(g)および第22図(c)参照）．第29図からわかるように，これらの器官の向きはこの長さが $\mathbf{P}(\overrightarrow{i_v^1} \cdots \overrightarrow{i_v^m})$ と $\mathbf{D}(\overrightarrow{i_v^1} \cdots \overrightarrow{i_v^m})$ が占めている主チャネルにそった平行地帯の幅を決めるように置かれている．したがってこの幅は一様に $2k$ である．これに主チャネルに対する1と，両側の二つの保護ストリップ $\mathbf{U}$ に対する2とを加えると，この器官（即ち，コーデッドチャネル）を構成する主チャネルにそった平行地帯の全体の幅を得る：それは $2k+3$ である．

器官 $\mathbf{P}(\overrightarrow{i_v^1} \cdots \overrightarrow{i_v^m})$ や $\mathbf{D}(\overrightarrow{i_v^1} \cdots \overrightarrow{i_v^m})$ のいろいろのものは，その高さはそれぞれの u に対する $u+2$ で与えられ，それは a priori には変わり得るものである（第16図(g)および第22図(c)参照）．しかし $\mathbf{P}(\overrightarrow{i_v^1} \cdots \overrightarrow{i_v^m})$ の u を u^0 から決めた決め方をみると(3.2.1節の(2′)およびその前の注釈参照)，$\mathbf{P}(\overrightarrow{i_v^1} \cdots \overrightarrow{i_v^m})$ の u は全部等しく

(すべての u^0 の最大値に)とり得ることがわかる.u' をすべての $\mathrm{P}(\overline{i_b^1 \cdots i_v^m})$ に共通の u としよう.また $\mathrm{D}(\overline{i_b^1 \cdots i_v^m})$ の u を u'^0 から決めた決め方を見ると(3.3節の方程式(11′)とその前の注釈参照),$\mathrm{D}(\overline{i_b^1 \cdots i_v^m})$ の u は全部等しく(すべての u'^0 の最大値に)とり得ることがわかる;その上,u'^0 は自動的に等しくなることを示すこともむずかしくない.とにかく u'' をすべての $\mathrm{D}(\overline{i_b^1 \cdots i_v^m})$ に共通の u としよう.

第29図が示すように,$\mathrm{P}(\overline{i_b^1 \cdots i_v^m})$ と $\mathrm{D}(\overline{i_b^1 \cdots i_v^m})$ の配列(向き方)は,主チャネルにそって計ったそれらの間の間隔が常にこの高さによって決まるようになっている.しかしこのようにして得られた間隔はいずれにしても下限を示しているにすぎない:二つの隣接する器官 $\{\mathrm{P}(\overline{i_b^1 \cdots i_v^m})$ と $\mathrm{D}(\overline{i_b^1 \cdots i_v^m})\}$ の間の間隔を増そうと思ったら,(第29図に示すような)一本の分離線 U を適当数の線で置きかえるだけでよい.

次の問題は遅れに関するものである.特定の a_ν への刺激から特定の b_ν での応答までの遅れは第29図を見れば簡単に決めることができる.a'_ν から $\mathrm{P}(\overline{i_b^1 \cdots i_v^m})$ を通って b'_ν に至る(全体の)遅れは $d'=2k+u'+2$ (3.2.1節の終り参照)である;a''_ν から $\mathrm{D}(\overline{i_b^1 \cdots i_v^m})$ を通って b'' へ至る遅れは $d''=3k+u''+m$ (3.3節の終り参照)である.a_ν が結びつけられている $\mathbf{0}$ (か $\uparrow 0$ か $\underset{\rightarrow}{\mathbf{0}}$ か $\downarrow 0$)から b_ν が結びつけられている $\mathbf{C}$ に至るまでの主チャネルの距離(ますの数つまり距離の勘定には,$\mathbf{C}$ はすべて2回勘定し,最後の $\mathbf{C}$ は含めるが最初の $\underset{\rightarrow}{\mathbf{0}}$——か $\uparrow 0$ か $\underset{\leftarrow}{\mathbf{0}}$ か $\downarrow 0$——は勘定に入れない)を $\varDelta$ としよう.すると a_ν への刺激から b_ν での応答までの全体の遅れは,$1+d'+2+\varDelta+1+d''+1=\varDelta+d'+d''+5$ となる.

われわれはまた,相互干渉による情報の変形(corruption by interference)を考えなければならないが,それはここでは次の形をとる.明らかに a_ν での刺激は(主チャネルの矢印の方向にそって a_ν の先にある)すべての b_ν に応答を引き起す.また a_ν への刺激は,他の刺激が(a_λ の一つまたはそれ以上の場所で,そこが $\lambda=\nu$ であっても $\lambda\neq\nu$ であっても)起らない限り,$\mu\neq\nu$ なる b_μ には応答を引き起さない.したがって問題は:いくつかの(同じ ν,または別の ν をもつ)a_ν に対して刺激を与えたとき,おのおのの刺激はそれだけではどれも b_μ に

応答を引き起さないような場合でも b_μ に応答を引き起すことがあり得るか，ということである．あるいはさらに具体的に言えば：このようなことの起るのを避けるには，a_ν に加える刺激に対しどのような規則をつくる必要があるかということである．

その規則は，a_ν への刺激と，同時または後から起るその他の a_μ への刺激との間に，ある最小の遅れを指定するというかたちで与えることができる．（これは $\lambda \neq \nu$ の場合も $\lambda = \nu$ の場合も含む；また $\lambda = \nu$ で続く二つの刺激という場合，その両方の a_ν は同じものであっても，そうでなくてもよい．）

そこで一つの b_μ を考えよう．その $\mathbf{D}(\overline{i_\mu^1 \cdots i_\mu^m})$ が a_μ'' で刺激-無刺激のパルス列 $\overline{i_\mu^1 \cdots i_\mu^m}$ を受けとれば，そこに応答が生じる．パルス列 $\overline{i_\nu^1 \cdots i_\nu^m}$ をつくることはどの a_ν にもできる．避けなければならないことは，これらがいくつか，ずれて重ねあわさったものの中に，それらの一つ一つには実際には起っていないような $\overline{i_\mu^1 \cdots i_\mu^m}$ が含まれてしまうということである．

これが起るのは，二つの（起源の異なる）ずれた $\overline{i_\nu^1 \cdots i_\nu^m}$ がいっしょになって，一つのパルス列 $\overline{j^1 \cdots j^m}$ の中に $\geq k$ 個の刺激を生ずる（しかし別々には生じない！）場合だけである．このパルス列はこれら二つのパルス列 $\overline{i_\nu^1 \cdots i_\nu^m}$ のそれぞれと共通している長さ m' と m'' の部分パルス列を含んでいるとしよう．すると $m', m'' \geq 1$ で $m' + m'' \geq k$ である．二つのずれたパルス列 $\overline{i_\nu^1 \cdots i_\nu^m}$ の頭同士の間隔は，（それらが両方ともパルス列 $\overline{j^1 \cdots j^m}$ の同じ端にあれば）$\leq |m' - m''|$ であるし，（パルス列 $\overline{j^1 \cdots j^m}$ の反対側の端にあれば）$\leq 2m - m' - m''$ となる．前者では $\leq k-1$ で，後者では $\leq 2m-k$ となり，（$(12')$ より $k \leq m$ だから）$k-1 \leq 2m-k$．したがって考えている距離はどっちにしろ $\leq 2m-k$ となる．したがって，今考えているようなことは，二つのパルス列 $\overline{i_\nu^1 \cdots i_\nu^m}$ の最初の間隔が $> 2m-k$，即ち，$\geq 2m+1-k$ であれば避けられることになる．

そこで，二つの入力 a_ν, a_λ を考え，出力 b_μ は主チャネルの矢印の方向に向って，これらの入力の前方にあるものとしよう（ν, λ および a_ν, a_λ の間の関係については上記参照）．必要なら a_ν と a_λ を交換して，主チャネルの矢印の方向に向って a_λ が a_ν の前方にあるようにしよう．a_ν, a_λ が主チャネルに結びつけられ

3.6 コーデッドチャネル

ている点から b_μ までの距離を,それぞれ $\varDelta^\mathrm{I}$, $\varDelta^\mathrm{II}$ とし,a_ν と a_λ の主チャネルに結びつけられている点の間の距離を $\varDelta^*=\varDelta^\mathrm{I}-\varDelta^\mathrm{II}$ としよう(区画の数つまり距離の中には C はすべて二つに数え,端点は一方は数えるがもう一方は数えない).

さて a_ν と a_λ が時間 t^I と t^II にそれぞれ刺激されたものとしよう.するとパルス列 $\overline{i_v^1\cdots i_v^m}$ と $\overline{i_\lambda^1\cdots j_\lambda^n}$ ができて,それぞれ時間 $t^\mathrm{I}+1+d'+2+\varDelta^\mathrm{I}+1$,$t^2+1+d'+2+\varDelta''+1$ に a_μ'' に現われる.その間の差は $(t^\mathrm{I}+\varDelta^\mathrm{I})-(t^\mathrm{II}+\varDelta^\mathrm{II})=(t^\mathrm{I}-t^\mathrm{II})+\varDelta^*$ である.したがって上記のわれわれの条件は,$|(t^\mathrm{I}-t^\mathrm{II})+\varDelta^*|\geq 2m+1-k$ となる.これは,$(t^\mathrm{I}-t^\mathrm{II})+\varDelta^*\geq 2m+1-k$,即ち,

(14') $$t^\mathrm{I} \geq t^\mathrm{II}+(2m+1-k-\varDelta^*)$$

であるか,または $(t^\mathrm{I}-t^\mathrm{II})+\varDelta^*\leq-(2m+1-k)$,即ち

(15') $$t^\mathrm{II} \geq t^\mathrm{I}+(2m+1-k+\varDelta^*)$$

であることである.

ここで次のように特別の場合を区別した方がよい.

第一に,$t^\mathrm{I}\leq t^\mathrm{II}$,即ち一つの刺激が(時間 t^I に a_ν に)あってから,続いて別の刺激が主チャネルの矢印の方向に向ってその前方に(a_λ に,時間 t^II に)あった場合である.さらに細かく分けて,場合 1: $\varDelta^*<2m+1-k$.この場合条件(14')は満たすことができず,条件(15')から(t^I から t^II までの)遅れは $\geq(2m+1-k)+\varDelta^*$ であることが要請される.次に,場合 2: $\varDelta^*\geq 2m+1-k$.この場合には,条件(14')は(t^I から t^II までの)遅れが $\leq\varDelta^*-(2m+1-k)$ であることを要請し,条件(15')はそれが $(2m+1-k)+\varDelta^*$ であることを要請する.

第二に,$t^\mathrm{I}\geq t^\mathrm{II}$,即ち一つの刺激が(時間 t^II に a_λ に)あってから,続いて主チャネルの矢印の方向に向って後方に(a_ν に,時間 t^I に)刺激がある場合を考える.場合 3: $\varDelta^*<2m+1-k$.この場合条件(14')は(t^II から t^I への)遅れが $\geq(2m+1-k)-\varDelta^*$ であることを要請し,条件(15')は満たされない.場合 4: $\varDelta^*\geq 2m-1+k$.この場合条件(14')は自動的に満たされ,条件(15')は満たされることがない.

これら四つの場合はそこで一つの規則にまとめることができ,それを守れば

相互干渉による情報の変形を避けることが出来るのである．この規則は次のようにして与えられる．

(16′)
> 入力 a_ρ に刺激があったとすると，入力 a_σ には次の条件に従った遅れ $d(\geqq 0)$ を持ってでなければ刺激を与えることが許されない．a_ρ と a_σ が主チャネルに結びつけられる点の間の距離を(区画の数即ち距離の勘定には C はすべて2回数え，端点は一方は数えるがもう一方は数えないで) $\varDelta^*(\geqq 0)$ とする．
>
> 第一の場合：a_σ が主チャネルの矢印の方向に向って a_ρ の前方にある．この時は $d \geqq (2m+1-k)+\varDelta^*$ か，もし $\varDelta^* \geqq 2m+1-k$ であれば $d \leqq \varDelta^* - (2m+1-k)$．
>
> 第二の場合：a_σ が主チャネルの矢印の方向に向って a_ρ の後方にある．この場合は，$\varDelta^* < 2m+1-k$ の時にだけ制限があり，この時は $d \geqq (2m+1-k) - \varDelta^*$ でなければならない．

3.6.2 コーデッドチャネルにおける循環性． コーデッドチャネルの議論の最後に，3.6.1節の初めでちょっとふれた循環性の問題にもどることにする．

第28図(j)で主チャネルを p で切断する理由，即ち第28図(h)-(k)および第29図で p_2 から p_1 へ続けない理由は明らかである．このような接続が存在すると，即ち，主チャネルが閉じたループを成していると，(a_ν によってこのチャネルに注入された)パルス列 $\overline{i_b^1 \cdots i_b^m}$ は永久にこの中をまわり続ける，即ち，各 b_ν を周期的に刺激し続けることになる．これはこまる——われわれは a_ν での刺激がきっちり一度だけ各 b_ν を刺激するようにしたいのである．しかしこの困難を克服する方法はいろいろある．以下には特に簡単と思われる方法を一つだけのべることにしよう．

第30図(a)を考えよう．これは第28図(g)に相当するが，ただ p で切断されていない．にも拘らず主チャネルに矢印で方向を示したが，今度はそれは循環しているものと考える．そのほか主チャネルに2点 p_1 と p_2 を置いてあるが，それらは中断や終点を意味しない．主チャネル上の何も書いてない棒は，第28図(f)および第28図(g)-(k)に関連して述べたような a_ν や b_ν である．さて

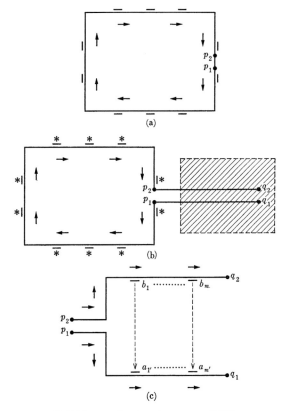

第30図 コーデッドチャネルにおける循環性

ここで第30図(a)に示されている構造を次のように変形して行く.

指標の n 個の値 $\nu=1,\cdots,n$ の他にさらに n 個の値 $\nu'=1',\cdots,n'$ を導入する. これらを $n+1,\cdots,2n$ とすること, つまり, $\nu'=\nu+n$ と置くこともできるが, それはどうでもよい. しかし n 個が $2n$ 個になったことは重要である(例えば, 条件(12')において).

ここで周囲を p_1 と p_2 の間で切り開き, 第30図(b)に示すように, これらの2点で主チャネルに延長 q_1, p_1 および p_2, q_2 をつけ加えることにしよう. 元の主チャネルにそって, 即ち, p_1, p_2 にそって, a_ν は変えないが, 各 b_ν は対応す

る b''_ν で置き代える．これは第30図(b)では，元の主チャネルにそって各棒に *
印をつけて示してある．

次に出力 $b_1, \cdots, b_n$ を(この順番に) p_2, q_2 の内側に(p_1, q_1 に向いた側に)置き，
入力 $a_{1'}, \cdots, a_{n'}$ を(この順番に) p_1, q_1 の内側に (p_2, q_2 に向いた側に)置く．次に，
各 b_ν を直接対応する $a_{\nu'}$ に接続する．これらはすべて第30図(b)に斜線でハッ
チされた領域内に関することである．これらの配置は第30図(c)にこの領域を
拡大してくわしく示してある．主チャネルの終り p_1, q_1 および p_2, q_2 は第30図
(c)では上でこの領域に導入した出力 $b_1, \cdots, b_n$ および入力 $a_{1'}, \cdots, a_{n'}$ を収容す
るのに必要なだけ離してあることに注意してほしい．もっと具体的に言えば，
各 $a_{\nu'}$ はそこに $\mathbf{P}(\overline{i_\nu^1 \cdots i_\nu^m})$ があることを意味し，各 b_ν は $\mathbf{D}(\overline{i_\nu^1 \cdots i_\nu^m})$ がそこにある
ことを意味している．空間(即ち，p_1, q_1 と p_2, q_2 の間の距離)が必要なのはこ
のためである．第30図(c)に示す b_ν から $a_{\nu'}$ への接続は，したがって第29図の
パターンにならう：$\mathbf{D}(\overline{i_\nu^1 \cdots i_\nu^m})$ の出力 b''_ν の(1区画)後には b_ν があり；$\mathbf{P}(\overline{i_\nu^1 \cdots i_\nu^m})$
の入力 a'_ν の(1区画)前には $a_{\nu'}$ がある．b_ν から $a_{\nu'}$ への接続は，第30図(c)で
は(矢印によって)垂直チャネル(恐らく {普通} 伝達状態 ↓0 から成る)として示
されているが，b_ν を $a_{\nu'}$ に直接接続したのでもよい．実は，b''_ν と b_ν の間にある
$\mathbf{D}(\overline{i_\nu^1 \cdots i_\nu^m})$ の一重の U の境界と，$a_{\nu'}$ と $a'_{\nu'}$ の間の $\mathbf{P}(\overline{i_\nu^1 \cdots i_\nu^m})$ の同様な境界(第 29
図の類似部分を参照)を共通にして，b''_ν は $a_{\nu'}$ に，b_ν は $a'_{\nu'}$ に一致させてしまう
ことができる．

第 30 図(b)-(c)のようにしたこの器官の動作の解析は容易である．a_ν(それ
は第30図(b)の p_1, p_2 上に * 印をつけた棒の一つでなければならない)での刺激
は，b_ν だけしか刺激できない．b_ν はちょうど一つだけ存在し，それは主チャネ
ルの矢印の方向に向って a_ν の前方に，即ち，第30図(c)に取り出してある p_2,
q_2 の部分にある．したがって b_ν は刺激され，そこから刺激は第30図(c)に示
すように直接(矢印にそって)，q_1, p_2 の部分の $a_{\nu'}$ へ行く．こうして $a_{\nu'}$ が刺激
され，それは(いくつかある)，$b_{\nu'}$ だけを刺激する．$b_{\nu'}$ はすべて主チャネルの
矢印の方向に向って $a_{\nu'}$ の前方にある．即ち，第30図(b)の p_1, p_2 の部分，つま
り * 印のついた棒のうちにある．結局，a_ν への刺激(それは当然第30図(b)の

3.6 コーデッドチャネル

*印のついた棒への刺激である)はすべての $b_{\nu'}$ を刺激し(第30図(b)で*印のついた棒のうちの $b_{\nu'}$ すべて)——それは第30図(b)の p_1, p_2 部分上での互いの位置の関係にはよらない．またそのあとは刺激は消える，即ち周期的な繰返しは起らない．それは第30図の主チャネルが開いている(q_1 から q_2 へ，即ち循環していない)からである．したがって第30図(a)の立場からは，まさに望み通りのことが起こったわけである．

[これで von Neumann のコーデッドチャネルの議論は終りである．ところで，非循環的なコーデッドチャネルの彼の議論(3.6.1節参照)は，二つの刺激がコーデッドチャネルにあまり接近して入ったために情報の変形が起こることに関する規則(16′)で終っている．そこで第30図の循環性コーデッドチャネル(第27図がその例である)に対して対応する規則を与えなかったのは何故かと疑問をもつのは自然である．von Neumann は理由をのべていないが，後に彼は万能自己増殖オートマトンの制御器官を組立てるのに，非循環性コーデッドチャネルを用いたからなのかもしれない(第37図参照).]

第4章

テープとその制御の設計

4.1 序　説

[4.1.1 要約. 本章において von Neumann は，いくらでも伸ばすことのできるテープとその制御を，彼の無限細胞構造にうめこむ方法を示す.

テープとその制御には次のユニットが含まれる.
（1）　情報を記憶するための線状配列 **L**: 細胞 x_n において，"0"は状態 U によって，"1"は状態 $\downarrow$0 によって表わされる.
（2）　任意の細胞 x_n を読むための接続ループ $\mathbf{C_1}$.
（3）　接続ループ $\mathbf{C_1}$ の長さを変えるのに必要なタイミングループ $\mathbf{C_2}$.
（4）　**L**, $\mathbf{C_1}$, $\mathbf{C_2}$ の動作を制御するのに必要なメモリー制御 (memory control) **MC**.
（5）　**MC** を制御する組立てユニット **CU**.

CU を除くこれらのユニット全部を第37図に示す．ただし大きさの関係は正確ではない．第50図参照.

本節の以下の部分で von Neumann はこれらのユニットを一般的に記述する．彼は4.2節で，ループ $\mathbf{C_1}$ と $\mathbf{C_2}$ を伸ばしたり縮めたりする操作および細胞 x_n に書込む操作を詳しく展開している．彼はメモリー制御 **MC** の設計の大部分を4.3節で行なっている；設計は5.1節で完成される.

von Neumann は設計を彼の考えの進行に合わせて，数段階にわけて展開した．最終的な設計は次のようなものである.

組立てユニット **CU** はメモリー制御 **MC** に細胞 x_n を読めという意味のパルスを1個送る．このパルスによりパルス列 $\overline{10101}$ が接続ループ $\mathbf{C_1}$ に送りこまれる．そこでパルス列 $\overline{10101}$ は細胞 x_n に入り，次のことが起こされる：もし

x_n が U 状態にあれば,パルス列 $\overline{1010}$ がこの細胞を $\downarrow 0$ に変え,$\overline{1}$ は MC に戻ってくる.これに対してもし x_n が $\downarrow 0$ 状態にあれば,パルス列 $\overline{10101}$ 全体が MC に戻ってくる.$\overline{1}$ 対 $\overline{10101}$ 弁別器 $\mathit{\Psi}$ が出力を検出し,構成ユニットに x_n が "0" を記憶しているか,"1" を記憶しているかを知らせる.どちらの場合も細胞 x_n は $\downarrow 0$ 状態になっている.

組立てユニット CU は次にメモリー制御 MC に,ループ C_1 を伸ばして細胞 x_{n+1} を通るようにするか,縮めて細胞 x_{n-1} を通るようにするかを教え,また細胞 x_n を状態 U("0") にしておくか状態 $\downarrow 0$ ("1") にしておくかをも教える.ループ C_1 はループ C_2 を伸ばす(縮める)ためのタイミングをとるのに用いられる.次にループ C_2 がループ C_1 を伸ばす(縮める)タイミングをとるのに用いられる.ループ C_1 が伸ばされ(または縮められ)ている間に,細胞 x_n に新しい情報が 1 ビット書き込まれる.全部の過程が終ると,メモリー制御 MC は組立てユニット CU に終了信号を送る.

ここでは組立てユニット CU の機能の中でテープ制御 MC に関係するものだけをのべた.CU の本来の目的は,L に(その記述が)記憶されている子オートマトンの組立てを行なうことである.そこで万能組立てオートマトンは二つの部分をもつ:即ち組立てユニット CU と,いくらでも大きくなるメモリーおよびその制御 (MC, L, C_1, C_2) である.1.6.1.2 節および第 5 章参照.]

4.1.2 線状配列 L.

これで補助的な組立てを完了して,いよいよ最初の本格的な合成にとりかかることができることになった.これから組立てようとしているこの高度に錯雑した器官は単能の器官なのであるが,実際には自己増殖組織のほぼ半分を占めるものである.

したがってここで一度立ちどまって,これから組立てる組織体全体に関していくつかの一般的考察を行なっておく方がよかろう.

まず一般的な論理機能を行なうことのできるオートマトンが必要になるであろう.これが自己増殖の実行にどのように組み入れられるかという具体的なことについては後に詳しく述べるが,一般論理オートマトンが必要であることは定性的には先験的に明らかな筈である.このことは第 1 章で広い立場から議論

した．それはまず1.1.2.1節の設問(A)-(E)の定式化でとりあげられた．その詳細な議論は1.2節から1.7節で行なわれた．そして特に1.4節から1.6節では(議論の)前面に出てきている．そこでわれわれは当分の間,一般論理オートマトンの必要性は認められたものとして,それを構成する方法について議論することにする．

1.2.1節と1.4.2.3節で,一般論理オートマトンは必然的に二つの主要部分を中心として組織されることを注意しておいた．第一の部分は,基本論理機能(+, ・, -; 1.2.1節の主要議論参照)を行なうことができ,そしてそれらを組み合わせて,論理学のすべての命題関数を求めることの出来るような回路網である．第二の部分は,いくらでも大きい(有限ではあるが,自由に大きさを変えられる)外部メモリーと,このメモリーを制御し,利用するのに必要な回路網である．われわれは第一の部分,即ち命題機能を行なう機械は,比較的簡単な方法によって組立てられることを知っている；実際この組立ての原理は,これまでに行なった器官の組立てに常に用いてきた．この部分は後で詳細にとりあげることにしよう．まずわれわれは第二の部分,即ち任意の大容量外部メモリーとその補助回路を問題にすることにしよう．

いくらでも大きい外部メモリーを物理的に実現したものは,1.4.2.1節-1.4.2.4節で議論した線状の配列〈linear array〉$\mathbf{L}$ である．そこでの議論から,それは k 個の決められた状態のうちの一つをそれぞれがとることのできるような細胞から,組立てるのが望ましいことがわかった．1.4.2.1節で,それらの状態は,その"記法的"な役割に便利なためには,準静的な状態,即ち $\mathbf{U}$ のような状態か,または伝達または合流状態の興奮していない状態でなければならないということが明らかになった．種々の理由から $\mathbf{U}$ および普通伝達状態を用いるのが一番実用的である．1.4.2.1節で示したように,われわれは2進記法を用いる．即ち $k=2$ と置く．したがって状態 $\mathbf{U}$ と適当な普通伝達状態とを用いることにしよう．後者の方向は線状の配列 $\mathbf{L}$ の方向と一定の関係をもたなければならない．われわれが $\mathbf{L}$ を用いる場合の方法を考えると,具体的にはこの伝達状態の方向は $\mathbf{L}$ の方向と直角であることが望ましい．したがって伝

達状態の方向を垂直下向きに取るのが，即ち状態 $\downarrow$0 を用いるのが便利であることがわかる．($\downarrow$0 はこの場合興奮していない方の状態を表わす．即ち T_{030} を表わす．2.8.2節参照．）2進記法との関係をはっきりさせるために，U は数字 0 に対応し，$\downarrow$0 は数字1に対応すると決めることにする．

したがって線状配列 L は細胞の列 x_n, $n=0,1,\cdots$ で，それらの細胞は水平方向に連続した線を形成し，それぞれが二つの状態 U, $\downarrow$0 をとれるようなものであると考えるべきである．そこで各 x_n に対して x_n の表わす2進数字を示す数値変数 ξ_n を対応させることにしよう．即ち，$\xi_n=0$ は x_n が U であることを，$\xi_n=1$ は x_n が $\downarrow$0 であることを示す．厳密にいえば L の長さは有限でなければならない；即ち，n の範囲は例えば N の前で終る必要がある：$n=0,1,\cdots,N-1$．いずれにせよ充分大きな n に対しては $\xi_n=0$ となると仮定するのがよい．こう考えれば，L の端は，特に組立てた器官の外側にある筈の U の海の中に消えてしまうのである．したがって L の終りを実際にどのようにして終わらせるかは重要なことではない．

この外部メモリー L を役に立つものにするためには，上述の補助回路がなければならない；即ち L を"探索"する手段を組立てる必要がある．この"探索"というのは L の任意に定められた場所を読むこと，またその任意の定められた場所を望み通りに変えることである．

そこでこれからこのような L に対する操作，即ち決められた場所での読みとりと変更についての話に移ることにしよう．

4.1.3 組立てユニット CU とメモリー制御 MC[1]**.** L の決められた場所，例えば n を読むということは，ξ_n の値を観測することである．そこを変えるということは，ξ_n を現在の値 ξ_n から次の値 ξ'_n に変えることである．

この処置を続けて行なう場合，その回数をあらわす指標 $s(s=0,1,2,\cdots)$ をつけると便利である．そうすると ξ_n の現在の値は ξ_n^s と書かれ，次の値は ξ_n^{s+1} と

---

1) [von Neumann はこれらの二つのユニットに名前をつけず，単に "A" と "B" という風にしか呼ばなかった．しかしこれらのユニットは 1.6 節で彼の用いた A と B と同じものではない．本分節に対して彼の与えた題は "L の動作の詳細，回路 A および B．A の動作とその B への関係" というものである．]

書かれる．したがって上でξ'_nと書いたものはξ_n^{s+1}と書きかえることになる．

両方の動作(読みとりと変更)に関係するnの値もまたsに依存する．そこでこの依存性を陽に表現する必要がある．そこで上に述べた意味で第s段のnのことをn^sと書くことにしよう．

数n^sは絶対的に指定することも相対的に指定することもできる．そして後者の方が好ましいことがわかる．これは次のような意味である．n(あるいはN，上記参照)の大きさに制限を設けるのは不便である．——そして論理的一般性が絶対に必要である場合は，それどころか不可能である．——したがってnを表わす2進数字の数も制限されない．その結果，nを論理オートマトンの"内部"に，即ち4.1.2節で決められた分け方に従うと第一の主要部内に保持することは出来ない(または便利でない)．一方nを第二の主要部内，即ち限りのない"外部"メモリー**M**の中に保持するのも非常に不便である．言いかえると，われわれのオートマトンを展開するのに，**L**内での"番地指定"に**L**自体を用いるのは，(後にわれわれのオートマトンの統合がさらに進んだ時には，それを行なうのであるが)この段階では望ましいことではない．これら二つの選択がどちらも望ましくないことから，直接番地指定，即ちnを"絶対的に"決めることの可能性は除外される．したがって妥当と思われる手続きはnを"相対的に"決めることである．即ち，nを指定する必要が起こるとそのたびごとに，これを直接行なわないで，今用いるnがすぐ前に用いられたnに対して，どういう関係にあるかを述べることにするのである．その際nをそのような単位時間ステップごとに1だけ変えることを許せばそれで十分である[2]．言いかえると，考えるn即ちn^sは，その直前に考えたn，即ちn^{s-1}と次の式で常に関係づけられるのである．

(17′) $$n^s = n^{s-1} + \varepsilon^s \quad (\varepsilon^s = \pm 1)$$

"相対的"な指定というのは，したがってε^sが二つの可能な値，即ち$\varepsilon^s=1$または$\varepsilon^s=-1$のどちらをとるかを述べることである．

---

[2] Turing, "On Computable Numbers, With an Application to the Entscheidungsproblem."

4.1 序説

そこで 4.1.2 節で分けた一般論理オートマトンの二つの主要部についてもう一度考えよう．今やこの分割にある種の変更を加えて定式化しなおすと同時に，それをさらにしっかりしたものにすることができる．第一の部分は基本論理機能を行ない，またこれらの機能を組合わせて一般の論理命題関数を形成する回路である．この部分を **CU** と名づけることにしよう．第二の部分は外部メモリー **L** とこれを制御し利用するのに必要な回路である．後者を **MC** と名づけることにしよう．したがって 4.1.2 節の意味での第二の部分は，**L** プラス **MC** である．そこで **CU** および **MC** の各の機能を前より正確に規定することが出来る．

[第 37 図はメモリー制御 **MC** の，線状配列 **L**, 接続ループ C_1, タイミングループ C_2 に対する関係を示している．]

われわれはテープ制御 **MC** の機能は **L** の決められた場所を読んだり変えたりすることであることを知っている．いまわれわれはこれが具体的に何々であるかを見てきた．ε^s が与えられると，**MC** は $(17')$ にしたがって n^{s-1} を n^s に置きかえる；$\xi^s_{n^s}$ をしらべる；そして $\xi^{s+1}_{n^s}$ が与えられると $\xi^s_{n^s}$ を $\xi^{s+1}_{n^s}$ に置きかえる．この定義の中でさらに説明を要する部分は，"ε^s が与えられると" および "$\xi^{s+1}_{n^s}$ が与えられると" の部分である．即ちわれわれはどのような過程で ε^s や $\xi^{s+1}_{n^s}$ を得るかを指定しなければならない．

この機能（ε^s と $\xi^{s+1}_{n^s}$ を得ること）は組立てユニット **CU** に与えるのがよい．組立てユニット **CU** は，これらの値をそれ自身の直前の状態と，その過程で得られた情報の関数として，形成しなければならない．この得られた情報というのは，もちろんテープ制御が行なった $\xi^s_{n^s}$ の読みとりのことである．

MC による $\xi^s_{n^s}$ の読みとりは，{式(17')にしたがって} ε^s を，つまり n^s を形成した後，そして $\xi^{s+1}_{n^s}$ を形成する前に起こる．したがって後者には影響を与えるが，前者には与えてはならない．しかしながら，これらの動作の順序を入れかえて，即ち，n^{s-1} から n^s を形成するのではなくて，n^s から n^{s+1} を形成するところを記述するのが好ましい．それは式(17')で s を $s+1$ で置き換えることを意味している．即ち (17') の代りに

$$(18') \qquad n^{s+1} = n^s + \varepsilon^{s+1} \quad (\varepsilon^{s+1} = \pm 1)$$

とするのである．

そこでユニット **CU** と **MC** の動作を次のように定義することができる：**CU** はまず"開始"パルスを **MC** に与えて，**MC** に s 番のステップ（それがこの点で到達したステップの番号であったとして）を開始させる．テープ制御 **MC** は次に $\xi_{n^s}^s$ を読んで，その読みとりの結果を組立てユニット **CU** に伝える．この新しい情報は **CU** の状態を変える．そこでユニット **CU** は $\xi_{n^s}^{s+1}$ と ε^{s+1} を形成して，これらを **MC** に渡す．次にユニット **MC** は $\xi_{n^s}^s$ を $\xi_{n^s}^{s+1}$ に変える；そこで **MC** は式(18′)にしたがって n^{s+1} を形成し，それから前に n^s と（即ち **L** 中の x_{n^s} と）接触していたのと同じような接触を n^{s+1} と（即ち **L** 中の $x_{n^{s+1}}$ と）の間に確保する．これで s 番のステップは終りになる．メモリー制御 **MC** はこの事実を **CU** に伝える．**CU** がその時に存在した状態がそのようにつくられていれば，**CU** は次の"開始"パルスを **MC** に与え，**MC** は $s+1$ 番のステップの動作を開始する．以下同様である．

当分の間，組立てユニットの記述は図式的なものにとどめることにする．**CU** は有限回路網であるから，したがって，有限個，例えば a 個の状態しかとらないと言っておけば充分である．これらの状態を指標 $\alpha=1,\cdots,a$ で番号をつけることにしよう．s 番のステップのはじめにおける **CU** の状態を α^s としよう．

すると **CU** に関する必要な事実および **CU** の **MC** に対する関係は次の指定の中に含まれることになる．

(19′.a) $\begin{cases} \text{**CU** が } \alpha^s \text{ 状態にあり，**MC** がこれに値 } \xi_{n^s}^{s+1} \text{ を渡すときは，**CU** は} \\ \qquad\qquad \alpha^{s+1} = A(\alpha^s, \xi_{n^s}^s) \\ \text{で与えられる状態 } \alpha^{s+1} \text{ に移る．} \end{cases}$

(19′.b) $\begin{cases} \text{**CU** が状態 } \alpha^{s+1} \text{ にあると，それは} \\ \qquad\qquad \xi_{n^s}^{s+1} = X(\alpha^{s+1}) \\ \text{で与えられる } \xi_{n^s}^{s+1} \text{ を形成する（そして **MC** に渡す）．} \end{cases}$

(19′.c) $\begin{cases} \text{**CU** が } \alpha^{s+1} \text{ 状態にあると，それは} \\ \qquad\qquad \varepsilon^{s+1} = E(\alpha^{s+1}) \\ \text{で与えられる } \varepsilon^{s+1} \text{ を形成する（そして **MC** に渡す）．} \end{cases}$

(19′. d) $\begin{cases} \text{CUはその状態}\alpha^s\text{が}\alpha\text{の部分集合}S\text{内にあるとき, そしてその} \\ \text{時に限って, MCに}s\text{番のステップの "開始" 信号を与える.} \end{cases}$

したがって三つの関数

(20′. a)　$A(\alpha, \xi)$　$(\alpha=1, \cdots, a; \xi=0, 1; A\text{の値}=1, \cdots, a)$,

(20′. b)　$X(\alpha)$　$(\alpha=1, \cdots, a; X\text{の値}=0, 1)$

(20′. c)　$E(\alpha)$　$(\alpha=1, \cdots, a; E\text{の値}=\pm 1)$

と集合

(20′. d)　S　$(\alpha=1, \cdots, a\text{の全体から成る集合の部分集合})$

とは, われわれの差し当たりの目的に必要な限りの **CU** の動作の記述とその **MC** に対する関係をすべて含んでいる. 後にわれわれは **CU** について詳細に述べる[3]が, 現在のところ上の記述で充分である. 当面の目的は **MC** を **CU** との接続も含めて完全かつ詳細に構成することである.

4.1.4 組立てユニット CU とメモリー制御 MC に関する仮定の再録. **CU** および **MC** の動作についての前提を再録しておく:

(1) **CU** と **MC** は s 番のステップの始めまできたものとする. **CU** は状態 α^s にあり, **MC** は **L** 中の細胞 x_{n^s} に接続されている.

(2) もし α^s が S 中にないと, **CU** はそれ以後 **MC** とやりとりしない. もし α^s が S 中にあれば, **CU** は **MC** に "開始" 信号を与える. "開始" 信号で s 番のステップの話がはじまる.

(3) **MC** は x_{n^s} の状態, 即ち $\xi_{n^s}^s$ を読み, これを **CU** に渡す.

(4) **CU** はここで (19′. a) にしたがって α^{s+1} を形成し, α^{s+1} 状態に入る.

(5) 次いで **CU** は (19′. b) および (19′. c) にしたがって $\xi_{n^s}^{s+1}$, ε^{s+1} を形成し, これらを **MC** に渡す.

(6) **MC** は $\xi_{n^s}^s$ から $\xi_{n^s}^{s+1}$ への変更の要求にしたがって x_{n^s} を変える.

(7) **MC** は次に $n^{s+1}=n^s+\varepsilon^{s+1}$ {式 (18′) 参照} を形成し, $x_{n^{s+1}}$ との接続を行ない, x_{n^s} との接続を放す. 即ち **MC** は **L** 内の接続を, $\varepsilon^{s+1}=1$ であれば 1

---

3) [von Neumann の原稿は結局は組立てユニット **CU** を設計するはずのところまで達しなかった. 第5章参照.]

区画進め，$\varepsilon^{s+1}=-1$ であれば1区画後退させる．

（8） 最後に MC は CU に "終了" 信号を与える．

（9） これで s 番のステップは終り，$s+1$ 番のステップが始まる．

そこで上の前提 (1) に戻って，ふたたびサイクルが始まる．以下同様である．

この段階では CU については図式的な記述しか与えないことにしてあるので (4.1.2節参照)，CU に関する前提(1), (2), (4), (5)などの純粋に形式的な陳述で当分の間は充分である．他方前提(1), (2), (3), (6), (7), (8)の陳述は MC に関連しており，そうしてわれわれの当面の目的は，MC を具体的に詳細にわたって構成することである．したがってこれら後から述べた方の陳述は実際に組立てることによって具体化しなければならない．これを以下の 4.1.5 節から 4.1.7 節で行なうことにしよう．

4.1.5 メモリー制御 MC の線状配列 L に対するはたらき． まず最初に，前提(1){$n=n^s$ に対して}および前提(7){$n=n^{s+1}$ に対して}で用いられた，MC と L 内の特定の細胞 x_n との間の "接続" の性格を定義しなければならない．この接続は MC によって x_n を "読む" ことを可能にし {$n=n^s$ での前提(3)参照}，また MC によって x_n を変えることを可能にする {$n=n^s$ での前提(6)参照} ものでなければならない．また MC から，この接続を1区画だけ進めたり，もどしたりさせることができなければならない．{前提(7)参照}

線状配列 L は細胞 x_n, $n=0, 1, 2, \cdots$ の線状の列である．これは第31図(a)のように水平で，左から右にのびていてその方向に番号がついていると仮定する．さらに同じ図に示すように MC は L の左にあるものと仮定する．

細胞 x_n を読むための {$n=n^s$；前提(3)参照} わかりきった方法は普通伝達状態の線を MC からそこまで，そしてまたそこから MC にもどってくるようにつくることである．われわれは MC から x_n への線を L の上側に，x_n から MC にもどる線を L の下側に置くことにしよう．これらは第31図(a)に示すように x_n とともに MC から MC へのループを形成し，**接続ループ** ⟨connecting loop⟩ と呼ばれて C_1 と書かれる．ここで C_1 ループの入口 v_1 に刺激を送り，その出

口 w_1 から何が出るかを観測すれば，細胞 x_n を読むことができる．x_n が $\mathbf{U}$ であると(即ち，$\xi_n^i=0$)，刺激は x_n を通ることができない(即ち，w_1 には何の応答も現われない)．もし x_n が $\downarrow 0$ であると(即ち，$\xi_n^i=1$)，刺激は x_n を通る(即ち w_1 に応答が現われる)．

v_1 からきて $\mathbf{C}_1$ を通る刺激は，x_n が $\mathbf{U}$ であると(即ち，$\xi_n^i=0$ だと)，それでも x_n に影響を与えはするという事に注意．この刺激は x_n を潜像状態 $\mathbf{S}_\theta$ にする(この事および以下の状態遷移の議論については 2.8 節参照)．その後何もおこらないと，x_n は状態 $\mathbf{S}_\theta$ からひとりで次々と状態を移していく．その順序は全部示すと次のようになる．

(21′)　　　$\mathbf{U} \to \mathbf{S}_\theta \to \mathbf{S}_0 \to \mathbf{S}_{00} \to \mathbf{S}_{000} \to \mathbf{S}_{0000} = \mathbf{T}_{000} = \underset{\to}{0}$

ところで，x_n はこうでなかった場合(即ち，$\xi_n^i=0$ でなくて $\xi_n^i=1$ だった場合)にとるべき状態，即ち，状態 $\downarrow 0$ となって終るようにするのが望ましい．その理由は，続いて行なう x_n に対する操作が，どんな条件のもとでも x_n の決った状態から始まるとわかっている場合の方がずっと簡単にできるからである．状態 $\downarrow 0$ は $\mathbf{T}_{030}$ 即ち $\mathbf{S}_{010}$ である．したがって(x_n を $\mathbf{U}$ から $\mathbf{S}$ に移す)最初の刺激の後には刺激と無刺激の列 $\overline{010}$ が続かなければならない．したがって全体のパルス列として $\overline{1010}$ が(v_1 で)必要である．

$\overline{1010}$ を v_1 に注入すると，$\xi_n^i=0$ の場合 x_n を次のように順次変形する．

(22′)　　　$\mathbf{U} \to \mathbf{S}_\theta \to \mathbf{S}_0 \to \mathbf{S}_{01} \to \mathbf{S}_{010} = \mathbf{T}_{030} = \downarrow 0$

$\downarrow 0$ は最後になってから現われるので，これらの刺激はどれも x_n を通ることができず，w_1 には何の応答も現われない．一方 $\xi_n^i=1$ の場合は x_n は $\downarrow 0$ である；したがってそれは変ることなく刺激はすべてそれを通るので，w_1 での応答は $\overline{1010}$ となる．結局，v_1 に $\overline{1010}$ を入れると，どの場合にも x_n は最後に $\downarrow 0$ となり，そして $\xi_n^i=0,1$ のどちらであるかにしたがって，w_1 に応答を出さないか，または $\overline{1010}$ の応答を出す．

この方式はまだ一つ欠点がある：ここで $\xi_n^i=0$ の場合の特徴として現われる "w_1 に応答なし" という判定基準は，この "無応答" が w_1 にいつ現われるはずであるかがわかっていないと意味がない．何故なら v_1 が "質問を受け" ない

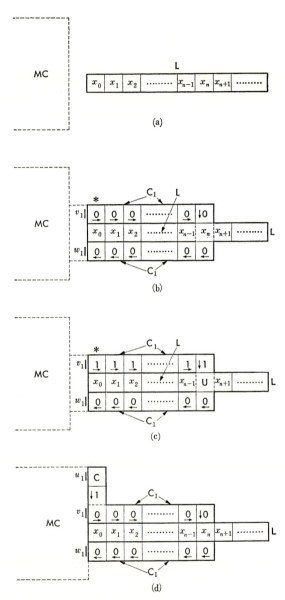

第31図 線状配列 L, 接続ループ C_1 とタイミングループ C_2

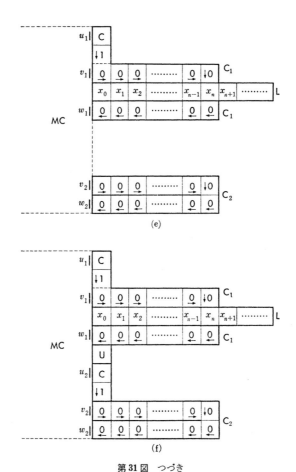

第31図 つづき

(刺激されない)他の時にも，w_1 に応答がないことは同じだからである．このことは，v_1 から w_1 までの遅れを何か他の方法によって確定しなければならないことを意味する．そのような方法は他の目的にもまた必要であろうし，それはタイミングループと呼ばれる機構(後述)を用いて達成することができる．しかし現在の目的には，望みの結果をもっと簡単に得る直接的な手続きがあるので，この手続きの方を選ぶことにしよう．

実は，それには v_1 への入力パルス列 $\overline{1010}$ にもう一つ刺激を加えるだけ，つ

まりパルス列 $\overline{10101}$ を用いることで充分である.x_n はいずれにせよ最後の刺激がくる前には $\downarrow$0 状態にあるので,この最後の刺激は x_n を通りぬけて w_1 に現われ,x_n はやはり $\downarrow$0 のままである.したがって v_1 に $\overline{10101}$ を入れると,どの場合にも最後に x_n は $\downarrow$0 になり,$\xi_n^s=0,1$ のどちらであるかにしたがって,w_1 に応答 $\overline{1}$ または $\overline{10101}$ を出す.

もし v_1 への入力 $\overline{10101}$ の後に $\overline{00}$ が続いたとすると,$\xi_n^s=0$ なら w_1 での $\overline{1}$ の後に $\overline{00}$ が続く.そしてこの $\overline{1}$ の前には必ず $\overline{0000}$ があるので(上述参照),$\xi_n^s=0$ のとき w_1 ではパルス列 $\overline{0000100}$ を得ることになる.このパルス列は($\xi_n^s=1$ に対応する)パルス列 $\overline{10101}$ と重なることはない.したがって w_1 での応答は自分でタイミングをとって,確実に $\xi_n^s=0$ と $\xi_n^s=1$ を弁別する.この弁別を行なう器官がわれわれの $\overline{1}$ 対 $\overline{10101}$ 弁別器である(第25図の器官 Ψ).

そこで,x_n を($n=n^s$ で)読む問題は解決された.この手続きを具体化する回路の組立ての概略は明らかである.(実際の組立てについては,後述参照.)

[パルス列 $\overline{10101}$ を挿入する操作は,線状配列 L,接続ループ C_1,タイミングループ C_2 が関係する複雑な一連の操作のうちの最初の部分である.残りの操作については本節(4.1)の残りおよび次の節(4.2)で展開され,それらは4.3.2節の第38図に要約されている.また第37図も参照されたい.

von Neumann の設計が完結した暁には,L の細胞 x_n を読み書きしたり,細胞 x_{n+1}(または細胞 x_{n-1})を読む準備に接続ループ C_1 とタイミングループ C_2 を伸ばし(または縮め)たりするのに次の一連の操作を用いることになっている.

(1) パルス列 $\overline{10101}$ によって x_n を読み,そして x_n を状態 $\downarrow$0 にする.

(2) 接続ループ C_1 でタイミングをとってタイミングループ C_2 を伸ばす(または縮める).

(3) タイミングループ C_2 でタイミングをとって接続ループ C_1 の下の部分を伸ばす(または縮める).

(4) 必要なら x_n を U に変える.

(5) タイミングループ C_2 でタイミングをとって接続ループ C_1 の上の部分を伸ばす(縮める).]

4.1.6 接続ループ C_1. 上で定義した接続ループ C_1 は，また $(n=n^s$ で $)x_n$ を変えるという問題を処理しなければならない (4.1.4 節の仮定 (6) 参照)．即ち，x_n を $\xi_n^s=0,1$ にそれぞれ対応する $\mathbf{U},\downarrow\mathbf{0}$ から，ξ_n^{s+1} にそれぞれ対応するような状態に移さなければならない．

この x_n の変換は，4.1.5 節のようにして読みとりを行なったその直後に行なうのが自然であるし最も簡単である．しかしあとでわかるように，これはある種の他の希望事項と矛盾するので，このやり方は採用しないことにする．とはいえ，x_n を変える方法について後で訂正するところのこの仮定にしたがって，予備的な議論をしておいた方がわかりやすい．

そこで，x_n を変える過程が x_n の "読みとり" の直後に起こるものと考えることにしよう．その時点では x_n は必ず $\downarrow\mathbf{0}$ 状態にあり (上記参照)，その結果，事情がやや簡単になる．つまり，そうすれば二つの場合を区別するだけですむ：即ち $\xi_n^{s+1}=1$，この場合には x_n はすでに望みの状態にあり，何もしなくてよい；$\xi_n^{s+1}=0$，この場合 x_n は $\downarrow\mathbf{0}$ から $\mathbf{U}$ に変えなければならない．(もし x_n が最初の状態から変えてなかったとすると，次のように 3 通りの場合が生じる．第一は $\xi_n^s=\xi_n^{s+1}\{=0,1$ どちらでもよい$\}$ で何もしないでよい．第二は $\xi_n^s=1$，$\xi_n^{s+1}=0$ で，x_n を $\downarrow\mathbf{0}$ から $\mathbf{U}$ に変える必要がある．第三は $\xi_n^s=0$，$\xi_n^{s+1}=1$ で，x_n を $\mathbf{U}$ から $\downarrow\mathbf{0}$ に変える必要がある．)

したがってここで操作上の問題として考えなければならないのは，x_n を $\downarrow\mathbf{0}$ から $\mathbf{U}$ に変えることだけである．$\downarrow\mathbf{0}$ は普通伝達状態なので，これを普通の刺激で行なうことはできない．したがって特別の刺激を x_n とうまく接続させるという問題が生ずる．

これは次のような方法で行なうことができる．特別伝達状態が C_1 中の最初の $\underset{\rightarrow}{\mathbf{0}}$，即ち v_1 の隣で x_0 の上の細胞と直接接触しているものとしよう．これは考えている $\underset{\rightarrow}{\mathbf{0}}$ のすぐ上，即ち第 31 図 (b) の *印に状態 $\downarrow\mathbf{1}$ を置けばよい．さて *印からの特別刺激は考えている $\underset{\rightarrow}{\mathbf{0}}$ 状態 (即ち x_0 の上の細胞) を $\mathbf{U}$ に変えるが，これをさらに状態 $\underset{\rightarrow}{\mathbf{1}}$，即ち $\mathbf{T}_{100}$ (即ち $\mathbf{S}_{011}$) に変えたい．したがって元の特別刺激の後には刺激-無刺激のパルス列 $\overline{1011}$ 列が続かなければならない．潜像状態

に対しては普通の刺激も特別の刺激も同じ効果を持つから，このパルス列はそのどちらであってもかまわないが，全パルスを1種類，即ち特別刺激だけにしておく方が最も簡単である．即ち全パルス列として $\overline{11011}$ を*印から注入すればよいということである．したがって x_0 のすぐ上の区画は次のように順次変換されることになる．

(23′)　　　$\underset{\rightarrow}{0} \to U \to S_\theta \to S_0 \to S_{01} \to S_{011} = T_{100} = \underset{\rightarrow}{1}$

これで x_0 の上の区画は $\underset{\rightarrow}{1}$ となった．したがって特別刺激のパルス列 $\overline{11011}$ を再び*印から注入すると，それは x_0 の上の $\underset{\rightarrow}{1}$ を特別刺激として通り，次の $\underset{\rightarrow}{0}$，即ち x_1 の上の区画をたたく．そこでこのパルス列はこの区画を(23′)で表示された変換にしたがって順次変換し，最後にこれを $\underset{\rightarrow}{1}$ にする．これで x_0 と x_1 の上の区画は両方とも状態 $\underset{\rightarrow}{1}$ になった．したがって*印から注入される第三の特別刺激のパルス列 $\overline{11011}$ は，x_0 および x_1 の上の $\underset{\rightarrow}{1}$ を特別刺激として通り，次の $\underset{\rightarrow}{0}$，即ち x_2 の上の区画をたたく．したがって，このパルス列はこの区画を(23′)で表示された変換にしたがって順次変換し，最後にこれを $\underset{\rightarrow}{1}$ にする．これで x_0, x_1, x_2 の上の区画はみな状態 $\underset{\rightarrow}{1}$ になった．明らかなようにこの過程は何度でも繰返すことができる．*印から特別刺激 $\overline{11011}$ のパルス列を n 回射出すると，$x_0, x_1, \cdots, x_{n-1}$ の上の n 個の区画はみな状態 $\underset{\rightarrow}{1}$ になる．

このところで手順を変えて，特別刺激を次の $\underset{\rightarrow}{0}$ (x_{n+1} の上の区画)でなくて x_n の方に向かせるように，x_n の上の区画を変換しなければならない．即ちこの区画は $\downarrow 1$，即ち T_{130} (即ち S_{110}) になる必要がある．したがって今度は特別刺激のパルス列 $\overline{11110}$ を*印から注入して，x_n の上の区画を次のように変換しなければならない．

(24′)　　　$\underset{\rightarrow}{0} \to U \to S_\theta \to S_1 \to S_{11} \to S_{110} = T_{130} = \downarrow 1$

これで*印から x_n まで一連の特別伝達状態を得ることができた；これで x_n を変えることができる．それは $\downarrow 0$ から U への変換であって，*印から特別刺激を一つ入れれば，この変換をおこすことができる．

そこで，*印から注入される一連の特別刺激のパルス列として次のようなものが必要になる：n 個のパルス列 $\overline{11011}$，次にパルス列 $\overline{111101}$ (もちろんこれは

$\overline{11110}$ のあとに $\overline{1}$ である).この後での C_1 と L の状態を第 31 図(c)に示す.

C_1 のこのように変更した部分(即ち,上側の列)をこのままの状態にしておくのは望ましくない.しかし x_n を変えたまま(つまり U)にして C_1 を(第 31 図(c)の)変えられた状態から(第 31 図(b)の)元の状態にもどすのは簡単である.C_1 の上の部分は特別伝達状態になっているから,普通の刺激を使えばよい.それは v_1 から注入できる. $(x_0, x_1, \cdots, x_n$ の上の)最初の n 個の区画は $\underset{\rightarrow}{1}$ から $\underset{\rightarrow}{0}$,即ち T_{000} (即ち,S_{0000})に変換する必要がある.したがって,普通刺激のパルス列 $\overline{110000}$ を n 個 v_1 から注入しなければならない.最初のパルス列は x_0 の上の区画を次のように $\underset{\rightarrow}{1}$ から $\underset{\rightarrow}{0}$ に変換する.

(25′) $\downarrow 1 \to U \to S_\theta \to S_0 \to S_{00} \to S_{000} \to S_{0000} = T_{000} = \downarrow 0$

2 番目のパルス列も x_1 の上の区画を同じように変える.以下同様にして,n 番目のパルス列も x_{n-1} の上の区画を変える.そこで x_n の上の区画を $\downarrow 1$ から $\downarrow 0$ に変えることができる. $\downarrow 0$ は T_{030} (即ち,S_{010})である.したがって普通刺激のパルス列 $\overline{11010}$ を v_1 から注入しなければならない.これは x_n の上の区画を次のように変換する.

(26′) $\downarrow 1 \to U \to S_\theta \to S_0 \to S_{01} \to S_{010} = T_{030} = \downarrow 0$

こうしてわれわれは,＊印から注入される一連の特別刺激のパルス列として次のようなものが必要になる:n 個のパルス列 $\overline{110000}$,次にパルス列 $\overline{11010}$.その後の C_1 と L の状態はまた第 31 図(b)に示すようになるが,ただ x_n が U になっている.

上の議論から,C_1 へは普通刺激も特別刺激も注入しなければならないことがわかる.テープ制御 MC からの普通刺激によってこれらを両方共制御することが望ましい.C_1 への普通刺激については特別な配慮を必要としない;刺激は直接 v_1 に注入すればよい.しかし第 31 図(b)および第 31 図(c)の＊印から注入される C_1 への特別刺激に対しては別の配慮が必要になる.即ち普通刺激を特別刺激に変える器官が必要である.このような器官を,われわれは前に繰返しパルサーのために構成した.それは第 18 図(g)と第 18 図(i)に示されている.第 18 図(i)の装置の方が便利である.これを C_1 と L につけた所を第 31 図(d)

に示す．この補助器官に対する入力を u_1 と記す．

こうして，元の刺激は u_1 または v_1 への普通刺激によって一様に与えられるような方式を得た．前者の場合は $\mathbf{C}_1$ に特別パルスの注入をおこす．後者の場合は普通パルスが直接 $\mathbf{C}_1$ に注入される．どちらの場合も x_0 の上の区画に注入される．

これで，x_n を $\mathbf{U}$ から $\downarrow 0$ に変えて $\mathbf{C}_1$ のそれ以外の部分と $\mathbf{L}$ をそのままにしておくような処理の記述の最終形を得る：

(27′. a)　　n 個のパルス列 $\overline{11011}$ を u_1 に注入する．

(27′. b)　　パルス列 $\overline{111101}$ を u_1 に注入する．

(27′. c)　　n 個のパルス列 $\overline{110000}$ を v_1 に注入する．

(27′. d)　　パルス列 $\overline{11010}$ を v_1 に注入する．

4.1.7　タイミングループ $\mathbf{C}_2$. この前の小節の方式は，規則 (27′. a)-(27′. d) に要約された形では，まだ一個所が不完全である．規則 (27′. a) と (27′. c) はある種の操作，即ち u_1 および v_1 にそれぞれ $\overline{11011}$ と $\overline{110000}$ を注入することを，n 回繰返すことを必要とする．これは繰返しパルサー $\mathbf{PP}(\overline{11011})$ と $\mathbf{PP}(\overline{110000})$ でやれるが，これらは操作を始めてからそれぞれ $5n$ と $6n$ だけ遅れて動作をやめなければならない．これらの遅れをどうして得たらよいだろうか？

一見したところ，4.1.3 節の初めでみたのと同じように，n の大きさと，そのために $\mathbf{MC}$ の"内部"の記憶に適さないという事実に関連した困難があるようにみえる．

この困難は本質的に同じ方法で克服できる：即ち n を絶対的でなく相対的に決めることである．しかしわれわれの今の配置では，$\mathbf{L}$ 自身の上で n を検出するのは実際的でない．そこで第二の"外部"器官を導入して，n を記憶しておく——あるいはむしろ上述の目的での検出がすぐにできるようなもっと直接的な形で表現する——ことが必要になる．これを行なう最善の方法は，$\mathbf{MC}$ から $\mathbf{MC}$ へのループをもう一つ導入して，その長さを n または n プラス一定量にすることだと思われる．即ち，$\mathbf{L}$ の下の適当な距離のところに $\mathbf{L}$ に平行に，$\mathbf{MC}$ から出た n 個の普通伝達状態 $\underset{\rightarrow}{\mathbf{0}}$ の列があり，その端は普通伝達状態 $\downarrow 0$ で終り，

そしてそのすぐ下から $n+1$ 個の普通伝達状態 $\underset{\leftarrow}{\mathbf{0}}$ から成るもう1本の列が $\mathbf{MC}$ へもどっているとするのである．これらは $\mathbf{L}$ の区画 $x_0, x_1, \cdots, x_n$ の下に位置するようにする．これをタイミングループと呼び，第31図(e)に示すように，$\mathbf{C}_2$ と書く．入力 v_2 からタイミングループに注入された刺激は明らかに $2n+2$ だけ遅れて出力 w_2 に現われる．後にわかるように，$\mathbf{C}_2$ にも $\mathbf{C}_1$ と同じように特別刺激を注入する機構をもたせるのが望ましい．そこで第18図(i)と同じものを x_0 の下の $\underset{\rightarrow}{\mathbf{0}}$ の上に置き，その入力を u_2 で表わすことにする．この配置が第31図(f)に示すように $\mathbf{C}_1$ と $\mathbf{C}_2$ の間の距離と $\mathbf{MC}$ に対する相対位置を決める．

　v_2 から w_2 までの遅れは $2n+2$ なので，このループを3回まわると $6n+6$ 遅れる．これは4.1.6節の動作($27'$.c)に関して必要な遅れ $6n$ とは6だけちがうが，それは（n に関わらない）一定量である．したがって $\mathbf{MC}$ の"内部"で始末のつく適当な固定遅れを入れてやることで，動作($27'$.c)に必要な遅れを定義するのに用いることができる．

　4.1.6節の操作($27'$.a)に関する遅れは $5n$ であり，$2n+2$ の整数倍でこれとの差が一定量（即ち，n に無関係）となるものはない．この困難は $\overline{0}$（即ち，無刺激）を操作($27'$.a)のパルス列 $\overline{11011}$ に加えれば克服できる．こうするとパルス列は $\overline{110110}$ になり，即ち操作($27'$.a)は次のようになる．

　　　($27'$.a$'$)　　n 個のパルス列 $\overline{110110}$ を u_1 に注入．

これで操作($27'$.a$'$)も遅れ $6n$ を必要とする；即ち，操作($27'$.c)の場合と全く同じに扱えることになる．

　タイミングループを3回まわったことは，3進計数器で検出できる．この器官 $\varPhi$ は第23図に示されている．そこでその出力 d は v_2 に，入力 c は w_2 につけなければならない．d から v_2 への遅れを δ_2'，w_2 から c への遅れを δ_2'' としよう．すると3.4節の用語によると，$\varOmega$ は d から v_2 までの途，プラス $\mathbf{C}_2$ の v_2 から w_2 まで，プラス w_2 から c までの途ということになる．したがって c から $\varOmega$ を通って d までの遅れは $\delta_2'+(2n+2)+\delta_2''$ である．その結果，3.4節の終りおよび第24図(d)にしたがうと，a から $\varPhi$（および $\varOmega$）を通って b に至る遅れは $238+3(\delta_2'+(2n+2)+\delta_2'')=6n+(3(\delta_2'+\delta_2''))+244)$ となる．これは規則($27'$.a$'$)と

(27′. c)に関して必要な遅れ $6n$ より $3(\partial_2' + \partial_2'') + 244$ だけ大きいが,これは(nによらない)一定量になっている.したがって,テープ制御 **MC** の"内部"に適当な固定遅れを設けて調整できる.

4.2 ループ C_1 および C_2 の伸縮,および線状配列 **L** への書込み

4.2.1 L 上の接続を動かすこと.予備的な考察で扱うべき問題がまだ一つ残っている:**MC** と **L** の接続を一区画だけ前後に動かす問題である(4.1.4節の前提(7)を参照).

これは接続ループの両方の列を一区画だけ伸縮することを意味している.4.1.6節で見たように,タイミングループ C_2 は接続ループ C_1 と同じ長さを持っていると考えてよい.したがって C_2 の両方の列も,やはり一区画だけ伸縮しなければならない.

これらの操作は,C_1 が v_1 から w_1 まで一つづきのループになっている時に行なうのが望ましい.(ループ C_2 は普通 v_2 から w_2 まで一つづきである.) このような場合というのは,x_n が $\downarrow 0$ の時である.4.1.5節の終りと4.1.6節の初めで見たように,x_n の読みとりと変更の間の期間はこれは保障されている(変更の前に必らず読みとりが行なわれる).したがって今考えている操作(C_1 と C_2 の各列を一区画分伸縮する)をこの期間中に行なうことにしよう.

ここから先は2通りにわけて($\varepsilon^{s+1}=1$,伸ばす場合,$\varepsilon^{s+1}=-1$,縮める場合)考えた方が良い.

[ここで行なう過程は一般に,ループ C_1 と C_2 の端のところを変え,また記憶細胞 x_n の内容も変更すればするということである.これを行なう手続きは2.8.3節の第14図に示した.組立て用の路は,普通伝達状態の路になったり特別伝達状態の路になったり交互に変換される.普通伝達状態の路は特別刺激によって特別伝達状態の路に変換され,特別伝達状態の路は普通刺激によって普通伝達状態に変換される.

4.2 ループ C_1 および C_2 の伸縮,および線状配列 L への書込み

次の入力が用いられる:即ち C_1 には u_1 と v_1, C_2 には u_2 と v_2 である.第31-37図および第39図参照.普通刺激のパルス列が u_1 に加わると C_1 の上部が特別伝達状態の路になり,普通刺激のパルス列が v_1 に加わると C_1 の上部は普通伝達状態の路にもどる.u_2, v_2, C_2 についても同様である.

細胞を普通伝達状態から特別伝達状態に変える変換(またはその反対の変換)は,最悪の場合6個の刺激が必要である.したがって v_1 から x_n への経路を普通状態から特別状態に変える(またその逆)には,約 $6n$ 個のパルスが必要である.ところで n は任意の有限の数であって,有限オートマトン $\mathbf{MC}$(または有限オートマトン $\mathbf{CU}$)内に記憶しておくことはできない.von Neumann はタイミングループ C_2 を導入して,この問題をたくみに解決した.

タイミングループ C_2 は3進計数器 Φ_2 に付けられている;第39図参照.3.4節の用語でいえば,C_2 は3進計数器 Φ_2 の応答器官 Ω である.ループ C_2 一周の遅れの3倍は,必要な遅れ $6n$ の可変部分にほぼ相当する.u_1 または v_1 に加える所望のパルス列は,繰返しパルサー $\mathbf{PP}\,(\overline{i^1 i^2 i^3 i^4 i^5 i^6})$ をほぼこの $6n$ だけの間はたらかせることによって得られる.同じく第39図の3進計数器 Φ とループ C_1 は,ループ C_2 の変更に必要なパルス列のタイミングをとるのに用いられる.C_1 と C_2 の端を変更し,細胞 x_n に書きこむのには有限なパルス列が必要である;これらはパルサーから容易に得ることができる.

伸ばす(または縮める)過程が始まる前に,細胞 x_n はパルス列 $\overline{10101}$ によって読みとられ,状態 $\downarrow 0$ に変えられている(4.1.5節参照).von Neumann の設計が完了した段階では,ループ C_1 と C_2 を伸ばし(または縮め),細胞 x_n に書きこむのに次の一連の動作を用いることになっていた:

(1) 繰返しパルサーやただのパルサーによって入力 u_2 と v_2 にパルスを供給してタイミングループ C_2 を伸ばす(または縮める).各繰返しパルサーが動作状態にある時間の長さは,3進計数器 Φ_1 にループ C_1 を応答器官 Ω として付けたものによって制御される.

(2) ループ C_1 と細胞 x_n に次の変更を加える.

(a) ループ C_1 の下部を伸ばして(または縮めて),細胞 x_n に到達できる

ようにし，細胞 x_{n-1} または x_{n+1} をみださないようにする．

(b) "0"を記憶するなら，細胞 x_n を $\mathbf{U}$ にしておく．"1"を記憶するなら，細胞 x_n を $\downarrow 0$ 状態にしておく．

(c) $\mathbf{C}_1$ の上部を伸ばす(または縮める)．

この過程に必要な刺激は，入力 u_1 と v_1 から繰返しパルサーおよびただのパルサーによって供給される．各繰返しパルサーが動作状態にある時間の長さは，3進計数器 $\varPhi_2$ にループ $\mathbf{C}_2$ を応答器官 $\varOmega$ として付けたものによって制御される．

この2段階の過程の終りには，x_n は望みの状態になっており，接続ループは，伸ばした場合には細胞 x_{n+1}，縮めた場合には x_{n-1} を通っており，タイミングループ $\mathbf{C}_2$ はループ $\mathbf{C}_1$ と同じ長さになっている．

4.2.2 4.2.4 節で von Neumann は，いま述べた目的を達成するために，ループ $\mathbf{C}_1$ と $\mathbf{C}_2$ に加えるべきパルス列をあらわす31個の式を導いている．これらの式は全部 316 頁の第Ⅱ表にまとめて示す．それらは 4.2.2-4.2.4 節では $(28'.\mathrm{a})$ から $(31'.\mathrm{h})$ までの番号がついているが，第Ⅱ表では，0.1 から 0.31 のように番号をつけかえてある．後の318頁の第Ⅲ表は，約 n 回繰返されるパルス列をつくるのに必要な繰返しパルサーと，3進計数器 $\varPhi_1, \varPhi_2$ およびループ $\mathbf{C}_1, \mathbf{C}_2$ によってこれらの繰返しパルサーのタイミングをとる時の余分な遅れとをまとめたものである．

後の319頁の第Ⅳ表は式に書かれた一定のパルス列をつくるのに必要なパルサーをまとめたものである．

読者は本節の残りを読むに当って随時，第Ⅱ-Ⅳ表を参照するとよい．]

4.2.2 L を伸ばすこと． まず $\varepsilon^{s+1}=1$ (伸ばす)の場合を考える．この操作を行なうには，n(または $n+1$)個の普通伝達状態($\mathbf{C}_1$ と $\mathbf{C}_2$ の上の列の $\underset{\rightarrow}{0}$，$\mathbf{C}_1$ と $\mathbf{C}_2$ の下の列の $\underset{\leftarrow}{0}$)を，対応する特別伝達状態($\underset{\rightarrow}{1}$ と $\underset{\leftarrow}{1}$)に繰返し変換し，またその逆を行なわなければならない．これは(→の状態には) $(27'.\mathrm{a}')$ や $(27'.\mathrm{c})$ のような配置を必要とし，(←の状態には)これに似た別の配置が必要になる；したがって今度も，用いる繰返しパルサーを動作させてから，とめるまでの間の遅

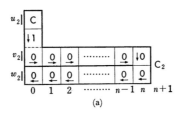

(a)

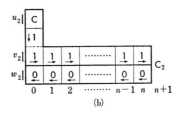

(b)

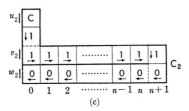

(c)

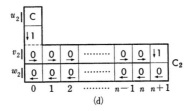

(d)

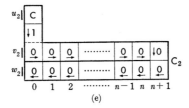

(e)

第32図　タイミングループ C_2 を伸ばす

れ $6n$(または $6n$ プラス一定量)を測る必要がある．ループ C_1 を細工している間は，この遅れの測定は，ループ C_2(および 3 進計数器と適当な固定遅れ；4.1.7 節参照)を用いて行なえばよい．ループ C_2 を細工している間は，ループ C_1 を(同様の補助装置とともに)同じ目的に用いたらよさそうである．これが，C_1 がこの時に一つづきのループ(**MC** から **MC** までの)を形成していなければならない理由であり，つまり x_n が状態 $\downarrow 0$ になければならない理由である(上記参照)．この条件は今の過程が始まる時には満たされていることがわかっている；したがってループ C_2 に対する操作を最初に(ループ C_1 に対する操作より前に)行なわなければならない．

したがってわれわれの最初の仕事は，ループ C_2 の両方の列を一区画伸ばすことである．これには最初 C_2 の上の列を全部($x_0, x_1, \cdots, x_n$ の下にある C_2 の区画——その数は $n+1$)を $\underset{\rightarrow}{1}$ に変換することから始めるのがよい．即ち，第 32 図(a)の元の状態から第 32 図(b)の状態に変えるのである．これらの区画は最初は $\underset{\rightarrow}{0}$，即ち，普通状態であるから，特別刺激が必要である．4.1.6 節で見たように，{動作(23′)参照} 各変換は刺激-無刺激のパルス列 $\overline{11011}$ を必要とし，あるいは 4.1.7 節にしたがうと {動作(27′.a)から(27′.a′)への変更参照} 刺激-無刺激のパルス列 $\overline{110110}$ を必要とする．したがって次のことが要求される．

(28′.a)　　　　u_2 にパルス列 $\overline{110110}$ を $n+1$ 個注入する．

これは，**PP**($\overline{110110}$)を，動作開始から終了までの遅れ $6n+6$ で用いることを必要とすることに注意．ここではタイミングをとるのにループ C_1 を用いているので，これに 3 進計数器 Φ を(第24図参照)つけて用いるのが適当である．そこで Φ の出力 d を v_1 に，Φ の入力 c を w_1 につける．d から v_1 への遅れを δ_1' とし，w_1 から c への遅れを δ_1'' としよう．v_1 からループ C_1 を通って w_1 までの遅れは $2n+3$ である．3.4節の用語を使うと，Ω は d から v_1 への路，プラス v_1 から w_1 への C_1，プラス w_1 から c への路ということになる．したがって d から Ω を通って c までの遅れは $\delta_1'+(2n+3)+\delta_1''$ である．この結果 3.4 節の終りおよび第 24 図にしたがうと，a から Φ(および Ω)を通って b までの遅れは $238+3(\delta_1'+(2n+3)+\delta_1'')=6n+(3(\delta_1'+\delta_1'')+247)$ となる．これは規則(28′.a)に関して

4.2 ループ C_1 および C_2 の伸縮，および線状配列 L への書込み

必要な遅れ $6n+6$ より $3(\delta_1'+\delta_1'')+241$ だけ多くなるが，この差は(n によらない)一定量である．したがってこれは適当な遅れによって調整でき，それは MC の "内部" に設けることができる．

次に最後の $\underset{\rightarrow}{1}$ の右の区画(いまは U)を $\downarrow 1$ に変換し，その下の区画(これも U)を $\underset{\leftarrow}{0}$ に変換する；即ち，第32図(b)から第32図(c)へ進む．状態 $\downarrow 1$ は T_{130} (即ち S_{110})，状態 $\underset{\leftarrow}{0}$ は T_{020} (即ち S_{001}) である．したがって特別刺激のパルス列 $\overline{1110}$ と $\overline{1001}$ が必要になる．即ち：

(28'.b)　　　　u_2 にパルス列 $\overline{11101001}$ を注入．

これでタイミングループの下の列は望みの状態になったので，残るのは上の列をどう始末するかである．それは，その最後の区画を除いて全部(即ち，x_0, $x_1, \cdots, x_n$ の下の区画——その数は $n+1$)を状態 $\underset{\rightarrow}{0}$ に変換することから始める．このループ C_2 は，第32図(c)の状態から第32図(d)の状態に変換される．変えられる細胞は $\underset{\rightarrow}{1}$ 状態にあるので，普通刺激を用いる．4.1.6節で見たように{操作(25')の議論参照}，各変換は刺激-無刺激のパルス列 $\overline{110000}$ を必要とする．したがって次のことが要求される．

(28'.c)　　　　v_2 にパルス列 $\overline{110000}$ を $n+1$ 個注入する．

これは，$PP(\overline{110000})$ を，動作開始から終了までの遅れ $6n+6$ で用いればよい．動作(28'.a)に関連してわれわれが用いたと同様な，3進計数器 $\varPhi$ に C_1 をつけたもので，この遅れをつくることができる．詳細は操作(28'.a)の後の議論と同じである；即ち，a から b への遅れ{上記議論と第24図参照}は，望みの遅れより $3(\delta_1'+\delta_1'')+241$ だけ多いが，この差は一定量なので，調整は MC 内部に設けることができる．

最後に，最後の $\underset{\rightarrow}{0}$ の右の区画(いまは $\downarrow 1$)を $\downarrow 0$ に変換する；即ち第32図(d)から第32図(e)へ進む．$\downarrow 0$ は T_{030}(即ち S_{010})である．したがって普通刺激のパルス列 $\overline{11010}$ が必要である：

(28'.d)　　　　v_2 にパルス列 $\overline{11010}$ を注入する．

これでタイミングループ C_2 を伸ばすことが完了した．今度は対応する操作を接続ループ C_1 に対して行なわなければならない．

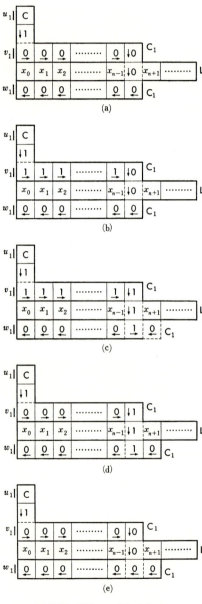

第33図　続接ループ C_1 を伸ばす

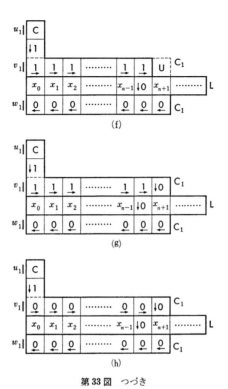

第33図 つづき

ループ C_1 の状態を第33図(a)に示す.伸ばす操作は C_1 の下の列から始めるのがよく,そこへ到達するには C_1 の上の列と x_n の場所にある $\downarrow 0$ を用いる.したがって最後の区画を除いて上の列全部($x_0, x_1, \cdots, x_{n-1}$ の上の区画——その数は n)を $\underset{\to}{1}$ に変形する.即ち,C_1 の上の列を第33図(a)の状態から第33図(b)の状態に変形する.これらの区画は $\underset{\to}{0}$ (即ち普通状態)なので,特別刺激が必要である.$(27'.a')$ の操作 {または $(28'.a)$ の操作} と全く同じように,各変形にはパルス列 $\overline{110110}$ が必要である.したがって:

(29'.a) u_1 にパルス列 $\overline{110110}$ を n 個注入する.

これには $\mathbf{PP}(\overline{110110})$ を,これの動作開始から終了までの遅れ $6n$ で用いればよい.タイミングは v_2, w_2 へ(それぞれ d, c を)結合した3進計数器によって,

操作(27'. a')の議論と全く同様にして，とることができる．しかし，C_2 の長さはそのときより1区画分だけ長く，したがって C_2 での遅れは2だけ増し，C_2 を3回通る時の遅れは6だけ増すことになる．したがって，テープ制御 MC "内" の調整で補償される一定の余分の遅れを，6だけ増す；即ち $3(\delta_2'+\delta_2'')+250$ となる．

次の最後の $\underset{\rightarrow}{1}$ の右の区画(いまは $\downarrow 0$)を $\downarrow 1$ に，この下の区画(これも $\downarrow 0$)も $\downarrow 1$ に，この下の区画(これは $\underset{\leftarrow}{0}$)を $\underset{\rightarrow}{1}$ に(これらは x_n の場所の上とちょうどその場所とその下の三つの区画である)変形し，この右の区画(いまは U)を $\underset{\leftarrow}{0}$ に変形する；即ちこれで第33図(b)から第33図(c)に進んだことになる．状態 $\downarrow 1$ は T_{130}(即ち S_{110})，$\underset{\rightarrow}{1}$ は T_{100}(即ち S_{011})，$\underset{\leftarrow}{0}$ は T_{020}(即ち S_{001})である．したがって特別刺激のパルス列 $\overline{11110}$, $\overline{11110}$, $\overline{11011}$, $\overline{1001}$ が必要である．即ち：

 (29'. b) u_1 にパルス列 $\overline{11110\ 11110\ 11011\ 1001}$ を注入する．

これでもう x_n の場所およびその下の区画を最終状態にしてよい．ここでもう一度上の列を使わなければならない．つまりその最後の区画以外のすべての区画($x_0, x_1, \cdots, x_{n-1}$ の上の区画——その数は n 個である)を $\underset{\rightarrow}{0}$ に変形する；即ち，第33図(c)から第33図(d)に進む．上の列の影響を受ける部分はいま特別伝達状態にあるから，普通刺激を用いればよい．操作(27'. c)と同様にして，各変形はパルス列 $\overline{110000}$ を必要とする，即ち

 (29'. c) v_1 にパルス列 $\overline{110000}$ を n 個注入する．

これには $\mathbf{PP}(\overline{110000})$ を，動作の開始から停止までの遅れ $6n$ で用いればよい．これは，操作(29'. a)に用いたのと同じタイミング装置で扱かうことができる．

次に最後の $\underset{\rightarrow}{0}$ の右の区画(いまは $\downarrow 1$)を $\downarrow 0$ に，その下の区画(これも $\downarrow 1$)を $\downarrow 0$ に，その下の区画(いまは $\underset{\rightarrow}{1}$)を $\underset{\leftarrow}{0}$ に変形する(これら三つは，x_n の場所の上，ちょうどその場所，その下の区画である)；即ち，第33図(d)から第33図(e)へ進む．状態 $\downarrow 0$ は T_{030}(即ち S_{010})，$\underset{\leftarrow}{0}$ は T_{020}(即ち S_{001})である．したがって普通刺激のパルス列 $\overline{11010}$, $\overline{11010}$, $\overline{11001}$ が必要である．即ち：

 (29'. d) v_1 にパルス列 $\overline{11010\ 11010\ 11001}$ を注入する．

これで C_1 の上の列を伸ばすことができる．まず最初に上の列全部 $(x_0, x_1, \cdots,$ x_n の上の区画——その数は $n+1$)を $\downarrow 1$ に変形する；即ち，第33図(e)から第33図(f)に進む．上の列はいま普通伝達状態から成るので，特別刺激がこれを行なう．操作(29′.a)と同じく，各変形はパルス列 $\overline{110110}$ を必要とする，即ち：

(29′.e)　　　u_1 にパルス列 $\overline{110110}$ を $n+1$ 個注入する．

これには $\mathbf{PP}(\overline{110110})$ を，動作の開始から停止までの遅れ $6n+6$ で用いる．これは操作(29′.a)に用いられたのと同じタイミング装置で，遅れが6だけ長くなったもので扱うことができる．したがってテープ制御 $\mathbf{MC}$ "内" の調整で補償される，一定の余分遅れを6だけ減らす；即ち，今度は $3(\delta_2'+\delta_2'')+244$ となる．

次に，最後の $\underset{\rightarrow}{1}$ の右の区画(いまは $\mathbf{U}$)を $\downarrow 0$ に変形する；即ち第33図(f)から第33図(g)に進む．状態 $\downarrow 0$ は $\mathbf{T}_{030}$(即ち $\mathbf{S}_{010}$)である．したがって特別刺激のパルス列 $\overline{1010}$ が必要である，即ち：

(29′.f)　　　u_1 にパルス列 $\overline{1010}$ を注入する．

最後に上の列の残り $(x_0, x_1, \cdots, x_n$ の上の区画——その数は $n+1$)を $\underset{\rightarrow}{0}$ に変形する；即ち，第33図(g)から第33図(h)に進む．いま上の列の影響を受ける部分は特別伝達状態にあるので，普通刺激がこれを行なう．(27′.c)の操作と同様にして，各変形はパルス列 $\overline{110000}$ を必要とする，即ち：

(29′.g)　　　v_1 にパルス列 $\overline{110000}$ を注入する．

これには $\mathbf{PP}(\overline{110000})$ を，始動から停止までの遅れ $6n+6$ で用いればよい．これには操作(29′.e)に用いられたタイミング装置と同じものを用いればよい．

これで接続ループ C_1 を伸ばすこと，即ち，第一の場合 $\varepsilon^{s+1}=1$ の全部が完成した．

4.2.3　$\mathbf{L}$ を縮めること． 今度は $\varepsilon^{s+1}=-1$ の(縮める)場合を考える．取り扱いは，その大綱については，第一の場合と並行して考えてよい．したがってまた C_2 上での動作を(C_1 上の動作に先立って)まず考える必要がある．

そこでまず最初にすることは C_2 の両方の列を1区画だけ縮めることである．これには C_2 の上の列を，その最後の区画を残して全部(即ち，$x_0, x_1, \cdots, x_{n-1}$ の

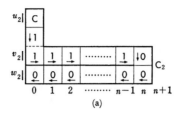

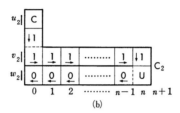

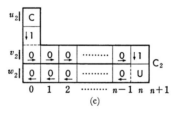

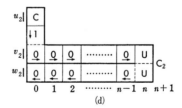

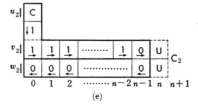

第34図　タイミングループ C_2 を縮める

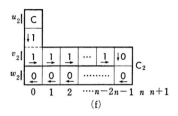

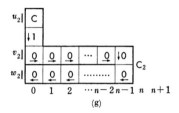

第34図 つづき

下の区画——その数は n)を $\underset{\rightarrow}{1}$ に変形することから始めるのがよい．即ち，第32図(a)の元の状態から第34図(a)の状態に変形するのである．これらの区画ははじめ $\underset{\rightarrow}{0}$ 状態(即ち，普通状態)にあるので，特別刺激が適当である．変形(29′.a)の場合と同じく，各変形にはパルス列 $\overline{110110}$ が必要である．即ち，

(30′.a)　　　u_2 にパルス列 $\overline{110110}$ を n 個注入する．

これには $\mathbf{PP}(\overline{110110})$ を，始動から停止までの遅れ $6n$ で用いる．この遅れには，動作(28′.a)に用いたタイミング装置と同じものを用いればよいが，ただタイミングの遅れを 6 だけ短かくしなければならない．したがってメモリー制御 $\mathbf{MC}$ "内" の調整で補償すべき固定した余分の遅れは，6 だけ増して，いまの場合 $3(\delta_1' + \delta_1'') + 247$ となる．

次に，最後の $\underset{\rightarrow}{1}$ の右の区画(いまは $\downarrow 0$)を $\downarrow 1$ に，この下の区画(いまは $\underset{\leftarrow}{0}$)を $\mathbf{U}$ に変形する；即ち第 34 図(a)から第 34 図(b)に進む．状態 $\downarrow 1$ は $\mathbf{T}_{130}$(即ち $\mathbf{S}_{110}$)である．したがって特別刺激のパルス列 $\overline{11110}$ と $\overline{1}$ が必要である，即ち：

(30′.b)　　　u_2 にパルス列 $\overline{111101}$ を注入する．

そこで $\mathbf{C}_2$ の上の列をその最後の区画を残して(即ち，$x_0, x_1, \cdots, x_{n-1}$ の下の区画——その数は n) $\underset{\rightarrow}{0}$ 状態にもどす；即ち，第34図(b)から第34図(c)に進む．

これらの区画はいま特別伝達状態であるので,動作($27'$.c)の場合と同様に普通刺激が適当である.したがって各変形にはパルス列 $\overline{110000}$ が必要である.即ち:

($30'$.c)　　　　v_2 にパルス列 $\overline{110000}$ を n 個注入する.

これには $\mathbf{PP}(\overline{110000})$ を,始動から停止までの遅れ $6n$ で用いる.これには,操作($30'$.a)に用いたと同じタイミング装置を用いればよい.

次に,最後の $\underset{\rightarrow}{\mathbf{0}}$ の右の区画(いまは $\downarrow\mathbf{1}$)を $\mathbf{U}$ に変形する;即ち第 34 図(c)から第 34 図(d)に進む.これには普通刺激が一つだけ必要である.即ち:

($30'$.d)　　　　v_2 に刺激を一つ注入する.

右端の二つの区画が $\mathbf{U}$ に変えられたので,これで,$\mathbf{C}_2$ を縮めることができたことになるが,上の列の残ったうちの右端の区画(x_{n-1} の下の区画)は,望みの状態になっていない($\downarrow\mathbf{0}$ の筈が $\underset{\rightarrow}{\mathbf{0}}$ である).そこでこれを直しにかかる.

上の列をその最後の区画を残して($x_0, x_1, \cdots, x_{n-2}$ の下の区画——その数は $n-1$)$\underset{\rightarrow}{\mathbf{1}}$ に変える;即ち,第 34 図(d)から第 34 図(e)に進む.これらの区画はいま普通伝達状態にあるので,特別刺激が適当である.操作($29'$.a)の場合と同様にして,変換にはパルス列 $\overline{110110}$ が必要である,即ち:

($30'$.e)　　　　u_2 にパルス列 $\overline{110110}$ を $n-1$ 個注入する.

これには $\mathbf{PP}(\overline{110110})$ を,始動から停止までの遅れ $6n-6$ で用いる.これには操作($30'$.a)に用いられたと同じタイミング装置を,ただ遅れを 6 だけ短かくするようにタイミングをとって用いればよい.したがって $\mathbf{MC}$ 内の調整によって補償すべき固定された余分の遅れは,6 だけ増すことになる;即ちそれはいまは $3(\delta_1' + \delta_1'') + 253$ となるのである.

次に最後の $\underset{\rightarrow}{\mathbf{1}}$ の右の区画(いまは $\underset{\rightarrow}{\mathbf{0}}$)を $\downarrow\mathbf{0}$ に変形する;即ち,第 34 図(e)から第 34 図(f)に進む.状態 $\downarrow\mathbf{0}$ は $\mathbf{T}_{030}$(即ち $\mathbf{S}_{010}$)である.したがって特別刺激のパルス列 $\overline{11010}$ が必要である.即ち:

($30'$.f)　　　　u_2 にパルス列 $\overline{11010}$ を注入する.

最後に上の列の残り($x_0, x_1, \cdots, x_{n-2}$ の下の区画——その数は $n-1$)を $\underset{\rightarrow}{\mathbf{0}}$ に変形する;即ち第 34 図(f)から第 34 図(g)に進む.上の列で影響を受ける部分は

4.2 ループ C_1 および C_2 の伸縮,および線状配列 L への書込み

いま,特別伝達状態にあるので,普通刺激が適当である.操作(27′.c)の場合と同様に,各変形にはパルス列 $\overline{110000}$ が必要である,即ち:

(30′.g)　　v_2 にパルス列 $\overline{110000}$ を $n-1$ 個注入する.

これには $\mathbf{PP}(\overline{110000})$ を,動作の開始から停止までの遅れ $6n-6$ で用いる.これには操作(30′.e)に用いたと同じタイミング装置を用いればよい.

これで C_2 を縮めることは完了した.今度は対応する操作を C_1 に対して行なわなければならない.

C_1 の状態は第 33 図(a)に示す通りである.縮める操作は(伸ばす操作の時と同様に) C_1 の下の列から始めるのがよい.そこへ到達するには C_1 の上の列と x_n の場所の $\downarrow 0$ を通して行けばよい.したがって最初に上の列全体を,その最後の区画を残して($x_0, x_1, \cdots, x_{n-1}$ の上の区画——その数は n) $\underset{\rightarrow}{\mathbf{1}}$ に変形する;即ち,第 33 図(a)の状態から第 35 図(d)の状態に変形する.これらの区画は $\underset{\rightarrow}{\mathbf{0}}$ (即ち普通状態)にあるので,特別刺激が必要である.操作(29′.a)の場合と同様に,各変換にはパルス列 $\overline{110110}$ が必要である,即ち:

(31′.a)　　u_1 にパルス列 $\overline{110110}$ を n 個注入する.

これには $\mathbf{PP}(\overline{110110})$ を,始動から停止までの遅れ $6n$ で用いる.タイミングは,操作(29′.a)の後で用いたのと同じ方法でとることができる.しかし C_2 の長さはそのときより 2 だけ短かいので,C_2 を通る時の遅れは 4 だけ減り,C_2 を 3 度通る遅れは 12 だけ減ることになる.したがって,メモリー制御 $\mathbf{MC}$ "内"の調整で補償される固定した余分の遅れは 12 だけ減ることになる;即ちそれは $3(\delta_2' + \delta_2'') + 238$ となる.

次に最後の $\underset{\rightarrow}{\mathbf{1}}$ の右の区画(いまは $\downarrow 0$)を $\downarrow 1$ に,その下の区画(これもいまは $\downarrow 0$)を $\downarrow 1$ に,そのまた下の区画(これは $\underset{\leftarrow}{\mathbf{0}}$)を $\mathbf{U}$ に変形する(これら三つの区画は x_n の場所の上,ちょうどその場所,およびその下の区画である);即ち,第 35 図(a)から第 35 図(b)に進む.状態 $\downarrow 1$ は $\mathbf{T}_{130}$(即ち,$\mathbf{S}_{110}$)である.したがって特別刺激のパルス列 $\overline{11110}, \overline{11110}, \overline{1}$ が必要である;即ち:

(31′.b)　　u_1 にパルス列 $\overline{11110111101}$ を注入する.

これで x_n の場所の区画は最終状態にもどしてよい.ここでもう一度上の列

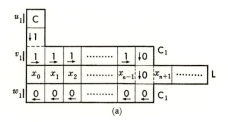
(a)

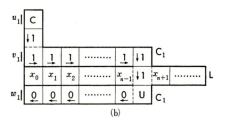
(b)

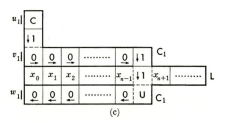
(c)

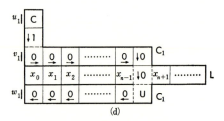
(d)

第35図 接続ループ C_1 を縮める

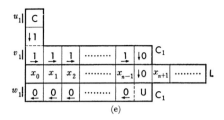

(e)

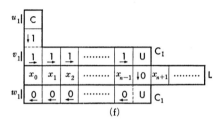

(f)

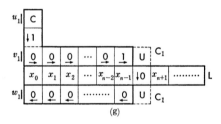

(g)

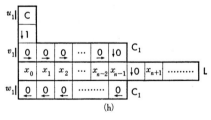

(h)

第35図　つづき

を通らなければならない．そこで，まずその最後の区画を残してすべての区画 ($x_0, x_1, \cdots, x_{n-1}$ の上の区画——その数は n である)を $\underset{\rightarrow}{\mathbf{0}}$ に変形する；即ち第35図(b)から第35図(c)に進む．上の枝の影響を受ける部分はいま，特別伝達状態にあるから，普通刺激が適当である．操作(27′.c)と同様にして，各変形にはパルス列 $\overline{110000}$ が必要である，即ち：

(31′.c)　　　　v_1 にパルス列 $\overline{110000}$ を n 個注入する．

これには $\mathbf{PP}(\overline{110000})$ を，動作の開始から停止までの遅れ $6n$ で用いる．それは操作(31′.a)に用いられたのと同じタイミング装置で扱うことができる．

次に最後の $\underset{\rightarrow}{\mathbf{0}}$ の右の区画(いまは $\downarrow$1)を $\downarrow$0 に，その下の区画(これも $\downarrow$1)を $\downarrow$0 に，変える(これら二つは，x_n の場所の上とちょうどその場所の区画である)；即ち，第35図(c)から第35図(d)へ進む．状態 $\downarrow$0 は $\mathbf{T}_{030}$(即ち，$\mathbf{S}_{010}$)である．したがって普通刺激のパルス列 $\overline{11010}$, $\overline{11010}$ が必要である，即ち：

(31′.d)　　　　v_1 にパルス列 $\overline{1101011010}$ を注入する．

これで $\mathbf{C}_1$ の上の列を縮める番になった．まず最初に上の列全部を最後の区画を残して($x_0, x_1, \cdots, x_{n-1}$ の上の区画——その数は n) $\underset{\rightarrow}{\mathbf{1}}$ に変形する；即ち，第35図(d)から第35図(e)に進む．上の列の中で影響を受ける部分は普通伝達状態から成るので，特別刺激が適当である．操作(29′.a)と同じく，各変換にはパルス列 $\overline{110110}$ が必要である，即ち：

(31′.e)　　　　u_1 にパルス列 $\overline{110110}$ を n 個注入する．

これには $\mathbf{PP}(\overline{110110})$ を，動作の開始から停止までの遅れ $6n$ で用いる．これは操作(31′.a)に用いられたのと同じタイミング装置で行なうことができる．

次に，最後の $\underset{\rightarrow}{\mathbf{1}}$ の右の区画(いまは $\downarrow$0)を $\mathbf{U}$ に変える；即ち，第35図(e)から第35図(f)に進む．これには特別刺激が一つ必要である，即ち：

(31′.f)　　　　u_1 にパルスを一つ注入する．

右端の二つの区画が $\mathbf{U}$ に変形されたので，これで $\mathbf{C}_1$ を縮めることができたことになるが，上の列は望みの状態になっていない．そこでこれをなおしにかかる．

上の列をその最後の区画を残して($x_0, x_1, \cdots, x_{n-2}$ の上の区画——その数は

$n-1$) $\underset{\rightarrow}{0}$ に変形する,即ち第35図(f)から第35図(g)に進む.これらの区画は特別伝達状態にあるので,普通刺激が適当である.操作(27′.c)と同様にして,各変換にはパルス列 $\overline{110000}$ が必要である,即ち:

(31′.g)　　v_1 にパルス列 $\overline{110000}$ を $n-1$ 個注入する.

それには $\mathbf{PP}(\overline{110000})$ を,動作の開始から停止までの遅れ $6n-6$ で用いる.これは操作(31′.a)に用いたのと同じタイミング装置で行なうことができるが,タイミングの遅れは,今の場合6だけ短かくなる.したがって,メモリー制御 $\mathbf{MC}$ "内" の調整で補償すべき,固定された余分の遅れが6だけ増すことになる.即ち,それはいまの場合 $3(\partial_2'+\partial_2'')+244$ となる.

最後に,最後の $\underset{\rightarrow}{0}$ の右の区画(いまは $\underset{\rightarrow}{1}$)を $\underset{\downarrow}{0}$ に変える;即ち,第35図(g)から第35図(h)に進む.状態 $\underset{\downarrow}{0}$ は $\mathbf{T}_{030}$(即ち $\mathbf{S}_{010}$)である.したがって普通刺激のパルス列 $\overline{11010}$ が必要である,即ち:

(31′.h)　　　　　v_1 にパルス列 $\overline{11010}$ を注入する.

これで接続ループ $\mathbf{C}_1$ を縮めること,即ち第二の場合 $\varepsilon^{s+1}=-1$ が完了した.

4.2.4　$\mathbf{L}$ の x_n を変えること.ここでわれわれは,x_n を変える過程について4.1.6節および4.1.7節で議論したことを再検討しなければならない.

4.1.6節および4.1.7節の手続きの基礎となる仮定は,x_n の変更は x_n を "読んだ" 直後に行なう,ということであった.しかしながら4.2.1節から4.2.3節にかけてわれわれは,$\mathbf{C}_1$ と $\mathbf{C}_2$ の伸縮を,あたかもこれら二つの間で起るかのように考えて行なった.即ち,伸縮は x_n を読んだ直後に行なうかのように扱かってきた.これらの二つの仮定は互いに矛盾するものであり,そしてこれからは後で述べた仮定(即ち,4.2.1節および4.2.3節での仮定)の方が正しいと規定する.そこで4.1.6節-4.1.7節は再検討を要することになる.

一番自然な方法は,問題になっている構造物,即ち,4.1.6節-4.1.7節の操作の対象である $\mathbf{C}_1$ とこの操作のタイミングをとるのに用いられる $\mathbf{C}_2$ に対してこの伸縮がおこした変化をよくしらべ,——そしてこれらの変化を考慮に入れるように4.1.6-4.1.7節を修正することである.しかしながら,それよりはむしろ伸縮の手続き自身を分析して,それぞれの場合に4.1.6-4.1.7節の操作,

またはそれと等価な操作がどこに一番うまく入れられるかを見ることにした方が簡単である．実はこの挿入は，4.1.6-4.1.7 節をかなり簡単にしたものを用いてできることがわかる．

4.1.6節の初めに達した結論はやはり正しい：即ち，$\xi_n^{s+1}=1$ の時には何もする必要はなく，$\xi_n^{s-1}=0$ の時には x_n は，$\downarrow 0$ を $\mathbf{U}$ に変える必要がある．したがって後の場合だけ考えればよい．しかし二つの大別け（$\varepsilon^{s+1}=1$, 伸ばす場合と，$\varepsilon^{s+1}=-1$，縮める場合）に対しては，別々に議論しなければならない．

まず $\varepsilon^{s+1}=1$(伸ばす)の場合を考える．われわれは x_n を $\downarrow 0$ から $\mathbf{U}$ に変える過程を，$\mathbf{C}_1$ の第33図(a)-(h)のような変化の過程の中のどこへ挿入するかを決めなければならない．容易にわかるように，それは第33図(e)の後が一番うまくはまり，それには第33図(f)から(h)にかけての発展，即ち(29′.e)-(29′.g)の中間段階に対して，ある変更を伴うのである．

第33図(e)から第33図(f)への移行を，1区画少なく行なうように変更することにする，即ち，第33図(e)から第36図(a)へ移行するように変更するのである．これにより操作(29′.e)の繰り返し数が一つ減る：

(29′.e′) 　　　u_1 にパルス列 $\overline{110110}$ を n 個注入する．

これには $\mathbf{PP}(\overline{110110})$ を，動作の開始から停止までの遅れ $6n$ で用いる．これは操作(29′.a)に用いたと同じタイミング装置で行なうことができる．

次に最後の $\underset{\rightarrow}{1}$ の右の区画(いまは $\downarrow 0$)を $\downarrow 1$ に，この下の区画(これも $\downarrow 0$)を $\mathbf{U}$ に変える(これら二つは x_n の場所の上と，ちょうどその場所の区画である)；即ち，第36図(a)から第36図(b)に進む．状態 $\downarrow 1$ は $\mathbf{T}_{130}$(即ち，$\mathbf{S}_{110}$)である．したがって特別刺激のパルス列 $\overline{11110}$ と $\overline{1}$ が必要である，即ち：

(29′.f′) 　　　u_1 にパルス列 $\overline{111101}$ を注入する．

今度は上の列全部($x_0, x_1, \cdots, x_n$ の上の区画——その数は $n+1$)を $\underset{\rightarrow}{\mathbf{0}}$ に変える：即ち第36図(b)から第36図(c)へ進む．上の列は特別伝達状態から成るので，普通刺激が適当である．操作(27′.c)と同様に，各変換にはパルス列 $\overline{110000}$ が必要である，即ち：

(29′.g′) 　　　v_1 にパルス列 $\overline{110000}$ を $n+1$ 個注入する．

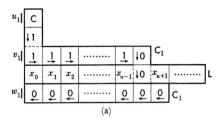

(a)

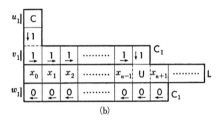

(b)

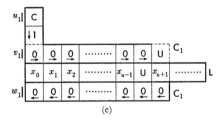

(c)

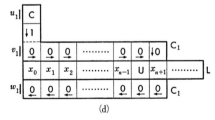

(d)

第36図 C_1 を伸ばしながら線状配列 L の中の細胞 x_n に "0" を書きこむ

これには $\mathbf{PP}(\overline{110000})$ を動作の開始から停止までの遅れ $6n+6$ で用いる．これは操作(29′. e)に用いたのと同じタイミング装置によって行なうことができる．

最後に，最後の $\underset{\rightarrow}{\mathbf{0}}$ の右の区画(いまは $\mathbf{U}$ を) $\downarrow\mathbf{0}$ に変える；即ち第36図(c)から第36図(d)に進む．状態 $\downarrow\mathbf{0}$ は $\mathbf{T}_{030}$ (即ち，$\mathbf{S}_{010}$) である．したがって普通刺激のパルス列 $\overline{1010}$ が必要である，即ち：

  (29′. h′) v_1 にパルス列 $\overline{1010}$ を注入する．

これで第一の $\varepsilon^{s+1}=1$ の場合の議論は終った．

今度は $\varepsilon^{s+1}=-1$ (縮める)の場合を考えよう．まず $\downarrow\mathbf{0}$ を $\mathbf{U}$ に変える過程を 4.3.2 節の手続き，即ち，第33図(a)と第35図(a)-(h)のような $\mathbf{C}_1$ の変化の過程の中のどこに挿入するかを決めなければならない．容易にわかるように，それは第35図(c)の後が一番ぐあいがよい．そしてそれは，そこから第35図(d)へ行くステップ，即ち，ステップ(31′. d)にしか影響を与えない．

即ち，x_n の場所の $\downarrow\mathbf{0}$ は $\downarrow\mathbf{1}$ から変わったものである；そこで，その代りに $\mathbf{U}$ にすればよいのである．即ち，ステップ(31′. d)の前の説明で述べた第二のパルス列{即ち $\overline{11010}$} を1個のパルスで置き換えればよい．したがって操作(31′. d)は次のものに置き換えられる：

  (31′. d′) v_1 にパルス列 $\overline{110101}$ を注入する．

これで第35図(d)の x_n の場所の $\downarrow\mathbf{0}$ は $\mathbf{U}$ で置き換った．この後第35図(e)-(h)の変化の過程，即ちステップ(31′. e)-(31′. h′)はそのままでよい．第35図(e)-(h)全体を通じて変更は，この x_n の場所の $\downarrow\mathbf{0}$ を同じように $\mathbf{U}$ に置き換えることだけであって，それは既述の諸操作に対しては何も影響しない．

これで第二の $\varepsilon^{s+1}=-1$ の場合の議論は終った．

4.3 メモリー制御装置 MC

[**4.3.1 MC の構成と動作**．第37図はメモリー制御装置〈memory control〉 **MC** とそれが制御する器官：すなわち線状配列 **L**，接続ループ $\mathbf{C}_1$ およびタイ

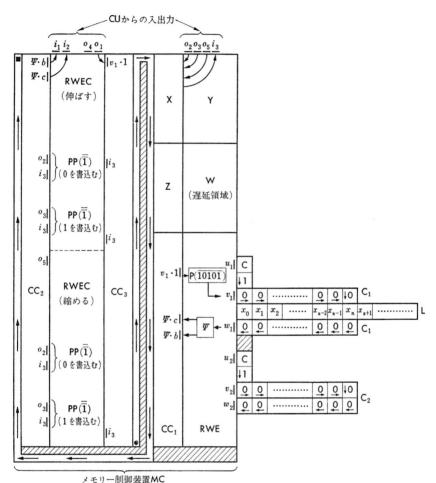

第37図 無限の記憶容量をもつテープユニット
注意：諸器官やユニットの大きさは正しい寸法にはなっていない

ミングループ C_2 の概略図である．この図は，正しい寸法ではない；**MC** は実際には高さ 547 区画，幅 87 区画である．まず最初に **MC** の構成について記述し，次に **MC** の動作を説明しよう．

MC の最も重要な部分は読出し・書込み・消去ユニット〈read-writeerase-unit〉**RWE** とその制御装置 **RWEC** である．**RWE** は第39図に示すようなもので 4.3.3 節で詳説する．第 39 図で "0.6"，"0.10" などと書かれている器官はパルサーで第Ⅲ表，第Ⅳ表に説明がある．"0.0" と書かれているパルサーは **P**($\overline{10101}$) で，x_n を読む目的でループ C_1 の入力 v_1 へパルス列 $\overline{10101}$ を送り込む；その結果出力 w_1 からでてくる信号は $\overline{1}$ 対 $\overline{10101}$ 弁別器 Ψ へ入る．3 進計数器 $\varPhi_1$ はループ C_1 を 2 次器官 $\varOmega$ として持ち，3 進計数器 $\varPhi_2$ はループ C_2 を 2 次器官として持っている．**RWE** へ左から入ってくる刺激は CC_1 のデコーダーから来るものである．そして **RWE** の左から出て行く刺激は CC_1 にあるパルサーへ入る．**RWE** のユニット CC_1 は，**MC** のコーデッドチャネル〈coded channel〉の一部である．

MC のコーデッドチャネルは，CC_1, CC_2, CC_3, **X**, **Z** とメインチャネルとで構成されている．メインチャネル〈main channel〉は黒丸に始まり，黒四角で終る．CC_1 は入力をメインチャネルからうけ，出力を **RWEC** へ送るデコーダーの群を含んでいる．CC_3 は入力を **RWEC** からうけ出力をメインチャネルへ送るパルサーを含む．**X**, **Z**, CC_1 には，メインチャネルから入力を受ける一群のデコーダーと，メインチャネルへ出力を送る一群のパルサーが入っている．

読出し・書込み・消去-制御 **RWEC** は第 41 図に示すようなもので，4.3.5 節でくわしく説明する．これは，16 個の制御ユニット **CO** を内蔵している．そして各 **CO** は，その **CO** が制御動作中のときに，作動状態になるような **PP**($\overline{1}$) を内蔵している（第 40 図および 4.3.4 節参照）．さらに **RWEC** は，細胞 x_n に書くための 1 ビットをしまうのに使われる四つの **PP**($\overline{1}$) をもっている．

RWEC の入力と出力は **RWE** の入力と出力に対応して名前がつけられている．例えば，$v_1 \cdot 1$ からの刺激は CC_3 のパルサーに入り，CC_3 はメインチャネルにコード列を送り出す；そしてこのパルス列は CC_1 の一つのデコーダーに受けとられ，このデコーダーは **RWE** の入力 $v_1 \cdot 1$ へパルスを送り，それにより "0.0" と名付けられたパルサーを刺激して区画 x_n を読むためのパルス列 $\overline{10101}$ を v_1 へ送らせる．

4.3 メモリー制御装置 MC

MC の Y 領域は，組立てユニット CU の出力 o_2, o_3, o_5 からの刺激を X のパルサーへ送ることと，X のデコーダーからの刺激を CU の入力 i_3 へ送ることにだけ使われる．

W 領域は，次のような機能をもっている．RWE の各繰返しパルサーは，その時走査されている L の細胞を x_n として，約 $6n$ 単位時間の間動作していなければならない．(2次器官として C_1 をもつ) 3 進計数器 $\varPhi_1$ は，繰返しパルサーがループ C_1 に信号を送っているときに，この遅れを供給するために，また 3 進計数器 $\varPhi_2$ は，繰返しパルサーがループ C_1 に信号を送っているときにこの遅れを供給するためにある．しかし，各 3 進計数器とその 2 次器官との間で時間がかかる．さらに，3 進計数器 ($\varPhi_1 \cdot b$ または $\varPhi_2 \cdot b$) の出力は，CC_1, メインチャネル，CC_2, RWEC, CC_3, ふたたびメインチャネル，CC_1 と通ってからでないと繰返しパルサーを止めるのに使用できない．全体で約 2,000 単位時間が，これら二つの道で費やされる．したがって RWE の繰返しパルサーは，それに附属する 3 進計数器より約 2,000 単位時間あとで動作しなければならない．必要な遅れの正確な値は，RWEC の 16 個の制御器官 CO の各々で違う値をとる．von Neumann はこの問題を，遅延領域 W を四つの部分に分け，その一つ一つに，RWE の各繰返しパルサーを結合することで解決した．必要な遅れの大部分は，パルスをこの遅延領域を通すことによって得られる．遅れの可変な部分は，各 CO の遅延領域 D 中で得られる．

次にメモリー制御装置 MC が組立てユニット CU (第 37 図，第 50 図) の命令の下にどのように働くかを簡単に説明しよう．ループ C_1, C_2 の読み出し，書き込み，延長(あるいは短縮)は，二つの段階で行なわれる．まず，CU は MC へ読めという信号を送る；すると MC は細胞 x_n を読み，CU へ結果を送る．次に，CU は MC へ信号を送り，細胞 x_n に何を書くか，ループ C_1, C_2 を延長するか，短縮するかを指令する；すると MC はこれらの命令を実行し，CU へ完了信号を送る．

基本的な記憶動作の第一段階は刺激が CU の出力 o_1 から出て，RWEC に入ったことで始る．刺激は，(入口) $v_1 \cdot 1$ から CC_3 に入り，CC_3 のパルサーでコー

ド化され，メインチャネルに入り，CC_1 に入り，CC_1 のデコーダーでデコードされ，$v_1 \cdot 1$ から **RWE** に入り，**RWE** のパルサー $P(\overline{10101})$ を刺激する；このパルサーは第 39 図(a)では "0.0" と名がつけられている．パルス列 $\overline{10101}$ は v_1 から **RWE** に入り，C_1 の上の部分を下る．細胞 x_n が U("0" を示す)ならばパルス列 $\overline{10101}$ は x_n を状態 $\downarrow 0$ に変える．そして C_1 の出口 w_1 からは $\overline{1}$ が現れる．もし x_n が $\downarrow 0$("1" を示す)ならば，C_1 の出口 w_1 からはパルス列全体 $\overline{10101}$ が現れる．どちらの場合にも，出力は **RWE** の $\overline{1}$ 対 $\overline{10101}$ 弁別器 Ψ に入る．x_n が "0" を記憶していたときには，刺激は Ψ の出力 b からでて，$\Psi_1 \cdot b$, CC_1, メインチャネル，CC_2, $\Psi \cdot b$, (上端近くにある) **RWEC** を経由して **CU** の入力 i_1 に達する．x_n が "1" を記憶していたときには，刺激は Ψ の出力 c から現れ，$\Psi \cdot c$, CC_1, メインチャネル，CC_2, $\Psi \cdot c$, **RWEC** を経由して **CU** の入力 i_2 に達する．このとき **CU** は x_n の内容を知る．これで，**MC** の基本的な記憶動作の第一段階が完了する．

MC の基本記憶動作の第二段階を始めるために，組立てユニット **CU** は，次のような信号を **MC** の上部に送る．

(1) "0" を x_n に書くときは，出力 o_2 からの刺激；"1" を x_n に書くときには，出力 o_3 からの刺激．

(2) ループ C_1, C_2 を延長するときには，出力 o_4 からの刺激；ループ C_1, C_2 を短縮するときには，出力 o_5 からの刺激．

これらの刺激の効果を別々にたどってみよう．

o_2 からの刺激は，**Y** 領域を通り **X** 領域内のパルサーを刺激する．このパルサーはコード列を出し，それはメインチャネルを通り，CC_2 の二つのデコーダーに入る．次にこれらのデコーダーは **RWEC** の二つの $PP(\bar{1})$ を起動する．これらの $PP(\bar{1})$ の一つは第 41 図(a)の上部に示されているが，これは C_1, C_2 が延長されたときに書き込み動作を制御するのに使用される．他の $PP(\bar{1})$ は第 41 図(e)の上の $PP(\bar{1})$ であるが，これはループ C_1, C_2 が短縮される時に書き込み動作を制御するのに使用される．同様に，o_3 からの刺激は，**RWEC** の二つの $PP(\bar{1})$ を励起状態にする．これらの $PP(\bar{1})$ の一つは，第 41 図(e)に示されて

4.3 メモリー制御装置 MC

いるが，これはループ C_1, C_2 が延長される時に書き込み動作を制御するのに用いられる．o_3 からの信号で起動されるもう一つの $PP(\bar{1})$ は，第41図(e)の下の $PP(\bar{1})$ であるが，これはループ C_1, C_2 が短縮される時に書き込み動作を制御するのに用いられる．o_2（または o_3）からの信号によって起動される両方の $PP(\bar{1})$ ともに，CU の入力 i_3 へ入る完了信号によって，基本記憶動作の終りで停止される．

　CU の出力 o_4 からの信号（延長を意味する）と，CU の出力 o_5 からの信号（短縮を意味する）は，異った道を通って MC へ入る．o_4 からの刺激は RWEC の上部に入り，第一の制御器官，即ち CO_1 を起動する．制御器官 CO_1 が RWE に，ある動作を行なうように指令したあとで，CO_1 は停止され，CO_2 が起動される．続いて CO_3, CO_4 を使って同様なことがされる．ここで分岐が入る．"0" が x_n に書き込まれるときには，制御器官 CO_5 および CO_6 が使用される；一方 "1" が書かれるときには制御器官 CO_7, CO_8 が使用される．CO_6 あるいは CO_8 の仕事が終ると，その下にある出力 i_3 からパルスが出される．このパルスは，CC_3 とメインチャネルを走って二つの仕事をする．最初に X 領域に入り，Y 領域を通過して CU の入力 i_3 に入り，MC の基本動作が終了したことを知らせる：第二に，CC_2 に4個所から入り，x_n に書き込まれるビットをしまってある RWEC の二つの $PP(\bar{1})$ を停止させる．

　CU の出力 o_5 からの信号（短縮を意味する）は，Y，X，メインチャネル，CC_2 を通り，制御器官 CO_9 に入る．制御器官 $CO_9, CO_{10}, CO_{11}, CO_{12}, CO_{13}, CO_{14}$ が，この順序で使用される．CO_{14} からの出力 β は，第41図(e)の $PP(\bar{1})$ でゲートされる．"0" が x_n に書かれるときには，信号 $v_1 \cdot 4$ が使用される．一方 "1" が x_n に書かれるときには信号 $v_1 \cdot 5$ が使用される．どちらの場合にも，次に制御器官 CO_{15}, CO_{16} が使われる．CO_{16} の仕事が終ると，その下にある出力 i_3 からパルスが出される．延長の場合と同じように，このパルスは二つのことをする；すなわち，それは，x_n に書かれるべきビットを記憶していた RWEC の $PP(\bar{1})$ を停止させ，CU の入口 i_3 に入って，MC の基本記憶動作が終ったことを知らせる．基本動作の終了時には，メモリー制御 MC は最初の状態に戻っ

ている．

　第V表に，**RWEC** の制御器官が **RWE** のパルサーと繰返しパルサーに及ぼす効果をまとめて示す．制御器官がどのように働くかを，CO_1 の動作を追うことによって説明しよう．**CO** の設計図を第40図に示す：どの **CO** も，遅延路 $\mathscr{B}$ の長さを除けば，皆同じである．特定の制御器官 CO_1 は **RWEC** の最上部に置かれている（第41図(a)）．CO_1 が制御をにぎっているときの接続ループ C_1，線状配列 **L** の状態を第33図(a)に示す；ループ C_1 は細胞 x_n を通り，そして普通伝達状態だけから構成されている．CO_1 が制御をにぎっているときのタイミングループ C_2 の状態は，第32図(a)に示す通りである；CO_1 の C_2 に及ぼす影響は第32図(b), (c) に示す通りである．

　CO_1 の動作は次の通りである．**CU** の出力 o_4 からの刺激（延長を知らせる）は CO_1 の入力 a に入り，三つの仕事をする．まずそれは，CO_1 の上部と左辺を経由して CO_1 の変形 $PP(\bar{1})$ の入力 a_+ に入り，この繰返しパルサーを励起する．このパルサーは CO_1 が制御をとっている間動作している．第二に CO_1 の入力 a は CO_1 の出力 c から出て CC_3 の入力 $\varPhi_1 \cdot a$ に入る；そしてここから，CC_3，メインチャネル，CC_1 を経由して CC_1 の出力 $\varPhi_1 \cdot a$ に達する；そしてそこから **RWE** の3進計数器（第39図(a)）の入力 a に入り，この3進計数器を動き出させる．第三に，CO_1 の入力 a は，CO_1 の遅延路 $\mathscr{B}$ を通って CO_1 の出力 b へ行き；ここから CC_3 の入力 $u_2 \cdot a_+$ の入力へ入り；それから CC_3，メインチャネル，**Z** を通って **W** 遅延領域に；そして **W** の一部を通り，**Z** へ戻りこれを通ってメインチャネルへ帰る；そして CC_1 を通って CC_1 の出力 $u_2 \cdot a_+$ へ；そしてここから **RWE**（第39図(b)）の下部にある繰返しパルサー $PP(\overline{110110})$ の入力 a_+ へ行き，この繰返しパルサーを始動させる．パルス列 $\overline{110110}$ はループ C_2 の入力 u_2 に繰返し入る．各 $\overline{110110}$ は C_2 の上部の細胞を $\underset{\rightarrow}{0}$ か $\underset{\rightarrow}{1}$ に次のようにして変える：$\bar{1}$ が $\underset{\rightarrow}{0}$ を殺して **U** にし，$\overline{1011}$ が第10図の直接過程で **U** を $\underset{\rightarrow}{1}$ にする．最後の $\bar{0}$ は，何もしない．したがって，u_2 に列 $\overline{110110}$ が n 回入るとループ C_2 の上部は第32図(a)に示す路から第32図(b)の路に変えられる．

　パルス列 $\overline{110110}$ を n 回作ることの制御は，**RWE** の3進計数器によってル

ープ C_1 を2次器官 Ω として使ってなされる．Φ_1 の b からの出力は，第39図(b)の $\mathbf{PP}(\overline{110110})$ を次のような方法で停止させるのに用いられる．Φ_1 の b からの出力は $\Phi_1 \cdot b$ で $\mathbf{CC}_1$ へ入り，$\mathbf{CC}_1$ を通ってメインチャネルへ，そして $\mathbf{CC}_3$ へ行き，そして制御器官 $\mathbf{CO}_1$, $\mathbf{CO}_2$, $\mathbf{CO}_9$, $\mathbf{CO}_{10}$, $\mathbf{CO}_{11}$, $\mathbf{CO}_{12}$ の各々の入口 d へ入る．これらの $\mathbf{CO}$ は $\mathbf{CO}_1$ 以外はすべて非活動状態であり，したがって，この一つを除くすべての場合，d への入力の $\mathbf{CO}$ にたいする効果は，すでに停止状態にある変形 $\mathbf{PP}(\overline{1})$ を停止させようとするだけである．これは 3.2.2 節の最後で知ったように害はない．$\mathbf{CO}_1$ の場合には，d への入力はその $\mathbf{PP}(\overline{1})$ を停止させ，同時に $\mathbf{CO}_1$ の右下にある合流状態の細胞を通り e, f から出る．$\mathbf{PP}(\overline{1})$ の a_- への"停止"信号は b で停止をかけるが，これは十分遅れていて e, f からの信号放出を妨げない．

$\mathbf{CO}_1$ の e からの出力は $u_2 \cdot a_-$ から $\mathbf{CC}_3$ に入る．そして $\mathbf{CC}_3$, メインチャネル，$\mathbf{CC}_1$ を通る；$\mathbf{CC}_1$ を $u_2 \cdot a_-$ から出て，a_- から $\mathbf{PP}(\overline{110110})$ へ入る．このようにして $\mathbf{PP}(\overline{110110})$ はちょうど n 個のパルス列 $\overline{110110}$ を出した後に停止させられる．

$\mathbf{CO}_1$ の f からの出力は二つの異なる場所に入る．まず $u_2 \cdot 1$ で $\mathbf{CC}_3$ に入る；$\mathbf{CC}_3$, メインチャネル，$\mathbf{CC}_1$ を通る；そして最後に $u_2 \cdot 1$ で $\mathbf{CC}_3$ から出てパルサー $\mathbf{P}(\overline{11101001})$ へ入る．このパルサーは第39図(b)で "0.2" と印がつけてある．パルス列 $\overline{11101001}$ は $\mathbf{C}_2$ の入力 u_2 に入る．このパルス列の最初の半分 $(\overline{1110})$ は $\mathbf{U}$ を $\downarrow\mathbf{1}$ に変え，一方後半の $(\overline{1001})$ は，次の $\mathbf{U}$ を $\underset{\leftarrow}{\mathbf{0}}$ に変える．したがってループ $\mathbf{C}_2$ は第32図(c)の状態で残る．

$\mathbf{CO}_1$ の f からの出力は，第二に $\mathbf{CO}_2$ の入力 a に入り，$\mathbf{CO}_2$ で制御される動作を開始させる．$\mathbf{CO}_2$ で制御される $\mathbf{RWE}$ の繰返しパルサーは，第32図(d)に与えられたような結果を生じ，$\mathbf{CO}_2$ に制御される $\mathbf{RWE}$ のパルサーは第32図(e)のような結果を生ずる．このように，制御器官 $\mathbf{CO}_1$, $\mathbf{CO}_2$ は協力してタイミングループ $\mathbf{C}_2$ を延長する．次いで制御器官 $\mathbf{CO}_2$ は制御を $\mathbf{CO}_3$ に渡す．]

4.3.2 MC の動作の詳細な議論． われわれは 4.1.4 節でメモリー制御の具体的な機能を列挙した．即ち：静止状態の記述を(1)に，開始を(2)に，主要な

動作を(3){x_n の読出し}と(6){x_n の変更}と(7){x_n の移動；すなわち $n=n^s$}に，そして完了を(8)に記した．{番号はすべて 4.1.4 節のリストの中の番号を指す．} 前提(1)には動作は特に必要でない．(2){CU から MC への開始信号に応答する}と(8){MC から CU への完了信号を発する}ための道具立ては容易である；われわれはこれらを，それらが明らかに属するところである(3)の最初と(8)の終りにそれぞれ附属させることにしよう．他の主要な動作(3)(6)(7)の実行は，勿論，はるかに複雑である；4.1.5-4.2.4 節にこれの概略を与えておいた．概略設計が終ったところで，今度は具体的な詳細設計を行なう必要がある．言いかえれば，われわれは，4.1.5-4.2.4 節で列挙し，議論したところの動作を実際に行なうための具体的な部品を補って行かなければならない．これからそれについてのべる．

われわれはまず 4.1.5 節で(3)の操作を論じた．つづいて 4.1.6-4.1.7 節で(6)の操作をとり上げたが，これは，予備的な議論にとどまった；そして 4.2.4 節で最終的な形が展開された．この形は，実際は(7)の操作の処理とかみ合わされるべきものであった．後者は 4.2.1-4.2.2 節で議論された．そこで本論はまず 4.1.5 節から始まり，4.2.1-4.2.3 節に続き，そして後者は 4.2.4 節と結びつけて論じなければならない．

4.1.5 節によるとわれわれは，(後に $\overline{00}$ が続くことが保証されている)パルス列 $\overline{10101}$ を v_1 に注入し，w_1 の出力を第25図の $\overline{1}$ 対 $\overline{10101}$ 弁別器 W の入力 a に入れなければならない．すると W の出力 b と c は，それぞれ $\overline{1}$ (即ち，$x_n=\mathbf{U}$, $\xi_n=0$)と $\overline{10101}$ (即ち $x_n=\downarrow 0$ および $\xi_n=1$)を示す．

4.2.1-4.2.3 節と 4.2.4 節のためには，さらに複雑な道具立てが必要になる．4.2.1 節では具体的な操作は出てこない．4.2.2 節からは，定った一連の操作，すなわち (28′.a)-(28′.d) と (29′.a)-(29′.g) が必要になる．4.2.4 節では，操作 (29′.e)-(29′.g) を操作 (29′.e′)-(29′.h′) でおきかえる．4.2.3 節からは操作 (30′.a)-(30′.g) と (31′.a)-(31′.h) が必要になる．4.2.4 節では，操作 (31′.d) を (31′.d′) でおきかえる．4.2.2 節と 4.2.3 節は並列的で，ε^{s+1} の値($\varepsilon^{s+1}=1$ であるか -1 であるか)により，すなわち，4.1.4 節の条件(5)にしたがう CU の

4.3 メモリー制御装置 MC

最初の応答によって，どちらか一つが選ばれるようなものであることに注意しよう．4.2.4節を4.2.2,4.2.3節へ挿入するのもやはり，ξ_n^{s+1} の値（$\xi_n^{s+1}=0$ の時にだけ起る：4.1.6節参照），すなわち 4.1.4 節の条件(5)にしたがう CU の2番目の応答にしたがって，条件づきで行なわれる．

CU と MC の情報交換を記述するためと，そしてここでは CU の内部の動作については詳しく記述しないということから CU のいくつかの具体的な入力と出力をここで定義する必要がある．

CU の入力は，4.1.4節の前提(1)-(9)にしたがって MC から CU へ行く信号に対応する．それは，次に示すようなものである：

(i_1) (3)にしたがう信号で，$\xi_n^s(n=n^s)$ が MC により読まれ，"0"，すなわち $x_n = \mathbf{U}$ であることがわかったことを示すもの．

(i_2) (3)による信号で，$\xi_n^s(n=n^s)$ が MC により読まれてそれが "1"，すなわち $x_n = \downarrow 0$ であることが判明したことを示すもの．

(i_3) (8)にしたがう，MC の終了信号．

これらの各々の信号に対して，頭に書いてあるかっこ中の記号は，その信号が行くべき CU の入口の名前を示している．すなわちこれらの入口は i_1-i_3 である．

CU の出力は，4.1.4節の条件(1)-(9)にしたがって CU から MC へ行く信号に対応する．それは次に示すようなものである：

(o_1) (2)にしたがう MC への開始信号．

(o_2) (5)にしたがう信号で，$\xi_n^{s+1}(n=n^s)$ が CU に読まれて 0 であることが判明したことを示すもの．

(o_3) (5)にしたがう信号で，$\xi_n^{s+1}(n=n^s)$ が CU に読まれて 1 であることが判明したことを示すもの．

(o_4) (5)にしたがう信号で，ε^{n+1} が CU により作られて，それが 1 であることが判明したことを示すもの．

(o_5) (5)にしたがう信号で，ε^{s+1} が CU により作られ，それが -1 であることが判明したことを示すもの．

これらの各々の信号に対して，頭に書いてあるかっこ中の記号は，その信号が出てくる **CU** の出口の名前を示している．すなわち，これらの出口は o_1-o_5 である．

これまでのわれわれの議論は更に，o_4，o_5 からの信号は **MC** にただちに効果を及ぼすことを示している：すなわち，これらは **MC** が動作サイクル$(28'.\mathrm{a})$-$(28'.\mathrm{d})$, $(29'.\mathrm{a})$-$(29'.\mathrm{g})\{(29'.\mathrm{e})$-$(29'.\mathrm{g})$ を $(29'.\mathrm{e}')$-$(29'.\mathrm{h}')$ で置き換えることを含めて$\}$ に入るか動作サイクル$(30'.\mathrm{a})$-$(30'.\mathrm{g})$, $(31'.\mathrm{a})$-$(31'.\mathrm{h})\{(31'.\mathrm{d})$ を $(31'.\mathrm{d}')$ に置き変えることを含めて$\}$ に入るかを決定する．もちろん，o_1 からの信号も **MC** にただちに効果を及ぼす：それは開始信号である．

これにたいして o_2 と o_3 は **MC** に直接は効果を及ぼさない：これらは，上記の置き換えが，o_4 と o_5 で生成される動作サイクルにおいて行なわれるかどうかをきめるものである．(o_3 は置換が行なわれないように，o_2 は置換が行なわれるようにする．) したがって，o_2 と o_3 は **MC** の動き方に直接働きかけることはできない．むしろ，o_2 と o_3 は **MC** の二つの(うちのどちらかの)メモリー器官を動作させそしてそのメモリー器官が，**MC** の動作が然るべき点に到達したときにはじめて，これに影響を与えることができるのである．o_2, o_3 により動作するメモリー器官をそれぞれ α_0, α_1 としておこう．

これらの考察を要約して，**MC** がしたがうべき手続きの論理構造をあらわす図式の形で第38図に示した．

この図で(水平と垂直の)矢印は刺激の通る路を示す．水平に引かれた2重の線は，刺激がこれからつくる **MC** のチャネルの中だけを通るような領域同士の間を分けている．一方，これらの2重線を越えるのはこれらのチャネルの外で起る過程である．(原則としては，それらの過程は **CU** の中で起るが，一つの場合，すなわち上から2番目の2重線においては，その過程は弁別器 Ψ の中で起る．)

水平に引かれた単線は選択枝を分ける；すなわち水平単線の両側にあり，そして1対の水平2重線にはさまれている三つの過程は互いに背反する選択を示す．

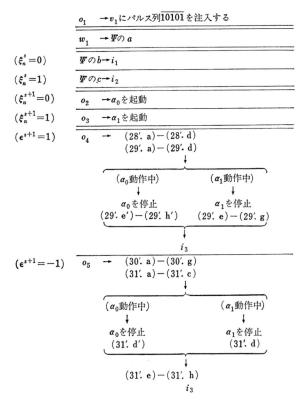

第38図 メモリー制御装置 MC の行なう手順の論理的構造

左端のかっこでかこまれた式は，その式に続いて示されている選択枝に特徴的な ξ_n^s または ξ_n^{s+1} または ε^{s+1} の値を示している．

図中には7群の操作があり，それらは 4.2.2-4.2.4 節での番号づけにしたがって番号 {(28'.a)-(31'.h)} で示されている．それらのものを第 II 表に明確な形で再録する．

これらの操作には便利なように，新しい名前 (0.1)-(0.31) をつけて，第 II 表に古い名前 (28'.a)-(31'.h) と並べて示した．(0.1) から (0.31) まで 31 の操作の中には，＊印のつけられたもの 16 個と，＊印のないもの 15 個とがある．前者は繰返すもの (n，または $n+1$ または $n-1$ 回；第 II 表参照) で，適当な繰返し

第II表　ループ C_1 と C_2 に加えるべきパルス列の一覧

新しい名前	元の名前	操作

(I) 4.2.2節のグループ(28'.a)-(28'.d)および(29'.a)-(29'.d)
- (0.1)* | (28'.a) | u_2 にパルス列 $\overline{110110}$ を $n+1$ 個注入する.
- (0.2) | (28'.b) | u_2 にパルス列 $\overline{11101001}$ を注入する.
- (0.3)* | (28'.c) | v_2 にパルス列 $\overline{110000}$ を $n+1$ 個注入する.
- (0.4) | (28'.d) | v_2 にパルス列 $\overline{11010}$ を注入する.
- (0.5)* | (29'.a) | u_1 にパルス列 $\overline{110110}$ を n 個注入する.
- (0.6) | (29'.b) | u_1 にパルス列 $\overline{1111011110110111001}$ を注入する.
- (0.7)* | (29'.c) | v_1 にパルス列 $\overline{110000}$ を n 個注入する.
- (0.8) | (29'.d) | v_1 にパルス列 $\overline{110101101011001}$ を注入する.

(II) 4.2.4節のグループ(29'.e')-(29'.h')
- (0.9)* | (29'.e') | u_1 にパルス列 $\overline{110110}$ を n 個注入する.
- (0.10) | (29'.f') | u_1 にパルス列 $\overline{111101}$ を注入する.
- (0.11)* | (29'.g') | v_1 にパルス列 $\overline{110000}$ を $n+1$ 個注入する.
- (0.12) | (29'.h') | v_1 にパルス列 $\overline{1010}$ を注入する.

(III) 4.2.2節のグループ(29'.e)-(29'.g)
- (0.13)* | (29'.e) | u_1 にパルス列 $\overline{110110}$ を $n+1$ 個注入する.
- (0.14) | (29'.f) | u_1 にパルス列 $\overline{1010}$ を注入する.
- (0.15)* | (29'.g) | v_1 にパルス列 $\overline{110000}$ を注入する.

(IV) 4.2.3節のグループ(30'.a)-(30'.g)および(31'.a)-(31'.c)
- (0.16)* | (30'.a) | u_2 にパルス列 $\overline{110110}$ を n 個注入する.
- (0.17) | (30'.b) | u_2 にパルス列 $\overline{111101}$ を注入する.
- (0.18)* | (30'.c) | v_2 にパルス列 $\overline{110000}$ を n 個注入する.
- (0.19) | (30'.d) | v_2 に刺激を一つ注入する.
- (0.20)* | (30'.e) | u_2 にパルス列 $\overline{110110}$ を $n-1$ 個注入する.
- (0.21) | (30'.f) | u_2 にパルス列 $\overline{11010}$ を注入する.
- (0.22)* | (30'.g) | v_2 にパルス列 $\overline{110000}$ を $n-1$ 個注入する.
- (0.23)* | (31'.a) | u_1 にパルス列 $\overline{110110}$ を n 個注入する.
- (0.24) | (31'.b) | u_1 にパルス列 $\overline{11110111101}$ を注入する.
- (0.25)* | (31'.c) | v_1 にパルス列 $\overline{110000}$ を n 個注入する.

(V) 4.2.4節のグループ(31'.d')
- (0.26) | (31'.d') | v_1 にパルス列 $\overline{110101}$ を注入する.

(VI) 4.2.3節のグループ(31'.d)
- (0.27) | (31'.d) | v_1 にパルス列 $\overline{1101011010}$ を注入する.

(VII) 4.2.3節のグループ(31'.e)-(31'.h)

(0.28)*	(31'.e)	u_1 にパルス列 $\overline{110110}$ を n 個注入する.
(0.29)	(31'.f)	u_1 にパルスを一つ注入する.
(0.30)*	(31'.g)	v_1 にパルス列 $\overline{110000}$ を $n-1$ 個注入する.
(0.31)	(31'.h)	v_1 にパルス列 $\overline{11010}$ を注入する.

パルサー(**PP**)で行なわれ,このパルサーを起動,停止するために,適当な遅延回路を含む装置を作らなければならない.後者は1回限りの操作で,したがって普通のパルサー(**P**)だけあればよい.そのうちの二つ{(0.19) と (0.29)}は1個の刺激を注入するだけだから,**P** すらも必要としない.

起動することと停止すること,および **PP** のための附属の遅延回路(*印のついた 16 の動作にたいする)については,4.2.2-4.2.4 節で議論した.どの場合も3進計数器 $\varPhi$(第 23 図参照)を使うことが必要になった.この器官をこの目的に使用することは,4.1.7 節で操作(27'.a')のあとに,また,4.1.9 節で操作(28'.a)のあとに挿入された.第一の場合には $\varPhi$ は $\mathbf{C}_2$ に,すなわちその出力 d を v_2 に,入力 c を w_2 に取りつける必要があった.第二の場合には,$\varPhi$ は $\mathbf{C}_1$ にすなわちその出力 d を v_1 に,入力 c を w_2 に取りつける必要があった.4.2.2-4.2.6 節のこれにつづく議論から,これらは $\varPhi$ が必要となるただ二つの場合であることがわかった.そこでわれわれは二つの3進計数器 $\varPhi_1$ と $\varPhi_2$ を準備し,一つは $\mathbf{C}_1$ に(すなわちその入力 $c=c_1$ を w_1 に,その出力 $d=d_2$ を v_1 に)取りつけ,もう一つは $\mathbf{C}_2$ に(入力 $c=c_2$ を w_2 に,出力 $d=d_1$ を v_1 に)取りつける.4.2.2 節の操作(28'.a)のあとと,4.1.7 節の操作(27'.a')のあとで導入された記法が,それぞれ $\varPhi_1$ と $\varPhi_2$ に適用される.即ち,δ_1'' は w_1 から c_1 までの遅れ,δ_1' は d_1 から v_1(これらは $\varPhi_1$ を指す)への遅れであり,一方 δ_2'' は w_2 か c_2 への,δ_2' は d_2 から v_2(これらは $\varPhi_2$ を指す)への遅れである.

*印のついた 16 の操作のうち,六つ{(0.1), (0.3), (0.16), (0.18), (0.20), (0.22)}は $\varPhi_1$ によってタイミングがとられ,10個{(0.5), (0.7), (0.9), (0.11), (0.13), (0.15), (0.23), (0.25), (0.28), (0.30)}は $\varPhi_2$ によってタイミングがとられる.最初の組の6個のうち,3個{(0.1), (0.16), (0.20)}は出力を u_2 に接続された **PP**($\overline{110110}$)を必要とし,他の3個{(0.3), (0.18), (0.22)}は,出力を

v_2 に接続された $\mathbf{PP}(\overline{110000})$ を必要とする．第二の組の 10 のうち 5 個 {(0.5), (0.9), (0.13), (0.23), (0.28)} は出力を u_1 に接続された $\mathbf{PP}(\overline{110110})$ を必要とし，他の 5 個 {(0.7), (0.11), (0.15), (0.25), (0.30)} は，v_1 に出力を接続された $\mathbf{PP}(\overline{110000})$ を必要とする．必要な遅延は 4.2.2-4.2.4 節で，各 $\mathbf{PP}$ の起動から停止までの遅れにたいする $\varPhi$ の入力 a から出力 b への余分な遅れの量を指定するという形で表現した．これらの超過量を，上に与えた $\varPhi$ と $\mathbf{PP}$ のデータと一緒に第 III 表に再録する．

第 III 表 ループ C_1, C_2 を刺激する繰返しパルサーに必要な余分の遅れの一覧

操作	使用する $\mathbf{PP}$	$\mathbf{PP}$ の出力の出口	使用する $\varPhi$	余分の遅れ
(0.5) (0.9) (0.13) (0.23) (0.28)	$\mathbf{PP}(\overline{110110})$	u_1	$\varPhi_2$	$3(\delta_2' + \delta_2'') + a_2$, ここで a_2 は 250 250 244 238 238
(0.7) (0.11) (0.15) (0.25) (0.30)	$\mathbf{PP}(\overline{110000})$	v_1		250 244 244 238 244
(0.1) (0.16) (0.20)	$\mathbf{PP}(\overline{110110})$	u_2	$\varPhi_1$	$3(\delta_1' + \delta_1'') + a_1$, ここで a_1 は 241 247 253
(0.3) (0.18) (0.22)	$\mathbf{PP}(\overline{110000})$	v_2		241 247 253

＊印のない 15 種の操作に関しては，各操作が C_1 の入力 u_1, v_1 のどちらに，そしてまた C_2 の入力 u_2, v_2 のどちらに信号を供給するかを指定するだけでよい．実際には，5 種 {(0.6), (0.10), (0.14), (0.24), (0.29)} は u_1 に，5 種 {(0.8), (0.12), (0.26), (0.27), (0.31)} は v_1 に，3 種 {(0.2), (0.17), (0.21)} は u_2 に，2

第 IV 表　ループ C_1, C_2 を刺激するのに用いられるパルサー

操作	使 用 す る P	P の出力の出口	長さ $(2k)$	高さ $(u+2)$
(0.6)	$P(\overline{1111011110110111001})$		28	7
(0.10)	$P(\overline{111101})$		10	4
(0.14)	$P(\overline{1010})$	u_1	4	4
(0.24)	$P(\overline{111101111101})$		18	5
(0.29)	単一刺激			1
(0.0)	$P(\overline{10101})$		6	5
(0.8)	$P(\overline{110101101011001})$		18	9
(0.12)	$P(\overline{1010})$		4	4
(0.26)	$P(\overline{110101})$	v_1	8	5
(0.27)	$P(\overline{1101011010})$		12	5
(0.31)	$P(\overline{11010})$		6	4
(0.2)	$P(\overline{1110101})$		10	5
(0.17)	$P(\overline{111101})$	u_2	10	4
(0.21)	$P(\overline{11010})$		6	4
(0.4)	$P(\overline{11010})$	v_2	6	4
(0.19)	単一刺激			1

種{(0.4), (0.19)} は v_2 に信号を供給する．それらを，第 IV 表に関連する P のデータと一緒に，系統的な配列で示す．表にはまた，一定の時期に v_1 に注入されるべき追加のパルス列をも示してある．それは(0.0)の項で，これは第38図の最上段にあるパルス列($\overline{10101}$)を指す．最後に(後で使うために)各 P にたいしてその長さと高さを示してある．[von Neumann の第 IV 表には若干の誤りがあった．それらは，3.2.1 節の終りにある編集者の要約に述べた規則にしたがって訂正してある．]

4.3.3　読出し・書込み・消去-ユニット RWE[4]．第38図と4.3.2節の三つの表は，そこでの他の明細と共に，その小節の最初に示した組立てを行なうための確固たる基盤を与える．したがって，そこで今度はこの組立てを更に完全かつ具体的な言葉で扱うことができる．

---

4) [この小節に von Neumann がつけた題名は "B の効果器官．これらの器官の位置ぎめと結合."であった．]

われわれが組み立てようとしている操作は，主として C_1 と C_2 に対してはたらくものである；すなわち，これらの器官の入力 u_1, v_1 および u_2, v_2 と，そして出力 w_1, w_2 と相互作用する．したがって，組立ては，u_1, v_1, w_1 と u_2, v_2, w_2 に直接接触している器官から始めるのが都合がよい．それらは第 III 表と第 IV 表，それと第38図の 2～4 行に示されている Ψ によって指定される．またこれらの器官の動作はすべて第38図と第 II 表に記されたように制御される．

そこでわれわれは第 III 表，第 IV 表にある器官ならびに Ψ をつくることとその位置ぎめから始める．

第 IV 表から16個の器官が必要になる．そのうち 14 個はパルサーで，二つはただの単一の刺激を発生するものである．これらはどれも **RWEC**(第 37 図参照)からの単一入力で励起され，u_1, v_1, u_2, v_2 の一つに入る単一出力を出す．

第 III 表からは，次の各器官が必要になる．まず，二つの繰返しパルサー {**PP**($\overline{110110}$) と **PP**($\overline{110000}$)} が必要であるが，どちらも二つの異なる出力結合(最初のものでは u_1, v_1，第二のものでは u_2, v_2)で用いられるので，実際には，4 個の繰返しパルサーがあればよい．(第 III 表はまた，これら **PP** の各々が異る余分の遅れを要するところの，いくつかの異った状況――その数はそれぞれ 5, 5, 3, 3――で使われることを示している．そうとすると，この各々の場合にたいして別の **PP**，すなわち 4 個でなくて全部で 16 個の **PP** を導入したくなるかもしれない．しかしながらこの問題はずっとあとでのべるような他の方法で解決し，上に示したように 4 個の **PP** だけですます方が都合がよい．) 第二に第 III 表は 1 個の 3 進計数器を必要としているが，これは，二つの異る c, d 結合(第一の場合には v_1, w_1，他の場合には v_2, w_2)で使われるので，実際にはこのような器官が二つ必要になる．各 **PP** は **MC** からの二つの入力 a_+ と a_- で制御され，また 1 個の出力をもち，u_1, v_1, u_2, v_2 の何れか一つに信号を与える．各各の Φ は **MC** に接続された 1 対の入出力 a, b と，v_1, w_1 あるいは v_2, w_2 に接続される入出力の組 c, d とを持っている．

最後に $\overline{1}$ 対 $\overline{10101}$ 弁別器が必要である．これは w_1 につながる単一の入力 a と **RWEC** へ行く二つの出力 b, c をもっている(第38図参照)．

4.3 メモリー制御装置 MC

[von Neumann は Ψ の入力 a を C_1 の出力 w_1 につなぐときに，一つの点を見過した．C_1 がタイミングループ C_2 の延長（あるいは短縮）のタイミングをとるのに使われるとき，単一のパルスが w_1 から第 39 図の 3 進計数器 Φ_1 へ行く．しかしこれらのパルスは同時に Ψ へも入り，Ψ は組立てユニット CU に $\bar{1}$ を受取ったように表示するであろう．

いまは組立てユニット CU がこれらの正しくない信号を無視するように作られるものと仮定しよう．その代りに Φ_1 の使用中は $\mathrm{PP}(\bar{1})$ が制御するゲートが Ψ への入力を閉鎖するようにしてもよいわけである．勿論その場合には RWE の設計を多少変えることになる．]

第 39 図にはこれらの器官のすべてを一方では C_1, C_2（すなわち $u_1, v_1, w_1, u_2, v_2, w_2$），他方では MC にたいする相対的な位置がわかるように示してある．この部分に含まれている副器官はいくつかの P（記号 0.6-0.24, 0.0-0.31, 0.2-0.21, 0.4），いくつかの PP，二つの Φ（記号 Φ_1, Φ_2）と 1 個の Ψ である．これらはすべて，実際の大きさに書いてはない．この全体が MC の一部分である．左側では，垂直の破線を通して MC の残りの部分につながる．右側では，示されたように，C_1, C_2 につながる．第 IV 表の P は，直接チャネルと記してある二つの単一刺激器官以外は，0 記号によって示してある．出てくる副器官（P, PP, Φ, Ψ）の入力と出力はすべて適当に表示してある．この部分を MC の残りの部分と結合しているいろいろな入出力を示す記号は説明を要しない．見ればわかるように，後の方の種類の接続が 30 個所あり，その四つが MC への入力で，26 が MC からの出力である．

更に，注意することは，P, PP, Φ は普通の向き，すなわち第 16, 18, 23 図と同じ向きになっているが，Ψ は第 25 図の標準の配置とくらべて垂直線に関して裏返されている．これは明らかに組立てに関して自明な変換を要するにすぎない．(第 25 図は P と D を一つずつ含み，それらもまた垂直軸に関して裏返さなければならない．それには第 16 図と第 22 図に関しても，それに相当する変換を必要とする．それらもまた特に問題はない；3.6.1 節の中程の第 29 図に関連した議論を参照．)

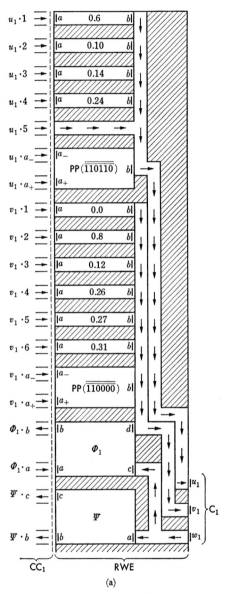

第39図 読出し・書込み・消去-ユニット **RWE**
(a) **RWE** の上半分

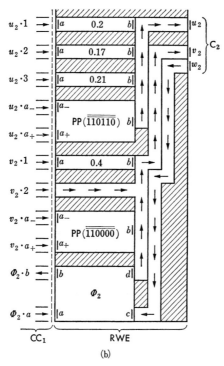

第 39 図 つづき (b) **RWE** の下半分
注意：本図(a)と(b)とはつながっている

　第 39 図の全体は，この節の初めに指摘したように，第 38 図と第 II 表に記述したやりかたで制御しなければならない．この制御を行なう器官は，**MC** の中側の方に位置を占めなければならない．第 39 図からわかるようにこの領域と具体的に説明をした部分との間の接続の数は非常に大きく，入力が 4 個，出力が 26 個もある．そのことは，これらの 30 個の接続をあらわす線が，**MC** 中の制御器官上に，その正しい行先を見つけるためには，互いに何回も交差しなければならないであろうことが実際上確実だということである．これは，線の交差の困難を克服するための器官の必要性がおこったことを意味する．すなわち 3.6 節のコーデッドチャネルが必要なのである．

　われわれはまだ，必要なコーデッドチャネル全体を設計できる状態にはない．

すなわち，3.6.1 節で議論され，第 28 図(g)-(k)に図示されたような，適当な配列を選ぶ状態にはない．それは後で行なうことにして，さしあたり第 39 図の部分に隣接する部分，すなわち，その図の左端の垂直の点線に沿ってのびていると考えてよい部分についてのみ考えることにする．

われわれは，上で 30 本の線(4 個の入力と 26 個の出力)がこの部分に接続していることを知った．これらは，各々，互いに独立に刺激を受け(または与え)る．すなわち，3.6.1 節のはじめのところで用いた記号では，それらは(コーデッドチャネルの方からみると)異なる ν をもつ入力 a_ν または出力 b_ν に対応する．したがって，$\nu=1, 2, \cdots, n$ の全域で，少くとも 30 個の異なるものが可能にならなければならない．すなわち，必要条件 $n \geq 30$ が成り立つ．実際には，n をもう少し大きくとるのが得策である．それは制御装置 **MC** のこれ以外の要求により，コーデッドチャネルの入力 a_ν と出力 b_ν の ν としてこれ以外に必要になるであろうからである．(以下参照.)

これをもとに，$\nu(\nu=1, 2, \cdots, n)$ に対応するコード列 $i_\nu^1 \cdots i_\nu^m$ をきめるための 3.6.1 節の中頃に出てきた m と k を選ぼう．これについては，(12′)式と(13′)式の後の但し書きにしたがえばよい．m が与えられると，この但し書きから k ($=(m+1)/2$ または $m/2$，整数になる方)がきまり，前者から

$$\text{Max } n = \binom{m-1}{k-1}$$

がきまる．

考える対象になりそうな m は次のものである．

m	7	8	9
k	4	4	5
Max n	20	35	70

いま $n \geq 30$ で，しかも適当な余裕をもたせておきたいので $m=7$ は不足であり，$m=8$ もギリギリすぎる(あとでこれも不足なことがわかる)．$m=9$ なら多分たりるであろう(あとで，たりることがわかる)．そこでわれわれは

$$m = 9, \quad k = 5$$

に選ぶ. したがって, n は

$$n \leq 70$$

に制限されるだけである.

3.6.1節によれば, 各列 $\overline{i_\nu^1 \cdots i_\nu^m}$ は $\overline{1}$ で始まり, $m=9$ の長さをもち, $\overline{1}$ を $k=5$ 個含んでいる. すなわち, $\overline{1 i_\nu^2 \cdots i_\nu^9}$ で, $i_\nu^2 \cdots i_\nu^9$ の中には1が4個, 0が4個入っている. そのようなパルス列はちょうど

$$\binom{m-1}{k-1} = \binom{8}{4} = 70$$

だけあることを知っている. これらのパルス列を辞書式に並べ, その順序に, $\nu=1, \cdots, 70$ と番号をつけることにする. すると, これによって, $\nu=1, \cdots, 70$ にたいして, $\overline{i_\nu^1 \cdots i_\nu^m} = \overline{1 i_\nu^2 \cdots i_\nu^9}$ が定義されたことになる.

第39図の30個の a_ν, b_ν (すなわちそこにあらわれている $u_1 \cdot 1, \cdots, \emptyset_2 \cdot a$) にたいして, 図の中で, 上から下への順に, $\nu=1, \cdots, 30$ の数を割当てることにしよう.

[von Neumannはそれから第39図のユニットの大きさの計算に移った. **CC$_1$** の高さは, **RWE** の高さよりも大きいことがわかる. von Neumannは **CC$_1$** の各々のパルサーやデコーダーを, それが接続される **RWE** の器官にほぼ向い合った位置に置くことを望んだので, **CC$_1$** の高さが **CC$_1$**-**RWE** 複合体の高さを制限することになる. ところで **CC$_1$** は4個のパルサー **P** と26個のデコーダー **D** をもっている. von Neumannは, 各々の高さが7だとして, 二つのとなり合う器官の間に **U** の防禦帯を置いて, 結局 **CC$_1$** の高さを239とした.

しかし, これは正しくない. von Neumannが彼のコーデッドチャネルで使ったパルス列の長さは9であり, 各パルス列は頭が1で, その他に4個の1を含んでいる. デコーダーの大きさを計算する3.3節の規則によれば, 5個の1を含み長さが9の列のデコーダーの高さは, 個々の列によって10あるいは11になる. 実際は3.3節の規則は, しばしば3.3節の設計アルゴリズムで作られるデコーダーの実際の高さよりも大きい高さを与えることがある. しかし, これを勘定に入れても von Neumann の設計の **CC$_1$** には300単位以上の高さが

必要である．これは単なる計算上の誤りではあるが，**MC** の大きさと，**MC** を通るときの遅れに関する von Neumann の以後の計算の大部分をくつがえしてしまうのである．

　この誤りは，ただ CC_1 の高さを増し，それによって **MC** の高さを増すというだけでは修正することはできない．このようにして修正できない理由は，**RWE** の繰返しパルサーと 3 進計数器 Φ を正しく位相を合わせることに関連している．各 **PP** はループ C_1 とループ C_2 をまわってくるための遅れの約 3 倍のあいだ動作していなければならない(4.3.2 節の第 II 表をみよ)．しかし，各々の Φ の中，および各 Φ の 2 次入出力と，その接続ループとの間に遅れが存在する．その上 **RWE** の **PP** は **RWEC** から制御されている．したがって，**RWE** の Φ からの一次の出力は **RWE** の **PP** を停止させる前に，CC_1，メインチャネル，CC_2，**RWEC**，再びメインチャネルそして再び CC_1 とこれだけ全部を通らなければならない．全部でおよそ 2,000 単位時間がこうして失われる．そこで，位相関係を正しく保つためには，**RWE** の **PP** の起動はそれに附属する 3 進計数器 Φ の起動よりも約 2,000 単位時間だけ遅らせなければならない．この遅れの一部分は，**RWEC** の制御器官 **CO** 中で得られるが，大部分は **W** 領域内で得なければならない．そして **W** 領域の大きさは，von Neumann の設計に必要なだけの遅れを与えるのに十分でないことが判明するのである．

　von Neumann の誤りは，**W** 領域を右へ延ばすことで修正できる．しかしそうするとメモリー制御 **MC** の長方形の形をこわすことになるし，**MC** の大きさを変えずに誤りを修正する方法もいくつかある．第 5 章では，**Z** と **W** のユニットの設計をしなおして **Z**, **W** の高さを減らし，現在は **Z** が占めている領域に CC_1 を拡張できるようにする．

　von Neumann は **RWE** と CC_1 の幅を次のように計算した．**RWE** の最も幅の広い器官は，14 個の 1 を持つパルス列を作る "0.6" と名付けられたパルサーである(4.3.2 節の第 II 表をみよ)．これには 28 の幅がいる．**RWE** の他の器官の幅は，すべて 24 かそれ以下である．von Neumann はこのパルサーからループ C_1 の入力 u_1 へ行く垂直チャネル用の 1 単位をつけ加えて **RWE** の幅

として，29 を得た．CC_1 に入って出てゆくコード列は各々 5 個の 1 を含んでいる．したがって CC_1 のパルサーとデコーダーは，幅がいずれも 10 である．von Neumann は第 29 図の設計の通りに両側に帯を加えた．したがって CC_1 は 12 単位の幅になる．したがって，CC_1-RWE の結合したものの幅は 41 単位である．

　実際は，ここにも小さな誤りがある．"0.6" と名前をつけたパルサーから出ている垂直チャネルは，このパルサーの下右の隅の合流状態のそばを通り，これから刺激を受けるので，そのため入ってはならないパルス列がループ C_1 の入力 u_1 に入ることになる．この誤りを，CC_1-RWE 複合体が 41 の幅の中におさまるような形で，修正する方法は幾つかある．パルサーをひっくりかえしてもよい．パルサーをもっと細く，高いものに設計し直すのもよい．最もよい方法はコーデッドチャネル，ひいては CC_1 を次のように設計しなおすことである．

　MC のコーデッドチャネルに必要な，互いに異るコード列の数を数えてみよう．CU の出力 o_2, o_3, o_4 と CU の入力 i_3 は X 領域を通過し，これに 4 個のコード列が必要である．また領域 Z で 4 個のコード列が必要なことがわかる．第 39 図と第 41 図を調べると，更に 31 個のコード列が必要なことがわかる．したがって 39 個の互いに異るコード列が MC のコーデッドチャネルに必要である．

　ここで m がコード列の長さで，k がその中にある 1 の数であったことを想い起そう．von Neumann が上に正しく計算したように，39 のコード列が必要なときには彼のアルゴリズムによれば $m=9, k=5$ が要求される．しかし，$m=9, k=4$ の方がむしろよい；これは，56 個の異るコード列を与え，それは十分以上である．$k=4$ のパルサーとデコーダーは幅が 8 であり，von Neumann のパルサーとデコーダーより 2 単位節約になる．

　von Neumann は後に CC_2 と CC_3 の幅を 12 として，RWEC の幅を 18 と計算した．彼は CC_3 の高さを 545 と計算した．CC_2 と RWEC に必要な高さはこれ以下である．そこで，彼は CC_2-RWEC-CC_3 複合体の幅を 42 高さを 545 と計算した．しかし，この 545 という高さにするには，CC_2 のデコーダーは，そ

の出力が RWEC の器官に常に直接加えられるようにはできないし,また CC_3 のパルサーもその入力が RWEC の器官から直接入ってくるように配置できるとはかぎらない. 垂直チャネルがこれらの結合のために必要となる. 幅が8のデコーダーを CC_2 に,パルサーを CC_3 に使って CC_2, CC_3 の幅が10で,RWEC の幅が22になるようにすれば,垂直チャネルを von Neumann がきめた CC_2-RWEC-CC_3 複合体の寸法の範囲内でつくることができる.

そこでわれわれは,von Neumann のコーデッドチャネルの設計を変更し,$m=9$, $k=4$, すなわち4個の1を含む長さ9のコード列をえらぶことにするパルサーの寸法を計算する 3.2.1 節の規則によると,このコーデッドチャネルのパルサーは,幅8,高さ7になる. デコーダーの寸法を計算する 3.3 節の規則によると,このコーデッドチャネルのデコーダーは,幅が8で高さが11となる. ところが,実は 3.3 節のアルゴリズムで作られるデコーダーはすべて高さが10であることがわかる. それは,CC_1 が,興奮不能状態でできた絶縁帯を含めても,高さ320,幅10の中に収容できることを意味する.

こうしてわれわれは,MC とその部分の大きさを最終的に次のように決めることになる.

MC:	高さ 547 区画	幅 87 区画
RWE:	〃 320 〃	〃 31 〃
RWEC:	〃 545 〃	〃 22 〃
CC_1:	〃 320 〃	〃 10 〃
CC_2:	〃 545 〃	〃 10 〃
CC_3:	〃 545 〃	〃 10 〃

これらの数字は RWE のどの器官も拡張せずに設計を完了できることを前提としている. この前提は,第5章で確かめられるであろう.]

4.3.4 MC の中の基本制御器官 CO. われわれは 4.3.3 節のはじめに述べた第一の仕事を完成した. すなわち,4.3.2 節の第 III, IV 表の器官と Ψ, すなわち $u_1, v_1, w_1, u_2, v_2, w_2$ (すなわち C_1 と C_2)と直接接続する器官を,用意し,位置をきめた. そこでわれわれは同じ所でのべた第二の仕事に進むことができ

4.3 メモリー制御装置 MC

る:すなわち,上に述べた器官を,第38図と4.3.2節の第II表に述べたような方法で制御することである.

上に述べた仕事の全体に取り組む前に,まずある予備的な問題を扱う方が具合がよい.この予備的な問題は第39図の4個の PP の動作を4.3.2節の第III表とその直前の議論でのべたような要求にしたがって制御するという問題である.

それによると,各 PP をまず起動し,次に停止させて,その間の遅れは,ある $\varPhi$ の入力の刺激から,その出力 b での応答までの遅れよりも,ある定った量だけ多くなるようにする必要がある.各 PP は,u_1, v_1, u_2, v_2 の一つ一つに取つけられる.いまその一つ,われわれの考えているものを $\bar{u}$ と書くことにしよう.またその $\varPhi(\varPhi_1$ または $\varPhi_2)$ を $\bar{\varPhi}$ と書こう.すると上に述べたことによれば,われわれはまず $\bar{u} \cdot a_+$ と $\bar{\varPhi} \cdot a$ を刺激し,続いて $\bar{\varPhi} \cdot b$ の応答が $\bar{u} \cdot a_-$ を刺激するようにさせなくてはならない.その上これらの過程の遅れは,全部を合わせると,上記の($\bar{u} \cdot a_+$ から $\bar{u} \cdot a_-$ までが $\bar{\varPhi} \cdot a$ から $\bar{\varPhi} \cdot b$ までより)超過する分として必要な遅れを作りだすように調節しなければならない.

この制御器官は **CO** なる記号を持つ.

[ここで第40図をみていただきたい.これは von Neumann の設計とは四つの点で異っている.第一に von Neumann は出力 b を出力 c より上においた.しかし b からの刺激は c からの刺激にくらべて遅れる必要があるから,われわれの配置の方が具合がよい.第二に von Neumann は **PP**($\bar{1}$) の下に **U** の絶縁帯を置かなかったが,**PP**($\bar{1}$) の最下段には合流状態が幾つかあるから必要である.第三に von Neumann の **CO** の幅は17であるが,第40図の **CO** の幅は16である.第四に,そして最も重要なこととして,von Neumann は第17図(b)の **PP**($\bar{1}$) を使用したが,それは次の理由からよくない.

任意の時間に **RWEC** の制御器官 **CO**(第41図)は,高々一つしかはたらいていない.そしてはたらいている時にはそれが **RWE** を支配している.ところで **RWE** の3進計数器($\varPhi_1$ または $\varPhi_2$)の主な出口からの出力(第39図)は,**RWEC** の幾つかの **CO** の停止入力 a_- に刺激が入るようにさせる.3.2.2節の最後に挙

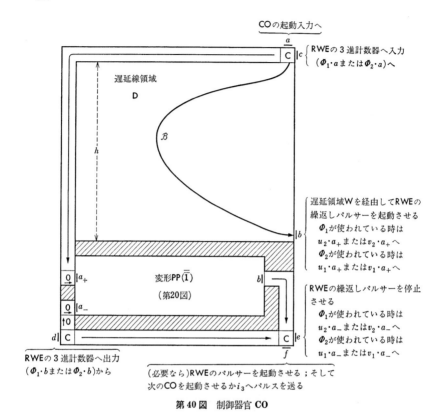

第40図 制御器官 CO

げたように,第17図の von Neumann の $\mathrm{PP}(\bar{1})$ は非励起状態で停止入力 a_- に刺激をうけると,こわされてしまう.第20図に示す変形繰返しパルサー $\mathrm{PP}(\bar{1})$ は,このような条件でも,支障がないので,われわれはこれを CO 中で使うことにした.]

異なる PP は2種類であるが,それは4個の異なる $\bar{u}$ に取つけられる($\bar{u}$ がその PP および $\bar{\Phi}$ を決定する;第III表参照).したがって,4個の器官 CO が必要と思うかもしれない.しかしながら,これら四つの場合は,第II,III 表によれば,更に16の場合に細分され,各細分類は,これらの表で*印をつけた0に対応している.実際,*印のついた式(0.x)はそれぞれ第II表によるその後

4.3 メモリー制御装置 MC

続動作と,動作の順序および第 III 表により必要な余分の遅れの値が異っている(第 III 表のこれらの行で,たまたま,必要な余分の遅れが同じであるものは,$\bar{u}$ が異っている).したがって,＊印のついた $(0.\mathrm{x})$ の各々に一つずつ,全体で 16 個の **CO** が必要である.

ここで,特定の **CO**,すなわち＊印のついた特定の $(0.\mathrm{x})$ を考えよう.入力 a が一次入力である.a への刺激は $\bar{u}\cdot a_+$ および $\bar{\Phi}\cdot a$ に行かねばならない:そこで二つの出力 b, c にこれらのものをそれぞれ接続する.ここでのべた $\bar{u}\cdot a_+$ と $\Phi\cdot a$ はコーデッドチャネルのある適当な入力と考えるべきであり,一方最終の目標であるところの第 39 図の中の $\bar{u}\cdot a_+$ と $\bar{\Phi}\cdot a$ はコーデッドチャネルの出力であることに注意しよう.したがって,$\bar{u}\cdot a_+$ と $\bar{\Phi}\cdot a$ が入ってくるときのこの器官の動作は,コーデッドチャネルを使用したために生じた遅れの影響を受ける.このことは,この後で現れる $\bar{u}\cdot a_-$ と $\bar{\Phi}\cdot b$ に関係した使用にたいしても同様である.これらコーデッドチャネルの遅れはすべて,第 III 表に記した余分の遅れに対して加え算あるいは引き算をするような影響を与える.したがってこれらのことを勘定に入れるために,正確な遅れの調整を **CO** の中でしなければならないし,また,それらの最終的な決定は,コーデッドチャネルに相対的な **CO** の正確な位置ぎめと,コーデッドチャネル全体の **RWE** に対する配置と位置ぎめを行なったあとで,はじめて可能になる.したがって,しばらくの間,これらの遅れの調整は,図式的で調節可能な状態に残しておかなければならない.その方法として,まだ寸法のきまっていない領域 **D** を,今にこの目的に必要となる a から b までの遅延路のため割当てておくことにする.この遅延路は記号 $\mathcal{B}$ で示す.

そこで,今度は **CO** のもう一つの機能の方に移ることにする.それは,次のようなことである.$\bar{\Phi}\cdot b$ からの応答刺激は $\bar{u}\cdot a_-$ を刺激せねばならないし,また同時に,第 II 表で(そして第 38 図の一般的な図式でもう少しあらく)この **CO** の場合{すなわち＊印のついたこの 0}にたいして指定する後続動作をも刺激しなければならない.

しかしながら,$\Phi\cdot b$ から $\bar{u}\cdot a_-$ へ,そして後続動作の入力へ直接結合するの

はうまくいかない.すなわち,同一の $u \cdot b$ がわれわれの **CO** の幾つかの場合 (Φ_1 には6個, Φ_2 には10個;第III表参照)に対応している.したがって,それ は,二つの可能な $\bar{u}(\Phi_1$ には u_2 と v_2, Φ_2 には u_1 と v_1;第III表をみよ)と幾つ かの可能な後続動作(それぞれ,6個または10個;上記参照)に対応する.そこ で,われわれの **CO** は,$\bar{\Phi} \cdot b$ 刺激にそれ(この **CO**)自身の $\bar{u} \cdot a$ と後続動作だけ を励起するようにさせるために,記憶をもたなければならない.

実際は,それは $\bar{u} \cdot a_-$ には必要でない;すなわち,$\bar{\Phi} \cdot b$ は,$\bar{u}_1 \cdot a_-$, $\bar{v}_1 \cdot a_-$, $\bar{u}_2 \cdot a_-$, $\bar{v}_2 \cdot a_-$ の全部に結合してあってよい.$\Phi \cdot b$ は,前に($\bar{u} \cdot a_+$ によって)動作 状態にされており(正しい $\bar{u}$ に対応しているが故に)いま停止させようと思って いるところの1個の **PP** を停止させるほかに,前に一度も起動されなかった他 の三つの **PP** をも停止させるだけのことである.起動されていない[第39図 の]**PP** を停止させようとしても,全く何の効果も及ぼさない[3.2.2節の終り を参照].

一方,後続動作にたいしては,$\bar{\Phi} \cdot b$ 刺激にたいするこの特別な制御は必要で ある.実際に,もしこの刺激が,その $\bar{\Phi}$ に対応する(それぞれ6個あるいは10 個の)後続動作の全部を一度に起動させるようにしたとすると,オートマトン の動作は全くめちゃめちゃになってしまう.$\bar{\Phi} \cdot b$ 刺激の特別な制御が,その後 続動作への効果のために必要であるのなら,$\bar{u} \cdot a_-$ への効果にもこの制御を適 用するのが一番簡単である.以下ではそうすることにする.

この特別な制御(すなわち,励起されているのが考えているその特定の **CO** であるという事実と,$\bar{\Phi} \cdot b$ の応答との一致)には,上に述べたように記憶器官と, そしてその後に一致器官が必要である.記憶器官は勿論 **PP**($\bar{1}$) であって,**CO** の a により起動される.するとその **PP**($\bar{1}$) は一致器官,すなわち第40図の下 右端にある **C** に継続的に片方の刺激を与える.$\bar{\Phi} \cdot b$ 応答が到着すると,(すなわ ち,入力 d が刺激されると)一致器官はそのもう一方の信号を受ける.一致器 官は,その応答として,そこで出力 e と f から刺激を出す.出力 e は $\bar{u} \cdot a_-$ に, 出力 f は後続動作に接続されている.

入力 d は同時に記憶を消す.すなわち,**PP**($\bar{1}$) を停止させる.**PP**($\bar{1}$) を停止

させる信号は十分遅く来るので，一致検出動作の邪魔をしない[ことが第40図と第20図を調べるとわかる].

遅延領域 D はそこで幅を15にするが，一方高さ h はまだきめないでおく．h の値はあとで上に述べた細かい割付けと調整がなされてから選ぶことにする．CO の中の遅れについての議論や決定も，勿論その時まで延ばさなければならない．

4.3.5 読出し・書込み・消去-制御RWEC[5)]. [第41図をみよ.] 4.3.4節の冒頭で概観した一般的な問題をいよいよ考えることにする．すなわち，接続ループ C_1 およびタイミングループ C_2 (すなわち，第37図の CC_1 プラス RWE) と直接接触している諸器官を第38図と4.3.2節の第II表にしたがって制御することである．それは勿論，4.3.2節の制御器官 CO の使用を基礎として行なわれる．

第38図によると，記憶の要求がまだある："α_0 を起動"(5行目)と"α_1 を起動"(6行目)の命令がそれである．

これら二つの命令の何れかによって生ずる動作("α_0 動作中"または"α_1 作動中"と9行目と15行目に記されている)は各々2回起る．そこで上記の四つの点の各々に，この機能をもつ"局所的記憶"を附加するのが最も簡単である．そこで4個の $PP(\bar{1})$ をこの目的に用意することにする．すると，α_0 または α_1 が"動作中"であること(9行目と15行目)によっておきる上述の動作は一致器官(C)がその一つの刺激を関係 PP から，また他の刺激を問題の動作に論理的に先行する装置から，第38図にしたがってうけとることによって，誘起されることになる．

最後に二つの命令 "α_0 を停止" と二つの命令 "α_1 を停止"(どちらか動作中の方がはたらく；10行目と16行目を参照)とがある；すなわち，この点において，α_0，あるいは α_1 どちらかの二つの PP が停止されなければならない．しかしながら，ここでは第38図の通りでなくともよい．すなわち，これらの"停止"操作はこれらの一連の動作の最後まで{すなわち，i_3 が刺激される(12, 19行目)

---

5) [von Neumann の題は "B の中の制御領域．B の全体の寸法" であった.]

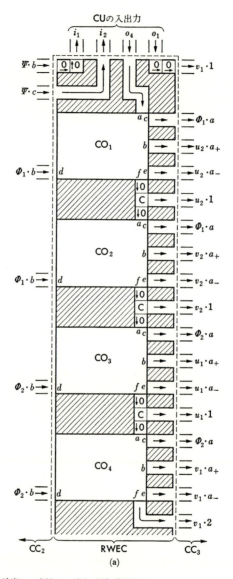

第41図 読出し・書込み・消去-制御 **RWEC**
(a) $C_2(CO_1 \text{と} CO_2)$を延ばしたり C_1 の下半分$(CO_3 \text{と} CO_4)$を延ばしたりするための制御器官

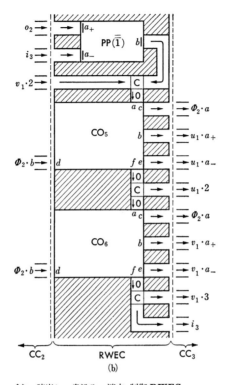

第41図 つづき 読出し・書込み・消去-制御 **RWEC**
(b) 細胞 x_n に "0" が書込むべきことを記憶する $PP(\bar{1})$ と C_1 に 0 を書込みその上半分を延ばすための制御器官(この図は図(a)に接続する)

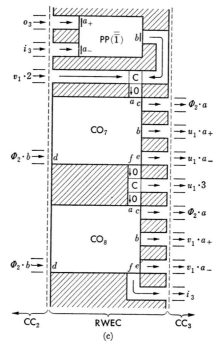

第41図 つづき 読出し・書込み・消去-制御 **RWEC**
(c) 細胞 x_n に "1" を書込むべきことを記憶する $PP(\bar{\bar{1}})$ と細胞 x_n に 1 を残して C_1 の上半分を延ばすための制御器官(この図は図(b)に接続する)

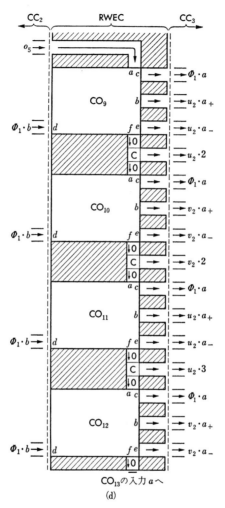

第41図 つづき　読出し・書込み・消去-制御 **RWEC**
(d) C_2 を短かくするための制御器官（この図は図(c)に接続する）

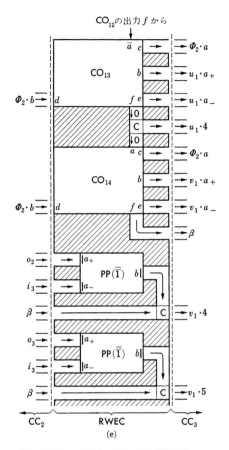

第41図 つづき 読出し・書込み・消去-制御 **RWEC**
(e) C_1 の下半分を短かくし細胞 x_n に書込むための制御器官と $PP(\bar{\bar{1}})$
(この図は図(d)に接続する)

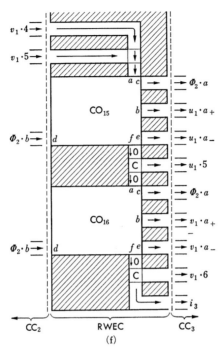

第41図 つづき 読出し・書込み・消去-制御 **RWEC**
(f) C_1 の上半分を短かくするための制御器官
(この図は(e)図に接続する．これで完結)

時点まで}遅らせることができる．ここでは4個の系列がすべていっしょになる．したがって，ここでは，これらすべてを停止させることは，すべての4個の **PP** を単一の刺激で止めることによって実行できる．このようにして，動作に入っていた α_0, α_1 のどちらかに対する二つの **PP** が停止されるだけでなく，全然動作に入らなかったもう一つのものの二つの **PP** も停止させられる．しかしこのあとの方のことは無害である；それは何の効果も及ぼさない．[3.3.2 節の終りで説明したように，von Neumann の一般用繰返しパルサー **PP** はそうなっていたが，第17図(b)の彼の $\mathbf{PP}(\bar{1})$ はそうなっていない．したがって，ここでは，第20図に示した代りの $\mathbf{PP}(\bar{1})$ を使わなければならない．すなわち，第41図(b), (c), (e)の四つの $\mathbf{PP}(\bar{1})$ は，第20図に示した代りの $\mathbf{PP}(\bar{1})$ でなけ

第 V 表 RWEC の制御器官が RWE のパルサーや

操作	制御器官	RWEC の出力 RWE の入力	使用する 3 進計数器
C_2 と C_1 の延長			
C_2 を延ばす	CO_1	$u_2 \cdot a_+,\ u_2 \cdot a_-$ $u_2 \cdot 1$	Φ_1
	CO_2	$v_2 \cdot a_+,\ v_2 \cdot a_-$ $v_2 \cdot 1$	Φ_1
C_1 の下半分を伸ばす	CO_3	$u_1 \cdot a_+,\ u_1 \cdot a_-$ $u_1 \cdot 1$	Φ_2
	CO_4	$v_1 \cdot a_+,\ v_1 \cdot a_-$ $v_1 \cdot 2$	Φ_2
C_1 の上半分を伸ばし細胞 x_n に"0"を書込む	CO_5	$u_1 \cdot a_+,\ u_1 \cdot a_-$ $u_1 \cdot 2$	Φ_2
	CO_6	$v_1 \cdot a_+,\ v_1 \cdot a_-$ $v_1 \cdot 3$	Φ_2
C_1 の上半分を伸ばし x_n に"1"を書込む	CO_7	$u_1 \cdot a_+,\ u_1 \cdot a_-$ $u_1 \cdot 3$	Φ_2
	CO_8	$v_1 \cdot a_+,\ v_1 \cdot a_-$	Φ_2
C_2 と C_1 の短縮			
C_2 を縮める	CO_9	$u_2 \cdot a_+,\ u_2 \cdot a_-$ $u_2 \cdot 2$	Φ_1
	CO_{10}	$v_2 \cdot a_+,\ v_2 \cdot a_-$ $v_2 \cdot 2$	Φ_1
	CO_{11}	$u_2 \cdot a_+,\ u_2 \cdot a_-$ $u_2 \cdot 3$	Φ_1
	CO_{12}	$v_2 \cdot a_+,\ v_2 \cdot a_-$	Φ_1
C_1 の下半分を縮め細胞 x_n に書込む	CO_{13}	$u_1 \cdot a_+,\ u_1 \cdot a_-$ $u_1 \cdot 4$	Φ_2
	CO_{14} "0"を書込む "1"を書込む	$v_1 \cdot a_+,\ v_1 \cdot a_-$ $v_1 \cdot 4$ $v_1 \cdot 5$	Φ_2
C_1 の上半分を縮める	CO_{15}	$u_1 \cdot a_+,\ u_1 \cdot a_-$ $u_1 \cdot 5$	Φ_2
	CO_{16}	$v_1 \cdot a_+,\ v_1 \cdot a_-$ $v_1 \cdot 6$	Φ_2

(さらに第 39 図および第 41 図を参照)

繰返しパルサーを制御する仕方

接続ループ C_1 または C_2 に加えられるパルス列	C_1 または C_2 への効果
u_2 にパルス列 $\overline{110110}$ を $n+1$ 個注入する.	第 32 図 (a)-(b)
u_2 にパルス列 $\overline{1101001}$ を注入する.	第 32 図 (b)-(c)
v_2 にパルス列 $\overline{110000}$ を $n+1$ 個注入する.	第 32 図 (c)-(d)
v_2 にパルス列 $\overline{11010}$ を注入する.	第 32 図 (d)-(e)
u_1 にパルス列 $\overline{110110}$ を n 個注入する.	第 33 図 (a)-(b)
u_1 にパルス列 $\overline{1111011110010111001}$ を注入する.	第 33 図 (b)-(c)
v_1 にパルス列 $\overline{110000}$ を n 個注入する.	第 33 図 (c)-(d)
v_1 にパルス列 $\overline{110101101011001}$ を注入する.	第 33 図 (d)-(e)
u_1 にパルス列 $\overline{110110}$ を n 個注入する.	第 33 図 (e)-第 36 図 (a)
u_1 にパルス列 $\overline{111101}$ を注入する.	第 36 図 (a)-(b)
v_1 にパルス列 $\overline{110000}$ を $n+1$ 個注入する.	第 36 図 (b)-(c)
v_1 にパルス列 $\overline{1010}$ を注入する.	第 36 図 (c)-(d)
u_1 にパルス列 $\overline{110110}$ を $n+1$ 個注入する.	第 33 図 (e)-(f)
u_1 にパルス列 $\overline{1010}$ を注入する.	第 33 図 (f)-(g)
v_1 にパルス列 $\overline{110000}$ を $n+1$ 個注入する.	第 33 図 (g)-(h)
u_2 にパルス列 $\overline{110110}$ を n 個注入する.	第 32 図 (a)-第 34 図 (a)
u_2 にパルス列 $\overline{111101}$ を注入する.	第 34 図 (a)-(b)
v_2 にパルス列 $\overline{110000}$ を n 個注入する.	第 34 図 (b)-(c)
v_2 に刺激を一つ注入する.	第 34 図 (c)-(d)
v_2 にパルス列 $\overline{110110}$ を $n-1$ 個注入する.	第 34 図 (d)-(e)
u_2 にパルス列 $\overline{11010}$ を注入する.	第 34 図 (e)-(f)
v_2 にパルス列 $\overline{110000}$ を $n-1$ 個注入する.	第 34 図 (f)-(g)
u_1 にパルス列 $\overline{110110}$ を n 個注入する.	第 33 図 (a)-第 35 図 (a)
u_1 にパルス列 $\overline{11110111101}$ を注入する.	第 35 図 (a)-(b)
v_1 にパルス列 $\overline{110000}$ を n 個注入する.	第 35 図 (b)-(c)
v_1 にパルス列 $\overline{110101}$ を注入する.	第 35 図 (c)-(d)
v_1 にパルス列 $\overline{1101011010}$ を注入する.	第 35 図 (c)-(d)
u_1 にパルス列 $\overline{110110}$ を n 個注入する.	第 35 図 (d)-(e)
u_1 に刺激を一つ注入する.	第 35 図 (e)-(f)
v_1 にパルス列 $\overline{110000}$ を $n-1$ 個注入する.	第 35 図 (f)-(g)
v_1 にパルス列 $\overline{11010}$ を注入する.	第 35 図 (g)-(h)

ればならない.]

　この目的に使うべき刺激は，明らかに i_3 そのものである．

　これらすべての考察に基いて，われわれは第41図の装置に到達する．

　この図の構造は第39図の構造に非常によく似ている．両側を境している垂直の点線は，第39図の単一の垂直の点線と同じ役割を果たしている．4.3.3節で議論したように，後者はコーデッドチャネルで第39図の装置に接した部分（CC_1 すなわち第37図の **RWE** に隣接するもの）を示していた．同様に，前の方の2本の破線は，今度はコーデッドチャネルで第41図のわれわれの装置の両側の縁に接した部分を示す．コーデッドチャネルのこれら三つの部分（CC_1, CC_2 および CC_3）の関係についてはもっと後で議論する；それらがいっしょになってメモリー制御 **MC** のコーデッドチャネルの大部分を決めてしまうことがそこでわかる．

　第41図に出てくる部分器官（**PP**, **CO**）の入力，出力は，すべてはっきり示してある．この装置をコーデッドチャネル（すなわち CC_2, CC_3）や組立てユニット **CU** と結んでいるいろいろな入力，出力を示す記号は特に説明を要しないであろう．

　RWEC の CC_2 側にあるものはすべて CC_2 の出力である．そして，見ればわかるように，それは33個ある．同じ出力 b_ν が幾つかくりかえして，互いにすぐにとなり合った位置にあらわれる．（二つとなり合う $\varPhi_1 \cdot b$ が1個所，四つとなり合う $\varPhi_1 \cdot b$ が1個所，また二つとなり合う $\varPhi_2 \cdot b$ が5個所ある．）これらのいずれの場合も，となり合う b_ν の組を1個の b_ν でおきかえて CC_2 の側を短くする（すなわちその高さを減らす）ことが可能であったであろう．しかしながら，CC_2 の側をそうしたとしてももともとそれが問題ではない（後述参照）；だからそれを減らしても益はない．一方，b_ν を合併すると，CC_2 の右の装置の中に，垂直な分配チャネル（これらの b_ν，すなわち $\varPhi_1 \cdot b$, $\varPhi_2 \cdot b$ から信号を受けとるいろいろな部分器官に行くもの）をつけることが必要になり，これによって装置の幅が増すことになる．

　CC_3 の側にあるものはすべて CC_3 の入力である；そして，見ればわかるよう

4.3 メモリー制御装置 MC

に，それは 68 ある．

このほかに二つの入力 o_1 と o_4 と二つの出力 i_1, i_2 が第 41 図の上縁にある．

われわれがいまさき導入したコーデッドチャネルの部分 CC_2 と CC_3 には，入力 a_ν, 出力 b_ν(すべてコーデッドチャネル，すなわち CC_2, CC_3 の側から見て)として，CC_1 において(第 39 図で)あらわれたすべてのものに加えて更に次に示す新しいものがある；すなわち，β, i_3(これらは入力としても出力としてもあらわれる)，o_2, o_3, o_5(これらは出力としてだけあらわれる)である．すなわち CC_1 のために必要であった 30 の異なる ν(4.3.3節参照)に，他に五つ加わる．これは $(32')$ と $(33')$ のわれわれの議論にかかわってくる．つまり，いまのところ $n \geqq 35$ ということである．(後に n はまた増すことになる；後述参照．)

[この節の残りの部分で，von Neumann は，CC_2, RWE, CC_3 の大きさを計算した．彼の結果についての議論は，4.3.3節の終りを参照．

ここに附け加える第 V 表は，von Neumann の第 32-36, 39, 41 図と第 II-IV 表の情報をまとめたものである．第 V 表から，RWEC の制御器官が RWE のパルサーや繰返しパルサーをどのようにして制御するかがわかる．]

第5章

オートマトンの自己増殖

5.1 メモリー制御 MC の完成

[5.1.1 原稿の残りの部分]. von Neumann の遺稿は更に6節つづき，そこで突然終っている．これらの節は主にメモリー制御 MC の中の遅れのくわしい計算に費やされている．遅れの計算の大部分は間違っており，それは第3章に書いたいろいろな器官やユニットの設計と，大きさの計算をするときに間違えたためである．そういうわけで，ここには遺稿の残りの部分を再録はせず，要約をのせることにする．遺稿の抜かした部分の長さはだいたい第3章と同じくらいで図が7枚入っている．

メモリー制御 MC の構成と動作は，4.1節と第37図に要約した．第4章の終りにおける von Neumann の MC の設計の状態は，次のようなものである．

読出し・書込み・消去-ユニット **RWE**: **RWE** を構成するパルサー，繰返しパルサー，3進計数器，弁別器の設計は終り，**RWE** 中でのそれらの順序は決定されている；第39図参照．それらの器官の **RWE** 中での正確な位置は，まだ決まっていないが，各器官は CC_1 のデコーダーからほとんどまっすぐに信号をうけとり，また CC_1 のパルサーにほとんどまっすぐに信号を送ることができるように置かれることになっている．**RWE** は高さが320区画，幅が31区画となっている．タイミングループ C_1 の出口 w_1 の位置には広範囲に選択の自由がある．von Neumann は **RWE** の下から48区画のところに置いた．

読出し・書込み・消去-制御ユニット **RWEC**: **RWEC** は，主として制御器官 **CO** から出来ている；これらの設計は遅延領域 **D** の大きさの指定と遅延路 β の設計を除けば完成されている(第40図)．16個の **CO** と4個の $PP(\bar{1})$ は第41図に示すように配置されている．これらの器官の **RWEC** 中での正確な位置は

5.1 メモリー制御 MC の完成

決められていないが,各器官は,CC_2 のデコーダーから直接信号を受けとり,また CC_3 のパルサーに直接信号を送るという原則をできるだけ満たすように置かれることになっている.RWEC は高さが 545 区画で幅が 22 区画である.

コーデッドチャネル:RWEC と RWE は第 37 図に示すように配置される.コーデッドチャネルは,CC_3, X, Z, CC_1, CC_2, メインチャネルからできている.メインチャネルは第 37 図の底部中央の黒丸からこの図の上左部の黒四角まで延びている——もっと具体的にいうと CC_2 の一番上のパルサーに信号を伝えたところで終っている.コーデッドチャネルで使われるコードは次のような条件を満たすことになっている.各コード列は,1 で始まり,その他に 1 をきっかり 3 個含み,長さは 9,あるいはそれ以下である.このコードは,56 の異なる列をつくり得るが,必要なコードの数はこれより少ないことが後に確認される.これらの列は,まだコーデッドチャネルの入口と出口に割り当てられていない.コーデッドチャネルのパルサーは幅が 8 区画,高さが 7 区画であり,デコーダーは幅が 8,高さが 10 である.CC_1 は幅が 10,高さが 320,CC_2 と CC_3 は各各,幅が 10,高さが 545 である.

メモリー制御 MC は高さが 547 区画,幅が 87 区画である.ただし,まだ設計されていない器官やユニットがこの空間の中に収容できるとした場合である.

ここで von Neumann がここに公表しない原稿の中で何をなしたかを要約しておこう.彼はまず,書込み・読出し・消去-ユニット RWE とその制御装置,RWEC を第 37 図のように結合した.4.3.3 節と第 39 図を調べると情報は CC_1 を通って両方向に伝わること,したがって CC_1 はパルサーとデコーダーを両方含むことがわかる.4.3.5 節と第 41 図を調べると RWEC は情報を CC_2 からしか受取らず,CC_3 にしか情報を伝送しないことがわかる.したがって,CC_2 はデコーダーだけ,CC_3 はパルサーだけしかもたないことがわかる.したがって第 28 図(k)の循環しないコーデッドチャネルで十分である.このことから,第 37 図のコーデッドチャネルでたしかに支障がないことが確認される.そうでなければ,第 30 図の循環的チャネルが必要なところである.その場合は第 37 図のメインチャネルのコード列は,第 27 図のようにメインチャネ

ルの終端に達したときにコード化しなおして，メインチャネルの入力端に送ることになるわけである．

次に X 領域が設計された．組立てユニット CU からの出力 o_2, o_3, o_5 は，Y の直接伝達チャネルを通過して X のパルサーに入り，MC のメインチャネルにコード列として入り，CC_2 を通って $RWEC$ に入る．CU の入口 i_3 向けの完了信号は，第37図に示した三つの出口の一つから $RWEC$ を出て，CC_3 でコード化され，メインチャネルに入り，X でデコードされ，Y を通って "i_3" と記された出口に行く．このように，X 領域には3個のパルサーと1個のデコーダーがあり，その大きさは高さが 36，幅が 10 である．von Neumann は Y 領域を領域 X と同じ高さをもつように，また Z を X と同じ幅をもつようにして，領域 Y, Z, W の大きさをきめておいた．領域 Y の実際の設計は後まわしにしたが，それはまったく簡単なことである．領域 Y は普通伝達状態でできている四つの伝送線をもち，残りの部分は使用されない．

このようにして，次の面積を得ることになる．

X 領域: 高さ 36 区画, 幅 10 区画
Y 領域: 〃 36 〃　〃 31 〃
Z 領域: 〃 191 〃　〃 10 〃
W 領域: 〃 191 〃　〃 31 〃

von Neumann は次に，MC の中を走る信号の間の干渉による障害の可能性をなくするために必要な，MC の中の遅れを考察した．それは，二つの組に分かれる．すなわち，メインチャネル中の障害を防ぐに必要な遅れと，RWE, $RWEC$ 中での障害を防ぐに必要な遅れとである．von Neumann は 3.6.1 節の規則(16′)を適用し，障害は起らないと結論した．ところがこの結論は正しくない．

制御器官 CO の出力 e と f からのパルスを考えよう(第40図および第41図)．e からのパルスは CC_3 に入って，メインチャネルにコード列を送り込む．このコード列は CC_1 でデコードされ，RWE の繰返しパルサーを止める．f からのパルスは通常は CC_3 に入ってコード列を発生し，それは結局は RWE のパル

5.1 メモリー制御 MC の完成

サーを起動する．f からのパルスは，通常はまた次の制御器官 CO の上部にも入り，(いろいろする中で)C から出て CC_3 に入る．このパルスは最後に RWE の3進計数器を起動する．したがって CO の e と f からのパルスは，普通にはコード列を3回つづけざまにメインチャネルに入れる．第一の列は，RWE の繰返しパルサーを止め，第二の列は RWE のパルサーを起動し，第三の列は，RWE の3進計数器を起動する．もしこれらの列は，RWEC と CC_3 の間の遅延路で適当に遅れを与えられなかったら，幾つかの CO に対しては，メインチャネルで重なってしまう筈である．RWEC には遅延路のための場所はたっぷりとってある．

　RWE でも同様の問題が起る．接続ループへの入力 u_1 を考えよう．入力 u_1 は，パルサー群と繰返しパルサー群からパルスを受け，そしてループ C_1 が延長されたり短縮されたりする際には，繰返しパルサーからのパルスの列のすぐ後に，パルサーからのパルスの列が続く．これらの列は重なり合ってはならない．同じような注意が，ループ C_1 の入力 v_1，ループ C_2 の入力 u_2 と v_2 にもあてはまる(4.2節および4.3.2節の第II表参照)．この望ましくない重なり合いは，RWE に遅れを加えるか，RWE のパルサーや繰返しパルサーの順序を変えるかすれば防げる．

　これらの見落しは，瑣細なものである．干渉のより重大な例は，メインチャネル内でおこり，それは RWE の繰返しパルサーと3進計数器が，接続ループ C_1 と C_2 の伸縮に使われる時である．各ループの上半分が大まかに言って 200 区画の長さであると，RWE の繰返しパルサー PP は，3進計数器(Φ_1 あるいは Φ_2)がその一次出力 b から出力パルスを出すのとほぼ同時に動き始める(第23図)．PP を発したコード列と，Φ_1 あるいは Φ_2 から信号を受けとるデコーダーから来るコード列とはメインチャネルで重なり合い，混り合ってしまう．この干渉の問題の完全な説明と，その解決法は5.1.2節で与える．

　16個の器官 CO の各々によって制御される動作が正しく行なわれるためには，ある前もって指定された各々の器官に特有な遅れをそれぞれ正確に考慮する必要がある．各 CO は，接続ループ C_1 と C_2 の上での伸縮操作を制御する．そし

てそれは他の接続ループと3進計数器によってタイミングがとられる．いま CO_3 の遅れを議論することで，この点を説明しよう．なお第IV表と第39図，第41図(a)を参照されたい．

入力 $u_1 \cdot a_+$ と $u_1 \cdot a_-$ をもつ **RWE** の $\mathrm{PP}(\overline{110110})$ は，過程のはじめに見ている **L** の区画を x_n とすると，約 $6n$ 単位時間はたらいていなければならない．$6n$ は上限がない量であるから，有限オートマトン **MC** 中に記憶しておくことはできない．4.1.7節で von Neumann は $2n$ という量を記憶するためにタイミングループ C_2 を導入した．パルスがループ C_2 を3回まわるには，約 $6n$ 単位時間かかる．遅れがちょうど $6n$ でないのは，ループ C_1 を伸縮するよりも前に，ループ C_2 を伸縮しなければならないためである．C_2 を3回巡ったことは3進計数器 $\varPhi_2$ で数えられる．もちろん，**RWEC** が **RWE** から離れた場所にあるために，CO_3 と，$\mathrm{PP}(\overline{110110})$ および $\varPhi_2$ との間の制御のやりとりはかなりの時間をとる．同じようなことが **RWEC** の他の **CO** についてもいえる．

われわれはこの制御過程に含まれる遅れを CO_3 の右上の角にある合流状態を基点にして数えてみよう．

($\varDelta_1$) CO_3 の出力 c から CC_3，メインチャネル，CC_1 を通り **RWE** の入力 $\varPhi_2 \cdot a$ までの遅れ．

($\varDelta_2$) $\varPhi_2$ の中の遅れ，$\varPhi_2$ と C_2 の入力 v_2 の間の遅れ（これを δ_2' とする），C_2 の出力 w_2 と $\varPhi_2$ との間の遅れ（δ_2''）および C_2 の中の遅れ．パルスは C_2 の中を3回まわることに注意．全体の遅れは $3(\delta_2' + \delta_2'') + a_2$ に $\mathrm{PP}(\overline{110110})$ の起動から停止までに要する遅れを加えたものになる．4.3.2節の第III表を見よ．

($\varDelta_3$) **RWE** の出力 $\varPhi_2 \cdot b$ から始め，CC_1，メインチャネル，CC_2 を通る遅れ，CO_3 の d から e までの遅れ，および CC_3，メインチャネル，CC_1 を通り，**RWE** の入力 $u_1 \cdot a_-$ までの遅れ．これは，メモリー制御 **MC** をまわる全ループにほぼ相当する．

($\varDelta_4$) CO_3 の領域 **D** を（遅延路 $\mathscr{B}$ にそって）通る遅れ，CO_3 の出力 b から，CC_3，メインチャネルを通り **Z** 領域に至る遅れ，**Z**，**W**，そして再び **Z** を通

5.1 メモリー制御 MC の完成

る遅れ,およびメインチャネル,CC_1 を通り RWE の入力 $u_1 \cdot a_+$ に至る遅れ.$\mathcal{B}$ にそう遅れと Z, W 中の遅れの正確な値はまだ指定されていない.

メモリー制御 MC は高さが 547 区画で,幅が 87 区画あるので,そのメインチャネルの中での遅れは相当なものになる.$3(\delta_2'+\delta_2'')+a_2$ に,$\varPhi_2$ の出力から,MC のコーデッドチャネルをめぐり,RWEC を通って,再びコーデッドチャネルを下り,$PP(\overline{110110})$ の停止入力 $u_1 \cdot a_-$ に至る遅れを加えただけの余分な遅れが存在するので,$PP(\overline{110110})$ は $\varPhi_2$ よりもはるかに遅く起動しなければならないことは明らかである.であるから,CO_3 の D 領域(路 $\mathcal{B}$)の遅れと,Z, W 領域内の遅れがたしかに必要である.同様の遅れが,他の制御器官 CO にも必要であるが,遅れの正確な値は CO により異る.RWEC 中の CO の位置や,RWE の PP,$\varPhi$ の位置がさまざまだからである.

von Neumann は各 CO の D, Z, W 領域に必要な遅れの量を長々とくわしく計算した.この計算は von Neumann の設計手続きの性格上,極度に長く複雑なものである.彼は,MC の設計の細部はまだ指定していなかった.CO の D 領域の大きさは定まっておらず,CO_1 から CO_{16} 制御器官の中の遅延路 $\mathcal{B}$ は指定されていない.またコーデッドチャネルの正確なコードも選ばれていないし,CC_2, RWEC, Z, W, RWE の器官の正確な位置も指定されていなかった.特に,RWE の高さは CC_1 の高さで定められ,事実 RWE 中には空き間が多くあった.

von Neumann は彼の遅れの計算を,これらのパラメーターのすべてをきめずに行ない,次で,彼の計算の結果にもとづいてこれらのパラメーターを決めた.これは非常に融通性のある設計手順であるが,計算は長たらしく,こみ入ったものになる.更に,von Neumann がこの場所で用いた寸法の幾つかは正しくなかった.特に CC_1 の高さが違っていた.4.3.3 節の終りを見よ.これらの間違いで彼の計算の大部分はだめになる.そういうわけで,原稿のこの部分を再録しない.その代りに,彼の主要な結果を要約することにする.これらの結果から,von Neumann の設計したメモリー制御 MC は若干の変更を行なえばたしかに動くことが示される.

問題の遅れは，まだきまっていない設計の細部と，von Neumann の設計の誤りを直すために変える必要のある設計パラメーターとに依存する．この理由から，これらの遅れの非常に粗い見積りのみを与えることにする．遅れ $3(\delta_2'+\delta_2'')+a_2$ は，ごく大ざっぱには 600 単位である．**RWE** の $\varPhi_2 \cdot b$ から，**CO**$_3$ を通り，**RWE** の $u_1 \cdot a_-$ へ戻るまでの遅れ $\varDelta_3$ は約 1,200 単位である．von Neumann の **RWE** の高さの計算(239 単位——4.3.3節参照)にしたがうと，上の **PP**($\overline{110110}$) は $\varPhi_2$ よりも約 200 単位だけ上にあることに注意しよう．そこで **D, Z, W** 領域内で必要な余分の遅れはごく大ざっぱに 2,000 単位であることがわかる．**CO** と **CO** の間の遅れのちがいは，約 100 単位を越えない．

RWE の各繰返しパルサーに附随する余分の遅れの共通部分(すなわち，約 2,000 単位の遅れ)は **Z, W** 領域内で処理できる．余分な遅れの各 **CO** に固有な部分(すなわち，約 100 単位の遅れ)は，その **CO** の遅延領域 **D** 内で処理できる．4.3.4節の終りで，領域 **D** には，15 の幅が割当てられたが，その高さ h は可変のまま残されている．**RWEC** の高さは 545 の値をもつ **CC**$_3$ の高さできめられる．**RWEC** の 545 という高さは $h=21$ を可能にし，そこで，h はこの値をもつように選ぶ．この結果 **CO** の **D** は 21×15，すなわち 315 区画の面積になり，遅れの各 **CO** に固有な部分を収容するのに十分以上である．

von Neumann は今度は領域 **Z, W** の設計に進んだ．彼は **W** を四つの等しい領域 **W**$_1$, **W**$_2$, **W**$_3$, **W**$_4$ と，わずかな余りとに分ける．**Z** の方も対応する部分 **Z**$_1$, **Z**$_2$, **Z**$_3$, **Z**$_4$ に分ける．領域 **Z**$_1$ と **W**$_1$ は，**RWE** の上の **PP**($\overline{110110}$) に附随する余分の遅れを得るのに使われ，領域 **Z**$_2$ と **W**$_2$ は，**RWE** の上の **PP**($\overline{110000}$) に必要な余分の遅れを得るのに使われ，**RWE** の他の繰返しパルサーにたいしても同様なことが行なわれる．

再び，**CO**$_3$ を例にとることにしよう．**CO**$_3$ は **RWE** の上の **PP**($\overline{110110}$) を制御し，それを入力 $u_1 \cdot a_+$ から起動させる(第39図，第41図(a))．4.3.5節の設計において，起動パルスは，**CO**$_3$ を $u_1 \cdot a_+$ から出て，**CC**$_3$ でコード化され，メインチャネルを通り，**CC**$_1$ でデコードされ，**RWE** へ $u_1 \cdot a_+$ から入る．この設計は，ここで，**CO**$_3$ から **RWE** への路に約 2,000 単位の遅れを加えるように修

5.1 メモリー制御 MC の完成

正しなければならない；この余分の遅れは，領域 Z_1 と W_1 の中の路を通る間に得られる．この路を領域 Z_1, W_1 内を通過させるために，われわれは CO_3 の出力 $u_1 \cdot a_+$ を新しいコード列 $u_1^* \cdot a_+$ にコードし，Z_1 中に $u_1^* \cdot a_+$ にたいするデコーダーを置き，Z_1 中に $u_1 \cdot a_+$ にたいするパルサーを置き，デコーダーの出力を，W_1 を通る長い路を通してパルサーの入力へつなぐ．

そこで，CO_3 から RWE の入力 $u_1 \cdot a_+$ への遅延路 $\varDelta_4$ は次のようになる．パルスは，CO_3 の上右角にある合流素子から出発し，路 $\mathscr{B}$ を通り，第41図(a)では $u_1 \cdot a_+$ と記されている，$u_1^* \cdot a_+$ から出る．CC_3 のパルサーは，$u_1^* \cdot a_+$ に対応するコード列をメインチャネルに送り込む；Z_1 のデコーダーは，この列を検出し，W 領域内の長い路を通してパルスを送る．このパルスは Z_1 中のパルサーを刺激し，パルサーは，$u_1 \cdot a_+$ に対応するコード列をメインチャネルに送りこむ．最後に，CC_1 内のデコーダーがこの列を検出し，RWE の上の $PP(\overline{110110})$ のスタート入力 a_+ にパルスを送る．

制御器官 $CO_5, CO_7, CO_{13}, CO_{15}$ もまた，RWE の上の $PP(\overline{110110})$ を制御するので，それらの出力 $u_1 \cdot a_+$ もまた $u_1^* \cdot a_+$ に変え，それらが刺激する CC_3 中のパルサーも対応して変えなければならない．

$RWEC$ の他の CO と Z, W の他の部分にたいしても，同じような改造を行なって，CO の出力 b からのパルスが，RWE の繰返しパルサーを起動させる前に領域 Z, W を通過するようにしなければならない．これらの改造のために，$u_2^* \cdot a_+$, $u_3^* \cdot a_+$, $u_4^* \cdot a_+$ に対応するコード列が使用される．

要するに，第4章の終りの時点での MC の設計に，次のような変更を加えることである．第41図の名前 $u_1 \cdot a_+$, $v_1 \cdot a_+$, $u_2 \cdot a_+$, $v_2 \cdot a_+$ はそれぞれ，$u_1^* \cdot a_+$, $v_1^* \cdot a_+$, $u_2^* \cdot a_+$, $v_2^* \cdot a_+$ に置きかえ，CC_3 のパルサーも，それに対応して，コード化をしなおす．Z_1 領域は $u_1^* \cdot a_+$ にたいするデコーダーと，$u_1 \cdot a_+$ にたいするパルサーをもち，デコーダーからのパルスは，W_1 領域内の長い遅延路を通してパルサーに信号を送る．Z_2 領域は $v_1^* \cdot a_+$ にたいするデコーダーと，$v_1 \cdot a_+$ にたいするパルサーをもち，前者は領域 W_2 を通して後者に信号を与える．同様に，Z_3 中の，$u_2^* \cdot a_+$ にたいするデコーダーは，W_3 経由で $u_2 \cdot a_+$ にたいするパルサ

一に信号を送り，Z_4 中の，$v_2^* \cdot a_+$ にたいするデコーダーは，W_4 経由で，$v_2 \cdot a_+$ にたいするパルサーに信号を送る.

von Neumann が，CC_1 の高さの計算で間違えたことを思い出していただきたい．この誤りのために，彼は W_1, W_2, W_3, W_4 は，皆高さを 68 にできると考えた．その幅は 29 であったから，各領域は 1972 細胞になる．彼は，必要な遅れを，各領域を往復する普通伝達状態の路を走り抜けることで得る計画であった．彼はこのようにして，彼の必要としているよりも少しばかり長い，1972 単位の遅れが得られるつもりであった．更に，彼がのべているように，追加の遅れは，CO の領域 D 内で得られる筈であった．しかしながら，CC_1 の高さの計算の誤りのため，領域 W_1, W_2, W_3, W_4 の高さは高々45 にしか出来ず，それでは十分な遅れが得られない．

この誤りを正す方法はいくつかある．W 領域を右へ広げてもよい．X, Y, Z, RWE, CC_2 の使用されていない空間を利用して，MC の器官を配列しなおすこともできる．しかし，誤りを正すもっときれいな方法が二つある．

第一に，領域 W_1, W_2, W_3, W_4 は各々，1 細胞当たり，1 単位以上の遅れを与えるように設計できる．合流状態同士の信号受授はできないが，普通伝達状態と交互に並べて，1 細胞当り，平均 $1\frac{1}{2}$ 単位の遅れを与えることができる．1 細胞当りもっと大きい遅れを得ることも，計数を使えばできる．第 18 図(e) (3.2.2 節)の繰返し装置は，それ自身で $\overline{1000\cdots00}$ の形の周期列を与える．W_1 領域内で遅らされるべきパルスに，一つは長さ 41 の列，他は長さ 47 の列を作る二つの繰返し装置を起動させるとしよう．ここで 41 と 47 は互いに素である．二つの繰返し装置からの出力は合流状態に入れる．41×47(=1927)単位時間の後に，この合流状態で一致が起る．その結果合流状態から出てくるパルスは，1927 単位時間の遅れを知らせ，またこのパルスを使って，二つの繰返し装置を切ることができる．このようにして von Neumann が必要とした約 2000 単位の遅れは W_1 内で得られ，また同様にして領域 W_2, W_3, W_4 でも得られる．

von Neumann が実際にもっていた W 領域の中だけで，必要な遅れを得るもう一つの方法は，W 領域の四つの遅延路を単一の路に置きかえることである．

5.1 メモリー制御 MC の完成

これを行なうためには，メインチャネルから Z のデコーダーへの接続を切り，Z の各デコーダーを，前には W 内の遅延路経由で駆動していた Z のパルサーに直接，接続する．例えば，$u_1^* \cdot a_+$ にたいするデコーダーからの出力は，今度は $u_1 \cdot a_+$ に対するパルサーに直接行く；第 27 図のコーデッドチャネルの最上部で，$D(\overline{11001})$ が $P(\overline{10011})$ に信号を送る方法をみよ．次に，Z の最上部を通り，W を通って，W 内で約 2000 単位の遅れを得，それから Z の四つのデコーダーに信号を与えるメインチャネルの枝を作る．

Z, W 領域の設計により，$u_1^* \cdot a_+$, $v_1^* \cdot a_+$, $u_2^* \cdot a_+$, $v_2^* \cdot a_+$ という記号で示される四つの新しいコード列がつけ加わる．CC_1 のデコーダーとパルサーに関係するコード列が 30 個，X のデコーダーとパルサーに関係するコード列が 4 個ある．1 個のコード列が CO_{14} の出力 β に関係して存在する；それ以外には，CC_2 と CC_3 は，既に与えられた表に，つけ加えるものはない．したがって，メモリー制御 MC のコーデッドチャネルは 39 の異なるコード列を必要とする．4.3.3 節の終りで，われわれは長さ 9 で 4 個の 1 を含むコードが 56 個の異なる列を許すので十分であろうと一応仮定した．この仮定はいま確かめられた．

これで von Neumann のメモリー制御 MC の設計は完了する．コーデッドチャネルの正確なコードはまだ選ばれていないし，MC の多くの器官の正確な位置も選定されていないが，これらのことは，細部の問題である．

von Neumann はメモリー制御 MC の動作の継続時間の計算で遺稿を終っている．4.1.3 節の式(17′)で指定するように与えられたステップ s において走査されている線状配列 L の区画 x_n の番号を n^s とすると，von Neumann は，延長に要する全時間はほぼ $36n^s + 13{,}000$，縮少に要する全時間はほぼ $48n^s + 20{,}000$ であることを見出した．

5.1.2　干渉問題の解決法． メモリー制御 MC の設計は，5.1.1 節で解決されずに残された干渉問題をのぞけば，これで完全で，動き得るものである．この小節では，この問題を説明し，それを解決する方法を与える．

問題は，読出し・書込み・消去-制御 RWEC と読出し・書込み・消去-ユニット RWE に関係している．ある状況では，RWEC から RWE への信号が，

RWE から RWEC への信号とメインチャネル内で干渉するのである．

　von Neumann は，与えられたステップ s において走査される，線状配列 L の区画 x_n の番号を n^s と書いた．n^s のある値にたいしては，RWE の繰返しパルサーを起動させるために使われるコード列が，RWEC に同じ繰返しパルサーの停止を命ずる CC_1 からのコード列と重なる．この重なり合いはメインチャネルの CC_1 と終点の間で起る；場合によってはこの重なり合いは干渉による誤動作を生ずる．3.6.1 節の式(16′)をみよ．二つの重なり合った列は第三の列を作り，それが，MC の動作の中のこの所で刺激されてはならない CC_2 のデコーダーを刺激することになる．

　干渉の問題は，RWE のすべての繰返しパルサーと，3 進計数器に関係しているけれども，話を具体的にするために，RWE の上の繰返しパルサー PP($\overline{110110}$) と，そのタイミングをとるのに使う3進計数器によって説明する．まず PP($\overline{110110}$) の動作について考えよう．それは，ある時刻 τ_+ に，入力 $u_1 \cdot a_+$ に入るパルスで起動され，$\tau_+ < \tau_-$ なるある時刻 τ_- に入力 $u_1 \cdot a_-$ に入るパルスによって停止される．第V表によると $\tau_- - \tau_+$ が $6n^s$ にほぼ等しい．したがって，$u_1 \cdot a_+$ における起動の時刻は

(1) $$\tau_+ \doteqdot \tau_- - 6n^s$$

で与えられる．

　次に $u_1 \cdot a_-$ における停止の制御を考えよう．これは，ある時刻 τ_b に，3 進計数器 Φ_2 の主出力 $\Phi_2 \cdot b$ から出るパルスで制御される．このパルスは $u_1 \cdot a_-$ を刺激し，PP($\overline{110110}$) を停止させるために，$\Phi_2 \cdot b$ から，CC_1，メインチャネル，CC_2，RWEC のある制御器官（例えば CO_3），再びメインチャネル，そして再び CC_1 を通らなければならない．この通行に要する時間は 5.1.1 節の遅れ Δ_3 で，非常に大ざっぱに数えると 1200 単位である．したがって，RWE の $\Phi_2 \cdot b$ から出る時刻は非常に大ざっぱにいうと

(2) $$\tau_b \doteqdot \tau_- - 1200$$

である．

　ここで，n^s が走査されている L の区画の番号であることを頭において，式

5.1 メモリー制御 MC の完成

(1)と(2)を比較してみよう. $n^s=0$ にたいしては τ_+ は約 1200 だけ τ_b より大き(遅)い. 大きな n^s にたいしては, τ_+ は τ_b よりはるかに小さ(速)い. n^s がほぼ 200 に等しいところで τ_+ と τ_b は等しくなる. したがって, n^s が 200 にほぼ等しい場合には, コード列がメインチャネルの CC_1 附近にくるのが, コード列 $\Phi_2 \cdot b$ がメインチャネルのこの部分に入る頃になる. この結果, コーデッドチャネル中で, 干渉による誤動作が起る.

このため, von Neumann の MC の設計は, ループ C_1 と C_2 がある長さのときに正しく働かない. この干渉問題にたいして, ここに二つの異なる解決法を与えることにしよう. 第一は, 干渉の起るような L の細胞を使わないようにして干渉を防ぐことである. これは, n^s が, 例えば 250 よりも小さい値は使わないように MC をプログラムすることでできる. その場合 L の細胞 $x_0, x_1, \cdots, x_{249}$ は決して使われない. それは, MC の生命が始まったときに, ループ C_1 は細胞 x_{250} を通って居り, ループ C_2 もそれに対応する長さであるということである. そして, それは, ひいてはこれから知るように, 万能組立て装置に影響を与える.

von Neumann の万能組立て装置は, 次の通りである (1.5.2 節, 1.7.2.1 節). 作ろうという子のオートマトンは, 長さ α と β の長方形の領域内に収まるとしよう. この長方形の領域の各細胞 (i, j) ($i=0, 1, \cdots, \alpha-1$; $j=0, 1, \cdots, \beta-1$) の望みの状態を λ_{ij} で示す. 組立ての過程は, 任意の細胞を, 10 個の興奮不能状態 U, $T_{u\alpha 0}$ ($u=0, 1$; $\alpha=0, 1, 2, 3$), C_{00} のうちの任意の一つにする (第 9 図, 第 10 図をみよ). したがって, λ_{ij} は 10 個の値に限られる. 何をつくりたいかは, 一次の(親の)オートマトンにたいして, 列 $\lambda_{00}, \lambda_{01}, \cdots, \lambda_{0(\beta-1)}, \lambda_{10}, \cdots, \lambda_{ij}, \cdots, \lambda_{(\alpha-1)\times(\beta-1)}$ を与えることにより示される.

作ろうとする子のオートマトンは, 一般には, 無限に伸ばすことのできる線状配列 L と, それを制御するメモリー制御 MC をもつ. そこで von Neumann は MC を, 矩形になるように設計した. さて, 干渉問題の第一の解決法によると, ループ C_1 は最初細胞 x_{250} を通り, ループ C_2 もそれに相当する長さをもつように MC を作らなければならない. そこで MC を矩形にしておくために,

MC の境界を 250 区画右へ拡張し，**MC** を，幅 337 区画，高さ 547 区画にする（第 37 図参照）．あらたに加えられた領域中のおよそ 1% を除くすべての細胞は，常に興奮不能状態 **U** にあり，それは新しい領域が非常に能率悪く使われているということである．

したがって干渉問題のこの第一の解決法は，たしかにできるとはいえ，はなはだまずいもので，von Neumann の意にはとても沿い得ないものである．そんなわけでわれわれは第二の解法を提案する．この解決法は，同時に，von Neumann の細胞構造のある基本的な特徴を明らかにするということで，一般的な興味のあるものである．

von Neumann の細胞構造は，29 状態の同一のオートマトンを無限にくりかえした配列からできている．あるきまった時刻にはこれらのオートマトンのうち，任意の有限個のものが，興奮状態になることができる；したがって，細胞構造は，いくらでも多数の並列動作，すなわち並列データ処理を行なうことができる．von Neumann は自己増殖オートマトンを設計するときに，細胞構造の並列データ処理能力を利用しなかった．彼はむしろ殆んどの場合，一度に一つのことしか行なわないように自己増殖オートマトンを設計した．この点で，von Neumann の自己増殖オートマトンの論理設計は，彼の EDVAC(10〜12 頁参照)の論理設計と同様である．おまけに，彼が，ループ C_1 と C_2 を伸縮するのに並列動作をたまたま使ったところが，タイミングの問題にぶつかった．**CO** の遅延領域 **D**(第 40 図)と **MC** の遅延領域 **W**(第 37 図)が，**RWE** の繰返しパルサーの起動を遅らせるために必要となり，また，この繰返しパルサーの停止の手だてをしているうちに，われわれがいま議論している干渉の問題に陥った．

もし二つの信号路(線)が交らずに交差できたなら，この干渉問題は起らないですむ；それで，von Neumann の細胞構造やその同類での線の交差の可能性について調べてみよう．3 次元細胞構造なら，線は接触せずに自然に交差できるが，von Neumann は自己増殖オートマトンを 2 次元中で作りたかったのである(1.3.3.3 節)．2 次元構造を守りつつ，各細胞の状態に交差状態を加える

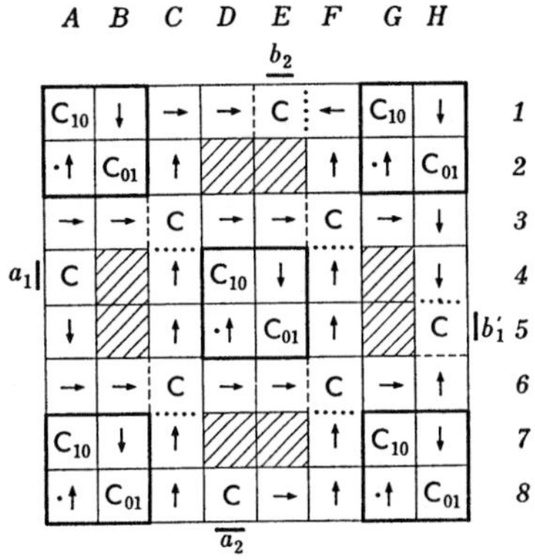

(a) 交差器官

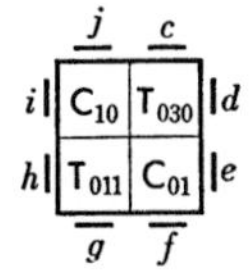

i, j からの出力：101010
e, f からの出力：010101

(b) 時計の初期状態

第42図　交差器官

こともできたであろう．たとえば，彼の 29 状態オートマトンに，$T_{00\varepsilon}$ と $T_{01\varepsilon'}$ を一緒にした新しい状態を加えて，情報が左から右へ，また下から上へ同時に走り得るようにもできたであろう[1]．von Neumann は，彼の基本オートマトンの状態に交差状態をなぜ含めなかったかは言わなかったが，恐らくそれは，状態の数を少なくしておきたかったためであろう．

実は von Neumann の細胞構造の中で，交差器官を合成することが可能で

---

1) 交差状態をもつ細胞構造は Church の "Application of Recursive Arithmetic to the Problem of Circuit Synthesis" の中で扱われている．交差状態をもつ上に任意の(但し有限の)長さの遅れのない伝達路を許すような細胞構造が Burks: "Computation, Behavior, and Structures in Fixed and Growing Automata", Holland: "A Universal Computer Capable of Executing an Arbitrary Number of Sub-Programs Simultaneously", Holland: "Iterative Circuit Computers" 等に論じられている．

ある.そのような器官を第42図(a)に示す[2].この図と,その次の図に使った記号は,von Neumann の記号と幾分異っている.1本矢印は普通伝達状態を表わす;後で,2本矢印で特別伝達状態を表わす.矢印の横の点は,細胞が最初に興奮していること,すなわち $t=0$ の時刻に興奮させられていることを示す.第42図(b)は,交差器官の五つの"時計"の各々の初期状態を von Neumann の表示法で与える.

まず,入力 a_1 と a_2 が 000… である時の交差器官のふるまいを考えよう.時計は六つの合流状態 $C3, C6, F3, F6, E1, H5$ の各々の両方の入力に,交互に 0 と 1 を送る.これらの合流状態に入るときの"1"(つまりパルス)の位相は第42図(a)に破線と点線で示されている.破線は各偶数時刻($t \geq 4$)における 1(パルス)を,点線は,各奇数時刻($t \geq 3$)における 1(パルス)を表わす.合流状態に到達する二つの列は位相が合っていないことは第42図(a)から明らかである.これらのクロックパルス列の働きは a_1, a_2 へ入ってくる列をゲートして,それらが互いに横断できるようにすることである.

a_1 に入る列 $i_0, i_1, i_2, i_3, i_4, i_5$ は,合流細胞 $A4$ によって二つの列に分けられる.クロックは,上の列の偶数位置と,下の列の奇数位置に 1 を入れる.奇数番のビット,—, i_1, —, i_3, —, i_5, … は,ゲートパルスにより行3を通り b_1 から出ることを許され,一方,偶数番目のビット,i_0, —, i_2, —, i_4, —, … はゲートパルスによって,行6を通り,b_1 から出ることを許される.同様に,a_2 に入る列 $j_0, j_1, j_2, j_3, j_4, j_5$, … は分かれ,偶数番目のビット j_0, —, j_2, —, j_4, —, … は列 C を上り,奇数番目のビット,—, j_1, —, j_3, —, j_5, … は列 F を上る.全システムの位相関係は,列 j_0, —, j_2, —, j_4, —, … が細胞 $C6$ で i_0, —, i_2, —, i_4, —, … と,細胞 $C3$ で —, i_1, —, i_3, —, i_5, … と互いちがいになるようになっている.同様に,列 —, j_1, —, j_3, —, j_5, … は,細胞 $F6$ で i_0, —, i_2, —, i_4, —, … と,細胞 $F3$ で —, i_1, —, i_3, —, i_5, … と互いちがいになる.例えば,細胞 $C6$ に入り,出てゆく列は,

---

[2] 第42図の交差器官は J. E. Gorman が設計した.

5.1 メモリー制御 MC の完成

```
左から     0 0 1 0 1 i₀ 1 i₂ 1 i₄ …
下から     0 0 0 1 j₀ 1 j₂ 1 j₄ 1 …
出力       0 0 0 0 0 0 j₀ i₀ j₂ i₂ j₄ i₄ …
```

である.細胞 $C3$ と $F3$ からくる列は細胞 $E1$ で一緒にされて 15 単位時間遅れた出力 $i_0, i_1, i_2, \cdots$ となる.このようにして,情報は a_1 から b_1 へ,また a_2 から b_2 へ相互干渉なしに伝わる.

さて,von Neumann のメモリー制御 **MC** の設計における干渉問題の解決に交差器官を使うことにしよう.干渉は,n^s が大略 200 のときに起る.この条件の下では,**RWE** の繰返しパルサーをスタートさせるコード列 $u_1 \cdot a_+$, $v_1 \cdot a_+$, $u_2 \cdot a_+$,または $v_2 \cdot a_-$ が,この同じパルサーを最後に(**RWEC** を経由して)停止させるためのコード列 $\Phi_2 \cdot b$ と干渉するのである.交差器官を使えば,信号 $\Phi_2 \cdot b$ は **RWE** の上の繰返しパルサーを停止させるために Φ_2 から直接送ることができ,また,それをコーデッドチャネルに送って,ループ C_1 の伸縮のこの段階が終ったことを **RWEC** に知らせることができる.同様に,信号 $\Phi_1 \cdot b$ を Φ_1 から直接送って **RWE** の下の繰返しパルサーを停止させ,次いでコーデッドチャネルに送ることができる.von Neumann の設計にこの変更を加えることによって,遅延領域(**CO** の)**D** と(**MC** の)**W** におく必要のある遅れの量を大幅に減らすことができる.

繰返しパルサーを 3 進計数器によって直接停止させるようにするための細工の最も簡単な方法はこうである.

(1) 第 39 図(a)において,"0.0" と記されたパルサーを,**PP**($\overline{110000}$) と交換し,**PP**($\overline{110110}$) を逆さにする.そこで両繰返しパルサーの停止入力はつなぐことができる.結合点を $u_1 \cdot v_1 \cdot a_-$ と呼ぼう.同様に,第 39 図(b)において,"0.4" と記されていたパルサーを **PP**($\overline{110000}$) と交換し,**PP**($\overline{110110}$) を逆さにする;そしてこれら二つのパルサーの共通の停止入力を $u_2 \cdot v_2 \cdot a_-$ と呼ぼう.

(2) メインチャネルの **MC** の中央に近い上昇部,下降部にはさまれる一列の **U** 状態を,12 列の細胞でおきかえる.この場所は,以下の(3),(4)のチャネルと交差器官に使用される.

(3) $\varPhi_1$ の一次出力 b をまず(交差器官により)メインチャネルを横切って引き出し,下降させ,再び(第二の交差器官により)メインチャネルを横切って戻し,$u_2 \cdot v_2 \cdot a_-$ と CC_1 のパルサーに入れる(それが,RWEC の適当な CO に,C_2 の伸縮のこの相が終わったことを知らせる).

(4) 最後に,$\varPhi_2$ の主出力 b を,(第三の交差器官によって)メインチャネルを横切って取り出し,上昇させ,(3)のチャネルの外に出し,(第四の交差器官によって)メインチャネルを横切ってもどし,$u_1 \cdot v_1 \cdot a_-$ と CC_1 のパルサーに入れる(これが C_1 の伸縮のこの相が終わったことを RWEC の適当な CO に知らせる).

これらの細工は,わずか4個の交差器官を使うだけで,von Neumann の設計にあった遅延回路を大幅に減らすことになる.しかし,それはまた,メモリー制御 MC の,したがってまた,無限に延長可能な線状配列 L を含む任意の子のオートマトンの組立てに関係する問題をひきおこす.von Neumann が頭にえがいた組立て法には,二つの段階がある(1.5.2節,1.7.2.1節参照).まず,親の(組立てをする)オートマトンは子の領域の各細胞を,10個の興奮不能状態 U,$T_{ua0}(u=0,1; a=0,1,2,3)$,$C_{00}$ のうちの一つにする(第9,第10図参照).von Neumann はこの操作の結果を,子のオートマトンの初期状態〈initial state〉と呼んだ.次に,親のオートマトンは,子のオートマトンの周辺の適当な位置を刺激して,子が意図された活動を開始できるようにする.von Neumann は,この起動信号を,子のオートマトンの**起動刺激**〈starting stimulus〉と呼んだ.

したがって,von Neumann が親の組立てオートマトンによって(彼の細胞構造の中に)作ろうとした子のオートマトンは皆特別な種類のものである:すなわち,子のオートマトンの各細胞は,**最初**〈initially〉,10個の静穏状態 U,$T_{ua0}(u=0,1; a=0,1,2,3)$,$C_{00}$ のうちの一つになっている;そして,オートマトンを起動するには,その周辺部へ刺激を与えればよい.このことを頭において,**初期静穏オートマトン**とは,von Neumann の 29 状態細胞構造の中の有限領域で各細胞がすべて 10 個の静穏状態,U,T_{ua0},C_{00} のどれか一つになっているようなものだと定義する.

5.1 メモリー制御 MC の完成

交差器官は興奮した普通伝達状態と興奮した合流状態を含むから，交差器官を含むオートマトンはどれも初期静穏ではない．したがって，メモリー制御 MC の設計に更に変更を加えて最初は興奮した細胞はないが，MC を使用する直前には上記の4個の交差器官ができているようにしなければならない．

それには次の方法がうまく行きそうである．MC の中央の領域を更に拡張して，4個の組立て装置と，以下に述べる四つのデコーダーが入るようにする．MC の四つの交差器官の各々を次のように変更する：すなわち，第 42 図の各活動状態(T_{011}, C_{10}, C_{01})をそれに対応する不動状態(T_{010}, C_{00}, C_{00})で置きかえ，また，中心のクロックに外部から近づけるように $A5, B5, C5$ 細胞を消去する(U で置きかえる)．次に，変更された交差器官の一つ一つに対して単能の組立て装置と，それを起動するデコーダーを備える．組立て装置は，194 頁で述べ，第 14 図に図解した．一般的な手続きを用いて遠くの細胞を変更する；この手続きによって，組立て装置は交差器官の五つのクロックの位相を合せて起動し，また，細胞 $A5, B5, C5$ を修復することができる．組立て装置自身はデコーダーによって，メインチャネルからくる信号で起動される．

次に，子のオートマトンのための起動刺激が MC のメインチャネルに(新しい)コード列を入れるよう細工をする．このパルス列は，四つのデコーダーで検出され，これらのデコーダーは，今度は四つの組立て機械を起動させる．各組立て装置はその交差器官に組立て腕をのばし，交差器官の五つのクロックの各々を正しい位相で起動し，第 42 図の $A5, B5, C5$ 細胞を修復し，交差器官の近所を適当な状態にする．これで，メモリー制御 MC は，動作の準備ができたことになり，それが含まれる子のオートマトンは正常に動き出すことができる．

これで von Neumann の設計におけるメモリー制御 MC の干渉問題の第二の解決策は完成した．どちらの解決法も理想的ではない：第一の解決法はエレガントでないし，第二の解決法はすこし複雑である．MC の設計の，これとは本質的に異なり，はるかにすぐれた行き方を 5.2.2 節で示す．しかしながら，MC の最終的な設計が，エレガントでなかったり，複雑であるということは，von Neumann の主な目的にとっては直接どうということはない．von Neumann は自己増殖の存在証明，すなわち，彼の細胞構造中で，自己増殖が可能であることの証明を求めたのであった(1.1.2.1 節)．メモリー制御 MC の組立ては，この証明に向かっての一歩であり，この目的には，役に立つ MC が存在するということで十分である．

いままでに得られた結果を要約しよう．無限の線状配列 L と，その制御装置 MC を一緒にしたものは無限の記憶容量をもつテープユニットである．それは，29状態細胞構造の中に，初期静穏オートマトンとして作る(埋込む)ことができる．したがって，**無限の記憶容量をもつテープユニットの機能を果たす初期静穏オートマトンを von Neumann の 29 状態細胞構造中に埋込むことができる**．

5.1.3 細胞構造の論理的万能性．次に von Neumann が無限の記憶容量をもつテープユニットを細胞構造中でどのように使うつもりであったかを簡単に展望してみよう．

この本の第I部の第2講で，彼は Turing の万能オートマトンを論じた．第II部の初めの方で彼はこの部で取り上げる五つの主な問題を提示した：(A) **論理的万能性**〈logical universality〉：一つのオートマトンが，有限な(しかし任意に拡張できる)手段で実行可能なあらゆる論理操作を行なうことが可能であろうか？ (B) **組立て可能性**：オートマトンを，他のオートマトンが作りうるであろうか？ (C) **組立て万能性**〈construction universality〉：一つのオートマトンが他のすべてのオートマトンを作ることができるであろうか？ (D) **自己増殖**〈self-reproduction〉：オートマトンが自分自身のコピーを作ることができるであろうか？ (E) **進化**〈evolution〉：オートマトンによるオートマトンの組立てが，簡単なオートマトンから，だんだん複雑なオートマトンに進むことが可能であろうか？ von Neumann は，Turing が第一の問題に解答を与えたと述べた．すなわち，Turing の万能計算オートマトン(機械)は論理的に万能である．次に von Neumann は問題(B)-(D)に肯定的な解答を与えると約束した．

一般的な組立ての方法を議論する際に，von Neumann は，無限のメモリー

5.1 メモリー制御 MC の完成

配列 **L** と,それに"附随する観測,探索,組立ての機能"を導入した(1.4.2.3 節). 後者はメモリー制御 **MC** であり,その設計をいまちょうど終ったところである(5.1.2 節). そこで複合体 **L**+**MC** を"テープユニット"と呼ぶことにしよう. 1.4.2.2 節で von Neumann は,このテープユニットを組立てオートマトンの無限の記憶装置として使えるという意味のことを述べ, 1.5 節では,それを万能組立てオートマトンの無限記憶装置としてどうして使うかを述べ, 1.6 節では, 万能組立てオートマトンを使ってどうやって自己増殖を得るかを示した. 5.2 節と 5.3 節で, われわれはこれらの結果がどのようにして達成されるかを示す.

1.4.2.3 節で von Neumann は,テープユニットを論理的に万能なオートマトン,すなわち,万能 Turing 機械の,無限の記憶装置として使えると述べた. それより前, 第Ⅰ部の第2講で彼は, Turing 機械のはたらきを概説した. そして 4.1.3 節と 4.1.4 節で, 彼は組立てユニットがどうやってテープユニット **MC**+**L** を操作するかを概説した. これらの考えを全部一緒にして, これから von Neumann の細胞構造の中に万能 Turing 機械を設計する方法を示すことにする.

Turing 機械は,二つの主な部分: すなわち,無限の記憶容量をもつテープユニットと,このテープユニットと相互作用する有限オートマトンを,もっている. 前出の 4.1.3 節と 4.1.4 節で概説したように, 組立てオートマトンはこれに対応する二つの部分: テープユニット **L**+**MC** と, **L** 上に蓄えられた情報をもとに子のオートマトンの組立てを指令する組立てユニット **CU** をもつ. したがって **CU** は, テープユニットと相互作用し, かつ組立ての機能をも行なう有限オートマトンである. そこで, われわれの仕事は, **CU** と **MC**+**L** の相互作用にたいする von Neumann の下設計を Turing 機械の動作をも含むように手直しすることである.

有限オートマトン **FA** は, 有限個の状態 $\alpha=1,\cdots,a$ をもつ. 有限オートマトンとテープユニット **MC**+**L** は, $0,1,2,3,\cdots,s,s+1$ の次々のステップを踏んで働く. 第0ステップでの **FA** の状態を第1番の状態とし, x_{n^s} を, s 番のス

テップのはじめに調べられている **L** の細胞とし，この時の x_{n^s} の内容を $\xi_{n^s}^s(=0,1)$ で示そう．すると，有限オートマトン **FA** は，三つの関数 A, X, E によって定義される：

関数 A は，次の状態 α^{s+1} を現在の状態 α^s と，段階 s のはじめにおける x_{n^s} の内容 $\xi_{n^s}^s$ の関数として，指定する： $\alpha^{s+1}=A(\alpha^s, \xi_{n^s}^s)$．

関数 X は，x_{n^s} に書かれるべき数 $\xi_{n^s}^{s+1}$ を α^s と $\xi_{n^s}^s$ の関数として，あるいは同じことであるが，α^{s+1} の関数として指定する： $\xi_{n^s}^{s+1}=X(\alpha^{s+1})$．

関数 E は，伸縮パラメーター ε^{s+1} の値を α^{s+1} の関数として指定する： $\varepsilon^{s+1}=E(\alpha^{s+1})$．

変数と関数の値の変域は：

α^s と α^{s+1} は有限のオートマトンの状態 $1, 2, \cdots, a$ にわたる；

$\xi_{n^s}^s$ と $\xi_{n^s}^{s+1}$ は $0(x_n$ 上の "0" を示す$)$ と $1(x_n$ 上の "1" を示す$)$；

ε^{s+1} は $+1$(延長) と -1(短縮) をとる．

"初期静穏オートマトン" は，その中にあるすべての細胞がはじめは10個の状態 **U**, **T**$_{ua0}$, **C**$_{00}$ のうちの一つになっているものである(5.1.2節)．そこで次に，任意の与えられた有限オートマトン **FA** を von Neumann の細胞構造中に埋込む方法，すなわち，**FA** をシミュレートする初期静穏オートマトンを作る方法を示すことにしよう．

FA の a 個の状態の一つ一つは，第43図の状態器官 **SO** と同じもので表わされる．この図の繰返しパルサー **PP**($\bar{1}$) は，第20図の変形繰返しパルサーであり，それは起動されていない時に停止の刺激を受けても害がないようにできている．第43図ではこれらの **PP**($\bar{1}$) は，正しい寸法に書いてはない；実際はいずれも長さが13で，高さが4である．第42図と同様に，1本矢印で普通伝達状態を示してある．

有限オートマトン **FA** は，コーデッドチャネルで相互に結合されている **SO** の a 個のコピーでできている(3.6節および第27図)．**FA** 中の具体的な相互結線は，その三つの関数 A, X, E できまる．**FA** の中で，制御は一つの状態器官 **SO**$_\alpha$ から他の状態器官 **SO**$_{\alpha'}$ へ，**FA** が **MC** から受けた情報にしたがって移っ

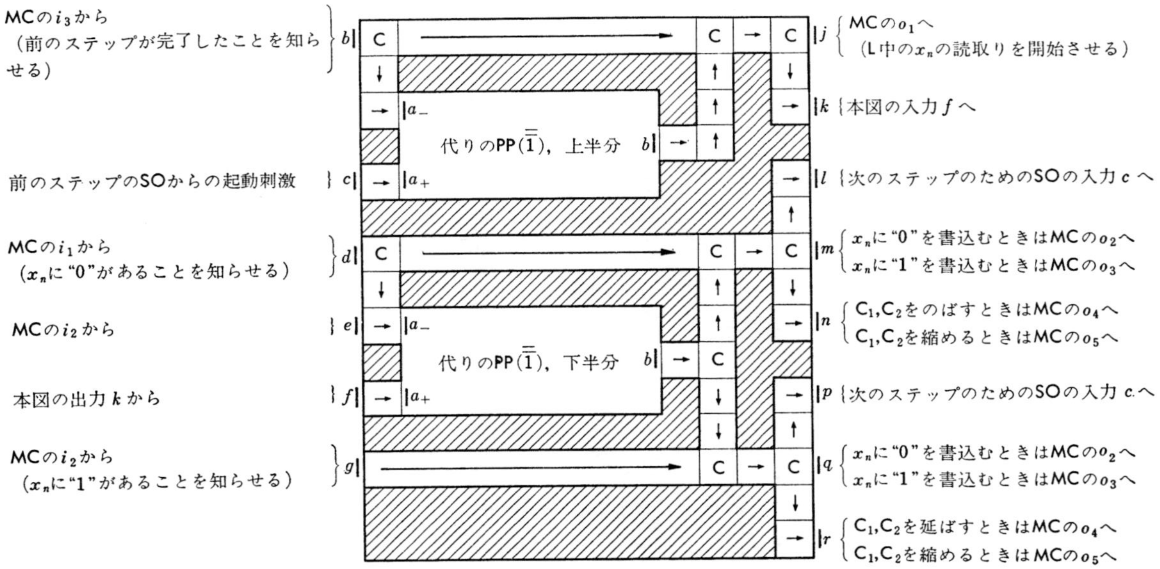

第 43 図 有限オートマトン FA の状態器官 SO

て行く．オートマトン **FA** と **MC** は8個のチャネルで相互に結ばれている．**FA** の入力 i_1, i_2, i_3 は，**MC** の同じ名前のついた出力からくる（第37図）；**FA** の出力 o_1, o_2, o_3, o_4, o_5 は，**MC** の同じ名前のついた入力へ行く．

FA の **SO** が，**FA** のコーデッドチャネルに対してもつ関係は，**MC** の **CO** が **MC** のコーデッドチャネルに対してもつ関係とおよそ同じようなものである（第37図）．

次に，**FA**+(**MC**+**L**) 複合体がどのように働くかを説明しよう．ステップ s のはじめには，次の条件が成り立っている．

(1a) 刺激が，**FA** の入力 i_3 に到着し，ステップ $s-1$ が完了して，ステップ s を始める時が来たことを知らせる．

(1b) **L** の x_{n^s} 細胞が調べられている；すなわち，**MC** は接続ループ C_1 を通して，x_{n^s} に接続されている．x_{n^s} の内容は，$\xi^s_{n^s}(=0,1)$ と記す．

(1c) **FA** は状態 α^s にある；すなわち，**FA** の状態器官 SO_{α^s} が制御をにぎっている．もっと具体的には，第43図の上の $PP(\bar{1})$ が動いている．この繰返しパルサーは，ステップ $s-1$ の終りで第37図のループ C_1 と C_2 が，伸長あるいは短縮されている間ずっと動作中であった．

読取過程がそこで開始され，制御は，SO_{α^s} の下の $PP(\bar{1})$ に移される．

(2a) **FA** の入力 i_3 に入ったパルスは，コーデッドチャネルを経由して，**FA** の各 **SO** の入力 b に入る．それは，SO_{α^s} だけに効果を及ぼす，すなわち SO_{α^s} の上の $PP(\bar{1})$ を切り，この $PP(\bar{1})$ によって導通状態にされた合流状態を通り，出力 j, k から外へ出る．

(2b) 出口 j からの刺激は，**FA** のコーデッドチャネルを経由して **FA** の出力 o_1 へゆき，そこからまた **MC** の入力 o_1 へ行き，そこで **L** の x_{n^s} 細胞を読む動作を始める．

(2c) SO_{α^s} の出力 k からの刺激は，**FA** のコーデッドチャネルを経由して，この同じ SO_{α^s} の入力 f へゆき，そこで，下の $PP(\bar{1})$ を起動する．この $PP(\bar{1})$ は，x_{n^s} 細胞が **MC** で読まれている間，動いている．

テープユニット **MC**+**L** は，次に x_{n^s} の内容 $\xi^s_{n^s}$ をよみ，結果を **FA** に送る：

5.1 メモリー制御 MC の完成

もし，$\xi_{n^s}^s = 0$ (すなわち，x_{n^s} が "0" を蓄えていた)ならば，刺激が MC の出力 i_1 から FA の入力 i_1 へ行く．

もし，$\xi_{n^s}^s = 1$ (すなわち，x_{n^s} が "1" を蓄えていた)ならば，刺激が MC の出力 i_2 から，FA の入力 i_2 へ行く．

次に，これらの信号がどのように FA に効果を与えるかを $\xi_{n^s}^s = 0$ の効果に角括弧，$\xi_{n^s}^s = 1$ の効果に中括弧を用いて，述べよう．

(3a) [入力 i_1]{入力 i_2} は，FA のコーデッドチャネルを経由して，各 SO の [入力 d]{入力 e と g} に行く．これらの信号は，SO_{α^s} にのみ効果をもつ．

(3b) $[i_1]\{i_2\}$ からのパルスは，SO_{α^s} の，下の $PP(\bar{1})$ をとめる．

(3c) $[i_1]\{i_2\}$ から $[d]\{g\}$ へのパルスは，[上の]{下の} $PP(\bar{1})$ の出力で導通状態にされている合流状態を通って，出力 $[l, m, n]\{p, q, r\}$ から出て行く．

$[l, m, n]\{p, q, r\}$ からのパルスは，FA の次の状態，x_{n^s} に書くべき内容，およびループ C_1, C_2 を伸ばすか縮めるかを決める．

これらの出力 l, m, n, p, q, r の具体的な接続は，与えられた有限オートマトンを特徴づける三つの関数 A, X, E によってきまる．状態器官 $SO_{\alpha^s}(\alpha^s = 1, 2, \cdots, a)$ のそれぞれにたいして，これらの接続は次のように作られる：

(4a) $[l]\{p\}$ からのパルスは，FA のコーデッドチャネルを経由して SO_α^{s+1} の入力 c へゆく．ここで，$\alpha^{s+1} = A(\alpha^s, \xi_{n^s}^s)$．

(4b) $[m]\{q\}$ からのパルスはコーデッドチャネルと FA の出力を経由し，

$\xi_n^{s+1} = 0$ (すなわち x_{n^s} に "0" を書くべき)ならば，MC の入力 o_2 へ，

$\xi_n^{s+1} = 1$ (すなわち，x_{n^s} に "1" を書くべき)ならば，MC の入力 o_3 へ行く．

ここで $\xi_n^{s+1} = X(\alpha^{s+1})$．

(4c) $[n]\{r\}$ からのパルスは，FA のコーデッドチャネルと出力を経由し，

もし $\varepsilon^{s+1} = 1$ (すなわち，ループ C_1 と C_2 を延長すべき)ならば，MC の入力 o_4 へ，

もし $\varepsilon^{s+1} = -1$ (すなわち，ループ C_1 と C_2 を短縮すべき)ならば，MC の入力 o_5 へ行く．

ここで $\varepsilon_{n^s}^{s+1} = E(\alpha^{s+1})$ である．

これで，von Neumann の細胞構造中に，任意に与えた有限オートマトン FA を組立てることは，ステップ $s=0$ にたいする状態の指定を除いて完了した．この状態は状態1とするように約束され，したがって状態器官 SO_1 に表示される．もし，SO_1 の上右角の合流細胞が最初 C_{10} 状態にあれば，起動パルスは SO_1 の出口 j と k から出てくるであろう．これらのパルスはコーデッドチャネルのパルサーを刺激し，パルサーは今度はコード列 r_j, r_k をメインチャネルに注入し，そこで FA が上記の動作を開始する．しかしながら，そのような装置はその初期状態が U, T_{uao}, C_{oo} 以外の状態にある細胞を含むので，初期静穏オートマトンにならないであろう．そこで FA を初期静穏にするために，起動刺激に，コーデッドチャネルのパルサーを刺激させて，FA のメインチャネルにコード列 r_j, r_k を注入するようにさせる．

任意の有限オートマトンが，von Neumann の細胞構造中に初期静穏オートマトンとして埋込めることの実証は，以上の通りである．われわれは，5.1.2 節の終りで，無限の記憶容量をもつテープユニットが，この細胞構造中に初期静穏オートマトンとして埋込めることを知った．したがって任意の Turing 機械を初期静穏オートマトンとして埋込むことができ，そして当然，万能 Turing 機械を初期静穏オートマトンとして埋込むことができる．

これらすべての埋込まれた装置は，細胞構造の時間基準からいうと，のろい動作しかしないことに注意しなければならない．この時間基準は不連続な時刻 $t=0, 1, 2, \cdots$ からなり，細胞を構成する29状態オートマトンの基本動作は，この時間基準にしたがって行なわれる (1.2.1 節，1.3.3.5 節)．細胞構造中に埋込まれた有限オートマトンと Turing 機械は，やはり，この時間の基準の中で動作するが，次々のステップ $s=0, 1, 2, \cdots$ は，これよりのろく起る．一般に，各ステップ s は，時間 t の何単位かを要する．テープユニット $MC+L$ の場合，ループ C_1 と C_2 が長くなるにしたがって，ステップ s にかかる時間も長くなる．

有限オートマトンと Turing 機械は，普通は，時間 t の1単位の間にステップ s を一つ行なう装置と見做されている．言いかえると，$s=t$ であり，機械はその計算を"実時間"で行なうということである．有限オートマトンと Turing

機械を模倣する，von Neumann の細胞構造の初期静穏オートマトンは，それが模倣する装置と同じ速度では動作しないが，計算した結果は同じになる[3]．

von Neumann の主目的は，彼の 29 状態の無限細胞構造の中で，組立て，組立て万能性，そして自己増殖を実現することであった (1.1.2.1 節)．そこでこれまでに達成されたこと，および，それがどのように彼の主目的に関係をもっているかを，要約しよう．

われわれは，万能 Turing 機械の計算を行なうような初期静穏オートマトンを，von Neumann の 29 状態細胞構造中に埋込む方法を示した．したがって，この細胞構造は論理的に万能である．

万能組立てオートマトンを設計するに際しては，von Neumann は万能計算機という類似な概念を路しるべとした．彼の万能組立てオートマトンは，万能計算機と同じように動作し，おもな違いは，計算機械の出力が計算であるのに対して，組立てオートマトンの出力は，初期静穏な子オートマトンを組み立てる信号の列であるということである．万能計算機械 M_u は $\mathbf{FA}+(\mathbf{MC}+\mathbf{L})$ という複合体であって，次の性質をもつものである：すなわち，任意の Turing 機械 M にたいし，コード化された記述 $\mathcal{D}'(M)$ が存在して，$\mathcal{D}'(M)$ を $\mathbf{L}$ 上に記憶させると，M_u は M をシミュレートする．すなわち M_u は M が計算するのと同じ結果を計算する．同じように，万能組立機 M_c は $\mathbf{CU}+(\mathbf{MC}+\mathbf{L})$ という複合体であって，次の性質をもつものである：すなわち，任意の初期静穏な子オートマトン M にたいして，コード化された記述 $\mathcal{D}(M)$ が存在し，$\mathcal{D}(M)$ を $\mathbf{L}$ 上に記憶させると，M_c は M を組み立てる[4]．

そこで，von Neumann の細胞構造中で，組立て，組立て万能性，自己増殖を達成するための彼のプログラムのうちで，残っている本質的なステップは組

---

[3] オートマトンの実時間的な動作は通常 "挙動" と呼ばれて，オートマトンの計算の答，つまり "計算" ということとは別のことである．有限または無限の系のとる挙動とそれによる計算に関して論じたものとしては Burks の "Towards a Theory of Automata Based on More Realistic Primitive Elements", McNaughton の "On Nets Made up of Badly Timed Elements", Holland の "Universal Embedding Spaces for Automata" 等参照．

立てユニット **CU** を設計することである.

5.2　万能組立機 **CU**+(**MC**+**L**)

5.2.1　組立て用腕. von Neumann の万能組立てオートマトンは, テープユニット **MC**+**L** に組立てユニット **CU** を結合したものである(4.1.1節). 彼はこれを"一次(親)オートマトン"と呼び, また, 作るべき初期静穏オートマトンを"二次(子)オートマトン"と呼んでいる(1.4節). ここでテープユニットの設計は完成しているので(5.1.2節), 残るのは組立てユニットを設計することだけである.

われわれはまず, 組立てのための全体としての道具立てを議論しよう. 第50図参照. この図は寸法は正確ではなく, 万能組立機は, ここに示したよりはるかに大きい(第37図参照). また, **L** を読むためのループも, ループを伸縮するための道具立ても示されていない(第37, 第51図参照).

万能組立機の中のある点が子オートマトンの場所を指定するための座標系の原点 $(0,0)$ ときめられる. 子オートマトンは, 幅が α で高さが β の矩形の領域を占め, その左下の角は, 原点から測って, x_1, y_1 のところに置かれる(第50図)[5]. 簡単にするために, 子オートマトンを第1象限に入るように置く, すなわち $x_1 \geqq 0$, $y_1 \geqq 0$ であるとする. 子オートマトンの内部構造は, $i=0, \cdots, \alpha-1$ と $j=0, \cdots, \beta-1$ にたいする一連の値 λ_{ij} によって完全にきめられる. ここで個々の λ_{ij} はそれぞれ, 静穏状態 **U**, **T**$_{u\alpha o}$ $(u=0,1;\ \alpha=0,1,2,3)$, **C**$_{00}$ の中の一

---

[4]　第I部第2講の万能 Turing 機械に関する議論と 5.3.1 節に出てくる万能組立機に関する議論とを比較されたい. なお, Burks の "Programming and the Theory of Automata" をも参照.

万能 Turing 機械に与えられる記述 $\mathscr{D}'(M)$ は普通は万能組立機に与えられる記述 $\mathscr{D}(M)$ とは違ったコーディングがなされている. $\mathscr{D}'(M)$ では M の有限な部分の状態にもとづいたコーディングが用いられるが, $\mathscr{D}'(M)$ の方は M の細胞の初期状態に関してコーディングされている. 次節参照.

[5]　1.5.2 節参照. von Neumann の座標系では, (x_1, y_1) といった点は細胞の隅でなく細胞の中心にある.

5.2 万能組立機 CU+(MC+L)

つを指定する．

組立ての一般的な手順はこうである．$x_1, y_1, \alpha, \beta, \lambda_{ij}$ のコード化された表現が線状配列 L 上に書かれている．組立てユニットは，メモリー制御 MC の助けによって，この情報を読み，それを解釈し，それに基いて行動する．親オートマトンは，(遠くにあるかもしれない)子の領域に対して，"組立て腕"すなわち親の方からそこに延びている情報の路によってはたらきかける．組立てユニットはまず子の領域に向かう組立て腕を作る．そうしたら CU は，腕を通して信号を送って，子オートマトンを組み立て，そしてその起動刺激を与える．最後に CU は組立て腕をひっこめる．

組立てユニット CU の設計の第一段階は，テープユニット MC+L から得られる情報の制御の下に CU が操作するところの組立て腕を設計することである．ところがわれわれはそういう組立て腕を実質的には以前に使ったことがある．第14図は組立て経路を伸ばし，遠くの細胞を変化させ，組立て経路を縮める手順を図示したものである．この同じ手順は，ループ C_1 と C_2 の伸縮と，線状配列 L の細胞 x_n の書込みにも使われている(4.2節および第32-36図)．この場合には，ループの上半分が組立て経路になっている．

これらの何れの場合においても(あるときは普通，あるときは特別となる)伝達状態の単一の路が，組立て装置から組立ての行なわれる領域へ行っている．この理由から，われわれはこれを von Neumann の"単一路組立て手順"と呼ぶことにする．この手順がいま必要とされている組立て腕に使えるかどうか，詳しく調べてみよう．

子オートマトンの組立ては第9図に要約した規則にしたがって，組立て腕の末端で行なわれる．そこに関係する二つの過程は(組立てのための)直接過程と(破壊のための)逆過程である．破壊は組立てと同様に必要なものである．何故なら，組立て経路の動作している末端をひっこめるには，伝達状態 $T_{u\alpha 0}$ を興奮不能状態 U に変えるよりほかにないからである．与えられた細胞に対して，組立てはその細胞に普通または特別伝達状態のどちらからでもパルスを与えれば行なわれるが，破壊には，きまった種類の伝達状態が必要である：すなわち，

特別は普通を殺すが特別は殺さず,また普通は,特別を殺すが普通は殺さない.
この区別は情報信号を破壊信号と区別するにはどうしても必要である(2.6.2.2節).

そこで,組立て経路の終端での操作には,ある時は特別伝達状態が,ある時には普通伝達状態が必要になる.von Neumann の単一路組立て法では,これは,次のように行なわれる.組立て経路の始端は,普通伝達状態(例えば第14図の $B1$ 細胞)と特別伝達状態(例えば第14図の $B3$ 細胞)の両方から信号を受ける.組立て経路のはたらいている先端(頭)を普通伝達状態から特別伝達状態へ変える必要のある(あるいはその逆の)場合には,路全体が普通伝達状態から特別伝達状態に(あるいはその逆に)変えられる.第32図(a)を図(b)と(そして図(c)を図(d)と)比較せよ.

単一組立て経路を普通伝達状態から特別伝達状態に(あるいはその逆に)変えるには路の長さに比例した長さのパルス列を必要とする.例えば,ループ C_1 (またループ C_2)の上半分をそのように変えるには,変えられる細胞の数を n とすると,長さ $6n$ の列が使われた.数 n はループ C_1, C_2 で表示され,これらのループの長さはいずれもほぼ $2n$ 単位であった.$6n$ 単位の遅れを得るには,3進計数器にループ(C_1, C_2)を応答器官として組み合わせて使った(4.2節).

この単線式組立て法は,万能組立機の動かす組立て用腕にも使うことができるわけである.その場合腕は,伝達細胞(ある時は普通で,ある時は特別)が万能組立機から子の部分へのびているものから成り,それは普通および特別伝達状態の両方から信号をうける.この単線の中の細胞の数を l としよう.この路を普通伝達状態から特別伝達状態へ(あるいは逆に)変えるために,CU は長さ $6l$ の列を送り込む.CU は子オートマトンの場所と大きさおよび組立て用腕の末端の子オートマトン中での正確な位置を指定する数 $x_1, y_1, \alpha, \beta, i, j$ から長さ l を決めることができる筈である.数 x_1, y_1, α, β は L として具体的に記憶されており,また,CU は λ の列中の λ_{ij} の位置を数えることで i と j を推定できる筈である.

von Neumann は,単線式組立て法を組立て用腕に使ってもよかったわけで

5.2 万能組立機 CU+(MC+L)

あるが，実際には，これと別の，もっとよい方法を使う考えであった．この本のこの第Ⅱ部を構成する彼の原稿"オートマトンの理論：組立て，増殖，均質性"の中には4頁の走り書きが添えてあった．そこには，組立て用腕の設計図と，それを制御するプログラムの概略が書いてある．彼のプログラムは概略過ぎてそれから復元することは無理であるが，組立て用腕の設計で彼の意図したものは十分に簡明であり，一度それがわかれば，そのためのプログラムを書くのは難かしいことではない．

von Neumann の組立て用腕は第 44-50 図に示すようなものである．普通伝達状態は1本矢印で，特別伝達状態は2本矢印で示す．この組立て用腕はとなり合う平行な2本の路からできており，その終端は"頭"で，そこでは一方の路が常時他方の路の方に向いている．一方の路は，普通伝達状態であり，もう一方の路は特別伝達状態である．そこで，いつも普通伝達状態，特別伝達状態のいずれもが，頭のところで逆(破壊)過程に使うばかりになっている．そういうわけで，単線式組立て法の場合のように路全体を普通伝達状態から特別伝

(a) 組立て用腕の先端   (b) 左からのびた先端

(c) 下からのびた先端

第44図　組立て用腕

達状態に，あるいはその逆に変えることが，必要になることがない．

組立て用腕は信号を **CU** から左から（第44図の入力 s, o を使って）でも，あるいは下から（第44図の入力 s', o' を使って）でも受けられる．腕は第50図のように角を曲がることもできる．

腕を操作する von Neumann の手順を，少し変えた形で，第44-50図に示す．これらの図では，パルス列を記号で現わすのに新しい方法を使っている．破壊したり，組立てたりするパルス列は，このパルス列によって作られる静穏状態を示す記号の列で表現されている．

このパルス列の記号化法を，第45図(a)から(b)への推移と関連して説明しよう．次に示すパルス列が，特別伝達状態または合流状態から s または s' に与えられると，これらは次に示すような効果を生じる．

$\overline{1110}$ は $C1$ 細胞を **U** から ⇓ にかえる．
$\overline{1101}$ は $C2$ 細胞を **U** から ⇐ にかえる．
$\overline{1}$ は $B2$ 細胞を ↑ から **U** にかえる．
$\overline{10000}$ は $B2$ 細胞を **U** から → にかえる．

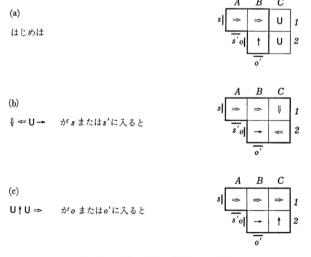

第45図 組立て用腕の水平方向の前進

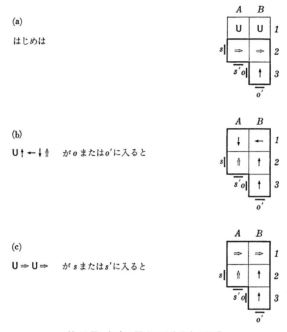

第46図 組立て用腕の垂直方向の前進

したがって $\overline{11101101110000}$ が s, s' に入ることは

$$\Downarrow \Leftarrow \mathbf{U} \to \text{を } s \text{ または } s' \text{ へ}$$

のように書かれる．

パルス列を記号化するこの方法は，von Neumann の遷移規則の制限を心に置いて用いなければならない(第2章)．例えば，列

$$\Downarrow \Uparrow \mathbf{U} \text{ を } s \text{ または } s' \text{ へ}$$

は第45図(b)に対しては許されたパルス列ではない．特別伝達状態が他の特別伝達状態を殺すことができないからである．しかしながら，必要な条件が満たされているなら，1個のパルスで細胞は $\mathbf{U}$ に変えられる．同様に，必要な条件が満たされているとき，

$$\overline{10000} \text{ は } \mathbf{U} \text{ を } \to \text{ に変える．}$$

$$\overline{10001} \text{ は } \mathbf{U} \text{ を } \uparrow \text{ に変える．}$$

$\overline{1001}$ は U を ← に変える．

$\overline{1010}$ は U を ↓ に変える．

$\overline{1011}$ は U を ⇒ に変える．

$\overline{1100}$ は U を ⇑ に変える．

$\overline{1101}$ は U を ⇐ に変える．

$\overline{1110}$ は U を ⇓ に変える．

$\overline{1111}$ は U を C に変える．

第45図と第46図は，組立て用腕を，水平または垂直に1単位だけ進めるための手順を示す．第47図は，腕を水平方向に1単位縮め，二つの空になった細

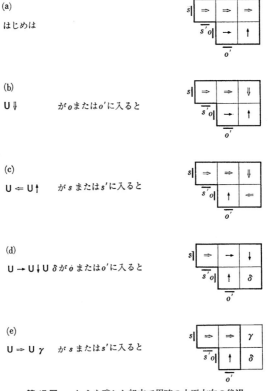

第47図　γ と ∂ を残した組立て用腕の水平方向の後退

(a)

はじめは

(b)

U ← U↓U ⇒ 　が o または o' に入ると

(c)

U⇑U ⇐ Uγ 　が s または s' に入ると

(d)

U↑δ 　　　 が o または o' に入ると

(e)

U ⇒ 　　　 が s または s' に入ると

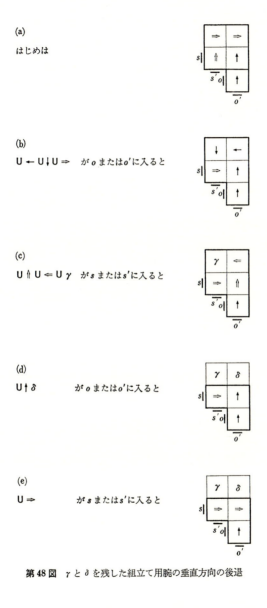

第48図　γ と δ を残した組立て用腕の垂直方向の後退

胞を望みの静穏状態 γ, ∂ にしておくための手続きを与える．γ, ∂ にたいするパルス列は，勿論静穏状態として何を望むかに依ってきまる．例えば，変数 γ が値 C をとるならば，第 47 図(e)に入れられるパルス列は

$$\mathbf{U} \Rightarrow \mathbf{U} \text{ を } s \text{ または } s' \text{ へ}$$

となる．この式は

$$\overline{1101111111} \text{ を } s \text{ または } s' \text{ へ}$$

を示している．

第 48 図は組立て用腕を垂直方向に 1 単位縮め，空になった細胞を望みの静穏状態 γ, ∂ にするための手続きを示す．第 49 図は始動刺激を子オートマトンに注入する方法を示している．

組立て用腕にたいする五つの操作: すなわち水平方向の前進，垂直方向の前

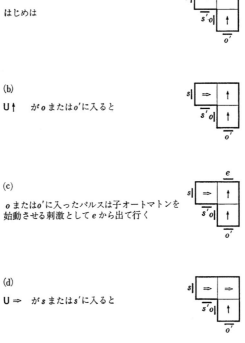

(a) はじめは

(b) $\mathbf{U}\uparrow$ が o または o' に入ると

(c) o または o' に入ったパルスは子オートマトンを始動させる刺激として e から出て行く

(d) $\mathbf{U}\Rightarrow$ が s または s' に入ると

第 49 図　子オートマトンに始動刺激を注入する方法

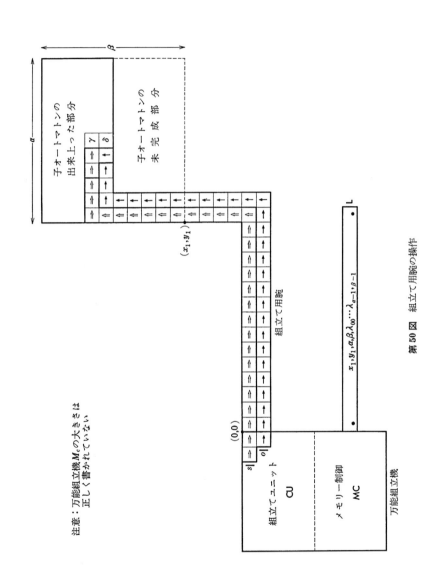

第50図 組立て用腕の操作

進, γ, δ を残す水平方向の後退, γ, δ を残す垂直方向の後退, 始動刺激の注入の五つに関する記述は以上の通りである. これらの操作があれば, 第1象限 (すなわち, $x_1 \geqq 0$, $y_1 \geqq 0$) に任意の初期静穏オートマトンを作るのに十分である. 次に, これらの操作から組立てられた以上の結果を達成するアルゴリズムを述べることにする.

この組立てアルゴリズムでは, β は偶数と仮定する. もし β が奇数ならば, 子に **U** を一列加えて β を偶数にすることができるし, また, アルゴリズムを少し変更してもよい. このアルゴリズムは, 更に, 子の始動刺激は $(x_1+(3/2), y_1+(1/2))$ に中心をもつ細胞に下から注入すると仮定する. そうでないときは, 命令に変更を加える必要がある.

第 50 図に基づく, 子オートマトンの組立てと始動のためのアルゴリズムは:

(1) 組立て用腕を親オートマトンから子のオートマトンの領域の上左端の角に伸ばす. それには水平に x_1+2 前進し, 続いて垂直に $y_1+\beta$ 前進する必要がある.

組立て用腕はこれで子の領域の右方に前進し, そして次に退き, 退きながら子の細胞 2 列を作ることができる.

(2) 次に示す一連の操作を $\beta/2$ 回くりかえす.

   (a) 水平方向の前進を $\alpha-2$ 回くりかえす.

   (b) $\gamma-\delta$ を残す水平方向の後退を $\alpha-2$ 回くりかえす.

   (c) $\gamma-\delta$ を残す垂直方向の後退を 2 回くりかえす.

操作 (2) の終りで子のオートマトンは完成し, 始動するばかりとなる.

(3) 始動刺激を $(x_1+(3/2), y_1+(1/2))$ にある細胞に下から注入する.

子のオートマトンはそこで動作を始め, 組立て用腕は引き上げてよい.

(4) y_1 回の $\gamma-\delta$ を残す垂直方向の後退とそれに続く x_1+2 回の $\gamma-\delta$ を残す水平方向の後退によって, 組立て用腕を親のオートマトンのところまで撤退する. ここで γ と δ は両方共に常に静穏状態 **U** である.

これでアルゴリズムは完結する. 組立て用腕はそこで, また別の子のオートマトンを作るのに使うこともできるわけである. このアルゴリズムを遂行するパ

5.2 万能組立機 CU+(MC+L)

ルス列は，組立て用腕の入力 s と o に注入される．これらのパルス列は線状配列 **L** 上に蓄えられた情報の関数である．万能組立機が **L** 上の受動的な情報を正しいパルス列に変換する方法は，5.2.3 節で説明する．

von Neumann の組立て用腕の五つの操作があれば，第1象限内での組立てには十分であるが，他の象限内での組立てには十分でない．しかしながら頭部の設計を変更し，また左へ進め，左から戻れ，下へ進め，等の操作のプログラムをつくるのには，難かしいところはない．これらの操作をつけ加えれば，万能組立機は平面内の任意の象限に子オートマトンを作ることができるわけである．勿論，これは子オートマトンのための領域が興奮不能状態でできていること，万能組立機からこの領域へ興奮不能状態でできた十分な幅のある路があること，他のオートマトンが組立て操作を妨害しないことを前提にしている．

第 45-49 図から，von Neumann の組立て用腕の五つの操作はどれも有限長のパルス列で行なわれることは明らかである．最も長いパルス列が必要なのは γ-δ を残す垂直後退である：もし γ と δ が → か ↑ であるならば，この操作は長さ 47 の列を必要とする．したがって，これら五つの操作の各々にたいして必要なパルス列の長さは定数であって，組立て用腕の長さには関係しない．これにたいして，von Neumann の単線式組立て法では，路の長さによってその長さが変るようなパルス列を必要とした；路の長さを l とすると，$5l$ あるいはそれ以上の長さのパルス列が必要となる．この点で，von Neumann の複線式組立て法は彼の単線式組立て法よりはるかに優っている．この優越性は以下で見るように組立てのためのパルス列を供給する器官に大きな影響を与えるのである．

5.2.2 メモリー制御 MC の新設計． von Neumann の複線式組立て法は線状配列 **L** を操作するのに使うことができる．新しい構成を第 51 図に示してある；それを第 37 図の古い構成と比べてみよ．細胞 x_n を読むための路は入力 v から始り，列 1 に沿って伸び，列 4 にそって戻り，出力 w で終っている．列 2 は組立て用腕の特別伝達状態の伝達路である．組立て用腕の頭部は，細胞 $C2$, $D1, D2$ である；第 44 図(a)の頭部とは少し違っている．入力 u と v への刺激

(a) はじめは

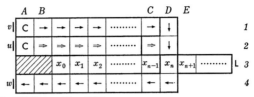

で，読取りループは x_n を通る

(b) パルス列 $\overline{10101}$ を v に入れると
    (1) x_n が U ("0") なら w に $\overline{1}$ があらわれる
    (2) x_n が $\downarrow$ ("1") なら w に $\overline{10101}$ があらわれる
    (3) そして細胞 x_n は $\downarrow$ 状態になる

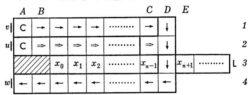

第51図　線状配列 L を操作する新しい方法

は，普通伝達状態から来なければならない．細胞 $A1$ と $A2$ は互いに影響しないことに注意しよう．合流状態は，合流状態に信号を伝えないから．

読取り法は，前(4.1.1節と4.1.5節)と全く同じである．パルス列 $\overline{10101}$ がパルサー $P(\overline{10101})$ から v に注入される．パルス列は，列1を伝わり，行 D を下り，細胞 x_n に入る．次に何が起るかは，x_n が "0" を示す状態 U にあるか，"1" を示す状態 $\downarrow$ にあるかによってきまる．

(1) 細胞 x_n が状態 U にあるときは，パルス列の最初にある $\overline{1010}$ が x_n を $\downarrow$ にかえ，残りの部分 $\overline{1}$ が列4を帰り，出口 w から出る．

(2) 細胞 x_n が状態 $\downarrow$ にあるときは，全列 $\overline{10101}$ が x_n を通り，列4を帰り，出口 w から出る．

すなわち，w に $\overline{1}$ が出れば "0" を示し，w に $\overline{10101}$ が出れば "1" を示す．これら二つのパルス列を前と同じように，$\overline{1}$ 対 $\overline{10101}$ 弁別器で弁別すればよい(3.5節および第25図)．

(a) はじめは

(b) U⇓U⇓U⇒← を u に入れると

(c) U↓U↓U← を v に入れると

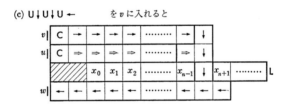

(d) U⇒⇑⇐U→ を u に入れると

(e) U↓U↓ を v に入れると

第52図 細胞 x_n に "1" を書込み読取りループを伸ばす

読取り過程の終りには，読取および組立て用の路は第51図(b)の形になり，細胞 x_n は状態 ↓ にある．次の段階は，**L** の読取，および組立て用の路を延長または短縮することと，x_n を("0"を示す)状態 **U** または("1"を示す)状態 ↓ にすることである．それには四つの場合がある．

  (L0)   延長し，x_n を **U** にしておく
  (L1)   延長し，x_n を ↓ にしておく
  (S0)   短縮し，x_n を **U** にしておく
  (S1)   短縮し，x_n を ↓ にしておく

これらの操作は，水平前進(第45図)，垂直前進(第46図)，水平後退して γ-δ を残す(第47図)，垂直後退して γ-δ を残す(第48図)に似ている．われわれは一つの場合(L1)，すなわち延長し，細胞 x_n を ↓ にする場合だけにたいしてパルス列を与えよう．それは第52図のとおりで，ここでパルス列を記号化する方法は，前出の図と同じである．例えば，第52図(a)の状態から始めるとすれば，u へ入った普通刺激の列 $\overline{1111011110110111001}$ は合流状態を通って特別伝達状態の列に入り，この列を下って行く．この列は，細胞 x_n，その上の細胞，下の細胞，x_{n+1} の下の細胞をそれぞれ ⇓, ⇓, ⇒, ← に変える．第52図(b)は，この列によって起る状況を示している．

すなわち，この操作(L1)は，あるパルス列を u に，次にあるパルス列を v に別のパルス列を u に，そしてまた別のパルス列を v に入れることで遂行される．刺激がないことが"0"で示されているから，この操作は，あるパルス列を u に，あるパルス列を v に，同時に送ることで遂行される；たとえば第14図と2.8.3節の例をみよ．これら二つのパルス列は，互いに適当な位相関係で刺激を受け，u と v に信号を送るようなパルサーによって作ることができる(3.2.1節)．短縮，書込に関する他の操作(L0), (S0), (S1)は同様に取扱われる．

操作(L0), (L1), (S0), (S1)の各々は，長さが組立て用経路の長さに無関係，すなわち，調べられている細胞 x_n の指標 n に関係しないようなパルス列で遂行できるということは重要である．これに対して，線状配列 **L** を操作する von Neumann の方法には，組立て用の路の長さによって変る長さをもつパルス列

5.2 万能組立機 CU+(MC+L)

が必要である(第4章). その結果, L を操作する新しい方法にたいするメモリー制御は von Neumann のメモリー制御 MC(第37図, 第39-41図)よりはるかに簡単なものにできる. 特に, von Neumann の MC の特徴のうち, $6n$(n は x_n の添字)の遅れを作り, 制御することに関係した部分は新しい方法では必要でない.

5.1.2 節で修正された von Neumann 設計の MC は一応満足に動作するから, MC の設計がえはここではしない. L を操作する新しい方法のための読出し・書込み・消去-ユニット RWE は, a 個のパルサーと1個の $\bar{1}$ 対 $\overline{10101}$ 弁別器を適当に組み合わせて作ることができる. MC と組立てユニット CU の間を走る制御信号を符号化しなおし, 簡単化することで, RWEC を省略することができ, そこで MC は, 簡単化された RWE とコーデッドチャネルだけで構成されることになる[6].

ここでちょっと, 以上第1-4章として採録した原稿を書くのを von Neumann がやめた時点での, 自己増殖オートマトンの設計に関する彼の考えを推測してみたい. 彼の設計は彼がはじめ予期していたよりもはるかに複雑であることがわかった[7]. 彼は, 複線式組立て法を開発した後に, それが L にたいして使用できることと, それが MC の設計, さらに全機械の設計を大幅に簡単化することを知ったに違いない. そこで彼は自己増殖オートマトンを新しい方針に沿って設計しなおすことを望んだであろう. この設計がえをすることは, 第

---

[6] L を操作する新しい方法の一変種を用いたメモリー制御の完全な設計は Thatcher の論文 "Universality in the von Neumann Cellular Model" にある.

[7] イリノイ大学出版局の Miodrag Muntyan 宛の 1952年11月4日付の手紙の中で, von Neumann は彼の草稿について次のように述べている.

> 既に第1章は書きあげてあり, タイプで約40枚の長さです. ……いま第2章を書いていますが, これはもう少し長く, 多分第1章の2倍ほどのものとなると思います. 第3章もあり, そして多分第4章も書くつもりですが, その長さについてはまだ見当がつきません. また, 全部を終えたら, もう一度全文を書きなおすつもりで, そうすれば長さはまた少し増えるでしょう.

これを 1.1.2.3 節で引用した Goldstine 宛の von Neumann の手紙の前半と較べてみてもらいたい.

上述の記述によれば, von Neumann は第1章を書き終えた後, (第2章以下で)第1章の2倍位の章で設計が展開できると考えていたことがわかる.

3章を改訂し，第4章をすっかり新しく書くことを意味したであろう．von Neumann は原稿をこのような具合に改訂し，完成するひまを遂に見出せなかったのだ．

メモリー制御 **MC** の von Neumann の設計は，大幅に改良の余地があるとはいえ，やはり重要である．歴史的には，それは，無限の記憶をもつテープユニットを彼の 29 状態の細胞構造の中に埋めこむことができることの最初の証明である．その上，そこにはこの細胞構造の中での並列データ処理に対する多くの巧妙な設計の手法が含まれていた．

5.2.3 組立てユニット **CU**.

組立て用腕の設計をした後，von Neumann に残った仕事は，組立てユニット **CU** 自体を設計することであった．彼の見方からすれば，**CU** はテープユニット **MC+L** と相互に作用し，同時に，組立ての機能を果たす有限オートマトンである．したがって，メモリー制御 **MC**（第4章）や任意の有限オートマトン **FA**（5.1.3節）の設計に使われたものと同じ種類の器官と，そして設計法が **CU** を設計するのに使える．von Neumann は熟達した設計者であり，プログラマーであったから[8]，彼はもちろん，組立てユニット **CU** をどのように設計するかを知っていたし，恐らくは，全く具体的な設計計画を心に持っていたことであろう．

われわれが完全な設計をここで仕上げるのは適当ではないけれども，動きうる組立てユニット **CU** が事実存在するということを示すのに十分なだけのことはいっておくことにしよう．組立てユニット（および万能組立機械）の完全な設計は，James Thatcher の書いた "Universality in the von Neumann Cellular Model" に与えられている[9]．

von Neumann は子のオートマトンを数個作る過程を議論した (1.7節) が，

---

[8] この著作の "編集者の序" (pp. 6-15) と，第3，第4章とを参照．
[9] さらに Codd の書いた "Propagation, Computation, and Construction in Two-Dimensional Spaces" をも参照．この論文には細胞がどれも四つの隣接細胞をもつ細胞システムによる万能組立機械の設計が記述されているが，その細胞は von Neumann の 29 の状態に対比して，たった8個の状態しかとらないものである．Thatcher 博士も Codd 博士も von Neumann の論文 "The Theory of Automata: Construction, Reproduction, Homogeneity" を草稿の形の時に読んで知っていた．

5.2 万能組立機 CU+(MC+L)

ここでは，第1象限に1個だけ子のオートマトンを作ることの説明をしておけば十分であろう．子のオートマトンの位置，大きさに関する情報および子のオートマトンの完全な記述は第50図のように線状配列 L の上に蓄えられている．最初にピリオドがくる．続いて，位置と大きさのパラメーター $x_1, y_1, \alpha, \beta,$ が，それぞれその後にコンマを伴ってくる．次に子のオートマトンの細胞一つ一つを記述する λ_{ij} が $i=0, \cdots, \alpha-1$ および $j=0, \cdots, \beta-1$ にたいしてくる．簡単にするために，λ_{ij} は CU が使うときの順序で蓄えられていると仮定する．λ_{ij} の終りにはピリオドがあり，それはまたテープ上の情報の終りをも示す．

この情報は14文字のアルファベット；すなわち"0", "1", ",", ".", および λ_{ij} の10個の値によって符号化することができる．λ_{ij} の10個の値は，静穏状態 $\mathbf{T}_{u\alpha 0}(u=0,1;\ \alpha=0,1,2,3),$ $\mathbf{C}_{00}$ および $\mathbf{U}$ である．これらの14字は4桁の2進数字（ビット）で表すことができる．ここで "0" ばかりの列 "0000" はやめた方が具合がよい．また，印をつけるために，5番目のビットをつけると便利である．そこで，各々の字は，合計5ビットで表され，線状配列 L の五つの連った細胞に蓄えられる．

x_1 という数は "1" を示す5ビット文字を x_1+1 個ならべたもので表現し，y_1, α, β 等の数も同様に表すことにしよう．この表現法は明らかに，改良の余地があるが，同じアルファベットですべての情報を表す方が，議論が簡単になる．

文字をあらわす五つのビットを $\theta_0, \theta_1, \theta_2, \theta_3, \theta_4$ とし，θ_0 をマーカーとする．組立てユニット CU は $\theta_1, \theta_2, \theta_3, \theta_4$ を一つの単位として解釈できなければならない．例えば，$\mathbf{C}_{00}$ が L 上において -1010 と表されたとしてみよう．ただしダッシュはマーカービットの位置を示す．もし L 上の λ_{ij} が -1010 であると，CU は組立て過程の適当な段階で子のオートマトンの (i,j) 細胞を $\mathbf{C}_{00}$ にしなければならない．CU は，水平後退または垂直後退のパルス列の中の γ または δ を列 $\overline{1111}$ でおきかえることによってこれを行なうわけである（第47, 48図）．ここで $\overline{1111}$ は遷移規則（第10図）で $\mathbf{C}_{00}$ を作るのに必要なパルス列である．したがって，CU は，テープ上の文字 -1010 を解釈して，適当な前後関係のところで列 $\overline{1111}$ を要求するものでなければならない．

さて，$\theta_1, \theta_2, \theta_3, \theta_4$ の4ビットは，となり合う細胞 $x_{n+1}, x_{n+2}, x_{n+3}, x_{n+4}$ に蓄えられている．**CU** が **MC** に命ずると，**MC** は一つの細胞を読み，読出しループを一つ進める．この過程に要する時間は，添字 n の一次関数である．したがって，$\theta_1, \theta_2, \theta_3, \theta_4$ の4ビットが **CU** に受取られる時間間隔は大きく変る．von Neumann の用語で言うと(3.1.1節)，列 1010 が **CU** に来るのは自由なタイミングで，それに答えて，**CU** は固定タイミングの列 $\overline{1111}$ を組立て用腕へ送る．$\overline{1111}$ の四つのパルスは，直接過程が固定タイミングを要求するので，相続く時間 $(\tau, \tau+1, \tau+2, \tau+3)$ に組立て用腕に入らなければならない．

したがって，組立てユニット **CU** は，自由タイミングのパルス列 $\theta_1, \theta_2, \theta_3, \theta_4$ (例えば 1010) を固定タイミングのパルス列 (例えば $\overline{1111}$) に変換できなければならない．これを行なうには二つの方法がある．

第一の方法は第43図のような状態器官を使う．16種の文字 $\theta_1\,\theta_2\,\theta_3\,\theta_4$ に 30個の状態器官 $SO_0, SO_1; SO_{00}, \cdots, SO_{11}; SO_{0000}, \cdots, SO_{1111}$ を当て，これらをコーデッドチャネルで相互に連絡する．これらの器官は，ビット $\theta_1, \theta_2, \theta_3, \theta_4$ によって，次のようにして励起される(制御をにぎる)．**MC** が **CU** に θ_1 を送ると，それは次のような条件つきの効果をもたらす：すなわち，θ_1 が "0" ならば，SO_0 が励起される；θ_1 が "1" ならば，SO_1 が励起される．次に，ビット θ_2 は SO_0 または SO_1 から $SO_{00}, SO_{01}, SO_{10}, SO_{11}$ の何れかに次の規則にしたがって制御を移す；すなわち，θ_2 が "0" ならば，$S_{\theta_1 0}$ が励起され，また θ_2 が "1" ならば $S_{\theta_1 1}$ が励起される．すなわち，**CU** が **MC** から θ_1 と θ_2 を受取った後には，状態器官 $SO_{\theta_1 \theta_2}$ が "制御を受け持つ"．残りのビット，θ_3 と θ_4 にたいしてもこの過程が繰返され，$\theta_1\,\theta_2\,\theta_3\,\theta_4$ の全ビットが **L** から読まれた後には，**CU** の 16個の状態器官 $SO_{\theta_1 \theta_2 \theta_3 \theta_4}$ のどれか一つだけが励起される．そしてその状態器官が固定タイミングパルス列の選択を制御する．例えば，状態器官 SO_{1010} は第47，48図の組立て用パルス列の一つにおいて，γ または δ のかわりに $\overline{1111}$ を挿入する．

自由タイミングのパルス列 1010 から固定タイミングのパルス列 $\overline{1111}$ への変換は，静的から動的への変換である．この変換を行なうわれわれの第二の方法

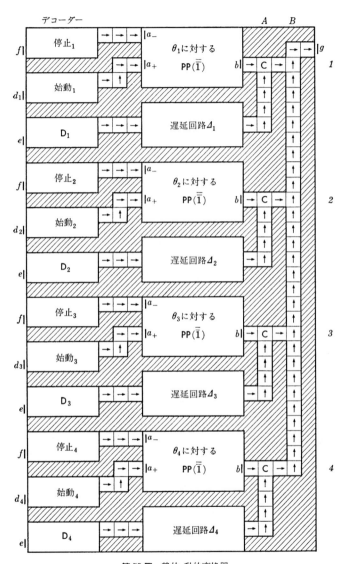

第53図　静的-動的変換器

は，第53図の静的-動的変換器を，それぞれが四つの桁 $\theta_1, \theta_2, \theta_3, \theta_4$ を区別するための四つの状態器官 SO^1, SO^2, SO^3, SO^4 と組合せて使う．静的-動的変換器とこの四つの器官の入力と出力は，すべて CU のメインチャネルに結合する．第53図の繰返しパルサーは，第20図の変形繰返しパルサー $PP(\bar{1})$ のコピーである．第 53 図の左の列にある器官は，すべて入力をメインチャネルから受けるデコーダーである．図は勿論，寸法は正確でない．

　静的-動的変換器と四つの状態器官 SO^1, SO^2, SO^3, SO^4 は，自由タイミングのパルス列 $\theta_1, \theta_2, \theta_3, \theta_4$ をそれに対応した符号の固定タイミングのパルス列に次のようにして変換する．変換の初めには，SO^1 が制御をにぎっており，それが θ_1 の読取りを命ずる．MC が L から θ_1 をよむと，θ_1 は CU を伝送される：MC の出口 i_1 からのパルスは θ_1 が "0" であることを示し，MC の出口 i_2 からのパルスは θ_1 が "1" であることを示す．SO^1 の制御の下に，"1" を示すパルスは，第53図の "始動$_1$" デコーダー（入力 d_1）のみによって検出されるようなコード列にコード化され，制御は SO^2 に移される．したがって，θ_1 が "1" ならば，θ_1 にたいする $PP(\bar{1})$ が励起され，θ_1 が "0" ならば，θ_1 にたいする $PP(\bar{1})$ は励起されない状態で残される．

　同様に，ビット θ_2 は SO^2 によって θ_2 にたいする $PP(\bar{1})$ と第53図の "始動$_2$" デコーダーに伝送される．ビット θ_3, θ_4 も同様に取扱われる．したがって，文字 $\theta_1 \theta_2 \theta_3 \theta_4$ が L から MC で読まれ，CU に送られた後には，静的-動的変換器は，$\theta_1 \theta_2 \theta_3 \theta_4$ を表示し，j 番目 ($j=1,2,3,4$) の繰返しパルサーは，θ_j が "0" か "1" かによって，オフまたはオンになっている．制御ユニット CU は次にこの静的な情報を固定タイミングのパルス列に変換することを命令する．

　文字 $\theta_1 \theta_2 \theta_3 \theta_4$ の静的な表現は，第53図の変換デコーダー D_1, D_2, D_3, D_4 によって検出されるメインチャネルの1個のパルス列によって，それに対応する動的パルス列 $\overline{\theta_1 \theta_2 \theta_3 \theta_4}$ に変換される．$j=1,2,3,4$ にたいする各デコーダー D_j の動作は次の通りである．D_j がパルスを出し，それが $\varDelta_j$ 中で遅れ，A 列，j 行の合流状態に入る．もし，θ_j にたいする $PP(\bar{1})$ が動作中ならば，このパルスは通過してチャネル B に入るし，動作中でなければ，このパルスは停められ

て，B に入らない．デコーダー D_1, D_2, D_3, D_4 によって検出されるメインチャネルのパルス列は，これら四つのデコーダーに，違う時刻に入る．しかし，遅延回路 $\varDelta_1, \varDelta_2, \varDelta_3, \varDelta_4$ は，チャネル B に入るパルスは正しい位相にあるように調節することができる．例えば，もし $\theta_1, \theta_2, \theta_3, \theta_4$ が皆 "1" であれば，列 $\overline{1111}$ が出力 g から出される．

0 ばかりの列は文字をあらわすのには使われていないので，$\theta_1, \theta_2, \theta_3, \theta_4$ がすべて "0" になることはなく，少くとも一つのパルスは g から出てくる．したがって，変換デコーダー D_1, D_2, D_3, D_4 を刺激すると，固定タイミングのパルス列 $\overline{\theta_1 \theta_2 \theta_3 \theta_4}$ が静的-動的変換器から g を通して出てくる．静的-動的変換器の繰返しパルサーはそこで，f と名付けられている入口から四つの停止デコーダーを刺激することによって動作していない状態に戻すことができる．

以上で静的なテープ上の文字を動的パルス列に変換する二つの方法の議論を終る．第二の方法の方が第一のものよりも少い装置ですむ．

こうしてテープから文字を読む方法ができた．また 5.2.1 節の終りでわれわれは子のオートマトンを作り，起動させるためのアルゴリズムを与えた．このアルゴリズムは組立て用腕に注入すべきパルス列を L 上に蓄えられた情報 $x_1, y_1, \alpha, \beta, \lambda_{00}, \cdots, \lambda_{\alpha-1, \beta-1}$ の関数として記述するものである．組立てユニット CU の設計は，そこで，このアルゴリズムを機械の設計に翻訳するという仕事だけになる．そこでわれわれはここでこのアルゴリズムを再び述べ，CU がどのようにして組立てに必要な情報を線状配列 L から得るか示すことにする．L の読出しループは，最初は細胞 x_0，すなわち L 上の最も左のピリオドのマーカービットのところを通っていると仮定する．

子のオートマトンを作り，起動させる改訂されたアルゴリズム(第 50 図参照)は：

(1) CU は，組立て用腕をそれ自身から子のオートマトンの領域の上左角に向って伸ばす．これは次の二つの操作で遂行される：

    (a) CU は組立て用腕に x_1+2 回水平前進させるパルス列を送る．各水平前進にたいするパルス列は第 45 図に与えられている．CU は L 上の x_1

を数える文字を検出し, 第 45 図のパルス列を送り, 続いて L 上の次の文字に向って右に動く. CU が L 上のコンマを読んだ時は, もう 2 回水平前進するためのパルス列を送り, 続いて部分操作(b)の実行に移る.

(b) CU は $y_1+\beta$ の垂直前進のためのパルス列を, 組立て用腕に送る. それには, 次のようにする. CU は L 上の各文字(数とり石)を検出し, 第 46 図のパルス列を組立て用腕に送り, L 上の次の文字へ進む. CU が L 上のコンマにぶつかった時は, CU は α から β に移り, β 1 文字ごとに第 46 図のパルス列を送り, そうしたら α の前のコンマへ戻る.

組立て用腕は今や組立てを始める位置にある. CU は子のオートマトンの二つの列を一度に作り, これを $\beta/2$ 回くりかえす. CU はこれらの操作の数をおぼえるのに β の文字のマーカー位置に印をつける.

(2) CU は β の文字に印がついていないものがあるかどうかを調べる. もし β に印のついていない文字がないならば, CU は β の全文字と, λ 全部から印を消し, 操作(3)にうつる. もし β がマークされない文字を含むならば, CU は β の 2 文字に印をつけ, 部分操作(a),(b),(c)をこの順序で行なう.

(a) CU は水平前進を $\alpha-2$ 回くりかえす. それは, α の最初の二つをとばして, 残りの α の一つ一つにたいして第 45 図のパルス列を組立て用の腕に送ることで遂行される.

(b) CU は, $\gamma-\delta$ を残す水平後退を $\alpha-2$ 回行なう. それにはまず α の中の 2 文字に印をつけ, 続いて, α の残りの文字にすべて印がつくまで次の操作を行なう. すなわち, α の印のついていない文字に印をつけ, 第 47 図の $\gamma-\delta$ を残す水平後退を実行する.

$\gamma-\delta$ を残す水平後退には, 組立て用の腕の先端で細胞中に作られるべき λ_{ij} と $\lambda_{i,j-1}$ の状態にしたがって, γ と δ に対してパルス列の代入を行なうことが必要である. これらの λ を得るには, CU はこれらのものを L 上からみつけて, 読出しループを α からそこに移さなければならない; そして後でまた, CU は読出しループを α に戻さなければならない. 何れの場合も, CU は停止する位置をマーカーによって知ることができ

5.2 万能組立機 CU+(MC+L)

る：すなわち CU は，α または λ の中の文字を一つ使うたびに，それに印をつける．ここでわれわれは，λ が L 上で，使われる順序に，右から左へ配置されていると仮定している．

CU は，γ-δ を残す水平後退を $\alpha-2$ 回遂行し終ると，α から印をすべて消し，部分操作(c)へすすむ．

(c) CU は L 上の次の二つの λ を印をつけながら使うことによって，γ-δ を残す垂直後退を2回行なう．

操作(2)の終りで，CU は子のオートマトンの組立てを終り，それを起動させる仕事にとりかかる．

(3) CU は，第49図のパルス列を使って，起動刺激を子のオートマトンに注入する．この図の出口 e は $(x_1+(3/2),\ y_1+(1/2))$ の場所にある細胞への入力であり，したがって，これは子のオートマトンがその起動刺激をこの細胞の下側から受けとるようにできていることを前提としている．

子のオートマトンはそこで働き始め，そこで CU は組立て用の腕のひっこめにとりかかる．

(4) CU は，まず γ-δ を残す垂直後退を y_1 回，つづいて γ-δ を残す水平後退を x_1+2 回させるパルス列を送ることによって，組立て用腕をひっこめる．必要なパルス列は，それぞれ，第47，48図に示すとおりである．何れの場合にも，γ と δ は共に U でなければならないが，それは，γ または δ が出てきたら，いつも単一のパルスを使えばよいということである．CU は L 上の数 y_1 と x_1 を使って，後退の回数を数える．

子のオートマトンの組立てと起動のためのアルゴリズムは以上のとおりである．アルゴリズムの終了時には，万能組立機 CU+(MC+L) は再びそのはじめの状態にあることに注意されたい．

このアルゴリズムが定式化されたので，組立てユニット CU の設計は，このアルゴリズムを機械の設計に翻訳することに帰着する．それには，第43図のような状態器官 SO を使ってアルゴリズムの内容を反映するように状態器官と状態器官の間をコーデッドチャネルによって結びつける方法を具体的にきめれ

ばよい．CU の中での制御は，アルゴリズムの内容にしたがって，L 上の情報の影響の下に，一つの状態器官 SO から他の状態器官 SO へとうつり動く．メモリー制御 MC は，状態器官の役目を制御器官 CO が行なって，同じように動作することに注意しよう．

5.1.3 節において，われわれは，組立てユニットと有限オートマトン FA との類似と，von Neumann の万能組立機と Turing の万能計算機械との類似を注意した．次にこれらの類似を更に詳しく見ることにしよう．

万能計算機械 M_u は二つの部分からなる：すなわちテープユニット MC+L と，このテープユニットと相互作用する有限オートマトン FA である．これに対応して，万能組立機 M_c は二つの部分 MC+L と CU をもっている．組立てユニット CU は二つの互いに関係している機能を果たす：すなわち，CU は MC+L と相互作用し，L 上にその記述が蓄えられている子のオートマトンを作る．子のオートマトンを作るのに必要な過程は目新しいものではない：これらの過程はテープユニット MC+L 中で既に使われている．もっと具体的にいうと，読出しループは，L 上の一つの細胞から他の細胞へ移るのに，子のオートマトンを作りこわすステップと同種の方法を用いる．そこで第 44-50 図の組立て用腕は第 51-52 図の組立て用腕に非常に似ており，たがいに他方のもので代用することが可能である．

この比較によって，組立てユニット CU がたしかに有限オートマトンの特別な種類のものであること，そして(第 4 章の)メモリー制御と(5.1.3 節の)任意の有限オートマトン FA の設計に使われたものと同じ種類の器官と設計原理を CU の設計にも使うことが出来ることがわかる．同時にまたこの比較から，von Neumann の細胞構造に関する限り，万能計算機 M_u の出力が，M_c の出力とは思った程には違わないことがわかる．M_c の出力が組立てであるのにたいして，M_u の出力は計算である．しかし両方共，組立て用腕に信号を送ることで遂行される．

これで，組立てユニット CU の議論は終った．われわれは，CU を von Neumann の 29 状態細胞構造中に埋込むことが可能なことを示し，またその設計

の一般原理を述べた.

組立てユニット **CU** と,テープユニット **MC+L** とを一緒にすると,万能組立機ができる.したがって **von Neumann** の 29 状態細胞構造中に,次の性質をもつ万能組立機 M_c を埋込むことができる:各々の初期静穏オートマトン M にたいして,M のコード化された記述 $\mathcal{D}(M)$ が存在し,それは M_c につけられたテープ **L** 上にそれが書いてあると,M_c が M を作るという性質のものである.

これが von Neumann の組立て万能性に関する設問,すなわち:単一のオートマトンが他のすべてのオートマトンを作るようなことができるか?(1.1節)という問題に答えるものである.残った問題は唯一つ,オートマトン自己増殖に関する問題,すなわち:オートマトンが自分自身のコピーを作ることができるか?という問題である.われわれは,この問題にも肯定的な答を与えるのであるが,その前にまず本書に盛られた von Neumann の業績を要約することにする.

5.3 結 論

5.3.1 本書の要約. von Neumann はこの第 II 部を,そのあるものはいくつかの副次的な問題を含むような五つの主な設問を問いかけることで始めた (1.1.2.1節).主設問の第一は

(A) **論理的万能性**〈logical universality〉

に関するものでそれは

(A1) オートマトンの一つの類はどうであれば論理的に万能であるか?

(A2) 単一のオートマトンで論理的に万能なものがあるか?

ということである.無限に延長できるテープをもつ有限オートマトンは,Turing 機械と呼ばれる(第 I 部の第 2 講の終りを見よ).Turing は,Turing 機械という類は,有限ではあるがいくらでも大がかりな手段でとにかく実行可能であるような任意の論理手続き(計算)はある Turing 機械で実行が可能であ

るという意味において，論理的に万能であることを証明した．Turing は更に，万能 Turing 機械，すなわち，与えられた計算は何でも行ない得るような一つの Turing 機械が存在することを示した．

すなわち，von Neumann が述べたように，Turing は論理万能性に関するこれら二つの設問に答えた．von Neumann は続いて組立てに関して同様の設問を出している．

(B) **組立て可能性**〈constructibility〉：
  (B1) オートマトンを，他のオートマトンが作ることができるか？
  (B2) オートマトンのどのような類を，適当な一つのオートマトンが作ることができるか？

(C) **組立て万能性**〈construction universality〉：
  組立てに関して万能な単一のオートマトンがあるか？

(D) **自己増殖**〈self-reproduction〉：
  (D1) 自己増殖オートマトンが存在するか？
  (D2) 自分自身を複製し，更にそれ以上の仕事を行ないうるオートマトンが存在するか？

von Neumann はこれらすべての設問にたいし，構成的な方法により，すなわち，いろいろな組立てオートマトン，自己増殖オートマトンを設計することによって，肯定的な答を与えることを約束した．

設問(C)と(D)から彼の最後の主設問に行きつく．

(E) **進化**〈evolution〉：
  (E1) オートマトンによるオートマトンの製造がより簡単な型のものから，次第に複雑な型のものに進むことができるか？
  (E2) 効率の適当な定義を仮定するとして，この進化は，より効率がよくないものから，より効率がよいものに進むことになるか？

von Neumann は 1.7 節と 1.8 節で，進化に関連していくつかの注意をしたが，以後この話題に戻ることはなかった[10]．

これら五つの主な設問を提出したあとで，von Neumann は，更に進んで，

5.3 結 論

設問(B)-(D)をより精密なものにした.第1章の残りの部分と,第2章の全部は事実上この作業に向けられている.いま,これらの章の展開を簡単に要約してみよう.

理想化された神経細胞は,オートマトンの純論理的な働きを扱うのには十分であるが,組立てには,作られたオートマトンを構成する器官を取って来たりくっつけたりするのに必要な論理的以外のはたらきの出来るような器官が必要である(1.2節).その運動学的モデルにおいては,von Neumann は部材,感触素子,動力素子,結合素子,切断素子をこれらの論理的以外のはたらきを行なうために導入した(第Ⅰ部第5講,および1.1.2.3節).今回は,彼は,この問題の論理的,組合わせ論的な面に専心できるように,自己増殖の運動学的な面を避けることにした(1.3.1.1節).そこで結局彼は,静止と運動の区別を,静穏状態と活動状態の区別に置きかえたような空間(枠組)を扱うことになった(1.3.2節および1.3.4.1節).

次に von Neumann は,彼がオートマトンの組立てを行なうための空間(枠組)にいろいろな制限を加えた.彼は,それに高度の規則性をもたせたかった.彼は,完全な均質性は要求しなかったが,機能的な均質性を要求した.その理由は,前者が計算および組立てと相容れないからである.彼は更に等方性を要求し,また2次元の空間をえらんだ(1.3.3.2節).連続空間中ではオートマトンの組立てを模型化することが難かしいので,離散的な空間で行なうことにした(1.3.3.4節,1.1.2.3節参照).要するに,彼は,オートマトンの組立てを機能的に均一で等方的である2次元の規則的な細胞構造の中で行なうことにきめたのである.

彼はそれから神経細胞(興奮可能な細胞)の成長を模型化するのに,既に存在する興奮不能な細胞を興奮可能な細胞に変えるという形をとることに決めた.そのような変換は,普通刺激(ニューロンの普通の興奮状態)によって誘起することはできない.それは,普通刺激は論理機能を制御するものだからである.

---

10) われわれが 1.1.2.3 節の終りのところで彼の"自己増殖と進化の確率的モデル"を論じたところも参照にしてもらいたい.

そこで，彼の細胞構造中で組立てを達成するために，von Neumann は興奮不能状態から各種の興奮可能状態への変換を起す特別な刺激を導入した．こうして，成長は特別刺激によって興奮不能細胞を興奮可能細胞に変換することとして模型化された(1.3.4.2 節)．この普通刺激と特別刺激という区別は，後に変形されはしたが(1.3.4.3 節，2.5 節，2.6 節)，設問(B1)：あるオートマトンを他のオートマトンが作ることが可能か？ に対する答の基礎である．

次の設問は(B2)である．すなわち，単一の適当なオートマトンで，どういう種類のオートマトンを作ることができるか？ von Neumann は，作るオートマトンと作られるオートマトンをそれぞれ"一次"(親)と"2次"(子)のオートマトンと呼んだ．1.4 節で彼は，子オートマトンのある無限の類の中のどのものでもつくることのできる親オートマトンの一般的な構成と動作様式の構想をたてた．望みの子オートマトンの記述をまず親オートマトンに与えるのである．主な問題点はこれを具体的にどうやるかをきっちりときめることである．

単一の親によって作られる子の大きさには制限はないから，これらの記述は，親の本体の中に記憶することはできない．万能 Turing 機械をつくる場合のことを頭にえがいて，von Neumann は，任意の一つあるいは一連の子オートマトンの記述を記憶できる，いくらでも延長できる線状配列 L を導入した．

そこで，親(組立てる)オートマトンは，有限な部分と，いくらでも延長可能な線状配列 L とから構成されることになる．組立てるオートマトンは，Turing 機械，つまり有限オートマトンといくらでも延長出来るテープとから出来ている機械と同じようなものである．実際に，von Neumann が示したように，Turing 機械の有限オートマトンの部分を細胞構造中に埋め込むことができるならば，線状配列 L は Turing 機械のためのいくらでも延長可能なテープとしても役に立つべきものである(1.4.2.3 節；5.1.3 節参照)．細胞構造にたいして，線状配列 L と相互に作用し，L から得られる情報をもとに組立てと計算を行なうことの出来る有限オートマトンを実際に設計するという細かい問題は，3.1 節から 5.2 節にかけて解かれる．そういうわけで，5.2 節の終りまでで，設問(B)には肯定的な解答が出る．その上，設問(A)は，von Neumann の細

5.3 結論

胞構造に適用した場合については,やはり肯定される.

第1章の残りの部分で von Neumann は,設問(C)および(D)を設問(B)に帰着させる.まず親(つくる方)のオートマトンを万能組立機に変換する設計図の概要をのべて,設問(C)を設問(B)に帰着させる(1.5節).この設計図を第1象限の組立てにたいして示したのが第50図である.子オートマトンは,幅が α, 高さが β であり,その左下端の細胞は,(x_1, y_1) にある.子の各細胞がとるべき状態の数を l とし,また $\lambda=0, 1, \cdots, l-1$ とする.細胞 (i, j) の状態を λ_{ij} と書く.但し,$i=0, 1, \cdots, \alpha-1$, $j=0, 1, \cdots, \beta-1$ である.そこで,子オートマトンの設計図は,一連のデータ $x_1, y_1, \alpha, \beta, \lambda_{00}, \cdots, \lambda_{\alpha-1, \beta-1}$ をテープ **L** 上に並べることによって,万能組立機に与えることが出来る.万能組立機は,この一連のデータに含まれる情報をもとに,子を作ることが出来る.こうして,設問(C)は設問(B)に還元される.

von Neumann は次に,万能組立機が自分自身を複製する方法を示すことによって,設問(D)を設問(C)に還元した.要するに,彼はこれを万能組立機の記述をそれ自身のテープ **L** 上に並べることによって実現したのである.彼は,これに関連して二つの互いに関係ある問題点の議論をした.

第一に,**L** を自己増殖に使うには,一見して困難な点がある.自己増殖オートマトンは,それ自身に対する完全な記述を含まなければならない.これは,つくるオートマトンは作られるオートマトンの完全な設計図と,それに加えて,この設計図を解釈し実行する能力をももたなければならないという理由から,アプリオリに不可能であるようにみえるかもしれない(1.6.1.1節;第 I 部の 95-97 頁参照).この困難は,万能組立機を,**L** 上の情報を2回,すなわち,子を作るのに1回,子に取付ける **L** の複製を作るのに1回使うように設計することで解決される(1.6節, 1.2節;第 I 部の 103-106 頁および後出の 5.3.2 節参照).このような方法で,自己増殖オートマトンは,それ自身の完全な記述をそれ自身の本来の部分,すなわちテープ **L** の上に蓄える.同様にして,万能組立機でもあり,また万能計算機でもあるようなオートマトンが,それ自身の完全な記述を,それ自身の適当な部分に蓄えることもできる(第56図)[11].

自己増殖に L を使うことに関する第二の点は，幾つかの代案に関するものである．万能組立機 M_c は，その記述が L 上に記憶された子オートマトン G を作る．G そのものを直接複製することのできる万能組立機が作れないだろうか(1.6.2.3 節)？ あるいはまた，オートマトン G を調べ，その記述 $\mathcal{D}(G)$ を作ることが出来るオートマトンは設計できないだろうか(1.6.3.1 節)？ von Neumann は，これらの代案は，仮に不可能ではないにしても，実行困難であることを示した．生きているオートマトン G の一部を調べるうちに，調査をするオートマトンは，G のまだ調べられていない部分を変えてしまうことがあるであろう．更に一般的に，生きている G は，調査するオートマトンの調査活動を，自ら妨害するであろう．この困難は自己増殖の場合には特に深刻であろう．もし，万能組立機が直接子 G をもとに作業するのだとすると，万能組立機がそれ自身を複製しようとする時には，自分自身を調べることになる．von Neumann は，そのような試みは，多分，Richard 型のパラドックスに行きつくであろうと考えた(1.6.3.2 節)．これらの困難は，万能組立機が静止した記述 $\mathcal{D}(G)$ を使って作業する時には一つも起らない(1.4.2.1 節)．

子オートマトンの組立てに関しても，これと同様な問題がある．もし，子オートマトンの一部が，組立てのあいだに生きて動くと，それは組立ての過程を妨害するであろう．von Neumann は，子のオートマトンの初期状態はすべて静穏状態で出来ていなければならないときめることによって，この問題を解決した(1.7.2.1 節)．第2章でつくり上げた 29 状態の遷移関数でいうと，これは，λ_{ij} を 10 個の値，$\mathbf{U}, \mathbf{T}_{u\alpha 0}(u=0,1; \alpha=0,1,2,3)$ と $\mathbf{C}_{00}$ に限定するということである．子のオートマトンは，完成した後に，その周辺に注入された起動刺激によって，生きた状態にされる．われわれは既に，そのようなオートマトンを"初期静穏オートマトン"と呼んでいる(5.1.2 節)．

---

11) Turing の機械と組立機との類似性については前にものべた．その類似性はいま問題にしている点にまで引き継がれる．Turing 機械も自分自身に対する記述を含むことができるのである．C. Y. Lee の "A Turing Machine Which Prints its Own Code Script" と James Thatcher の "The Construction of a Self-Describing Machine" とを参照のこと．

5.3 結論

したがって、万能組立オートマトンによって組立て可能なオートマトンの類は von Neumann の細胞構造の初期細胞状態割当て(すなわち時間0における指定)の部分として指定できるオートマトンの全体の真部分集合である。実際には、29状態の細胞構造の中に、すべての初期静穏オートマトンとそのほか多くの生きているオートマトンをつくれるようなオートマトンを設計することもできる。しかしながら万能組立機も万能 Turing 機械も共に、初期静穏オートマトンとして設計できるから、そのようなことをする必要はない(5.3.2節, 5.1.3節)。その上、von Neumann の細胞構造の初期細胞状態割当ての一部として指定することの出来るオートマトンは何でも細胞構造の中だけで作れるというわけではない。例えば第13図(b)(時間0)のような配置は、興奮不能細胞 U のふとい帯で囲まれている時には、細胞構造の中で作ることができない。組立て用腕は、静穏状態 T_{100} と T_{020} を作ることはできるが、それを起動した後、T_{101} と T_{021} が互いに相手を殺してしまう前に、周りの領域から撤収することができない。組立て不能なオートマトンの簡単な一例は、潜像状態 S_θ が C_{00} 状態の細胞で囲まれている 3×3 の配列である[12]。

以上で、第1章の要約を終る。オートマトンの組立てに関する彼の設問を具体的にするため、von Neumann は特別な細胞構造を選ばなければならなかった。第2章はこの仕事に当てられている。2.1.2節で、彼は離散的な時間変数を選び、時間 $t+1$ におけるある細胞の状態は、時間 t におけるその細胞自身とそれの四つ隣りの細胞の状態だけによって定まるということにした。章の残りの部分で、彼は29個の状態とその遷移の規則の議論を展開した。われわれは、この規則を "von Neumann の29状態細胞構造" と呼ぶことにする。それは、

[12) Thatcher の "Universality in the von Neumann Cellular Model" の2.3節による。Moore は、論文 "Machine Models of Self-Reproduction" の中で、時間0の時にのみ存在する配列を "エデンの園" 配列と名付けた。すべてのエデンの園配列は組立て不能である(その逆は必ずしも真ではないが)。Moore は、細胞から隣りの細胞へ情報が伝わるのに少くとも1単位時間かかるような細胞構造の中でエデンの園配列が存在するための必要条件を明らかにした。Myhill は、論文 "The Converse of Moore's Garden of Eden Theorem" でこの条件がまた十分条件であることを明らかにした。この条件は細胞構造が Burks と Wang が "The Logic of Automata" 3.3節で述べている意味で、逆方向に確定的〈deterministic〉でないことである。

2.8 節と第 9 図および第 10 図に要約されている.

われわれはここで, von Neumann の 29 状態細胞構造に適用できる形に設問 (A)–(D) の表現を直し, 同時に, 少しばかり変更を加える.

(A) **論理的万能性**: 初期静穏オートマトンで万能 Turing 機械の計算を行なうものを von Neumann の 29 状態細胞構造の中に埋め込むことができるか?

(B) **組立て可能性**: von Neumann の 29 状態細胞構造の中でオートマトンが他のオートマトンによって, 作り出されることが可能か?

(C) **組立て万能性**: von Neumann の 29 状態細胞構造の中に, 次の性質, すなわち "任意の初期静穏オートマトン M にたいして, M の記述 $\mathcal{D}(M)$ が M_C に取りつけられたテープ $\mathbf{L}$ 上に配置されると, M_C が M を作るようなコード化された記述 $\mathcal{D}(M)$ が存在する" という性質を持つ万能組立機 M_C を埋め込むことができるか?

(D) **自己増殖**:

 (D1) 自己増殖オートマトンを von Neumann の 29 状態細胞構造中に埋め込むことができるか?

 (D2) von Neumann の 29 状態細胞構造中に, 万能 Turing 機械の計算を行なうことができ, また, それ自身を増殖することもできるオートマトンを埋め込むことができるか?

これらの設問は本書においてすべて肯定的に答えられる. 組立て可能性の設問 (B) への答は 2.8.3 節の終りと第 14 図に与えられている. 各初期静穏オートマトン $\mathcal{A}$ にたいして, 二つの 2 進パルス列 (刺激, 無刺激の系列) があり, それらが第 14 図の i と j に与えられると, オートマトン $\mathcal{A}$ が作られる. これら二つのパルス列は, 適当に ε を選んでつくった $\mathbf{T}_{00\varepsilon}$ の二つの線状配列によって作ることができる. したがって, これら二つの線状配列に第 14 図の A, B 列に示した細胞を加えたものが, $\mathcal{A}$ を作る. このことは, 任意の初期静穏オートマトン $\mathcal{A}$ にたいして, それを作るような生きたオートマトンが存在することを示す.

5.3 結論

残りの問題に対する肯定的な答は，第3章と第4章でつくり上げたものに基づいている．

第3章では，von Neumann は使用する基本的な器官を設計した．$\overline{i^1 \cdots i^n}$ を任意の有限な長さの2進パルス列とし，"1"は刺激を，"0"は刺激のないことを示すことにしよう．$\overline{\overline{i^1 \cdots i^n}}$ は，パルス列 $\overline{i^1 \cdots i^n}$ をいつまででもくりかえすことを示す．von Neumann は，任意のパルサー $\mathbf{P}(\overline{i^1 \cdots i^n})$，繰返しパルサー $\mathbf{PP}(\overline{\overline{i^1 \cdots i^n}})$，デコーダー $\mathbf{D}(\overline{i^1 \cdots i^n})$ を設計する手順を示した．彼は二つの特殊な器官：3進計数器 $\emptyset$ と $\overline{1}$ 対 $\overline{10101}$ 弁別器とを設計した．彼は，任意のコーデッドチャネル，あるいは交差装置を設計する手順を示して第3章を終っている．

第4章はメモリー制御 $\mathbf{MC}$ の設計に当てられている．$\mathbf{MC}$ は組立てユニット $\mathbf{CU}$ の命令にしたがって，テープ $\mathbf{L}$ 上から読んだり，$\mathbf{L}$ に書いたりする．$\mathbf{MC}$ のブロック図は第37図にある；そして，$\mathbf{MC}$ の動作は，4.3.1節に概略が書かれている．$\mathbf{L}$ の上の x_n 細胞から読むことと，x_n の上に書くこと，および細胞 x_{n+1} に（延長）または x_{n-1} に（短縮）接続がえをすることの基本的な動作は，2段階で行なわれる．まず，$\mathbf{CU}$ の "o_1" と名前のついた出力から，$\mathbf{MC}$ の同名の入力へパルスが入ると，$\mathbf{MC}$ は接続ループ $\mathbf{C}_1$ を使って細胞 x_n を読む．もし x_n が "0" を記憶していたら，$\mathbf{MC}$ は $\mathbf{CU}$ の入力 i_1 へパルスを送り，もし x_n が "1" を記憶していたら，$\mathbf{CU}$ の入力 i_2 へパルスを送る．第二に $\mathbf{CU}$ は，x_n に "0" を書くか，"1" を書くかによって，$\mathbf{MC}$ の入力 o_2 か o_3 にパルスを送る；そして $\mathbf{CU}$ はまた，ループ $\mathbf{C}_1$ と $\mathbf{C}_2$ を伸ばすか，縮めるかにしたがって，$\mathbf{MC}$ の入力 o_4 か o_5 にパルスを送る．$\mathbf{MC}$ はこれらの操作を実行し，それらが終ると，$\mathbf{CU}$ の入力 i_3 へパルスを送って完了を知らせる．

メモリー制御 $\mathbf{MC}$ の構成部分は：読出し・書込み・消去-ユニット $\mathbf{RWE}$；読出し・書込み・消去-制御 $\mathbf{RWEC}$；遅延領域 $\mathbf{W}$；転送領域 $\mathbf{Y}$，およびメインチャネルと，$\mathbf{X}, \mathbf{Z}, \mathbf{CC}_1, \mathbf{CC}_2, \mathbf{CC}_3$ とでできているコーデッドチャネルである．

von Neumann は，$\mathbf{MC}$ の設計を全く完了するに至らず，また彼の完成したものにも，多くの誤りがあった．われわれは，今まで述べた中で，一つをのぞいて，すべての誤りを訂正した（第4章および 5.1.1節）．5.1.2節でこの最後

の誤りは訂正され，**MC** の設計が完成された．**MC** の更に改良された設計が，5.2.2 節に示唆されている．

メモリー制御 **MC**，長さ不定の線状配列 **L**，接続ループ C_1，タイミングループ C_2 をいっしょにして，無限の記憶容量をもつテープユニットができる．その上，**MC** は，その周辺(入力 o_1)に入ってくる刺激によって起動される初期静穏オートマトンである．したがって，無限の記憶容量をもつテープユニットの機能を行なう初期静穏オートマトンを von Neumann の 29 状態細胞構造中に埋め込むことができる．

Turing 機械はそのようなテープユニットと，このテープユニットと相互に作用しあえる有限オートマトンとから出来ている．5.1.3 節でわれわれは，初期静穏細胞オートマトンで，任意の有限オートマトンを模倣する方法を示した．これらの結果を結び合せ，それを万能 Turing 機械という特別な場合に適用することによって，われわれは von Neumann の設問(A)にたいする肯定的な答を得た．すなわち：万能 Turing 機械の計算を行なう初期静穏オートマトンを von Neumann の 29 状態細胞構造の中に埋め込むことができる．

von Neumann の万能組立機 M_c は，組立てユニット **CU** にテープユニット(**MC+L**)を結合したものからできている．第 50 図をみよ．組立て用腕は 5.2.1 節で設計され，組立てユニット **CU** の設計は，5.2.3 節に概説してある．そこで，von Neumann の 29 状態細胞構造の中に次に示すような性質をもつ万能組立機 M_c を埋め込むことができる；それは任意の初期静穏オートマトン M にたいして，M の記述 $\mathscr{D}(M)$ が **MC** に取つけられたテープ **L** 上に書いてあると，M_c が M を作るようなそのような M のコード化された記述 $\mathscr{D}(M)$ が存在することである．

これが von Neumann の設問(C)の解答を与え，次は自己複製(増殖)に関する設問(D)の番である．

万能計算機 M_u と万能組立機 M_c とを比較すると，von Neumann の細胞構造中では，計算と組立てとは類似したしごとであることがわかる．M_c も M_u も，いくらでも延長が可能なテープと相互作用する，有限のデータ処理機

械である.万能計算機 M_u が,その出力解答を新しいテープ **L** に書くように設計されていると考えてみよう.すると,M_u と M_c はどちらも,初期静穏オートマトンを作り出す.万能組立機 M_c は10個の状態 **U**, $\mathbf{T}_{u\alpha0}$ ($u=0, 1$; $\alpha=0, 1, 2, 3$), $\mathbf{C}_{00}$ にもとづく長方形の初期静穏オートマトンを作る.万能計算機 M_u は,二つの状態 **U** と $\mathbf{T}_{030}$ ($\downarrow$) にもとづく,線状の初期静穏オートマトンを作る.

5.3.2 自己増殖オートマトン. われわれの仕事はそこで5.2.3節と第50図の万能組立機 M_c を自己増殖オートマトンにすることである.

最初に,万能組立機 M_c は,事実,初期静穏オートマトンであることを注意しておこう.したがって記述 $\mathcal{D}(M_c)$ を,M_c にとりつけられたテープ **L** 上に書くことができる.これが行なわれ,M_c が起動されると,$M_c + \mathcal{D}(M_c)$ 複合体は,M_c の写しを子オートマトンとして作るであろう.しかしながら,これはまだ自己増殖ではない.作られたオートマトン M_c が作る方のオートマトン $M_c + \mathcal{D}(M_c)$ よりも小さいからである.

この場合には,つくる方のオートマトンが,作られたオートマトンの完全な設計図と,その設計図を解釈し,実行するユニット M_c を含んでいるので,作る方のオートマトンは作られた方のオートマトンよりも大きい,つまり,ある意味で,より複雑である(1.6.1.1節,第Ⅰ部の79-80頁).自分自身と同じ大きさの子オートマトンを作るような親オートマトンを得るために,万能組立機 M_c に幾つかの変更を行なう(1.6.1.2節と第Ⅰ部の84-86頁参照).

作ろうと思う子のオートマトンが,初期静穏オートマトン M と,最初にある内容 $\mathcal{I}(M)$ を記憶しているテープ **L** とからできているものとしよう.第54図をみよ.万能組立機のテープ **L** 上に次のような情報を書いておく:ピリオド,記述 $\mathcal{D}(M)$,第二のピリオド,テープの内容 $\mathcal{I}(M)$,第三のピリオド.特別な場合として,$\mathcal{I}(M)$ と第三のピリオドは省略することを許しておく.$\mathcal{I}(M)$ はオール0を含まない.5ビットコードで書かれているから,万能組立機が $\mathcal{I}(M)$ が省略されていることを知るのは,容易である(5.2.3節).

ここで M_c を,次のような三つの段階を実行する,変更された万能組立機 M_c^* に変えよう.第一に,M_c^* は,前に述べたと同様に,$\mathcal{D}(M)$ を使って M を

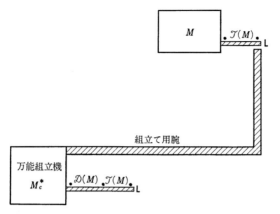

第54図　万能組立機 M_c^*

作る (5.2.1 節，5.2.3 節).　第二に，M_c^* はピリオド，$\mathcal{T}(M)$，第三のピリオドを記憶するテープ L を作って M に取つける．もし，第二のピリオドの先のテープ上に何も書かれていない (すなわち $\mathcal{T}(M)$ が欠けている) ならば，M_c^* は，ピリオド，$\mathcal{D}(M)$，第二のピリオドを M にとりつけられたテープ上に複写する．第三に M_c^* は，M に起動刺激を与える．

これらの段階の第二のものは，単純な，テープ複写の操作である．それは，組立てユニット CU と組立て用腕によって M を作った方法に類似した方法で行なわせることができる．勿論二つの場合でコードは異ってくる．M の (i, j) 細胞は，$\mathcal{D}(M)$ 中では，5 ビットの文字で書かれていて M_c^* のテープ上の相続く 5 個の細胞に記憶される．これに対して，M のテープの各細胞は，M_c^* のテープの対応する細胞と同じである．

M_c^* の複製の場所 (x_1, y_1) を任意に選ぶと，それに対する記述 $\mathcal{D}(M_c^*)$ ができる．この記述 $\mathcal{D}(M_c^*)$ を M_c^* 自身のテープ上に書く．$M_c^* + \mathcal{D}(M_c^*)$ 複合体は $M_c^* + \mathcal{D}(M_c^*)$ を作るであろう．これは自己増殖である．第55図をみよ．

したがって，**自己増殖オートマトンを，von Neumann の 29 状態細胞構造中に埋め込むことができる**．これが設問 (D1) の解答である．

繰り返して組立てと自己増殖を行なうことも，万能組立機を更に変更すれば

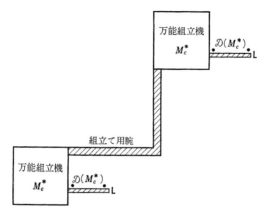

第55図 自己増殖

できる(1.7節).

初期静穏オートマトン M_u は,万能Turing機械である(5.1.3節). さて,記述 $\mathcal{D}(M_u+M_c^*)$ を M_c^* のテープ上に書いておこう. すると, 親オートマトン $M_c^*+\mathcal{D}(M_u+M_c^*)$ は, 子オートマトンとして, $(M_u+M_c^*)+\mathcal{D}(M_u+M_c^*)$ を作る. この場合には, 作られたオートマトンが, 作る方のオートマトンよりも大きく, ある意味で, より複雑である.

次に, 第56図のように, M_c^* に M_u をとりつけよう. また, 記述 $\mathcal{D}(M_u+M_c^*)$ を $M_u+M_c^*$ のテープ上に書く. するとオートマトン $(M_u+M_c^*)+\mathcal{D}(M_u+M_c^*)$

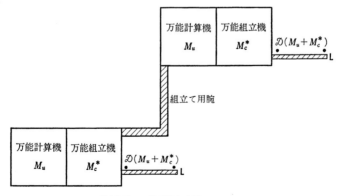

第56図 万能計算組立機の自己増殖

は，子オートマトンとして，$(M_u+M_c^*)+\mathcal{D}(M_u+M_c^*)$ を作る．したがって，自己増殖的である．子 $(M_u+M_c^*)+\mathcal{D}(M_u+M_c^*)$ は完成した後には計算を遂行できる．あるいはまた，M_u の方にそれ自身のテープをつけておけば，各 $(M_u+M_c^*)+\mathcal{D}(M_u+M_c^*)$ は，計算と組立てとを並行して行なうことができる．

したがって，**von Neumann の 29 状態細胞構造中に，万能 Turing 機械の計算を行なうことができ，かつまたそれ自身を増殖できるようなオートマトンを埋め込むことができる．**これが，設問(D2)への解答である．

オートマトンの組立てと計算に関する von Neumann の設問はいまやすべて，肯定的な答が与えられた(1.1.2.1節，5.3.1節)．彼の29状態細胞構造は，計算万能で，組立て万能でかつ自己増殖性である．この細胞構造の中では，自己増殖は組立ての特別な場合であり，組立てと計算は類似な操作である．]

参考文献

Birkhoff, Garrett. *Hydrodynamics, A Study in Logic, Fact, and Similitude.* Princeton: Princeton University Press, 1950.
——— and John von Neumann. → John von Neumann.
Boltzmann, Ludwig. *Vorlesungen über Gastheorie.* 2 巻 Leipzig: Johann Barth, 1896 and 1898.
———. *Wissenschaftliche Abhandlungen.* Edited by Fritz Hasenöhrl. 3 巻. Leipzig: Johann Barth, 1909.
Booth, Andrew D. "The Future of Automatic Digital Computers." *Communications of the Association for Computing Machines* 3 (June, 1960) 339–341, 360.
Brainerd, J. G., and T. K. Sharpless. "The ENIAC." *Electrical Engineering* 67 (Feb., 1948) 163–172.
Brillouin, Leon. *Science and Information Theory.* New York: Academic Press, 1956.
Bulletin of the American Mathematical Society. "John von Neumann, 1903–1957." Vol. 64, No. 3, Part 2, May, 1958, 129 pp. これは記念号である. ここにはこの文献表に別に挙げてある Ulam や Shannon の論文の他に, 束論, オペレーターの理論, 測度とエルゴードの理論, 量子論, それにゲーム理論や数理経済学等における von Neumann の業績に関する論説が掲載されている.
Burks, Arthur W. "Computation, Behavior, and Structure in Fixed and Growing Automata." *Behavioral Science* 6(1961)5–22. その原文と討論は *Self-Organizing Systems* (edited by Marshall Yovits and Scott Cameron). New York: Pergamon Press, 1960, pp. 282–311, 312–314. にある.
———. "Electronic Computing Circuits of the ENIAC." *Proceedings of the Institute of Radio Engineers* 35 (August, 1947) 756–767.
———. "Programming and the Theory of Automata." pp. 100–117 (P. Braffort and D. Hirschberg 編集. *Computer Programming and Formal Systems,* Amsterdam: North-Holland Publishing Company, 1963.)
———. "Super Electronic Computing Machine." *Electronic Industries* 5 (July, 1946) 62–67, 96.
———. "Toward a Theory of Automata Based on More Realistic Primitive Elements." pp. 379–385 (C. M. Popplewell 編集. *Information Processing 1962, Proceedings of IFIP Congress 62,* Amsterdam: North-Holland Publishing Company, 1963.)
——— and John von Neumann. → John von Neumann.
——— and Hao Wang. "The Logic of Automata." *Journal of the Association for Com-

puting Machinery 4 (April, 1957) 193–218 および 4 (July, 1957) 279–297. (Wang, Hao, *A Survey of Mathematical Logic*, pp. 175–223. Peking: Science Press, 1962. に再録.)

—— and Jesse B. Wright. "Theory of Logical Nets." *Proceedings of the Institute of Radio Engineers* 41 (October, 1953) 1357–1365. E. F. Moore 編集. *Sequential Machines—Selected Papers*, pp. 193–212. Reading, Mass.: Addison Wesley, 1964. に再録.

Church, Alonzo. "Applications of Recursive Arithmetic to the Problem of Circuit Synthesis." *Summaries of Talks Presented at the Summer Institute for Symbolic Logic, Cornell University*, 1957. Princeton: Institute for Defense Analysis, 1960.

Codd, Edgar Frank. "Propagation, Computation, and Construction in Two-Dimensional Cellular Spaces." 152 pp. Ph. D. Dissertation, University of Michigan, 1965.

Eccles, J. C. *The Neurophysiological Basis of Mind*. Oxford: Oxford University Press, 1953.

Estrin, Gerald. "The Electronic Computer at the Institute for Advanced Study." *Mathematical Tables and Other Aids to Computation* 7 (April, 1953) 108–114 および口絵.

Gödel, Kurt. "Über formal unentscheidbare Sätze der Principia Mathematica und verwandter Systeme I." *Monatshefte für Mathematik und Physik* 38 (1931) 173–198. (Elliott Mendelson による英訳は Martin Davis 編集. *The Undecidable*, pp. 4–38. Hewlett, New York: Raven Press, 1965.)

——. "On Undecidable Propositions of Formal Mathematical Systems." New Jersey, Princeton の高級研究所で 1934 年 2 月-5 月に行なわれた講義の謄写版によるノート. 31 pp. (上掲, *The Undecidable* の pp. 39–74 にリプリントされている.)

——. "Über die Länge der Beweise." *Ergebnisse eines mathematischen Kolloquiums*, Heft 7, pp. 23–24. (Martin Davis による英訳が上掲, *The Undecidable* の pp. 82–88 にある.)

Goldstine, H. H., and Adele Goldstine. "The Electronic Numerical Integrator and Computer (ENIAC)." *Mathematical Tables and Other Aids to Computation* 2 (July, 1946) 97–110 および口絵.

—— and John von Neumann. → John von Neumann.

Goto, Eiichi. "The Parametron, a Digital Computing Element which Utilizes Parametric Oscillation." *Proceedings of the Institute of Radio Engineers* 47 (August, 1959) 1304–1316.

Hamming, R. W. "Error Detecting and Error Correcting Codes." *Bell System Technical Journal* 29 (1950) 147–160.

Hartley, R. V. L. "Transmission of Information." *Bell System Technical Journal* 7 (1928) 535–563.

Holland, J. H. "Concerning Efficient Adaptive Systems." M. C. Yovits, G. T. Jacobi, and G. D. Goldstein 編集. *Self-Organizing Systems–1962*. Washington, D. C.: Spartan Books, 1962. の pp. 215–230.

―. "Outline for a Logical Theory of Adaptive Systems." *Journal of the Association for Computing Machinery* 9 (July, 1962) 297–314.

―. "Iterative Circuit Computers." *Proceedings of the 1960 Western Joint Computer Conference,* pp. 259–265. Institute of Radio Engineers, 1960.

―. "Universal Embedding Spaces for Automata." *Progress in Brain Research* に近刊, Norbert Wiener 記念論文集; Amsterdam: Elsevier Publishing Company.

―. "A Universal Computer Capable of Executing an Arbitrary Number of Sub-Programs Simultaneously." *Proceedings of the 1959 Eastern Joint Computer Conference,* pp. 108–113. Institute of Radio Engineers, 1959.

Kemeny, John. "Man Viewed as a Machine." *Scientific American* 192 (April, 1955) 58–67. これは 1953 年 3 月に Princeton Univ. で行なわれた von Neumann の Vanuxem Lectures に基づいている.

Keynes, John Maynard. *A Treatise on Probability.* London: Macmillan and Co., 1921.

Kleene, S. C. *Introduction to Metamathematics.* New York: Van Nostrand, 1952.

―. "Representation of Events in Nerve Nets and Finite Automata." *Automata Studies* (C. E. Shannon and J. McCarthy 編集. Princeton: Princeton University Press, 1956 の pp. 3–41.)(これが最初に出たのは Rand Corporation Memorandum RM-704, 101 pp., December 15, 1951 発行.)

Laplace, Marquis Pierre Simòn de. *A Philosophical Essay on Probabilities.* F. W. Truscott and F. L. Emory による翻訳. New York: Dover Publications, 1951. 最初のフランス語版は 1814 年刊.

Lee, C. Y. "A Turing Machine Which Prints Its Own Code Script." *Proceedings of the Symposium on Mathematical Theory of Automata, New York, April, 1962.* Brooklyn, New York: Polytechnic Press, 1963 の pp. 155–164.

Metropolis, N., and Ulam, S. "The Monte Carlo Method." *Journal of the American Statistical Association* 44 (1949) 335–41.

McCulloch, W. S., and W. Pitts. "A Logical Calculus of the Ideas Immanent in Nervous Activity." *Bulletin of Mathematical Biophysics* 5 (1943); 115–133.

McNaughton, Robert. "On Nets Made up of Badly Timed Elements, Part I; Slow but Perfectly Timed Elements." 謄写版, 30 pp. Philadelphia: Moore School of Electrical Engineering, University of Pennsylvania, 1961.

Moore, E. F. "Machine Models of Self-Reproduction." *Mathematical Problems in the Biological Sciences* の pp. 17–33. Proceedings of Symposia in Applied Mathematics, Vol. XIV. Providence, Rhode Island: American Mathematical Society, 1962.

Morgenstern, Oskar, and John von Neumann. → John von Neumann.

Myhill, John. "The Converse of Moore's Garden-of-Eden Theorem." *Proceedings of the American Mathematical Society* 14 (August, 1963) 685–686.

Nyquist, H. "Certain Factors Affecting Telegraph Speed." *Bell System Technical Journal* 3 (1924) 324–346.

Rajchman, J. A. "The Selectron—A Tube for Selective Electrostatic Storage." *Mathematical Tables and Other Aids to Computation* 2 (October, 1947) 359–361 および口絵.

Richard, Jules. "Les principes des mathématiques et le problème des ensembles." *Revue générale des sciences pures et appliquées* 16 (1905) 541–543.

Russell, Bertrand. "Mathematical Logic as Based on the Theory of Types." *American Journal of Mathematics* 30 (1908) 222–262.

Shannon, C. E. "A Mathematical Theory of Communication." *Bell System Technical Journal* 27 (1948) 379–423, 623–656. (C. E. Shannon and W. Weaver, *The Mathematical Theory of Communication*, pp. 3–91. Urbana: University of Illinois Press, 1949 に再録.)

———. "Von Neumann's Contributions to Automata Theory." *Bulletin of the American Mathematical Society*, Vol. 64, No. 3, Part 2, May, 1958, pp. 123–129.

Szilard, L. "Über die Entropieverminderung in einem thermodynamischen System bei Eingriffen intelligenter Wesen." *Zeitschrift für Physik* 53 (1929) 840–856. (Anatol Rapoport and Mechthilde Knoller による英訳は, "On the Decrease of Entropy in a Thermodynamic System by the Intervention of Intelligent Beings." *Behavioral Science* 9 (October, 1964) 301–310.)

Tarski, Alfred. "The Concept of Truth in Formalized Languages." *Logic, Semantics, Metamathematics* の pp. 152–278 (J. H. Woodger 訳); Oxford: Oxford University Press, 1956. (もとのポーランド語版は 1933 年刊, ドイツ語訳は 1936 年刊.)

Thatcher, James. "The Construction of a Self-Describing Turing Machine." *Proceedings of the Symposium on Mathematical Theory of Automata, New York, April, 1962*. Brooklyn, New York: Polytechnic Press, 1963 の pp. 165–171.

———. "Universality in the von Neumann Cellular Model." 100 pp. Technical Report 03105-30-T, ORA, University of Michigan, 1965. A. W. Burks 編集 *Essays on Cellular Automata* に収録(近刊).

Turing, A. M. "The Chemical Basis of Morphogenesis." *Philosophical Transactions of the Royal Society of London*. Series B, Biological Sciences, Vol. 237, August 1952, pp. 37–72.

———. "Computability and λ-Definability." *The Journal of Symbolic Logic* 2 (Dec., 1937) 153–163.

———. "On Computable Numbers, With an Application to the Entscheidungsproblem." *Proceedings of the London Mathematical Society*, Series 2, 42 (1936–37) 230–265. "A Correction." 同上誌, 43 (1937) 544–546. (Martin Davis 編集, *The*

Undecidable, pp. 115–154, Hewlett, New York: Raven Press, 1965 に再録.)

Ulam, S. M. *A Collection of Mathematical Problems*. New York, Interscience Publishers, Inc., 1960.

――. "Electronic Computers and Scientific Research." C. F. J. Overhage 編集. *The Age of Electronics*. New York: McGraw-Hill, 1962 の pp. 95–108.

――. "John von Neumann, 1903–1957." *Bulletin of the American Mathematical Society*, Vol. 64, No. 3, Part 2, May, 1958, pp. 1–49. これには，重要な文献情報と von Neumann の業績の概説および著作リストがのっている.

――. "On Some Mathematical Problems Connected with Patterns of Growth of Figures." *Mathematical Problems in the Biological Sciences*, pp. 215–224. Proceedings of Symposia in Applied Mathematics, Vol. 14, Providence, Rhode Island: American Mathematical Society, 1962.

――. "Random Processes and Transformations." *Proceedings of the International Congress of Mathematicians*, 1950, Vol. II, pp. 264–275. Providence, Rhode Island: American Mathematical Society, 1952.

John von Neumann—Collected Works. 全6巻.(A. H. Taub 編集. New York: Macmillan, 1961–63.) その第 V 巻は標題が *Design of Computers, Theory of Automata and Numerical Analysis*. この全集についての参照は次のようにする："全集5.288–328" は第 V 巻 pp. 288–328 を指す.

von Neumann, John. *The Computer and the Brain*. Klara von Neumann による序 (pp. v–x) がついている. New Haven: Yale University Press, 1958. この手稿は Yale Univ. の Silliman Lectures のために 1955 年から 1956 年にかけて書かれたが，von Neumann はついにその講演をすることも手稿を完成することもできなかった.

――. *First Draft of a Report on the EDVAC*. Contract No. W-670-ORD-4926, between the United States Army Ordnance Department and the University of Pennsylvania. 目次10ページ, 本文101ページ(ダブルスペースで)および図版22と命令コードを説明する表一つ. 謄写版. Moore School of Electrical Engineering, University of Pennsylvania, June 30, 1945. はじめのタイプされたものの方が内容が多かった. 両方共未完成で，相互参照がたくさん欠落し，命令コードの説明のところで終わっている. しかし論理設計については制御と入力，出力器官のことを除くと実質的には完結している.

――. "The General and Logical Theory of Automata." *Cerebral Mechanisms in Behavior—The Hixon Symposium*, L. A. Jeffress 編集. New York: John Wiley, 1951 の pp.1–41 に収録. 全集5.288–328. この論文は 1948 年 9 月 20 日に発表された. 他の論文についての von Neumann のコメントが *Cerebral Mechanisms in Behavior* の 58–63, 96, 109–111, 132, 232 にある.

――. *Mathematische Grundlagen der Quantenmechanik*. Berlin: Springer, 1932.(Robert Beyer による英訳は, Princeton University Press, 1955, 日本訳井上，広重，恒藤訳，量子力学の数学的基礎，みすず書房，1957.)

―――. "Non-Linear Capacitance or Inductance Switching, Amplifying and Memory Devices." 全集 5. 379-419. これは 1954 年 4 月 28 日出願. 1957 年 12 月 3 日公告の合衆国特許 2,815,488 の原本である.

―――. Norbert Wiener's *Cybernetics, or Control and Communication in the Animal and the Machine* に対する書評. *Physics Today* 2 (1949) 33-34.

―――. "Probabilistic Logics and the Synthesis of Reliable Organisms from Unreliable Components." C. E. Shannon and J. McCarthy 編集. *Automata Studies*, Princeton: Princeton University Press, 1956 の pp. 43-98. 全集 5. 329-378. この論文は von Neumann が 1952 年 1 月に California Institute of Technology で行なった五つの講演の際とられたノートに基づくもので, 謄写版刷りで発行された.

―――. "Quantum Logics (Strict- and Probability- Logics)." 1937 年頃に書かれた. 全集 4. 195-197.

―――. Ralph Gerard の "Some of the Problems Concerning Digital Notions in the Central Nervous System." に対する討論における発言. H. von Foerster 編集, *Cybernetics*, New York, Josiah Macy, Jr. Foundation, 1951 の pp. 19-31 に収録. これは 1950 年 3 月に行なわれた会議の議事録である.

―――. "Zur Theorie der Gesellschaftspiele." *Mathematische Annalen* 100 (1928) 295-320. *Collected Works* 6. 1-26.

―――, and Garrett Birkhoff. "The Logic of Quantum Mechanics." *Annals of Mathematics* 37 (1936) 823-843. 全集 4. 105-125.

―――, Arthur Burks, and H. H. Goldstine. *Preliminary Discussion of the Logical Design of an Electronic Computing Instrument.* アメリカ陸軍省からの依託による電子計算機器の数学的および論理的考察(契約 W-36-034-ORD-7481)の報告第 I 部, 42 pp. Princeton: Institute for Advanced Study, 1946. 第 2 版, 1947, pp. vi+42. 全集 5. 34-79.

―――, and H. H. Goldstine. *Planning and Coding of Problems for an Electronic Computing Instrument.* 前と同じ報告の第 II 部. Princeton: Institute for Advanced Study. Vol. 1, pp. iv+69, 1947. Vol. 2, pp. iv+68, 1948. Vol. 3, pp. iii+23, 1948. 全集 5. 80-235.

――― and Oskar Morgenstern. *Theory of Games and Economic Behavior.* Princeton: Princeton University Press, 1944. 第 2 版, Princeton, 1947; 第 3 版, Princeton, 1953.

Wiener, Norbert. *Cybernetics, or Control and Communication in the Animal and the Machine.* New York: John Wiley & Sons, Inc., 1948. 第 2 版, 追補付, New York, 1961. (日本訳, 池原・弥永・室賀・戸田訳: サイバネティックス〔第 2 版〕岩波書店, 1962.)

Wigington, R. L. "A New Concept in Computing." *Proceedings of the Institute of Radio Engineers* 47 (April, 1959) 516-523.

Wilkes, M. V. *Automatic Digital Computers.* London: Methuen & Co., Ltd., 1956.

―――. "Progress in High-Speed Calculating Machine Design." *Nature* 164 (August 27, 1949) 341–343.

Williams, F. C. "A Cathode-Ray Tube Digit Store." *Proceedings of the Royal Society of London,* Series A, Vol. 195 (22 December 1948) 279–284.

訳者あとがき

プログラム内蔵方式の電子計算機の創案者として，またもっと広く情報科学全般にわたる最高の権威として，von Neumann の名は計算機を研究する者にとってまさに偶像に近い存在である．情報科学の歴史の第1ページに必ず登場する N. Wiener, C. E. Shannon, J. von Neumann の3大天才のうちで，誰を甲とし誰を乙とするということはできないが，私個人の感じからいえば，具体性とスケールの大きさを兼ね備えた点でやはり von Neumann を第一としたい．

数学者 von Neumann の電子計算機における仕事をいつ知ったか，記憶が確かでないが，とにかく例の Burks, Goldstine と共著の有名な報告書(全集5. 34-79)は見たし，Josiah Macy Jr. Foundation から出たサイバネティックス討論会(1951)の記録(文献表参照)の中での von Neumann の発言も興味深く読んだ．しかし本当に von Neumann に魅了されたのは，*Hixon Symposium* での論文(全集5. 288-328)を見たときだった．ここではじめて彼の自己増殖モデルのことを知ったのである．これは大変な話だと思って，機会あるごとに色々な人にふれてまわった．当時ようやく生物物理に対する関心が芽ばえつつあったので，そういう方面の人にもこんなことを知っているかと話してみたが，残念ながらあまり反応がなかったように思う．まだ電子計算機のことを知っている人がほんの少しだった頃だから当然かもしれない．Turing 機械のこともこの論文ではじめて知った．早速 Turing の原論文のコピーを数学教室にたのんでつくってもらい，東大内の輪講会や電気通信学会の専門委員会で紹介したりした．そのうちに，Princeton の赤表紙本の *Automata Studies* が出て，日本でもオートマトンという言葉がきかれるようになったが，この本には von Neumann の "Probabilistic Logics"(全集5. 329-378)が載っていた．

訳者あとがき

　彼の自己増殖のいわゆる細胞モデルを知ったのは，1953年に出たIRE (Institute of Radio Engineers, IEEEの前身) の雑誌の計算機特集号に出たShannonの記事を通じてであった．そこに，29状態の細胞というようなことも書かれていたので，もっと詳しいことがわからないかと，いろいろしらべたり人にきいたりしたが，わからなかった．29状態の詳細については，1964年にBerkeleyに滞在中，C. Y. Leeの話ではじめて知った．それについては帰国後，電気通信学会の専門委員会で紹介した．これでようやく，細胞が何かを組み立てるやり方など，多少見当がついたので，自己増殖モデルをつくることを研究室の人たちといろいろ考えてみたりしていた．その頃たまたま本書の編者であるBurks氏が来日して我々のところにも来られたので，self-reproducing automataについての概略の話をきくことができた．特に，組立て用腕を複線式にする話（本文373ページ）について，その時はじめて知って，大変感心した．こうしてvon Neumannの自己増殖機械のすがたが，次第次第にわかってきた．そして本書の出現でいよいよその全貌を残すところなく我々の前にあらわしたわけである．

　そういうわけで，本書はわれわれにとって，何年も首を長くして待ち望んだ本であったわけである．そこで，是非これを邦訳して一人でも多くの人に読んでもらいたいということで，早速翻訳にとりかかった．こうして，翻訳の粗稿は実はもう何年も前にほぼできていたのであるが，訳者の都合その他いろいろの要因が重なって，大変遅れ，ようやく今日日の目を見ることになったわけである．そのためにいろいろの方に御迷惑をかけることになったが，しかし，本書のような不朽の名著は，まだまだその価値が少しも下っていないことを確信している．

　von Neumannの学者としての偉大さ，特に計算機とオートマトンに関する業績については，編者Burks氏の序文に詳しく述べてあるので繰り返す必要はないが，私が本書を読んで得た感想は，全編が一言一句含蓄にみちた珠玉篇であるということである．第Ⅰ部と第Ⅱ部ではもちろん性格が大きく異る．第Ⅰ部の講演はvon Neumannのオートマトンに対する考え方，興味のもち

方を全体的にのべたものであり，これはオートマトン，特に生体モデルとしてのオートマトンの研究に，これからかなり長い将来にわたって，バイブルのような役を演ずることになろう．一方，第II部の方は，彼の自己増殖機械の設計書そのものである．ただ，普通の設計書と違うところは，単に結果をのべるのではなくて，何故にそのような素子を採用したか，他にどういう可能性があったかについて，実に懇切丁寧にのべている点である．ここに，編者序にものべてあるように，大数学者 von Neumann のある問題を攻略するその過程を，よそ行きでない，生き生きとした形で見ることができるという点で，まことに稀有な書というべきである．

今日，オートマトンの理論は情報科学の重要な一分野として高度に抽象化された形で発展している．本書の内容はそのような方向とはいささかかけはなれている．そういう意味からは，本書はオートマトンの理論の主流とはいえないであろう．しかしそのことは本書の価値とは何の関係もない．von Neumann が頭にえがいていて遂に実現できなかったもの，それがどんなものであるかは凡人の知るところではないが，今後何十年かの後には必ずや彼の予言が正しかったことを示すような発展がなされるであろう．

なお本書の訳出に当っては，和田英一(東大工学部)，大岩元(東大理学部)，中川圭介(電気通信大学)，亀田壽夫(同)の諸君の全面的な協力をあおいだが，訳文の最終的な責任は私個人にある．上記の方々には，御礼，ならびに私の都合で出版が遅れたことに対するおわびを申上げなければならない．また岩波書店の浦部信義，牧野正久の両氏に大変な御苦労をおかけしたことを申し述べて謝意を表したい．なお編者の Burks 教授からは，原書が活字になる前に，原稿を送って下さる等の好意にあずかった．

翻訳には限界があり，von Neumann の名調子の味わいをどこまで再現できたかは自信がないが，とにかくこの訳書によって，大思想家 von Neumann の情報科学における不朽の労作を一人でも多くの人に読んでいただくことが訳者の念願である．

記号索引

注：ページ数は，記号が最初に定義またはあらたまった形で導入された箇所を示す．

$A(\alpha, \xi)$ (**CU** 遷移関数) 272

$\mathbf{C}_{\varepsilon\varepsilon'}$ (合流状態) 182

$\mathbf{C}_1$ (接続ループ) 274

$\mathbf{C}_2$ (タイミングループ) 283

$\mathbf{CC}_1, \mathbf{CC}_2, \mathbf{CC}_3$ (**MC** のコーデッドチャネル) 306

CO (制御器官) 329

CU (組立てユニット) 271

D (**CO** 遅延領域の) 331

$\mathbf{D}(\overline{i^1 \cdots i^n})$ (デコーディングの器官) 229

$\mathscr{D}(M), \mathscr{D}'(M)$ (Turing 機械の記述) 369

$E(\alpha)$ (**CU** 出力関数) 272

FA (有限オートマトン) 363

i_1, i_2, i_3 (**CU** の入力，**MC** の出力) 313

$\overline{i^1 \cdots i^n}$ (固定タイミングのパルス列) 198

$\overline{\overline{i^1 \cdots i^n}}$ (パルス列の周期的繰返し) 199

L (線状配列) 267

M_c (万能組立機) 369

M_c^* (変形万能組立機) 405

M_u (万能計算機) 369

MC (メモリー制御) 271

$n_\vartheta{}^t$ (時刻 t における細胞 ϑ の状態) 162

n^s (ξ_n の値を読む次の場所) 270

o_1, o_2, o_3, o_4, o_5 (**CU** の出力，**MC** の入力) 313

$\mathbf{P}(\overline{i^1 \cdots i^n})$ (パルサー) 201

$\mathbf{PP}(\overline{i^1 \cdots i^n})$ (繰返しパルサー) 210

$\mathbf{R}(\overline{i^1 \cdots i^n})$ (識別器) 248

RWE (読出し・書込み・消去-ユニット) 306

RWEC(読出し・書込み・消去-制御ユニット)　306
S_Σ(直接過程の状態の集合)　178
SO_α(状態器官)　364
$T_{u\alpha\varepsilon}$(伝達状態)　183
U(興奮不能状態)　171
W(MC の遅延領域)　307
W_1, W_2, W_3, W_4(W の分域)　350
X(MC の領域 X)　306
x_1, y_1(子オートマトンの座標)　140
x_n(L の見られている細胞)　269
$X(\alpha)$(CU 出力関数)　272
Y(MC の遷移領域)　307
Z(MC の領域 Z)　307
Z_1, Z_2, Z_3, Z_4(Z の分域)　350
α(子オートマトンの長さ)　140
β(子オートマトンの幅)　140
ε^s(C_1, C_2 の伸縮パラメーター)　270
ϑ(細胞ベクトル)　161
λ_{ij}(細胞(i, j)の状態)　141
ξ_n^s(線状配列 L 上の第 n 細胞の値)　269
Φ(3 進計数器)　237
Ψ($\bar{1}$ 対 $\overline{10101}$ 弁別器)　246
Ω(Φ の応答器官)　237
[0](普通刺激)　183
[1](特別刺激)　183
$\underset{\rightarrow}{0}, \uparrow 0, \underset{\leftarrow}{0}, \downarrow 0$(普通伝達状態)　187
$\underset{\rightarrow}{1}, \uparrow 1, \underset{\leftarrow}{1}, \downarrow 1$(特別伝達状態)　187
・("and" 論理積)　120
−("not" 否定)　120
+("or" 論理和)　120
→, ↑, ←, ↓(普通伝達状態)　358
⇒, ⇑, ⇐, ⇓(特別伝達状態)　358
・↑, ・⇑, 等(最初に興奮させられている普通および特別伝達状態)　358

人名索引

Bigelow, J.　13, 127
Birkhoff, G.　3, 41, 72
Boltzmann, L.　31, 72, 73
Booth, A. D.　17
Brainerd, J. G.　7
Brillouin, L.　72
Burks, A. W.　7, 13, 43, 51, 152, 357, 369, 370, 401
Church, A.　357
Codd, E. F.　386
Eccles, J. C.　117
Eckert, J. P.　7, 9
Estrin, G.　13
Gödel, K.　29, 64, 66–67, 151, 152
Goldstine, H. H.　4, 7, 13, 14, 43, 114, 127, 385
Gorman, J. E.　358
Goto, E.　18, 19
Hamming, R. W.　74
Hartley, R. V. L.　72, 74
Holland, J. H.　119, 357, 369
Kemeny, J.　115
Keynes, J. M.　71
Kleene, S. C.　51, 121, 148, 151
Laplace, P. S.　71
Lee, C. Y.　400
Mauchly, J.　7
McCulloch, W.　10, 51 ff, 93, 120, 121

McNaughton, R.　369
Moore, E. F.　113, 401
Morgenstern, O.　2, 72,
Muntyan, M.　385
Myhill, J.　401
Nyquist, H.　74
Pitts, W.　10, 51 ff, 93, 120, 121
Rajchman, J. A.　13
Richard, J.　148
Russell, B.　151
Shannon, C. E.　32, 72–74
Sharpless, T. K.　7
Szilard, L.　72, 74
Tarski, A.　67
Taub, A.　1
Thatcher, J.　385, 386, 400, 401
Turing, A.　16, 29, 51, 60 ff, 63, 101, 111, 118, 148, 270
Ulam, S. M.　1, 3, 4, 5, 6, 33, 112, 113, 123
von Neumann, Mrs. K.　113
Wang, H.　401
Wiener, N.　25, 32, 73, 109
Wigington, R. L.　18
Wilkes, M. V.　10
Williams, F. C.　13
Wright, J.　51

事項索引

ア行

アナログ計算機　23, 25, 41-43, 82-83, 118
誤り検出, 修正コード　74
誤り検出と修正　28, 87-88

閾　117
閾スイッチ　10
$\overline{1}$ 対 $\overline{10101}$ 弁別器 Ψ　245-248, 278, 403
　機能　245
　組立て　246-248
　寸法　248
　タイミングの考察　247-248
　動作の説明　245-246
一致器官　98
遺伝子機能　157-158

運動学　122
運動器官　97

SSEC　78
"エデンの園"配列　401
EDSAC　10
EDVAC　10-12, 22, 199
ENIAC　7-11, 22, 43, 58, 78
エネルギーと情報　79-80
エントロピー　72-76, 80

応答器官 Ω　237, 285
遅れ
　合流状態による単――　181-182
　単一の――　181-182
オートマトン　(→計算機, 無限細胞――, 有限――)
　確率的――　119
　組立て機能　110ほか各所
　組立て不能の――　401

形式的な研究　109, 123
効率　44-46, 109-110
自己増殖――　22, 24, 405-408, (→自己増殖)
自然の――　23-28, 77
人工――　23-28, (→計算機)
単一細胞創造　134
人間の神経系と――　11, 51-60
複雑度　43-44
複雑な――　23, 38, 95-96
論理的側面　110ほか各所
オートマトンの理論　11, 20-33
　数理論理学と――　11, 21, 29
　生物学と――　24
　通信, 制御工学と――　24
　熱力学と――　32
　連続数学と――　29-31, 116
親(組立てる)オートマトン　99, 134, 370, 398, 399
音響遅延線→記憶装置

カ行

科学の方法　4
拡散過程　117
確率的論理　22, 30, 70-76, 119
確率論　118

記憶(メモリー)　46-48, 81-82, 121, 268
　階層的――　27, 48-49
　かりそめの――　81
　――の参照　48-49
　人間の――　46, 59
　無限の――　137-138
　容量　47-49, 82
記憶装置　7, 11, 48
　陰極線管――　81
　音響遅延線――　8-9, 81
　磁気テープ――　90

事項索引　　425

真空管―― 8-9, 81
静電―― 12-13
穿孔カード―― 90
穿孔テープ―― 89
フィルム 90
機械語 15-16
機械と人間の相互作用 6
記述文 L, 数値パラメーターに対する 135
規則性 126
基本的部品 93
逆過程 129, 133, 172-174
　必要性 175-177
均質性 87, 124-128
　完全―― 125
　機能的と内在的と 125-126, 128, 397
均質な媒質 124
筋肉器官 93, 97, 99

組合せ論 75
組立て 122-159, 397 ほか各所
　幾何学と運動学 122-123
組立て可能性 110, 197, 402
組立て万能性 110, 140
　細胞構造の―― 394-395, 402
組立てユニット CU 271-274, 321, 403
　MC との接続 271-273, 307-309, 313-314
　機能 266-267
　――に対する前提 272-273
　図式的説明 272-274
　設計 386, 406
　入出力のつなぎ 313
　有限オートマトンの一つの型として見た ―― 394
組立て用腕 370-381
　頭 373
　設計 371-380
　単線方式 371-372, 381
　動作 374-380
　複線方式 373-381
繰返しパルサー $PP(\overline{i^1 \cdots i^n})$ 206-227, 320, 403

位数 210
位相関係 223-225
外部特性のまとめ 224
干渉による障害 217-218
組立て 206-227
始動機構 210
障害を避ける規則(最終案) 223
障害を避ける規則(第一案) 217-218
寸法 211, 218-222
タイミングの考察 215-222
タイミングの考察の修正 223-225
停止機構 212-214
動作の説明 206-207
特殊繰返しパルサー $PP(\overline{1})$ 207, 214-215, 306
特殊繰返しパルサー $PP(\overline{1})$ の欠点とその改良 225
特性 210
別の繰返しパルサー $PP(\overline{1})$ 226

計算 27, 369
　――量 30
　――量と信頼度の関係 30
　速度 44, 49
計算機(械) 38, 41-48, 90, (→アナログ計算機, オートマトン, ディジタル計算機)
　回路 17-19
　科学的応用 39-40
　効率 32
　同期非同期混合型 9
　人間の神経系と―― 10-11, 51-60
　発見的利用 3-5, 39-41
計算機素子と効率 25-26, 79-80, 86-88
計算の鎖 27
形態形成 118
結晶 124
結晶格子 125-126
結晶構造 160
結晶状規則性 111, 113
結晶の対称性 124-126
決定機械 63
決定問題 60, (→停止問題)

Gödel 数　66-67
Gödel の決定不能な式と自己増殖オートマトン　152
Gödel の定理　57, 62, 64-68
ゲームの理論　24
言語の完全な認識論的記述　67
厳密論理　71

交差　236, 241, 250, 254, 356-361
交差器官　357-359
　MC の干渉問題解決への応用　359-360
　——におけるクロック　358
剛材　98
剛材の 2 進テープ　101
構成的方法　109-110
合成　89-105
構造　125-128
興奮　53, 117
興奮不能状態 U　128-129, 131, 171, 397-398
効率　32, 48, 58, 80, 111, (→計算機部品と効率)
合流状態 $C_{\varepsilon\varepsilon'}$　129, 167-170, 181
　——と・神経細胞　167-169
　——と＋神経細胞　167
公理論的方法　51-52, 91
子(組立てられる)オートマトン　134, 369, 370, 398
　位置ぎめ　152-153, 156
　組立て　371, 387-393, 399-400
　始動刺激　154-155
　初期状態　141, 154
　寸法　140-142
　設計書　134
　パラメーター形式の設計書　134-135
　万能的な設計書の形式　140-142
　——を組立て始動するアルゴリズム　380
　——を組立て始動するアルゴリズムの改訂案　391-393
固定タイミング　198
コーデッドチャネル　236, 250-265, 306, 308, 323-328, 345, 403

MC におけるその容量　324-325
　機能　250, 252-255
　組立て　254-258
　誤動作を避けるための規則　262
　誤動作問題　252, 259-262
　主チャネル　256
　循環性　262-265
　寸法　258, 326-328
　タイミング問題　259
　動作の説明　250-252, 306
誤動作　70, 84-88
混合システム(アナログ-ディジタル)　25, 31

サ 行

再帰的関数　29
最適性と最小性　109
細胞オートマトン→細胞構造, 無限細胞オートマトン
細胞構造　113, 124-128, 397
　組立て万能性　110, 140
　——におけるテープ読取法　391
　テープユニット　363, 404
　von Neumann の 29 状態　401-402
　論理的万能性　362-370
細胞モデル, 説明　128-131
3 進計数器 $\emptyset$　234-245, 285, 306, 321, 403
　1 次と 2 次の入出力対　237
　MC における機能　317
　機能　234
　組立て　237-243
　コーディングとデコーディングの考察　242-243
　障害の考察　244-245
　寸法　234, 243-244
　タイミングの考察　237, 243-245
　動作の説明　235-236

視覚パターン　56, 65
時間の座標　130
直隣り　162
識別器 $R(\overline{i^1 i^2 \cdots i^n})$　248-250

識別装置　228,（→識別器）
刺激器官　98
刺激発生器　98
次元数　126
自己参照と自己増殖　151-152
自己増殖　22-24, 95-105, 110, 113, 128,
　　399-400, 402
　1回限りの——　155-156
　運動学的モデル　97-106, 112, 397
　オートマトンの——の生理的側面
　　156-158
　確率的モデル　112, 118-119
　繰返し——　155-156
　子同士の争いと衝突　155-157
　細胞構造における——　405-408
　細胞モデル　112-115
　刺激-閾-疲労モデル　112, 114, 115-
　　116
　——に対する先験的な反論　95-96,
　　142, 145-146
　——に対する先験的な反論の回避
　　142-143
　微分方程式　116, 127
　連続モデル　112, 114, 116-118, 127,
　　397
自己増殖細胞オートマトン　405-408
自然淘汰　158
自動プログラミング　6, 16
シミュレーション　16
周期的繰返し　199
自由タイミング　198
主チャネル，コーデッドチャネルの
　　256
出力方向　165
順序づけ　134
状態　（→合流——，興奮不能——，特別
　　伝達——，普通伝達——）
　活動——　124
　興奮——　119
　興奮可能な——　128-129, 131, 397
　細胞オートマトンの——の言葉によるま
　　とめ　185-187
　初期——　130, 360

潜像——　129, 179
普通——と特別——の双対性　175
状態器官 SO　364-368
状態遷移規則
　解説　187-197
　逆過程導入に伴う修正　172-173
　厳密な記述　183-185
　合流状態による修正　182-183
　合流状態の——　168-169
　言葉によるまとめ　185-187
　潜像状態の——　179
　特別伝達状態の——　172
　普通伝達状態の——　166
冗長性　72
衝突の回避　144-145
情報　20, 31, 69, 72-76, 79, 80, 94
情報理論　21, 32, 50, 73-76，ほか各所
初期細胞割当て　130, 187, 401
初期静穏オートマトン　360, 400
JONIAC　13
進化　95, 111, 119, 158
"真空の構造"　123-128, 132
神経系　10-11, 47, 51-59, 77
　確率的論理と——　17
　言語　17
　複雑さ　44
神経細胞　93, 119-122
　応答　120
　興奮状態　53
　刺激　120
　静穏状態　53
　疲労　58
信頼性　25, 26, 28, 80, 84-88
信頼できる系と信頼できない素子　22,
　　84-86

数理論理学　11, 21, 29, 52-54, 57-68
寸法　77

静穏
　完全——　125
　——状態　119, 124, 128
制御器官 CO　306-307, 309-311, 328-

428 事項索引

333, (→メモリー制御ユニット)
　遅れの調整　331
　動作　310-311
生存　86, 88
成長　131-133
成長機能　171
静的動的変換器　388-391
正方格子　160
接続ループ C_1　139, 234, 274, 278-282, 307, 321, 333, 404
　縮めること　297-301
　動作の説明(予備的)　279-289
　伸ばすこと　285, 291-293
切断器官　99
遷移規則　160, 162
線状配列 L　135-139, 267-269, 353-354, 404
　x_n を変えること　278-282, 301-304
　MC との接続を動かす　284-304
　機能　268-269
　説明　268-269
　——を伸縮させるときの C_1, C_2 の機能　284-286
　縮めること　293-301
　動作のまとめ　278
　伸ばすこと　286-293
　非数値的(普遍的)パラメーターへの利用　140
　読み書き操作の系列　278-279

速度　78-80
組織　93
素子の大きさ　22

タ 行

退化過程　75-76
タイミングループ C_2　139, 234-235, 282-284, 307, 321, 333, 404
　機能　283, 285
　タイミングの考察　282-284
　縮めること　293-296
　伸ばすこと　285-289

遅延線→記憶装置
遅延領域 **W**　307, 326
　組立て　350-352
　——と遅れの考察　352-353, 403
遅延領域 **D**　331, 333
　寸法　350
遅延路　179
　奇数——　181
Turing 機械　29, 54, 60-64, 66, 89-90, 129, 138, 398, 404, (→万能 Turing 機械)
　具体的　62-63, 149
　自動プログラミングと——　16
　循環的——　63, 149
　抽象的——　62-63
　非循環的——　63, 149
直接過程　129, 133, 174-178, 371
　きまった刺激パルス列による制御の必要性　177-178
直列処理　26, 27

通信路　72
つり合い　32-33, 47-49, 76

停止
　周期 s で——　199
　周期 s の位相 k で——　199
　ステップ l で——　199
停止問題　63-64, 149-152, (→決定問題)
　決定不能性と Richard のパラドックス　149-152
ディジタル化　74
ディジタル器官　82-83
ディジタル計算機　23, 25, 41, 43, 82-83, 118
ディジタルな記法　58
デコード器官 $\mathbf{D}(\overline{i^1\cdots i^n})$　227-234
　位数　229
　組立て　228-233
　寸法　229-233
　タイミングの考察　229, 232-233
　動作の説明　227-228
　特性　229

事項索引　429

テープ，いくらでも延長できる　111, 268, 398
テープとテープ制御　266
テープ複写操作　406
転送領域 Y　307, 346, 403
伝達状態 $T_{uαε}$　164,（→特別——，普通——）

等方性　126, 128, 397
特別刺激　132-133
　作成　173-174
特別伝達状態　129
突然変異　105, 157-158

ナ行

流れ図　14-15, 102

29 状態の有限オートマトン細胞　113, 115, 128-131
二重線トリック　170
2 進法　137-138
入力方向　166

熱力学　21, 31, 32, 72-76, 79, 109
　——にもとづく論理　75-76

ハ行

発見的利用，計算機の　3-5, 39, 41
Vanuxem 講演　115-116
パラメトロン　18
パルサー $P(i^1 \cdots i^n)$　200-206, 403
　位数　201
　外部特性のまとめ　205-206
　組立て　201-205
　寸法　201-205
　タイミング　202-205
　動作の説明　200-201
　特性　201
万能組立機 $M_c = CU + (MC+L)$　370-395, 399, 404,（→組立て用腕,組立てユニット)
　一般組立て手順　371
　MC の干渉問題の影響　355-356

M_c^* への修正　405
万能計算機械 M_u　369, 404
万能 Turing 機械　60-61, 63, 68, 101, 398
　細胞構造による設計　363-369
　細胞構造の中での動作　366-368

ヒクソン・シンポジウム　64-65, 98
非線型偏微分方程式　2-3, 22, 40, 116
　自己増殖の——　116, 127
否定の合成　170
微分方程式，自己増殖の　117, 127
非ユークリッド空間　124
疲労　53, 115, 117

不応期　58, 115
不応性　115（→疲労）
von Neumann の五つの主な問題　110, 395-396, 402
複雑さ　25, 26, 57, 66, 70, 77-88, 94-97, 142
　信頼度と——　26
　退化性と——　96
"複写"，自己増殖に現物を使うことと設計図を使うこと　100, 146-148
普通刺激　132-133
普通伝達状態 $T_{0αε}$　129, 163-166
　接続線としての——　163-167
　論理的-神経的機能と——　163
不動性　124
ブラックボックス　53
フリップフロップ　226
ブール代数　119
プログラマーの言語　16
プログラミング　14-17
分岐　170
分周波発振機　18-19

並列処理　7, 26, 27, 199, 356

方向性のある過程　166
ボルツマン定数　79

マ 行

McCulloch と Pitts の神経細胞網　51-60, 90, 97
Maxwell の魔物　72, 74

無限細胞オートマトン　130 ほか各所
　空間的時間的関係　160-162, 187

命題関数　120-121
メーザー　17
メモリー→記憶
メモリー制御ユニット MC　139, 266-267, 271-272, 304-343, 344-345, 403 ほか第4章各所
　L に対するはたらき　274-278
　干渉問題の解決法　353-361
　機能　271-272, 311-320
　CU との接続　271-273, 307-309, 313-314
　障害の考察　346-349
　寸法　328
　制御の遅れ　348-353
　設計変更　351, 360-361
　組織　306-307
　動作　307-309
　複線方式で L を読むような設計がえ　381-386
　無応答の特性 $\overline{1010}$　275-277
　――に対する前提　272-273
　――の中の組立て装置　361
　――の中の制御器官 CO　328-333
　領域 X, Y, Z, W の寸法　346

モンテカルロ法　6

ヤ 行

有限オートマトン　129-130, 138-139, 363, 394, 395
　細胞構造に埋めこんだ――　363-366, 404

容積　79
溶接器官　98
抑制器官　98
読み書き機構　138-139
読出し・書込み・消去-制御ユニット
　RWEC　306-307, 333-343, 344-345, 354, 403
　機能　333
　寸法　326-328
　制御器官 CO　309-310
読出し・書込み・消去ユニット RWE
　306, 310-311, 319-328, 344-345, 354, 403
　組立て　320-328
　寸法　325

ラ 行

理想化された計算素子と計算機設計　10-11
理想化された刺激-閾-疲労神経細胞　115
理想化されたスイッチ・遅延素子　29
理想化神経細胞　52 ff, 397
Richard のパラドックス　148-152
　――と自己増殖　148-152
流体力学　2-3, 40
　計算機と――　3
領域 X　306, 346, 403
領域 Z　306, 346, 403
　組立て　350-352
量子力学　71-72, 75

論理，形式――　50-51
論理演算子　50, 119-121, 133
論理的組織　22, 23, 25, 26-28
論理的万能性　110, 362-370, 395, 402
論理の深さ　27

▨岩波オンデマンドブックス▨

自己増殖オートマトンの理論
　　J. フォン・ノイマン，A. W. バークス 編補

1975年7月30日　第1刷発行
2003年5月23日　第2刷発行
2015年1月9日　オンデマンド版発行

監訳者　髙橋秀俊(たかはしひでとし)

発行者　岡本　厚

発行所　株式会社　岩波書店
　　　　〒101-8002 東京都千代田区一ツ橋 2-5-5
　　　　電話案内 03-5210-4000
　　　　http://www.iwanami.co.jp/

印刷／製本・法令印刷

ISBN 978-4-00-730167-4　　Printed in Japan